CHANGYONG XINLI PINGGU
LIANGBIAO SHOUCE

常用心理评估量表
手册

主编 戴晓阳 王孟成 刘 拓

第 3 版

北京科学技术出版社

图书在版编目（CIP）数据

常用心理评估量表手册：第 3 版 / 戴晓阳，王孟成，刘拓主编. 一北京：北京科学技术出版社，2023. 5（2025. 2 重印）
ISBN 978-7-5714-2980-5

Ⅰ. ①常… Ⅱ. ①戴… ②王… ③刘… Ⅲ. ①心理测验一手册 Ⅳ. ①B841. 7-62

中国国家版本馆 CIP 数据核字（2023）第 055891 号

策划编辑：	张　田
责任编辑：	陈　卓
责任校对：	贾　荣
责任印制：	李　茗
封面设计：	异一设计
版式设计：	崔刚工作室
出 版 人：	曾庆宇
出版发行：	北京科学技术出版社
社　　址：	北京西直门南大街 16 号
邮政编码：	100035
电　　话：	0086-10-66135495（总编室）
	0086-10-66113227（发行部）
网　　址：	www.bkydw.cn
印　　刷：	河北鑫兆源印刷有限公司
开　　本：	710 mm×1010 mm　1/16
字　　数：	583 千字
印　　张：	29. 75
版　　次：	2023 年 5 月第 1 版
印　　次：	2025 年 2 月第 4 次印刷

ISBN 978-7-5714-2980-5

定价：169. 00 元

编者名单

主　编　戴晓阳　王孟成　刘　拓
编　者　（以姓氏笔画为序）

Vollstädt-Klein Sabbina　　　　　马惠霞　王　君

王雨吟　王金良　王孟成　韦　嘉　尤晓慧
毛秀珍　方　莉　孔　凤　甘杰仪　卢　宁
卢国华　卢德生　叶悦妹　生佳蓉　吕伯霄
任世秀　刘　拓　刘仁刚　刘协和　刘秀菊
刘炳伦　刘晓瑞　刘歆阳　严瑞婷　芦旭蓉
苏林雁　杜亚松　杨　洁　杨　洪　李雨欣
李春波　李玲艳　李笑燃　李菁菁　李超平
肖计划　肖水源　吴　艳　吴文源　吴薇莉
邱小艳　何金波　何靖宜　余　萌　张　斌
张　阔　张艺馨　张进辅　张严文　张春雨
张新彤　陈小莉　陈雪明　罗　杰　罗晓红
周　晖　周世杰　孟宪璋　段优优　姜永志
姚树桥　聂衍刚　夏方婧　铁必杰　郭文斌
黄　旭　黄义婷　黄海娇　龚　杰　崔汉卿
梁宝勇　梁海霞　梁靖辉　梁意颖　董　琴
曾　红　曾练平　蒲少华　楚艳民　雷　辉
鲍　莉　解亚宁　廉宇煊　窦　凯　静　进
蔡　颀　潘俊豪　潘素珍　燕良轼　戴晓阳
魏琬淑

第3版前言

● ● ● ● ● ────────────────────────────────────

　　心理测验不仅是心理学研究的主要手段,也是临床工作的重要工具。在心理学的发展史中,心理测验扮演着无可替代的角色。近年来,随着科学技术的不断进步,一些新的检测手段或设备也随之出现(如脑电图、磁共振检查等)。虽然国内心理学界对心理测验的关注度有所下降,但心理测验作为心理检测的手段仍然不能被替代,并且在可以预见的未来其被替代的可能性也几乎为零。尽管心理测验的形式也会随着科技的发展而发生变化,但传统的心理测验仍然是研究和实践的主流。

　　自《常用心理评估量表手册》及其修订版出版以来,许多新的理论概念被提出,各类量表也应运而生,为此我们对手册进行了较大的修改。此次改版增加了58个新量表和(或)原量表的新版本,同时从修订版中保留了部分经典测量量表,使量表的总数增加了1/4,希望以此为广大使用者提供更多的选择。

　　本书能够顺利出版要感谢各位量表的编制者和(或)修订者,因为没有他们的出色工作和无私奉献就不会有本书的诞生。借此机会也要感谢第1版和修订版的各位作者。同时,我们还要感谢刘拓和王孟成的多位研究生参与资料收集、整理和校对等工作。

戴晓阳

修订版前言

　　自《常用心理评估量表手册》出版 12 年以来,受到许多心理学、教育学、社会学、管理学和人力资源等专业人士的欢迎,已数次重印。在这 12 年间多次收到读者的来信,希望能够增加更多的量表,特别是有关人格评定方面的量表。本印次的修订版增加了人格评估量表这一章节,其中包含了中国大五人格问卷(简式版)、中庸实践思维方式量表等 3 个人格评估量表。另外,还增加了父亲在位问卷、独处行为量表等 5 个量表。在此需要说明以下几点。

　　(1)人格测验在心理测验分类中并不归于“评定量表”一类,通常自成一类。本书因应许多读者的要求收录了几个人格量表的简式版,并集中在一个章节之中。

　　(2)一般而言,编制一个人格评估量表要比编制普通评定量表难得多,因为其理论框架、条目筛选、常模制定、信效度验证和结果解释等各方面都较为复杂,且花费的人力、物力和时间也远非后者所能比拟。因此,编制者为了保护自己的知识产权和利益不受侵害,通常不愿意公开出版或发表其计分方法、常模和一些特殊的分析公式。通过与相关编制者进行沟通,一些编制者只愿意公开量表的简式版。另外,本书的篇幅限制也是一个次要原因,因为一个成套的标准化人格评估量表的使用及结果说明就可能需要十几万字,甚至几十万字。

　　(3)既然是人格评估量表的简式版,其题量会比全式版少很多,评估范围也相应较窄。如本书收录的两个大五人格评估量表都只能评估被试者人格的维度水平,而不能评估他们人格的特质水平状况,使其应用存在一定的局限性。关于这一点使用者应当注意。

　　最后,欢迎量表使用者提出宝贵的意见和建议,我们将在今后的修订及再版工作中尽量改善。

戴晓阳

第1版前言

在指导学生做研究实践和毕业论文的过程中,他们经常会询问从哪里能够找到所需要的心理评估量表。大多数时候他们难以找到所需量表的完整条目和计分键,以致最终放弃了原先的设想。这也是我们编写《常用心理评估量表手册》的始因,希望将一些经过时间检验的信度和效度均较好的量表汇编在一起,尽可能完整地为大家提供量表的相关资料。

我们通过中国期刊网检索了1993年以来相关学术期刊发表的有关心理评估量表的论文,共获得410个自编或修订量表,这一检索结果构成了本书所选量表的基本库。但这些量表仅仅反映了十几年来我国心理工作者和其他研究者所编制和修订心理评估量表的一部分,因为早期有些专业期刊并没有被中国期刊网收录,所以有许多量表没有公开发表。因此,我们将张明园主编的《精神科评定量表手册》和汪向东主编的《心理卫生评定量表手册》等书也作为重要参考。

《常用心理评估量表手册》所选录的量表基本遵循以下3条原则。

(1)量表的研制或修订过程均符合心理测验编制程序,并且研究结果显示该量表具有较好的信度和效度。

(2)所选量表已经在国内心理学专业期刊上公开发表或已被接受待发表(极少数除外)。

(3)量表的编制者或修订者除了愿意提供与量表相关的理论、结构、信度和效度资料外,同时也愿意提供量表的全部条目、计分键和评分方法,以保证使用者方便地应用。

需要特别说明的是,本书没有纳入的量表并不是说明其质量不好,可能有许多原因:一是量表版权或专利的原因,编制者或修订者不愿意或不能公开量表的条目和计分键;二是由于量表的性质所决定,一旦公开了其条目和(或)计分键则可能导致该量表不再有效(如成就测验);三是同一类型的量表太多,限于本书的篇幅而不能全部收入。

为了能够准确地介绍量表的性质、功能和结构,以及实施、评分、结果分析和解释方法,我们尽可能邀请量表的编制者或修订者亲自撰写,只有少数量表由于原编制者或修订者无法完成等原因而由我们代笔。因此,这本不算太厚的手册竟也是由近百位作者共同努力了近 2 年的时间才全部完成。但是,编写这本手册所花费的精力与本书量表的研制或修订所花费的精力相比,也是不可同日而语的。

希望使用者在运用这些量表进行心理评估或研究时,应感谢量表的作者在编制和修订过程中所付出的努力,并能在研究成果或论文中提及他们的名字。量表的编制者和修订者当然也希望自己的研究成果能够得到更广泛地应用,为此我也代表本书所有量表的编制者和修订者对使用者表示感谢!

戴晓阳

目　录

第6章 家庭与人际关系量表

第 1 章

心理评估量表

一、心理评估量表概述

心理量表（psychological scale）又常常被称为心理测验（psychological tes-ting）、心理问卷（psychological questionnaire）。虽然在实际的研究和应用中这 3 个概念已经不做区分，但从其原本的英文词汇中，仍能感知出三者间细小的差异。"scale"强调度量的属性，因而需要一定的规则和标准。"testing"可翻译为考试、测试或检测，因而更适合指代那些知识、能力、成就类的测验。"questionnaire"则指的是用于收集信息的问题集，因而有更宽泛的指代性。我们认为，心理量表类似于一把"尺子"，它的目的在于依照一定的规则对人的心理进行度量。因此，本书选用了"心理量表"这一表述。

另外，3 个需要说明的词分别是测量（measurement）、评估（assessment）与评价（evaluation）。测量指的是使用一定的准则和工具对心理属性、维度、特质进行度量、量化和信息收集的过程，常常指代测量过程、测量技术和测量学本身。而评估是指通过一定的数据收集过程，如量表、考试、访谈等，对某一对象或目标进行推断和估计，进而做出决策。其中推断和估计的含义也决定了评估具有间接性，较适合心理学的情境。评价则指的是依据一定的标准对某一对象或目标进行的价值评判。由于它更强调"价值"（value），而价值的权衡需要一定的标准，因而评价更多用于教育的情境中。结合心理量表的表述，本书最终确定了"心理评估量表"这一表述。

二、心理评估量表的形式

心理评估量表发展至今，已有多种多样的形式，但对于量表形式的分类，学者们并没有达成完全一致的意见。Cohen 等（2018）将主要的评定量表（rating scale）区分成了 4 种类型，包括瑟斯顿量表（Thurstone scale）、戈特曼量表（Guttman scale）、李克特量表（Likert scale）和语义区分量表（semantic differential scale）。Taherdoost（2019）则是将评定量表与李克特量表和语义区分量表进行了区分。可见，对于评定量表的归类和理解，研究者们仍存在分歧，我们将其放在最后讨论。

1. 瑟斯顿量表　该量表的题目类似于一个检测仪，当被试者的心理特质与其匹配时就会做出反应。因此，在瑟斯顿量表中，专家需要先行对题库的题目进行"标定"，确定它们所处的维度和等级水平，然后再将标定好的题目排列成为量表。这样根据被试者在题目上的作答反应，就可以反映出被试者对应该特质的水平。

2. 戈特曼量表　可将该量表看作一把尺子，研究者将测量同一个心理特质的题目依据从易到难的顺序排列。当被试者作答量表时，前期阶段会连续做出正确反应，但到某一个临界题后，由于题目难度超过了被试者的心理特质水平，所以被试者会做出连续的错误反应，而被试者反应转变的临界题目就是被试者的心理特质水平。

3. 李克特量表　是一种最常用的心理评估量表，最常见的是5点量表（如大学生一般学业情绪问卷），分别是非常同意、同意、不确定、不同意、非常不同意。也可以使用3点量表方式，如同意、不确定、不同意。对于年龄较小的儿童（如小学生），使用3点量表让他们可能更容易做决策。有时也有研究者采用5点以上的评价方式。测试时被测试者可以根据自己的实际情况选择最适合自己想法的一个进行标记。在实际应用中，李克特量表的分半信度和重测信度可以达到0.8或以上。

李克特量表具有很好的灵活性，适用于各种类型的典型行为表现（typical performance）测验。在测验中将肯定态度和否定态度的问题混合编排，这有利于减少被试者没看清楚题目就随意选答案的倾向。不过，在编制否定态度的题目时应当注意自然而成，不要露出太明显的人为痕迹，解决该问题的办法是尽量使用简单的语言和词汇。

4. 语义区分量表　是一种测量心理意义的有用技术。

这种量表最早由Osgood于1955年创建，其经典方法是在一个三维语义空间中来评价被试者对某个具体或抽象事物或概念的态度。研究表明，通常用3个维度就能够解释大部分变异，这3个维度分别是：性质（如好—坏）、力量（如强—弱）和活动（如快—慢）。在设计量表时需要为被评估的某个内容或概念设计3～15组意义相反的形容词，每组都要包含这3个维度（分量表），最少也要设计3组。以下是对教师进行评价的举例。

```
                                教  师

1. 快          ____:____:____:____:____:____:____          慢    (活动)

2. 好          ____:____:____:____:____:____:____          坏    (性质)

3. 被动        ____:____:____:____:____:____:____          主动   (活动)

4. 小          ____:____:____:____:____:____:____          大    (力量)

5. 无价值       ____:____:____:____:____:____:____          有价值  (性质)

6. 强          ____:____:____:____:____:____:____          弱    (力量)

7. 轻松        ____:____:____:____:____:____:____          严厉   (力量)

8. 有帮助       ____:____:____:____:____:____:____          无帮助  (性质)

9. 激动        ____:____:____:____:____:____:____          平静   (活动)
```

一般采用 7 点评分,同一维度的项目根据性质的方向给予 1～7 分的评分,通常给予正性评价高分,负性评价低分。例如,性质维度在"好""有价值"和"有帮助"这 3 个端给 7 分,而在"坏""无价值"和"无帮助"这 3 个端给 1 分;同理,力量维度在"大""强"和"严厉"这端给 7 分,在"小""弱"和"轻松"这端给 1 分;而活动维度在"快""主动"和"平静"这端给 7 分,在"慢""被动"和"激动"这端给 1 分。设计问卷时注意不要将性质方向相同的形容词放在同一边,以避免被试者形成定式,不加思考地随意作答。

研究结果表明:当评估的内容或概念性质比较清楚、容易界定时,运用语义区分技术编制量表相对比较容易;而且语义区分量表较等级类量表更容易实施,更适合低年级学生或文化程度偏低的被试者;其信度也比较好,常可达 0.8 或以上。但是,一方面这种量表的可塑性较差,对于许多概念很难找到适合的形容词来描述它,或者难以满足它的 3 个维度。另一方面,结果解释时给出的信息较少,许多被试者就直接用题目(形容词)解释被试者的特征。

5. 评定量表 对于评定量表的理解,研究者们形成了两类观点。

一部分研究者认为,评定量表是一种评分的形式,在本质上与李克特量表没有什么不同,计分方式和计算模型基本也可以通用。两者的差别主要体现在,李克特量表通常是要求被试者对一个典型行为表现做出由"非常不符合"到"非常符合"的等级判断,而评定量表则通常是要求被试者对一个典型情况的影响程度、发生频率做出等级判断,如无影响、轻度、中度、偏重、严重。这种方式在评估被试者的精神症状和问题的临床量表(如 90 项症状清单,SCL-90)中普遍使用。一般而言,李克特量表和评定量表都是典型行为表现类的测试中最为常用的,前者更适合于一些态度类的量表,而后者更适合于一些临床类量表。

另一部分研究者则认为,评定量表特指他评类的量表,比如教师评估学生的一些非认知功能量表（如自我导向学习倾向性量表）或学生评估教师教学质量的评定量表。评定量表的评估效果有时容易受评定者所掌握的评价标准是否准确以及熟练程度的影响。研究显示，有经验的评定者评估出来的结果其信效度比缺乏经验者高。

纵观5种量表，瑟斯顿量表和戈特曼量表是较理想的量表，在实际应用中几乎无法实现（DeVellis，2017），但它们的测量思想却已在其他量表及测量指标和模型的构建上得到了体现。语义区分量表编制相对简单，有利于被试者理解，因此在实际研究中经常使用。至于评定量表是否包含李克特量表，或是与李克特量表有所区别，或是特指他评类的量表，在本书中我们不下定论。

三、心理评估量表的评估方式

在心理评估量表中常用的评估方式主要有两种，即自评（self-report）与他评（informant-report）。自评量表就是被试者根据自身的实际情况，对量表题目进行反应；而他评量表则是被试者根据自身所了解到的他人实际情况，对量表题目进行反应。他评量表的关键在于评定者对被评者实际情况的了解程度，因而，在他评量表中，"评定者"一般是父母、子女、兄弟姐妹或者特别熟悉的朋友等。

自评量表是使用最多的量表评估方式，但他评量表在一些情境下同样有着不可替代的作用。第一，若评估对象没有能力自主完成评估测验时，需要选用他评量表。比如评估对象的年龄较小，或存在身体残疾、脑部损伤，或有其他特殊情况无法参与评估等。第二，评估目的与评估对象的利益相关，或无法通过自评获得准确信息时，需要选用他评量表。例如，让被试者评估自身的不道德行为时，因为社会赞许的影响，可能无法得到准确的作答。第三，部分研究的目的本身就是为了评估被试者对他人的认知方式、态度、价值观等，此时也需要选用他评量表。

总的来说，研究者和实践者需要根据自身所处的实际情况合理地选择自评或他评量表作为工具。需要注意的是，为了保证测量工具在自评和他评情境下的一致性、稳定性和可比性，研究者需要对量表工具的跨评价方式的不变性进行验证，类似的研究可参考You等发表的论文（You et al.，2021）。

四、心理测量理论

测量学理论是一套用于对测量工具性能进行评估，挖掘测量数据信息的量化方法。目前，主要有三大理论框架，分别是经典测量理论（classical test theory，CTT）、项目反应理论（item response theory，IRT）和认知诊断理论（cognitive diagnostic theory，CDT）。根据提出时间的先后，测量学者又将IRT称为现代测量理论，将CDT称为新一代测量理论。三大测量理论框架，在模型的构建、测量分数的误差、适用数据的类型、潜在特质的假定上都有着很大的区分，下面我们将做简要的介绍。

1. 经典测量理论(CTT) CTT 的基本假设是认为测验的观测分数 X 等于被试者的真实心理特质水平 T 加上随机误差 E,公式表达为 X＝T＋E,又被称为真分数理论(Crocker & Algina,2006)。从 CTT 的理论公式就可以看出,要实现对被试者真实心理特质 T 的准确估计,关键在于对随机误差 E 的估计。由于随机误差的值是无法获取的,但随机误差的变异(方差)可通过信度实现估算,因此根据方差的可加性就可以估算出真实特质 T 的变异(方差)。可见,在 CTT 框架下,测验的信度是整个理论体系的核心,而方差分解的思路也在 CTT 框架下得以发展,甚至形成了一整套理论体系,即概化理论(generalizability theory,GT),感兴趣的读者可参阅 Brennan 的著作(Brennan,2001)。

2. 项目反应理论(IRT) CTT 提出了一个不可实际计算的理论模型,而 IRT 则是一套基于测量模型的理论。换而言之,IRT 构建了一系列包含心理特质水平和题目性能的作答反应模型,这些模型建立起了心理特质水平、题目性能和其他一些因素(如猜测、反应时间、评分者等)与作答反应概率之间的联系。通过被试者的实际作答信息,估算出这些模型中参数的具体数量关系(参数估计),也就实现了对测量工具和被试者的估计。从 20 世纪中叶至今,IRT 已经有了长足的发展,目前针对不同的测验类型和情境已开发出 100 多种项目反应模型,许多模型已被广泛地应用到了各类测试和评估中,具体可参见系列书籍(Van der Linden,2016a,2016b,2016c)。在本书所收集的量表中也有很多是基于 IRT 开发的。

3. 认知诊断理论(CDT) 作为新一代测量理论,CDT 也是 3 个测量理论中最为"年轻"的。与 IRT 一样,CDT 也是一套基于模型的理论。不过与 IRT 不同的是,CDT 不再将人类的作答行为理解为心理特质的表现,而是理解为心理属性(attribute)的表现。而这也与 CDT 的理论来源有关,CDT 是心理测量与认知心理学结合的产物。CDT 认为,人的作答反应取决于人的思维和决策过程,也就是对属性的掌握程度。通俗地说,被试者要答对一道包含加、减、乘、除和括号的数学题,必须先掌握加减运算,而后掌握乘除运算,最后掌握括号的使用。通过认知诊断模型的估计,能够较好地判断被试者对于知识的掌握情况,因此能够更好地实施有针对性的补救和教学。目前认知诊断模型在教育评价中使用较多,而在心理评估中的应用还有待研究者们继续探索,CDT 的具体介绍可参见 Leighton 和 Gierl 的著作(Leighton & Gierl,2007)。

五、心理评估量表的性能

1. 题目性能

(1)难度:是指测验题目的难易程度。根据这个定义,许多人认为心理评估量表的题目不存在"难度",因为题目没有难易之分。而事实上,所有类型的量表都存在"难度"，要理解这一点则需要理解难度的计算逻辑。以 CTT 中难度的计算方法为例：对于两点计分的题目而言，难度用通过率表示，即答对题目的人数除以总人数；而对于多级计分的题目而言，难度为当前题目得分的均值除以最大分值。通过简单转换就可知，两点计分题目的难度实际上是多级计分题目难度的一个特例。

可以看出 CTT 题目难度的计算方式体现了被试者总体得分的倾向性，分值越高，说明越多的被试者选对了题目或得了高分，则难度也越低。反之，分值越低，说明越多的被试者选错了题目或得了低分，则难度也越高。对应到心理评估量表中，难度反映了被试者在选择题目时的一种心理倾向，或者称为阈限。题目阈限越高，被试者越难做出正向的选择；阈限越低，则被试者越容易做出正向的选择。由此可见，心理评估量表中的题目难度（阈限）也可以提供关于被试者总体选择倾向的信息，这样的信息对于评估题目的质量自然是有价值的。通常情况下，较优的量表中大部分题目应处于中等难度（0.4～0.6）水平，少部分题目处于较难（小于 0.3）或较易（大于 0.7）水平。在 IRT 的框架下与此类似，若大多数题目的难度参数处于 ±1 个标准差之间，则说明量表难度居中。

（2）区分度：是指题目能将高能力（心理特质）水平被试者与低能力（心理特质）水平被试者区分开来的能力。在 CTT 框架下，题目区分度的计算方式通常有 3 种：一是计算题目的鉴别指数，即高分组和低分组被试者在当前题目的通过率之差；二是计算题总相关系数，即题目得分和去除当前题目得分后的总分之间的相关系数；三是计算高分组与低分组被试者在当前题目的得分上是否具有显著差异。这其中题总相关是最为推荐的，因为它完整地利用了题目的全部信息。一般来说，题总相关的区分度指标需要大于 0.3，而大于 0.4 则更优。在 IRT 的框架下，题目的区分度有着与 CTT 下相同的意义，在单维 IRT 模型中通常用 α 表示，当 α 大于 0.8（至少不低于 0.6），则说明题目具有较好的区分度。更多 IRT 模型的介绍还可参见专门的教材（Embretson & Reise, 2000；Van der Linden & Hambleton, 1996；Ostini & Nering, 2006）。

2. 量表性能

（1）信度：即可靠性、稳定性、一致性的程度，是对测验分数中随机误差的估计。它反映了测量工具得分的稳定性程度。理论上，测验信度等于测量误差方差（error variance）在测验分数总方差中所占的比例。但由于实际测量中无法直接获得测量的误差方差，因此，需要通过间接的方法对测验信度进行估计。不同的信度估计方法形成了不同的信度指标，常用的信度指标包括重测信度、分半信度、Cronbach's α 系数和 ω 系数。下面将逐一简单介绍。

第一个是重测信度，它是将测验在同一批被试者中施测 2 次，使用两次测试结果的相关系数来作为信度的估计值。因此，重测信度从某种程度上评估了不同抽样时间带来的误差。第二个是分半信度，它是先将测验题目人为地分成两半（通常的做法是奇数题一半,偶数题一半),然后求取两半题目的相关系数,并将其作为信度的估计值。第三个信度指标是 Cronbach's α 系数,它反映了测验中每道题目独立的变异在测验总变异中的占比,测验的内部一致性越高,则这个占比越低,而 α 系数的值也就越高。第四个信度指标是 ω 系数,该系数的基本逻辑来自因子分析,由于题目的因子负荷是对潜变量(真实特质)的贡献,那么就可以通过计算各题贡献率所在总误差方差中的比例来作为信度的估计值。

除了以上 4 种信度系数,研究者还可能用到适用于两点计分测验的库－里系数、利用评分者来评价测验信度的评分者信度,以及针对存在多种计分测验的分层 α 系数,这些信度指标在此不再赘述,感兴趣的读者可参见 *Educational and Psychological Measurement*(Finch & French,2019)。在诸多的信度指标中,Cronbach's α 系数是使用最多的。值得一提的是,库－里系数实际上是 α 系数的特例,同时 α 系数也是所有可能分半信度的平均值,因此,这 3 种信度也被统一视作量表的内部一致性信度,而许多研究也就不再单独呈现库－里系数和分半信度。

对于测验信度的优劣,目前尚没有一个公认的"金标准"。通常认为,如果测验的信度在 0.8 或 0.85 以上为"较优",在 0.7 以上为"可以接受"。但这个标准不可一概而论:一方面,量表的题量越少则信度越低,对于一个只有 3、4 个题目的量表而言,0.6 以上的信度已经可以接受;另一方面,测验的目的也需要考虑,对于智力测验、能力测验而言信度需要高一些(大于 0.8),而对于人格测验、态度测验而言信度可以低一些(大于 0.7)。

(2)效度:即证据和理论在多大程度上支持量表分数预定目的的解释(AERA,APA & NCME,2014)。换句话说,所编制量表分数的解释在多大程度上得到了支持,可见效度是和测量目的相关的。如果说测验信度的检验是一个估计和推断过程,那么测验效度的检验则是一个循证过程。在 2014 年版的 *Standards for Educational and Psychological Testing*(AERA,APA & NCME,2014)中,效度已不再按照类型进行区分,而是按照证据来源进行区分。在该标准中,将测验的效度证据来源归纳为 4 个方面,即测验内容的证据(evidence based on test content)、反应过程的证据(evidence based on response processes)、内部结构的证据(evidence based on internal construct)及其他变量关系的证据(evidence based on relations to other variables)。

以上 4 个方面的效度证据囊括了不同类型的效度。测验内容的效度证据主要是指内容效度,即考察测验是否很好地涵盖了测验的目标,通常使用专家评定的方法进行估计。反应过程的效度证据主要对应那些包含了认知过程、认知策略的测验,如数学测验、物理测验等。内部结构的效度证据则主要是指传统意义上的结构效度,通常使用因素分析的方法来进行检验。最后,其他变量关系的证据囊括了聚合－相容效度和效标效度,这类效度证据需要依赖于外部的标准。

六、心理评估量表的分数解释

通过心理评估量表的测量，可以对被试者的心理特质给出得分，而得分的意义则依赖于比较。心理评估量表的比较体系主要包括常模和标准两方面，因此也形成了两大类心理测验，即常模参照测验（戴海琦 2018）和标准参照测验（戴海琦 2018）。

1. 常模参照测验 由于没办法直接测量人类的心理特质，心理评估量表实际上是通过测量人的各种行为表现间接地评估被试者的心理特质。评估的结果通常都以分数的方式来呈现。根据一定的评分规则，对被试者的回答进行评判并给予相应的分数，这个分数就是被试者得到的原始分。但心理量表的得分仅仅能满足等级尺度，由此所得到的原始分仅能表示相对高低、优次等差异，而不能够进行加减处理，这就带来了比较上的问题。一方面，同一个测验不同分维度的原始分之间也不能进行比较，因为不同分测验的原始分不等距，相互之间没有可比性。比如一名被试者在智力量表算术分测验中获得 15 分（最高分为 20 分），而在词汇分测验中获得 40 分（最高分为 80 分），我们无法判断该被试者哪方面的成绩更好，因为这两个测验分数的全距不同，互相没有可比性。另一方面，无法进行跨样本、跨年龄组的比较，如被试者甲为 16 岁的青少年，在词汇分测验中获得 40 分；被试者乙为 40 岁的中年人，在同一分测验中获得 50 分，我们也无法判断两名被试者中谁的词汇水平更高，因为不同年龄的语言发展水平不同，他们也不具备可比性。

为了解决这一比较问题，我们可以对一组有代表性的人群（样本）进行测试，将他们在测验中的行为反应量化，并以某种分数的形式表达，形成一个可供比较的标准，这一群具有代表性的人群就被称为常模。依据常模的得分，就可将原始分转换成标准分，当所有得分都转换到统一的常模标尺度上后，得分与得分之间就可以进行比较了。此时，得分也就具备了解释心理特质的价值。

通常，我们会先将心理评估量表的原始得分通过常模转换成标准 Z 分数。标准 Z 分数是最基本的标准分，它是通过原始分减去常模平均分，然后除以常模标准差得到的。获得 Z 分数后，便可以根据正态分布知晓被试在常模群体中所处的位置。当每个被试者都依照常模进行分数转换后，被试者间的比较也就得以实现了。但 Z 分数存在一个缺点，就是 Z 分数是以 0 为均值，以 1 为标准差的标准分，其大多数分值分布在 −1～1 之间。不但存在小数，还包含负数，而这对缺乏统计基础的应用者来说是难以理解和不便于使用的。因此，在 Z 分数的基础上又形成了多种多样的标准分。常用的标准分包括：韦氏智力量表的智商 IQ（以 100 为均值，15 为标准差，计算公式为 100＋15Z）、明尼苏达多相人格调查表（MMPI）、艾森克人格问卷（EPQ）等量表中使用的标准 T 分（以 50 为均值，以 10 为标准差，计算公式为 50＋10Z），卡特尔 16 种人格因素问卷（16PF）中使用的标准 10 分（以 5 为均值,以 1.5 为标准差,计算公式为 5+1.5Z)等。

如果把常模视为被试者所在人群的良好代表,那么获得了标准分,也就获悉了每一名被试者在人群中所处的百分位等级,如一名被试者的 IQ 分数为 117,则相当于 85% 的百分位,也说明该被试者的智力水平比 85% 的同龄人要好。另外,也可根据常模所对应的分布来制定心理评估量表的划界分(cut-off score),如可以将 5% 的小概率区间对应的值作为量表的划界分。

然而,在测量态度的心理量表中,除了人格测验、部分兴趣测验和其他量表外,大多数心理量表都没有采用标准分来表示结果,因为发展一个标准化心理测验需要耗费大量的人力和物力。目前国内外大多数心理量表都属于等级量表,通常用原始分的平均值和标准差来表示某群体的心理特征。当然,如果有条件,研究者应尽量发展标准化的心理测验,并且用标准分代替原始分。

在理想状态下,量表和问卷都应当制定常模,形成标准化的测量工具。但实际上除了少部分智力测验、人格测验、兴趣测验外,大部分评估量表并未完成标准化。这是因为制定常模并发展一个标准化心理测验需要耗费大量的人力和物力。所以目前国内绝大多数量表都是使用原始得分,因此在使用量表得分进行结果解释和推论时要十分谨慎。

2. 标准参照测验 顾名思义,标准参照测验就是将测量的结果与某种标准进行比较,以获取对测量结果的解释。在标准参照测验中,被试者会根据制定好的标准,被划分为不同等级,如不合格、合格、良好、优秀等。标准参照测验最常见于一些技能类的测验,比如在驾驶证考试中,考生必须完成某些规定的技术动作,才能算通过。在心理评估量表中,标准参照测验会出现在临床类的量表中。事实上,《精神障碍诊断与统计手册(第 5 版)》[*Diagnostic and Statistical Manual of Mental Disorders*(5th Ed.)(DSM-5)(American Psychiatric Association,2013)]本身就可以视为一个标准参照测验,比如在抑郁诊断中就会有"几乎每天都失眠或睡眠过多""几乎每天都疲劳或精力不足"这样的条目,当被试者满足多个条目,并同时达到特定的持续时间或频率时,就会被判断为不同程度的抑郁。心理量表中的标准通常都是一些典型性的行为表现,或者由专家根据临床经验确定。当被试者的作答反应达到某些规定的标准则可以实现诊断、筛查、安置、选拔等不同的目标,同时也完成了对被试者心理特质的解释。

七、量表使用中的注意事项

1. 选择量表时的注意事项

(1)在准备选择一个心理量表时,首先,应充分了解该量表的性能与结构是否符合自己的评价目的,是否能够解决你想要解决的问题。其次,了解该量表是否有常模,以及常模样本的构成情况是否能代表你将要测评的对象所处的群体。如果没有常模，其样本的特征与你将要评估的对象差异有多大。

（2）了解该量表的心理测量学性能。如果同时有几个同类型量表可供选择，通常应选择信效度齐全、性能较好的量表，特别是那些经过大量研究反复证明性能可靠的量表。另外，一个被许多研究采用的较成熟的心理量表通常也能为结果解释提供更多的证据。

（3）了解量表的实施方法是否有特殊的要求。如果是自评量表，测验者需要评估将要测评的对象是否具有足够的阅读理解能力。如果是他评量表则需要评估评定者是否熟练掌握了该量表的评定技术。

（4）选择心理量表作为研究手段或者是对某些特殊对象进行测评时，还要考虑测验需要多长时间，一次测验持续的时间太长容易造成被试者疲劳，进而影响测验的信效度。

2. **实施测验时的注意事项**　常有初学者将心理量表的实施视为一个简单、没有多少技术含量的事情，很容易忽视的过程。但经验表明这个环节的疏漏常常会决定一次测试，甚至一个科学研究的成败，需要引起研究者足够的重视。

（1）选择正确的施测方式对保证测试结果的准确性及可靠性来说是非常重要的。由主要研究者亲自进行个别或小团体施测，并且当场回收测试量表，这样能够很好地保证测试结果的可靠性和有效性。而采用邮寄或派送问卷，事后回收或请被试者寄回的施测方式，其信效度相对难以把握。

（2）采用团体测试方法时要注意限制人数，最好是30人以下的小团体。如果测试以班级为单位，人数在50～60人，则应多配备1～2个测试人员，以便随时解答问题。如果人数超过60人，最好能分拆成两个班，或分先后两批施测。

（3）在开始正式测试前，主试者应当认真地讲解指导语，仔细地解释被试者提出的各种疑问，一般情况下应当让被试者了解测试的目的，使他们主动配合测评。

（4）如果采用当场回收测试量表的方式，那么当被试者交回量表时主试者应当快速浏览一下其回答情况，重点注意是否有漏答、多选和不清楚的情况；若有，及时要求其改正。如果发现被试者有乱答的情况，应在该卷上标明记号，事后将其作为无效卷处理。

3. **评分和结果分析时的注意事项**

（1）自评式心理量表多采用客观评分方式，不容易出现评分困难。但是他评量表容易受评定者的主观影响，所以做好测验前评定者的技能培训是关键，只有通过了一致性评价程序并符合要求的评定者才可参加正式的评定。

（2）应了解影响量表结果的各种评定者误差的来源和原因，常见的原因有以下几种。

1）不同评定者在做自评或他评量表时通常都是按照自己的理解进行评价，各自所把握的标准未必一致，可能导致评定结果不一致。清楚的指导语、不易引起歧义的条目内容有助于减少这方面误差,而良好的培训是降低他评量表这方面误差的保证。

2)光环效应(halo effect)。评定者受到被评者一个好或坏的特征不适当的影响,继而影响对被试者其他特征的判断。一个优秀的评定者应当在评价过程中时常提醒自己避免这种影响。

3)趋中误差(error of central tendency)。评分时习惯于选择量表中段,以避免极端分数。所产生的结果是分数的分布范围变窄,区分效果下降。

4)宽大误差(leniency error)。许多评定者不愿意打否定分数,使分数集中于一端。这种误差影响数据,使其呈现偏态分布,范围也变窄了。一种解决办法是编制量表时一部分条目采用否定句方式,但是在中文背景里似乎不太习惯这种表述方式,特别是使用双重否定的句子。

(3)心理量表结果的分析者必须非常熟悉该量表的各种性能,包括量表设计使用的目的和对象、常模或样本的特征及局限性、量表的信效度指标、量表的划界分或分类值的两类错误(α错误和β错误),以及灵敏度和特异度。只有结合这些指标对测验结果进行综合分析和判断,才能做出准确、可靠的结论。

(4)任何心理量表都是基于某种心理学理论、依据心理测量学原理而编制的。因此,测量结果的使用和分析者也需要掌握相应的心理学知识、心理统计与测量学原理和分析技术,甚至某些相关学科(如教育、精神医学、管理、社会等)的知识,才能对测验结果做出科学合理的解释。

(5)心理测验只是心理学研究方法中的一种,量表评估的结果有助于研究者了解、量化研究被试者的心理特征和态度,但是过分地夸大或贬低测评的效果都有失偏颇,将测验结果与其他研究和评估方法(如访谈、观察等)得到的结果进行综合分析和判断,才可能得到客观、科学的结论。

(6)使用国外的心理量表时应注意文化背景的影响。翻译的准确性、条目内容和表述方式都可能对评估的效果产生影响。一个国外引进的量表在国内应用前,至少应当证明其在中国人群中的信度和效度,并且建立相应的常模或参照标准。

总的来说,心理测验和心理评估量表是进行心理学研究的方法之一,也是用于评估人们心理特征的重要手段和工具。如果合理地运用质量可靠的心理测验和量表,正确地解释和应用测评的结果,就能够帮助我们科学客观地了解和评估研究对象的心理品质和特征。但是滥用心理测评方法和工具,错误地解释和应用测评结果,则不但得不到科学的研究结论,甚至有可能对被测对象造成心理伤害。因此,每位测验或量表的使用者都应当对这个问题给予足够的重视。

(刘　拓　戴晓阳　李雨欣)

参 考 文 献

[1] 戴海琦,张锋. 心理与教育测量. 4版. 广州:暨南大学出版社,2018.

[2] Cohen L,Manion L,Morrison K. Research Methods in Education. 8th ed. Hoboken,NJ:Taylor and Francis,2018.

[3] Taherdoost H. What Is the Best Response Scale for Survey and Questionnaire Design:Review of Different Lengths of Rating Scale/Attitude Scale/Likert Scale. International Journal of Academic Research in Management,2019,8(1):1-10.

[4] DeVellis RF. Scale Development Theory and Applications. 4th ed. California:SAGE Publications,2017.

[5] You XH,Wang MC,Xia FJ,et al. Measurement invariance of the reactive and proactive aggression questionnaire (RPQ) across self-and other-reports. Journal of Aggression,Maltreatment & Trauma,2021,30(2):261-277.

[6] Crocker L,Algina J. Intoduction to Classical and Modern Test Theory. Ohio:Wadsworth Pub Co,2006.

[7] Brennan RL. Generalizability Theory. New York:SPRINGER-VERLAG GMBH,2001.

[8] Van der Linden WJ. Handbook of Item Response Theory:Volume 1,Models. Boca Raton,Florida:CRC Press Inc,2016a.

[9] Van der Linden WJ. Handbook of Item Resopnse Theory:Volume 3,Applications. Boca Raton,Florida:CRC Press Inc,2016b.

[10] Van der Linden WJ. Handbook of Item Resopnse Theory:Volume 2,Statistical Tools. Boca Raton,Florida:CRC Press Inc,2016c.

[11] Leighton JP,Gierl MJ. Cognitive Diagnostic Assessment for Education. NY:Cambridge University Press,2007.

[12] Embretson SE,Reise SP. Item Response Theory for Psychologists. Mahwah,New Jersey:Erlbaum Publishers,2000.

[13] Van der Linden WJ,Hambleton RK. Handbook of modern item response theory. New York:SPRINGER-VERLAG GMBH,1996.

[14] Ostini R,Nering ML. Polytomous item response theory models. Newbury Park,California:Sage Publications,Inc,2006.

[15] Finch WH,French BF. Educational and psychological measurement. New York:Routledge,2019.

[16] American Educational Research Association,American Psychological Association,National Council on Measurement in Education. Standards for educational and psychological testing. Washington,DC:American Educational Research Association,2014.

[17] American Psychiatric Association. Diagnostic and statistical manual of mental disorders. 5th ed. Washington,DC:American Psychiatric Association,2013.

第**2**章

人格评估量表

一、中国大五人格问卷（简式版）（CBF-PI-B）

【概述】

在过去的半个多世纪里，大五人格模型［外向性（extraversion）、神经质（neu-roticism）、尽责性（conscientiousness）、开放性（openness）、宜人性（agreeableness）］得到了广泛的研究并被证明具有跨语言、跨文化和跨评定者的稳定性，而且在维度层面上得到了人格心理学家的普遍接受。

近些年来，随着大五人格理论的完善及相应人格测验的成熟，越来越多的研究者采用大五人格测验来评估个体的人格特征。据 John 等的统计，传统人格测验（16PF、EPI 和 EPQ）的使用在 1995 年之前尚保持稳定的比例，但随着大五人格问卷的广泛应用，其使用比例日益缩小。2000 年之后，大五人格问卷的使用量已占绝对优势。有研究者统计，2005—2009 年大五人格问卷的使用量大约是传统问卷使用量的 7 倍，这说明大五人格问卷和（或）大五人格模型已被越来越多的研究者所接受和使用。

在国内，虽然西方五因素人格量表（NEO-PI-R）已由戴晓阳及其同事修订并开展了一些研究，但是 NEO-PI-R 中文版仍存在一些不足，同时由于版权等原因该问卷一直未能在国内研究和实践中推广。为了弥补这些不足，王孟成和戴晓阳等编制了一份适合中国人语言表达习惯、信效度良好，且拥有自己知识产权的人格问卷——"中国大五人格问卷"（Chinese big five personality inventory，CBF-PI）。该问卷包含了 134 个条目，测量 22 个侧面特质，在大学生群体中具有优良的心理测量学特性。

然而，在实际应用中，有些研究并不是为了对人格特质进行详尽的分析，加上完整版量表在具体施测过程中需要较长的时间，因此在某些特殊的场合或对于某些特殊群体不太适合。为此，王孟成和戴晓阳等在 CBF-PI 的基础上，挑选合适的条目组成了一个用于测量大五维度的中国大五人格问卷(简式版)(Chinese big five personality inventory brief version，CBF-PI-B)，以满足这些研究者的需要。

【内容及实施方法】

CBF-PI-B包含40个题目，每个维度分别有8个条目(表2-1)。各维度条目选择时平衡了统计指标与条目内容，因此这8个条目能够很好地涵盖完整版问卷的概念范围。问卷采用6级计分：1＝完全不符合；2＝大部分不符合；3＝有点不符合；4＝有点符合；5＝大部分符合；6＝完全符合。

表2-1　CBF-PI-B所测量的人格特征及对应条目

维度	主要测量的人格特征	具体条目
神经质(N)	个体在情绪稳定性和体验负性情绪方面的个体差异	1、6、11、16、21、26、31、36
尽责性(C)	个体按照社会规范的要求控制冲动的倾向，以任务和目标为导向，延迟满足，以及遵守规范和纪律等方面的个体差异	2、7、12、17、22、27、32、37
宜人性(A)	个体对人性及他人(遭遇)表现出的同情心和人文关怀	3、8、13、18、23、28、33、38
开放性(O)	个体对待新事物、新观念和新异刺激的态度和行为差异	4、9、14、19、24、29、34、39
外向性(E)	个体神经系统的强弱和动力特征	5、10、15、20、25、30、35、40

注：其中反向计分的条目有7个，包括5、8、13、15、18、32和36。

计分方法：首先将反向题目反向计分，然后将各维度题目相加得到各维度分。

【测量学指标】

CBF-PI-B最先在大学生群体中验证了信效度指标。广东省、江西省和福建省6所高校的1221名在校大学生参加了测试，其中男生454人，女生754人(13人没有报告性别)。随后，夏结等和樊洁等对护士群体($n=356$)和乳腺癌患者($n=529$)，以及141名健康成人作为对照组，分别进行了心理测量学特性研究。

1. 因子结构　40个条目中有35个(87.5%)条目的共同度在0.3以上，有5个条目的共同度接近0.3。因素负荷没有明显跨负荷的条目出现，5个因子可解释总体方差的43.49%，每个因子解释方差比例基本相同，为8%～9%。

夏结等采用验证性因素分析(极大似然估计)，在护士群体中得到的拟合指标分别为：$\chi^2/df = 2.728$，拟合优度指数（GFI）＝0.878，调整拟合优度指数（AGFI）＝0.849，比较拟合指数（CFI）＝0.853，增量拟合指数（IFI）＝0.844，非规范拟合指数（TLI）＝0.802，近似误差均方根（RMSEA）＝0.064。樊洁等在乳腺癌患者中得到的拟合指标分别为：$\chi^2/df = 5.778$，RMSEA＝0.095，CFI＝0.924，规范拟合指数（NFI）＝0.910，TLI＝0.905。

2. 区分与聚合效度　简式版量表各因子与完整版量表对应因子的相关系数均在0.85以上，最小0.886（神经质），最大0.922（宜人性），与完整版量表非对应因子的相关除了O-b和E相关系数在中等以上水平之外，其他相关系数均在0.4以下（表2-2）。简式版量表各因子间除了开放性和外向性间达到中等水平的显著相关外，其他因子间的相关水平均较低。

表2-2　CBF-PI-B与完整版因子间相关系数矩阵

维度	N-b	E-b	C-b	O-b	A-b
N-b					
E-b	−0.266				
C-b	−0.248	0.201			
O-b	−0.121	0.407	0.207		
A-b	−0.123	0.197	0.277	0.219	
N	**0.886**				
E	−0.233	**0.921**			
C	−0.411	0.297	**0.887**		
O	−0.047[a]	0.364	0.199	**0.885**	
A	−0.200	0.268	0.316	0.250	**0.922**

注：N-b，E-b，C-b，O-b，A-b表示简式版各维度的简称；除a无显著相关外，其他相关系数均在0.01的水平上显著相关。

CBF-PI-B各因子与NEO-PI-R对应因子间的相关系数为：宜人性0.358、外向性0.761、开放性0.660、神经质0.736和尽责性0.846，均达到统计学意义上的显著水平。

CBF-PI-B与大五人格问卷（big five inventory，BFI）对应因子间的相关系数均在中等及较高水平，分别为：开放性0.80、外向性0.66、宜人性0.58、尽责性0.82和神经质0.83，均在0.01的水平上显著相关。

在胰腺癌患者群体中，神经质因子与贝克焦虑量表和流调中心用抑郁量表的相关系数分别为：0.52和0.50（$P<0.01$）。在护士群体中，神经质因子与抑郁焦

虑压力量表（中文简式版）3个因子间的相关系数分别为：抑郁分量表0.530，焦虑分量表0.524，压力分量表0.593。上述效标测量与其他4个因子间的相关系数（绝对值）介于0.1~0.2。

3. 信度指标　表2-3的结果呈现了CBF-PI-B各因子在不同群体中的信度信息。总的来说，CBF-PI-B的α系数和重测系数均比较理想。

表2-3　CBF-PI-B描述性统计与信度系数

维度	大学生（M±SD）		大学生		患者		护士	
	男	女	α系数	重测[a]	α系数	重测[b]	α系数	重测[c]
E-b	31.09±7.24	30.76±6.94	0.81	0.81	0.92	0.67	0.74	0.78
C-b	32.90±6.64	33.29±6.52	0.80	0.69	0.92	0.82	0.75	0.72
O-b	32.60±6.74	31.97±6.18	0.81	0.73	0.93	0.71	0.75	0.74
A-b	36.29±6.30	37.71±5.65	0.78	0.81	0.89	0.79	0.72	0.75
N-b	24.97±7.06	26.91±7.47	0.76	0.67	0.95	0.82	0.77	0.75

注：a＝重测间隔1个月左右，$n=54$；b＝间隔2周，$n=50$；c＝间隔8周，$n=35$。

【结果分析与应用情况】

目前，CBF-PI-B在成人群体中的心理测量学特性均比较理想，在青少年群体和其他特殊群体中的心理测量学结果还有待进一步检验。

（王孟成　戴晓阳）

参 考 文 献

[1] 戴晓阳，姚树桥，蔡太生，等. NEO个性问卷修订本在中国的应用研究. 中国心理卫生杂志，2004，18(3)：170-174.

[2] 王孟成，戴晓阳，姚树桥. 中国大五人格问卷的初步编制Ⅰ：理论框架与信度分析. 中国临床心理学杂志，2010(a)，18(5)：545-548.

[3] 王孟成，戴晓阳，姚树桥. 中国大五人格问卷的初步编制Ⅱ：效度分析. 中国临床心理学杂志，2011，19(6)：687-690.

[4] 王孟成，戴晓阳，姚树桥. 中国大五人格问卷的初步编制Ⅲ：简式版的制定及信效度检验. 中国临床心理学杂志，2011，19(4)：454-457.

[5] 夏结，吴大兴，钟雪，等. 中国大五人格问卷-简版在护士群体应用中的信效度. 中国健康心理学杂志，2013，21(17)：1684-1687.

[6] 樊洁，朱熊兆，唐利立，等. 中国大五人格问卷简式版在乳腺癌患者中的应用. 中国临床心理学杂志，2013，21(5)：783-785.

[7] John OP, Naumann LR, Soto CJ. Paradigm Shift to the Integrative Big Five Trait Taxono-

my：History，Measurement，and Conceptual Issues//John OP，Robins RW，Pervin LA. Handbook of Personality：Theory and Research. 3th. New York：The Guilford Press，2008：114-158.

附：中国大五人格问卷(简式版)(CBF-PI-B)

（王孟成、戴晓阳编制）

指导语：以下是一些描述个体性格特点的句子，请根据每个句子与你的性格相符程度在相应的数字上画"○"。

例如："在集体活动中，我是个活跃分子"是对你非常恰当的描述，那么请你在"6＝完全符合"上画"○"，依此类推。每个人的性格各不相同，所以答案没有对错之分，请根据你的实际情况作答。其中，1＝完全不符合；2＝大部分不符合；3＝有点不符合；4＝有点符合；5＝大部分符合；6＝完全符合。

		完全不符合	大部分不符合	有点不符合	有点符合	大部分符合	完全符合
1	我常常感到害怕	1	2	3	4	5	6
2	一旦确定了目标，我会坚持努力地实现它	1	2	3	4	5	6
3	我觉得大部分人基本上是心怀善意的	1	2	3	4	5	6
4	我头脑中经常充满生动的画面	1	2	3	4	5	6
5	我对人多的聚会感到乏味*	1	2	3	4	5	6
6	有时我觉得自己一无是处	1	2	3	4	5	6
7	我常常是仔细考虑之后才做出决定	1	2	3	4	5	6
8	我不太关心别人是否受到不公正的待遇*	1	2	3	4	5	6
9	我是个勇于冒险、突破常规的人	1	2	3	4	5	6
10	在热闹的聚会上，我常常表现主动并尽情玩耍	1	2	3	4	5	6
11	别人一句漫不经心的话，我常常会联系在自己身上	1	2	3	4	5	6
12	别人认为我是个慎重的人	1	2	3	4	5	6
13	我时常觉得别人的痛苦与我无关*	1	2	3	4	5	6
14	我喜欢冒险	1	2	3	4	5	6

		完全 不符合	大部分 不符合	有点 不符合	有点 符合	大部分 符合	完全 符合
15	我尽量避免参加人多的聚会和处于嘈杂的环境 *	1	2	3	4	5	6
16	在面对压力时,我有种快要崩溃的感觉	1	2	3	4	5	6
17	我喜欢一开头就把事情计划好	1	2	3	4	5	6
18	我是那种只照顾好自己,不替别人担忧的人 *	1	2	3	4	5	6
19	我对许多事情有着很强的好奇心	1	2	3	4	5	6
20	有我在的场合一般不会冷场	1	2	3	4	5	6
21	我常常担忧一些无关紧要的事情	1	2	3	4	5	6
22	我对待工作或学习很勤奋	1	2	3	4	5	6
23	虽然社会上有一些骗子,但我觉得大部分人还是可信的	1	2	3	4	5	6
24	我身上拥有别人没有的冒险精神	1	2	3	4	5	6
25	在一个团体中,我希望处于领导地位	1	2	3	4	5	6
26	我常常感到内心不踏实	1	2	3	4	5	6
27	我是一个倾尽全力做事的人	1	2	3	4	5	6
28	当别人向我诉说不幸时,我常常感到难过	1	2	3	4	5	6
29	我渴望学习一些新东西,即使它们与我的日常生活无关	1	2	3	4	5	6
30	别人大多认为我是一个热情和友好的人	1	2	3	4	5	6
31	我常常担心会有什么不好的事情发生	1	2	3	4	5	6
32	在工作上,我时常只求能应付过去便可 *	1	2	3	4	5	6
33	尽管人类社会存在着一些阴暗面(如战争、罪恶、欺诈),但我仍然相信人性是善良的	1	2	3	4	5	6

（续 表）

		完全 不符合	大部分 不符合	有点 不符合	有点 符合	大部分 符合	完全 符合
34	我的想象力相当丰富	1	2	3	4	5	6
35	我喜欢参加社交与娱乐聚会	1	2	3	4	5	6
36	我很少感到忧郁或沮丧*	1	2	3	4	5	6
37	做事讲究逻辑和条理是我的一个特点	1	2	3	4	5	6
38	我时常为那些遭遇不幸的人感到难过	1	2	3	4	5	6
39	我很愿意也很容易接受那些新事物、 新观点、新想法	1	2	3	4	5	6
40	我希望成为领导者而不是被领导者	1	2	3	4	5	6

注：* 为反向计分题。

二、中国大五人格问卷（极简式版）（CBF-PI-15）

【概述】

大五人格模型包括外向性、宜人性、尽责性、神经质和开放性5个维度因素（John，Naumann & Soto，2008；John & Srivastava，1999），并被证明具有跨语言、跨评定者和跨文化的稳定性。

王孟成等（2010a；2010b）以大五人格模型为理论框架，编制了一份适合中国人语言表达习惯、信效度良好，且拥有自己知识产权的人格问卷——"中国大五人格问卷"（CBF-PI）和中国大五人格问卷（简式版）（CBF-PI-B，2011）。"中国大五人格问卷"共包含134个条目和22个侧面特质，具有较好的内部一致性信度和重测信度；在维度层面上的内部一致性α系数介于0.83（宜人性）～0.91（尽责性），平均0.878；间隔10周的重测系数在维度层面上均达到了0.8左右的相关，最小0.78（外向性），最大0.86（尽责性）；在效标关联效度方面，CBF-PI与NEO-PI-R中文版5个对应维度间的相关系数介于0.45（宜人性）～0.62（外向性），特质因子间的相关系数多在0.4左右，均达到统计学意义上的显著水平。

而CBF-PI-B含有40个条目，每个维度分别包括8个条目，各维度具有较好的信度系数，内部一致性系数介于0.764（宜人性）～0.814（神经质），平均0.793；间隔10周的重测系数介于0.672（宜人性）～0.811（开放性），平均0.742。简式版五因子结构较为清晰，共可解释总方差变异的43.49%；各因子与完整版量表对应因子间的相关系数均在0.85以上，各因子与NEO-PI-R对应因子间的相关系数介于0.358（宜人性）～0.846（尽责性），各因子与大五人格问卷（BFI）对应因子间的相关系数介于0.584(宜人性)～0.826(神经质),均在0.01水平上显著相关。CBF-PI和CBF-PI-B在国内得到较为广泛的应用(樊洁 等,2013;夏结 等,2013)。

当前简式版问卷开发成为主要流行趋势。冗长的量表题目会致使被试者处于负面情绪中,内心受挫而导致烦躁、疲惫,或是不能完成问卷,进而导致最终结果具有较大的测量误差,而简式版问卷弥补了上述不足,具有不可替代的优势。为此,在此研究中,笔者通过挑选极简式版问卷中的部分条目编制具有合理结构的15条目的中国大五人格问卷(CBF-PI-15),并且测量此简式版问卷的性能,使该问卷能够成为国内测量中国人格的简式版适用问卷。并希冀该问卷在保留原版问卷优良特性的同时,可以丰富简式版中国大五人格问卷的种类,在今后的研究中发挥简式版问卷的优势,以得到广泛应用。

【内容及实施方法】

CBF-PI-15采用李克特量表6点计分法:1代表完全不符合;2代表大部分不符合;3代表有点不符合;4代表有点符合;5代表大部分符合;6代表完全符合。其中,2(5)、5(15)为反向计分题;7(21)、11(26)、12(31)属于神经质维度;6(17)、8(22)、15(37)属于尽责性维度;1(3)、9(23)、13(33)属于宜人性维度;3(9)、4(14)、10(24)属于开放性维度;2(5)、5(15)、14(35)属于外向性维度。

【测量学指标】

以下包括两个样本。样本1的数据来自网络调查,共有10 738名参与者(62.4%为男性),年龄为17～57岁,平均33.90岁,标准差9.39岁。样本2的数据来自广州大学256名在读学生,其中32.0%为男性,年龄为18～35岁,平均21.26岁,标准差3.06岁。

1. 信 度 在样本1和样本2中,CBF-PI-B与CBF-PI-15的内部一致性α系数如表2-4所示。

表2-4 描述性统计

样本	维度	α系数	MIC	平均值	标准差	题目数
	CBF-PI-B					40
样本1	E	0.762	0.284	28.05	7.596	8
	A	0.736	0.260	34.75	6.724	8
	C	0.771	0.298	33.86	6.971	8
	N	0.812	0.349	27.56	8.452	8
	O	0.765	0.289	31.12	7.167	8
	CBF-PI-15					15
	E	0.738	0.484	9.18	3.910	3

（续　表）

样本	维度	α系数	MIC	平均值	标准差	题目数
	A	0.740	0.487	12.88	3.476	3
	C	0.611	0.344	12.78	3.204	3
	N	0.747	0.496	10.71	4.004	3
	O	0.803	0.577	9.02	3.942	3
样本2	CBF-PI-B					40
	E	0.780	0.308	29.25	6.089	8
	A	0.745	0.270	34.70	4.942	8
	C	0.779	0.308	33.14	5.278	8
	N	0.859	0.435	25.49	6.992	8
	O	0.781	0.309	32.05	5.361	8
	CBF-PI-15					15
	E	0.721	0.463	10.61	3.009	3
	A	0.769	0.527	13.17	2.550	3
	C	0.612	0.347	12.08	2.421	3
	N	0.809	0.584	9.85	3.062	3
	O	0.811	0.589	10.32	2.989	3

注：MIC＝平均相关系数（mean interitem correlation）。

2. 结构效度　将样本1随机分为被试者数目等同的样本A与样本B，每一样本包括5369名参与者。采用样本A对CBF-PI-B进行探索性因素分析（exploratory factor analysis，EFA），选取每一维度中因子负荷最高的3个题目组成CBF-PI-15。采用样本B对CBF-PI-15进行验证性因素分析（confirmatory factor analysis，CFA），结果各项拟合指标良好：$\chi^2=918.882$，$df=80$，CFI＝0.946，TLI＝0.929，RMSEA（90% CI）＝0.044[0.042,0.047]，SRMR＝0.040。EFA和CFA均采用MPLUS 7.4稳健似然估计和斜交旋转。

3. 测量等值（measurement invariance，MI）　对样本1进行性别分组（男性6698名；女性4040名）、年龄分组（17～20岁611名；21～24岁1095名；25～29岁2296名；30～39岁3772名；40岁以上2964名），MI分析包括形态不变性、弱不变性、强不变性和误差方差不变性4种水平，本研究中各组ΔCFI和ΔTLI均≤0.01。此外，潜均值等值检验结果与先前研究发现相一致（Schmitt et al.，2008；Soto et al.，2011；Terracciano et al.，2005）。我们发现，女性神经质与宜人性水平高于男性，且女性神经质水平波动较大；随着年龄增长，宜人性和尽责性水平呈上升趋势，而神经质水平呈下降趋势；年长男性相较于年轻男性表现出高水平的宜人性和尽责性，以及低水平的神经质和开放性，但在外向性水平方面无差异。具体结果如图 2-1～图 2-3 所示。

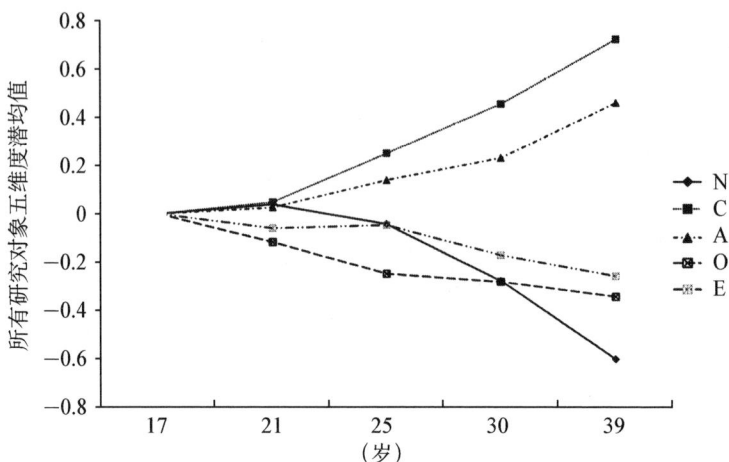

图 2-1 不同年龄组别的五维度潜均值

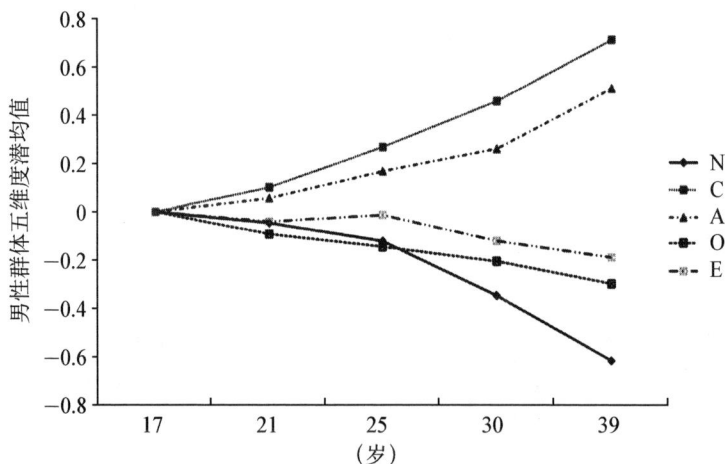

图 2-2 男性群体中不同年龄组别的五维度潜均值

4. 聚合效度 Mao 等（2018）的研究表明尽责性、外向性、开放性和宜人性与冲动性呈负相关，而神经质与冲动性呈正相关。Watson 和同事（1988）指出，高神经质水平的被试者更易体验消极情绪，因此神经质与焦虑、抑郁有着密切联系。本研究结果与相关研究（Kadimpati et al.，2015；Kashdan，2007）结果相一致，冲动性

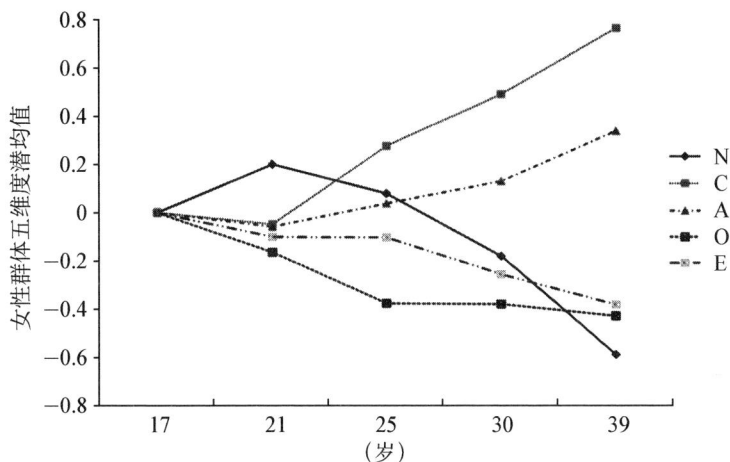

图 2-3 女性群体中不同年龄组别的五维度潜均值

与尽责性呈显著负相关($r=-0.646$,$P<0.001$),且与神经质呈显著正相关($r=0.303$,$P<0.001$)。抑郁和焦虑均与神经质呈显著正相关($r=0.500$,$P<0.001$;$r=0.566$,$P<0.001$),与其他 4 个人格维度呈显著负相关。具体结果如表 2-5 所示。

5. 效标关联效度 Hu 等(2010)的研究表明神经质会导致吸烟概率的增加,而 Mezquita 和他的同事(2010)则认为,酒精相关问题与神经质和低尽责性之间存在直接或间接的关联,包括饮酒导致的抑郁、饮酒导致的焦虑及酗酒导致的增强动机。Schneider 和 Preckel(2017)认为尽责性与学业成绩呈显著相关,尤其是在高等教育领域。笔者发现大学生样本结果与之前的研究结果有较高的一致性。如表 2-5 所示,吸烟和饮酒都与开放性($r=0.202$,$P<0.001$;$r=0.207$,$P<0.001$)呈

表 2-5 CBF-PI-B 与效标的 Pearson 相关系数

项目	N	C	A	O	E
吸烟	-0.092	-0.011	-0.070	0.202***	0.104
饮酒	-0.023	0.008	-0.031	0.207***	0.116
学业表现	-0.140*	0.313***	0.086	0.130*	0.122
BIS-Brief	0.303***	-0.646***	-0.035	-0.107	-0.195**
PHQ-9	0.500***	-0.242***	-0.181**	-0.078	-0.252***
GAD-7	0.566***	-0.128*	-0.152*	-0.106	-0.257***

注:BIS-Brief=Barratt 冲动量表简式版;PHQ-9=患者健康问卷(PHQ)-9;GAD-7=一般焦虑障碍筛查表(GAD)-7。*** $P<0.001$;** $P<0.01$;* $P<0.05$。

显著正相关,以及与外向性($r=0.104,P>0.05$;$r=0.116,P>0.05$)呈正相关,但与神经质、尽责性及宜人性表现出低负相关($r=0.086\sim0.313$)。此外,5个人格维度均与学业成绩相关,其中尽责性与学业成绩呈显著正相关($r=0.313,P<0.001$),神经质与学业成绩表现出负相关($r=-0.140,P<0.01$)。

【结果分析与应用情况】

大五人格结构研究深刻影响了个体差异研究(Goldberg,1993),而开发测量特性良好、题量合适的大五人格问卷成为关键。基于 CBF-PI-B 的 15 条目的 CBF-PI-15 具备良好的因子结构、信效度及等值特性,在一定程度上节省了作答时间,避免了参与者作答过程中产生消极情绪,从而可减少测量误差。由此可见,CBF-PI-15 可广泛用于相关研究,特别是作答时间有限、包含问卷较多的大型调查。但 CBF-PI-15 也存在自身的不足,特别是由于题量较少不能全面覆盖 5 个维度的全面概念领域,只能作为简要了解大五特质的方便工具,如果是高风险测量还是建议使用全式大五人格工具。

(王孟成　张新彤)

参 考 文 献

[1] 樊洁,朱熊兆,唐利立,等.中国大五人格问卷简式版在乳腺癌患者中的应用.中国临床心理学杂志,2013,21(5):783-785.

[2] 罗杰,戴晓阳."大五"人格测验在我国使用情况的元分析.中国临床心理学杂志,2011,19(6):740-742.

[3] 王孟成,戴晓阳,姚树桥.中国大五人格问卷的初步编制Ⅰ:理论框架与信度分析.中国临床心理学杂志,2010a,18(5):545-548.

[4] 王孟成,戴晓阳,姚树桥.中国大五人格问卷的初步编制Ⅱ:效度分析.中国临床心理学杂志,2010b,18(6):687-690.

[5] 王孟成,戴晓阳,姚树桥.中国大五人格问卷的初步编制Ⅲ:简式版的制定及信效度检验.中国临床心理学杂志,2011,19(4):454-457.

[6] 夏结,吴大兴,钟雪,等.中国大五人格问卷-简版在护士群体应用中的信效度.中国健康心理学杂志,2013,21(11):1684-1687.

[7] Goldberg LR. The structure of phenotypic personality traits. American Psychologist,1993,48(1):26-34.

[8] Hu S,Brody CL,Fisher C,et al. Interaction between the serotonin transporter gene and neuroticism in cigarette smoking behavior. Molecular Psychiatry,2000,5(2):181-188.

[9] John OP,Naumann LP,Soto CJ. Paradigm shift to the integrative Big Five trait taxonomy: History,measurement,and conceptual issues//John OP, Robins RW,Pervin LA. Handbook of personality:Theory and research. 3th ed. New York:Guilford,2008:114-158.

[10] John OP,Srivastava S. The Big Five trait taxonomy:History,measurement,and theoretical

perspectives//Pervin LA, John OP. Handbook of Personality：Theory and Research. 2th. New York：Guilford Press，1999：102-138.

［11］Kadimpati S，Zale EL，Hooten MW，et al. Associations between neuroticism and depression in relation to catastrophizing and pain-related anxiety in chronic pain patients. Plos One，2015，10(4)：1-11.

［12］Kashdan TB. Social anxiety spectrum and diminished positive experiences：Teoretical synthesis and meta-analysis. Clinical Psychology Review，2007，27(3)：348-365.

［13］Mao T，Pan W，Zhu Y，et al. Self-control mediates the relationship between personality trait and impulsivity. Personality and Individual Differences，2018，129：70-75.

［14］Mezquita L，Stewart SH，Ruipérez MÁ. Big-five personality domains predict internal drinking motives in young adults. Personality and Individual Differences，2010，49(3)：240-245.

［15］Schmitt DP，Realo A，Voracek M，et al. Why can't a man be more like a woman? Sex differences in big five personality traits across 55 cultures. Journal of Personality and Social Psychology，2008，94(1)：168-182.

［16］Schneider M，Preckel F. Variables associated with achievement in higher education：a systematic review of meta-analyses. Psychological Bulletin，2017，143(6)：565-600.

［17］Soto CJ，John OP，Gosling SD，et al. Age differences in personality traits from 10 to 65：big five domains and facets in a large cross-sectional sample. Journal of Personality and Social Psychology，2011，100(2)：330-348.

［18］Terracciano A，Mccrae RR，Brant LJ，et al. Hierarchical linear modeling analyses of the NEO-PI-R scales in the Baltimore longitudinal study of aging. Psychology and Aging，2005，20(3)：493-506.

［19］Watson D，Clark LA，Tellegen A. Development and validation of brief measures of positive and negative affect：Te PANAS scales. Journal of Personality and Social Psychology，1988，54(6)：1063-1070.

附：中国十五人格问卷(极简式版)(CBF-PI-15)

（王孟成等编制）

指导语：以下是一些描述个体性格特点的句子，请根据每个句子与你的性格相符程度，在相应的数字上画"○"。其中，1＝完全不符合；2＝大部分不符合；3＝有点不符合；4＝有点符合；5＝大部分符合；6＝完全符合。

		完全不符合	大部分不符合	有点不符合	有点符合	大部分符合	完全符合
1	我觉得大部分人是心怀善意的	1	2	3	4	5	6
2	我对人多的聚会感到乏味	1	2	3	4	5	6
3	我是个勇于冒险、突破常规的人	1	2	3	4	5	6
4	我喜欢冒险	1	2	3	4	5	6

（续　表）

		完全 不符合	大部分 不符合	有点 不符合	有点 符合	大部分 符合	完全 符合
5	我尽量避免参加人多的聚会和处于嘈杂的环境	1	2	3	4	5	6
6	我喜欢一开头就把事情计划好	1	2	3	4	5	6
7	我常常担忧一些无关紧要的事情	1	2	3	4	5	6
8	我工作或学习都很勤奋	1	2	3	4	5	6
9	虽然社会上有一些骗子，但我觉得大部分人还是可信的	1	2	3	4	5	6
10	我身上拥有别人没有的冒险精神	1	2	3	4	5	6
11	我常常感到内心不踏实	1	2	3	4	5	6
12	我时常担心会有什么不好的事情发生	1	2	3	4	5	6
13	尽管人类社会存在着一些阴暗面（如战争、罪恶、欺诈），我仍然相信人性是善良的	1	2	3	4	5	6
14	我喜欢参加社交与娱乐聚会	1	2	3	4	5	6
15	做事讲究逻辑和条理是我的一个特点	1	2	3	4	5	6

三、中文形容词大五人格量表（简式版）（BFFP-CAS）

【概述】

作为当前国际上最具影响力的人格特质理论模型——"大五因素"结构模型（外向性、宜人性、尽责性、神经质、开放性）在过去的60多年里得到了心理学研究者深入广泛的研究，并被证明具有较好的跨语言、跨文化、跨种族、跨评定者的一致性和稳定性，特别是在人格维度层面得到了人格心理学家的认同与接受。近年来，随着"大五"人格理论的日趋成熟，以该模型为理论依据所编制的人格测验也被越来越多的研究者所使用，尤其在人才测评、临床心理评估、心理咨询等领域，其作用得到普遍的认可。

目前，国际上基于"大五"人格理论编制的人格测验主要有3种形式：即句子式、短语式和形容词式。其中Costa和McCrea（1992）编制的NEO-PI-R和五因素性格量表（NEO-FFI）是句子式的主要代表。John、Donahue和Kentle（1991）编制的大五人格问卷（BFI）被认为是短语式的代表，而Goldberg（1992）编制的特质形容词量表（TDA）是使用最为普遍的人格特质形容词式的代表。在国内，已有的两个自编大五人格测验和 NEO-PI-R 中文修订本都是采用句子式测验方式,而国内尚少有研究者采用形容词和短语这两种方式编制大五人格测验。关于这 3 种人格测验方式的优缺点存在较大争议:①从施测时间来考虑,完成 BFI 大约只需 5 分钟,而 TDA 和 NEO-PI-R 相对需要更长的时间;②从测验条目考虑,TDA 的测验形式无疑是最简单方便的,其次为 BFI;③从测量信息考虑,NEO-PI-R 无疑是最适用的。另外,借助元分析的结果发现形容词式大五人格测验的测验信度较优于句子式和短语式。

鉴于上述考虑,罗杰和戴晓阳(2015)以"大五"人格模型为结构框架,运用人格研究的心理语言学方法编制了能够同时测量人格维度和特质层面、符合中国人语言表达习惯、信效度良好的中文形容词大五人格量表(Chinese adjectives scale of big five factor personality,BFFP-CAS)。该量表包括 104 个条目,测量了 5 个人格维度和 26 个侧面特质,且在大学生群体中具有较好的测量学性能。而中文形容词大五人格量表(简式版)则是在其所编制的中文形容词大五人格量表完整版的基础上编制而成,简式版主要测量了人格层面的 5 个维度(E、A、C、N 和 O)。

【内容及实施方法】

中文形容词大五人格量表(简式版)是一个自评量表,主要测量外向性、宜人性、尽责性、神经质和开放性 5 个人格维度,共 20 个条目。测验条目采用双极形容词形式,计分则采用 6 点评分方法。以"外向的—内向的"为例,1 表示完全接近外向的,2 表示比较接近外向的,3 表示有点接近外向的,4 表示有点接近内向的,5 表示比较接近内向的,6 表示完全接近内向的。

5 个人格维度的条目分别是:外向性(1、6、11、16),主要反映被试者神经系统的强弱和动力特征;宜人性(2、7、12、17),主要反映被试者人际交往中的人道主义或仁慈方面;尽责性(3、8、13、18),主要反映被试者人格特征与意志有关的内容和特点;神经质(4、9、14、19),主要反映被试者情绪的状态,体验内心苦恼的倾向性;开放性(5、10、15、20),主要反映被试者对体验的开放性、智慧和创造性。其中,4、9、14、19 条目为反向计分题。每个人格维度的条目得分之和反映了被试者相应人格特征的状况。

计分方法:首先将反向条目进行反向计分转换,然后再将各人格维度的条目得分相加得到各人格维度的分数。

【测量学指标】

正式样本为来自广东、湖北、重庆和四川等 7 所高校的在校大学生和研究生共 1208 例,其中男生 531 例(49.96%),女生 677 例(56.04%),年龄为 17~30 岁,平均 20.52 岁。

1. 因子结构 采用主轴因子抽取法对 20 个条目进行探索性因素分析,发现特征值大于 1 的因子有 5 个,且根据碎石图检验可以直观地发现保留 5 个因子是比较理想的,并用斜交旋转方法对这5个初始因子进行旋转,得到的5因子模型与原假设相吻合。全部条目的共同度均在0.35以上,因素负荷没有出现跨负荷现象,5个因子的累计方差解释率为51.642%。

2. 区分与聚合效度　简式版量表各维度与完整版量表对应因子的相关系数分别为:外向性0.903、宜人性0.888、尽责性0.879、神经质0.854和开放性0.880,P值均小于0.01;与NEO-FFI(NEO-five factor inventory)对应因子的相关系数分别为:外向性0.610、宜人性0.474、尽责性0.697、神经质0.604和开放性0.373,P值均小于0.01;与中国大五人格问卷(简式版)(Chinese big five personality inventory brief,CBF-PI-B)对应因子的相关系数分别为:外向性0.622、宜人性0.516、尽责性0.722、神经质0.623和开放性0.582,P值均小于0.01;与双极评定量表(50 bipolar adjective rating scales,50-BRS)对应因子的相关系数分别为:外向性0.682、宜人性0.537、尽责性0.696、神经质0.711和开放性0.601,P值均小于0.01;与BFI(大五人格问卷)对应因子的相关系数分别为:外向性0.610、宜人性0.771、尽责性0.770、神经质0.638和开放性0.496,P值均小于0.01。

3. 信度指标　简式版量表中外向性、宜人性、尽责性、神经质和开放性5个维度的内部一致性(α系数)分别为0.846、0.72、0.719、0.777和0.849。对73例样本间隔2周后进行重测,外向性、宜人性、尽责性、神经质和开放性重测信度分别为0.877、0.766、0.814、0.828和0.889,P值均小于0.01。

【结果分析与应用情况】

由于该量表刚完成编制工作,实际应用效果尚有待后续研究结果的进一步验证。

(罗　杰　戴晓阳)

参 考 文 献

[1] 罗杰,戴晓阳."大五"人格测验在我国使用情况的元分析.中国临床心理学杂志,2011,19:740-742.

[2] 罗杰,戴晓阳.人格测验中条目呈现方式与记分方式的效应初探.中国临床心理学杂志,2015.

[3] John OP,Naumann LR,Soto CJ. Paradigm Shift to the Integrative Big Five Trait Taxonomy:History, Measurement, and Conceptual Issues//John OP, Robins RW, Pervin LA. Handbook of Personality:Theory and Research. 3th. New York:The Guilford Press,2008:114-158.

[4] Costa PT,McCrae RR. NEO-PI-R. Professional manual. Odessa,FL:Psychological Assessment Resources. Inc,1992.

[5] John OP,Donahue EM,Kentle RL. The Big Five Inventory—Versions 4a and 54. Berkeley:

University of California at Berkeley, Institute of Personality and Social Research, 1991.

[6] Goldberg LR. The development of markers for the Big-Five factor structure. Psychological Assessment, 1992, 4:26-42.

附：中文形容词大五人格量表（简式版）

（罗杰、戴晓阳编制）

指导语：以下是一些描述个体性格特点的形容词，其中每一组词语彼此之间都是对立的两极。请根据自己的真实感受选出最符合自己的描述，并在对应的数字上画"○"。由于每个人的性格特点各不相同，所以答案没有对错之分，请根据你的实际情况作答。

我认为自己是一个……人。

	完全接近	比较接近	有点接近	有点接近	比较接近	完全接近	
1. 缄默的	1	2	3	4	5	6	健谈的
2. 猜疑的	1	2	3	4	5	6	信赖的
3. 杂乱无章的	1	2	3	4	5	6	有条不紊的
4. 焦虑的	1	2	3	4	5	6	镇静的
5. 按部就班的	1	2	3	4	5	6	喜欢探索的
6. 孤独的	1	2	3	4	5	6	乐群的
7. 掩饰的	1	2	3	4	5	6	坦诚的
8. 动摇的	1	2	3	4	5	6	坚定的
9. 忧心的	1	2	3	4	5	6	开心的
10. 循规蹈矩的	1	2	3	4	5	6	开拓创新的
11. 孤僻的	1	2	3	4	5	6	好交际的
12. 刻薄的	1	2	3	4	5	6	宽厚的
13. 无恒心的	1	2	3	4	5	6	有恒心的
14. 将信将疑的	1	2	3	4	5	6	坚信不疑的
15. 墨守成规的	1	2	3	4	5	6	标新立异的
16. 沉寂的	1	2	3	4	5	6	活跃的
17. 冷淡的	1	2	3	4	5	6	平易的
18. 大意的	1	2	3	4	5	6	小心的
19. 低落的	1	2	3	4	5	6	高昂的
20. 保守的	1	2	3	4	5	6	开放的

四、中庸实践思维方式量表

【概述】

中庸实践思维体系是杨中芳及其团队在儒家"中庸"哲学思想的基础上建构的一个具有"中国特色"的心理学理论。杨中芳认为,"中庸实践思维"是指导中国人如何做出选择、执行及纠正具体行动的方案,是中国人在日常工作生活中一贯的思维方式,是一套元认知的思维体系。在这个体系中,中庸的基本含义是"执两端而允中",即要把握事情发展的两个方向,根据实际情况,采取合适合宜、不偏不倚、无过无不及的行动。"实践思维"在此是指人们在处事时对即将采用的策略、行动及其可能产生的结果所做的思考,也包括事后的反思及策略的调整。个体每天都在自觉或不自觉地使用这种思维方式指导自己的言行,所以定名为"实践"思维。因此,"实践思维"体系是指引个体在处理日常生活事件时,如何去理解问题、要达到什么目标、注意哪些要点、思考哪些因素及要用什么准则来选择最佳行动方案的思考模式,与中国人处事息息相关,重在其实用性、实践性,所以杨中芳把它命名为"中庸实践思维体系"。

1996—2010 年,杨中芳及其团队提出并不断完善了中庸实践思维体系,构建了"中庸实践思维体系构念图"(图 2-4)。从图 2-4 可以看出,中庸实践思维体系分为两个大的层面:集体文化层面和个体心理层面。集体文化层面即中庸世界观,包括"阴阳、五行(动态平衡)"的宇宙观,"天人合一"的人观,以及"一分为三,以中为极"的价值观。

个体心理层面又分为个人生活哲学、个别事件处理和事后反思及随后的结果——心理健康,其基本假设如下。①具有中庸特色的生活哲学(A、B、C 组)者,可以得到符合他们生活目标(B)的快乐与幸福,以及符合他们理想的心理健康特性(I)。②这是因为他们在处理具体个别事件时,采取中庸式的思考方式来决定要用什么行动方案及要如何去执行(D、E、F 组),从而做到内心"无怨无悔"的心理状态(J)。③但是,这一处事过程并非一蹴而就,而是一个学习及修养的过程(G、H 组)。通过对具体事件及自我的事后反省,让行动者借由体验、学习及纠正,在日后用"中"时更加顺利成功,从而更坚信中庸人生哲学。④如果不得当,则带来焦虑、迷惘等心理状态,从而得不到理想幸福和心理健康。

以上述中庸实践思维体系为基础,杨洁、戴晓阳等于 2011 年编制了"中庸实践思维方式量表",该量表主要反映了个体心理思维层面的生活哲学部分。生活哲学是指导个体思想和行动的核心和原动力,它最能代表杨中芳所说的元认知思维,并且对个体差异的研究来说,生活哲学这一子层面涉及了个体的感知、动机、信念和态度等内容,涵盖了个性心理特征的主要方面,且具有较好的可操作性。鉴于此,笔者选择了生活哲学子层面作为量表测量的对象。"中庸实践思维方式量表"可以

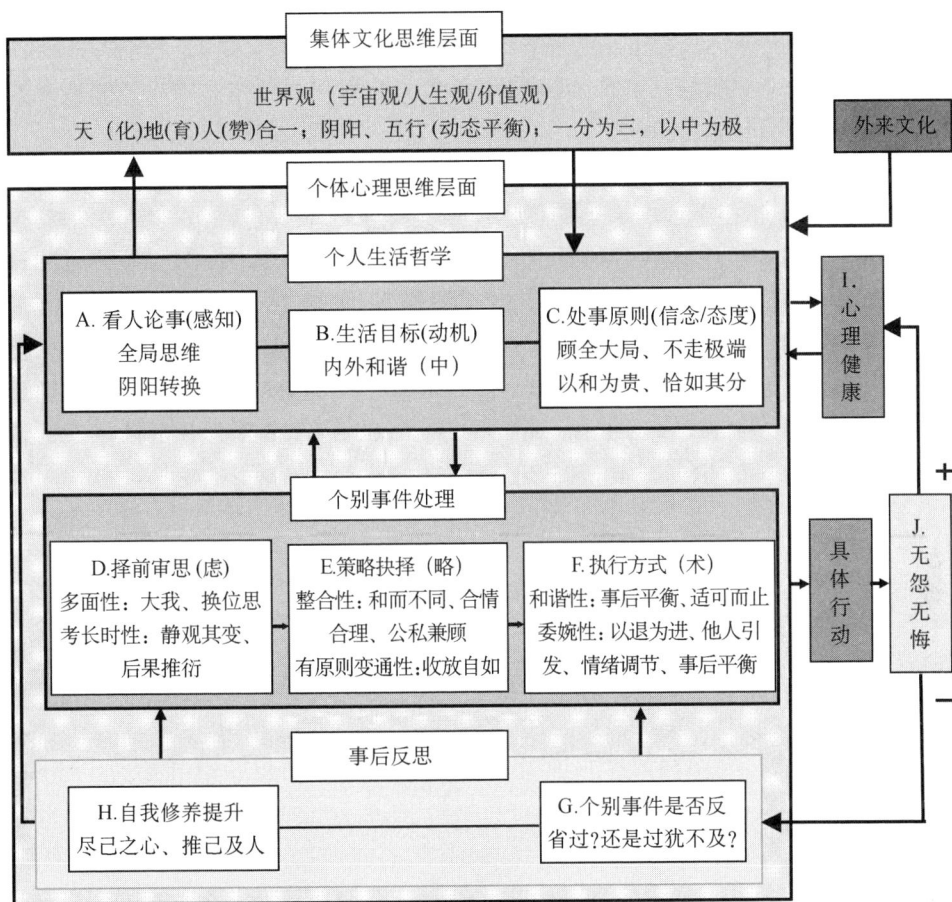

图 2-4　中庸实践思维体系构念图

用来评价那些与中庸实践思维相关的认知和行为特征,鉴别和区分那些影响个体心理健康的认知和行为特征。

【内容及实施方法】

中庸实践思维方式量表是一个自评量表,包括恰如其分/不走极端、内外和谐及阴阳转化 3 个分量表,共 18 个条目,采用 4 点评分方法,即非常符合记 3 分,基本符合记 2 分,基本不符合记 1 分,非常不符合记 0 分。除 1、5、8、10、12 条目为正向计分外,其余均为反向计分。

1. 恰如其分/不走极端分量表　包括 3、6、13、15、16、17、18 共 7 个条目,反映被试者处理任何事情/处理问题(冲突)时,能把握好分寸、恰到好处、无过犹不及。

2. 内外和谐分量表　包括 2、4、7、9、11、14 共 6 个条目,反映被试者在认识事物/关系时,能采用不同的角度思考,并能从事情/关系的发生前、中、后来看待其发展。

3. 阴阳转化分量表　包括 1、5、8、10、12 共 5 个条目,反映被试者在理解事情时,能把握事情的一体两面,即在一定的条件下,两个方面可以相互转化,此消彼长。

所有 18 个条目得分之和即为该量表的总分,反映了被试者具有中庸实践思维的状况。

【测量学指标】

正式施测包括以下 5 个不同的样本。①大学生样本:包括 418 名大学本科生和研究生,其中文理科、男女性别比例和年级构成比大致相当。②效标效度研究样本:包括 90 名大学本科生和研究生。③重测样本:包括 48 名大学本科生和研究生。④患者样本:包括 96 名在精神病医院、综合医院心理科被确诊为强迫症或抑郁症的患者,患者入组标准符合中国精神疾病分类诊断标准(CCMD-3),且均能够在施测者的指导下自主完成量表。⑤配对样本:包括 96 名来自社会群体的被试者,根据患者样本的性别、年龄、教育程度进行配对。

1. 条目区分度　量表各条目题总相关数值经检验,均达到 0.01 的显著性水平,除条目 12 的点二列相关系数为 0.28 外,其余均达到 0.3 以上,各条目的鉴别指数均在 0.3 以上。

2. 信度研究　各分量表的 α 系数介于 0.60～0.76,全量表的 α 系数为 0.78。对 48 例样本间隔 2 周后进行重测,恰如其分/不走极端、内外和谐、阴阳转化和全量表重测信度分别为 0.53、0.84、0.76 和 0.74,P 值均小于 0.01。

3. 效度研究　在结构效度方面,使用因素分析主成分法提取初始因子矩阵,采用 Promax 斜交旋转法对初始因子进行旋转,根据理论设计和碎石图的提示,抽取了 3 个因子,累计可以解释总体变异的 41.60%,因素负荷介于 0.479～0.740。量表各分量表之间的相关系数为 0.449、0.203 和 0.016,这说明各因子构成了一个有机联系的整体,各因子既有一定的独立性,所测内容也具有一定程度的相关性,使量表具有较好的会聚效度。在效标效度方面,以 90 名本科生作为被试者,采用杨清艳、李占江等于 2007 年共同编制的"非理性信念量表"和吴佳辉、林以正于 2008 年编制的"中庸整合思维量表"作为效标量表,结果显示本量表与两个效标量表的总分相关系数分别为 −0.620 和 0.435,均达到统计学意义上的显著水平(P≤0.01)。除了阴阳转化维度与低挫折耐受的相关性未达到显著水平,其余各量表维度相关均达到显著水平,且大多数属于中等以上相关。在实证效度方面,对普通人群和临床患者在本量表上的得分进行比较,两群体在总量表、恰如其分/不走极端维度和内外和谐维度得分差异均达到显著水平(P≤0.01),普通人群高于临床患者群体;在阴阳转化维度上,两组人群比较没有差异。

【结果分析与应用情况】

由于本研究还没有找到严格的科学标准来界定具有中庸实践思维方式的群体,所以仅对"中庸实践思维方式量表"的临界值进行粗略探索。结合普通人群与抑郁症或强迫症患者两个群体在量表各分数上分布的人数,使较多的患者被划分到异常群体中,较多的"正常人"被划分到正常人群中,且误诊漏诊的人群最少,将量表划界分确定在 32 分。这就是说,当被试者在量表的得分大于 32 分时可判定为正常,小(等)于 32 分时则为异常。结果显示,此临界值的灵敏度为 47.92%,特异度为 87.5%,该标准的总体正确预测率为 67.71%。

研究发现,女性大学生比男性大学生更倾向于使用中庸实践思维方式;文科学生在量表上的得分高于理工科学生,他们表现得更加内外和谐,也具有更好的阴阳转化思维;稳定恋爱关系的被试者比单身被试者内心更加和谐,与外界的关系也更加和谐。

由于该量表刚完成编制工作,其实际应用效果尚待后续研究结果的进一步验证。

(杨　洁　戴晓阳)

参 考 文 献

[1] 杨中芳.中庸实践思维体系探研的初步进展.本土心理学研究,2010(34):12-17.

附:中庸实践思维方式量表

(杨洁、戴晓阳编制)

以下题目是对个人思维方式的描述,不需要过多考虑,请根据你平时的真实想法,或者假设遇到所说的情形时,内心里自动出现的想法进行选择,根据符合度进行打分,答案并无对错之分。

如"我习惯从多方面的角度来思考同一件事情",如果你认为非常符合你的情况,请在题目后第 4 个选项"3"上画"○",表示打 3 分;如果这非常不符合你的情况,请在第 1 个选项"0"上画"○",表示打 0 分(0=非常不符合;1=基本不符合;2=基本符合;3=非常符合)。

请选填,资料将被严格保密且仅用于研究,无须顾虑。谢谢你的支持!

性别:男/女　年龄:　婚恋状况:单身/稳定的恋爱关系/已婚

教育程度:大一　/大二　/大三　/大四　/研究生　专业:文科/理工科

题号	题目	非常不符合	基本不符合	基本符合	非常符合
1	我认为世界上任何事情的发展都有其历史的根源和背景	0	1	2	3
2	做事情既要考虑他人,又要兼顾自己,这对我来说太难了	0	1	2	3
3	只有成功的事情,对我才有好处	0	1	2	3
4	我经常觉得自己与所在环境格格不入	0	1	2	3
5	在一定的条件下,有利的方面也会向不利的方面转化	0	1	2	3

（续 表）

题号	题目	非常不符合	基本不符合	基本符合	非常符合
6	失败的事情对我没有一点好处	0	1	2	3
7	做事总是要考虑他人的话，往往只有委屈了自己	0	1	2	3
8	我认为任何事物都有积极的一面，也有消极的一面	0	1	2	3
9	心平气和地指出他人的错误，我觉得很难	0	1	2	3
10	我认为任何事做过了头，其结果反而会适得其反	0	1	2	3
11	我经常觉得自己难以融入所在的生活或工作环境	0	1	2	3
12	进与退、盛与衰等是事物在发展过程中的两个可能态势	0	1	2	3
13	采用最强硬的处事方式，通常会达到最大效果	0	1	2	3
14	我觉得我所做的很多事都是不该做的	0	1	2	3
15	我认为爱情要么是一百分，要么是零分	0	1	2	3
16	衡量一个人如何，只要看他/她的工作业绩或学习成绩就知道了	0	1	2	3
17	我认为只要能够解决现在遇到的问题，就可以不择手段	0	1	2	3
18	与人发生冲突时，为了争一口气，常常得豁出去	0	1	2	3

五、大五人格问卷（第 2 版）（BFI-2）

【概述】

Goldberg（1981）提出的大五人格结构常用于概括个体在思维、感觉和行为方式上的差异。以大五人格结构为理论基础，研究者们相继开发出了不同类型的人格测验，但总体来说分为五大人格维度，分别是外向性、宜人性、尽责性、神经质、开放性。

20 世纪 90 年代，研究者逐渐关注人格特质的层次结构，大五人格领域的研究也引入了更具体的维度和特质水平。受此影响，研究者构建的测验大多存在题目数量过多、施测时间过长的特点，如包含 240 道题目的 NEO 大五人格量表（NEO personality inventory-revised，NEO-PI-R）和包含 456 道题目的 AB5C（abridged big five-dimensional circumplex）大五人格模型。

为了能够简洁全面地对人格结构进行测量，John、Donahue 和 Kentle（1991）编制了大五人格问卷（BFI），使用了 44 个简明易懂的短语作为题目，各个维度仅包含 8～10 道题目，但并没有因其题目的减少而削弱其内容覆盖度。在各个不同版本的 BFI 中，Soto 和 John（2017）制定的大五人格问卷（第 2 版）（big five inventory-

2,BFI-2)是被广泛应用的版本之一。BFI-2 不但保留了 BFI 全面和简洁高效的特点,并且可以评估每个维度下 3 个重要的子维度,研究者使用反向计分题目控制了个体在测验中可能出现的习惯误差。BFI-2 包括 5 个维度,每个维度下包含 3 个子维度,共 15 个子维度。每个子维度包含 4 道题目,其中 2 道正向计分题目和 2 道反向计分题目,共 60 道题目。大多数被试者可以在 6 分钟内完成全部测验。

随着 BFI-2 在国际上的广泛应用,研究者对其进行修订,产生了不同的语言版本,相继被翻译成丹麦语、荷兰语、德语、俄语、斯洛伐克语和中文。以下介绍的量表请参考 Soto 等(2017)和 Zhang 等(2021)的修订本。

【内容及实施方法】
(一)项目和评定标准

BFI-2 为自评量表(表 2-6),包括 5 个维度,分别是外向性、宜人性、尽责性、神经质、开放性。每个维度下包含 3 个子维度,共 15 个子维度。每个子维度包含 4 道题目,2 道正向题目和 2 道反向题目,共 60 道题目。量表采用李克特量表 5 点计分法(从"1＝非常不同意"到"5＝非常同意"),其中 30 个题目(3、4、5、8、9、11、12、16、17、22、23、24、25、26、28、29、30、31、36、37、42、44、45、47、48、49、50、51、55、58)为反向题目,通过选出最恰当的选项来表明每种情况与被试者真实情况的符合程度。

表 2-6　BFI-2 维度及题目

维度	子维度	题目
外向性	社交(sociability)	1/16/31/46
	果断(assertiveness)	6/21/36/51
	活力(energy level)	11/26/41/56
宜人性	同情(compassion)	2/17/32/47
	谦恭(respectfulness)	7/22/37/52
	信任(trust)	12/27/42/57
尽责性	条理(organization)	3/18/33/48
	效率(productiveness)	8/23/38/53
	负责(responsibility)	13/28/43/58
神经质	焦虑(anxiety)	4/19/34/49
	抑郁(depression)	9/24/39/54
	易变(emotional volatility)	14/29/44/59
开放性	好奇(intellectual curiosity)	10/25/40/55
	审美(aesthetic sensitivity)	5/20/35/50
	想象(creative imagination)	15/30/45/60

（二）评定注意事项

量表由被试者自行填写。在填表前须让被试者理解并明白填表说明、填表方法，在填写每个项目时理解项目内容。量表完成时间一般在6分钟内。

【测量学指标】

量表原作者对BFI-2的信度检验结果显示，在成人群体中，外向性、宜人性、尽责性、神经质和开放性各维度的α系数介于0.83～0.90，各子维度的α系数介于0.66～0.85；在大学生群体中，各维度的α系数介于0.85～0.90，各子维度的α系数介于0.66～0.83。总的来说，该量表在成人和大学生群体中，内部一致性信度均良好。聚合效度和区分效度研究结果显示，在成人和大学生群体中，各维度之间相关系数均值分别为0.20和0.24，在每个维度下的各子维度之间的相关系数均值分别为0.55和0.53，在不同维度下的子维度之间相关系数均值分别只有0.16和0.19。外部效度研究发现，BFI-2与BFI对应维度间的相关系数为：外向性0.93、尽责性0.91、宜人性0.93、神经质0.94、开放性0.87。BFI-2与大五人格问卷（简式版）（CBF-PI-B）对应维度间的相关系数为：外向性0.88、尽责性0.84、宜人性0.80、神经质0.74、开放性0.75。

在我国结构效度和探索性因素研究分析结果显示，因子载荷模型在美国和中国的大学生群体中相似，一致性系数介于0.88～0.95；在美国成人和中国成人群体中，一致性系数介于0.87～0.94；在中国大学生和成人群体中，一致性系数介于0.92～0.97。外部效度研究结果显示，BFI-2与迫选版大五人格问卷（forced-choice five-factor model）对应维度间的相关系数为：外向性0.74、尽责性0.73、宜人性0.48、神经质0.76、开放性0.57。

【结果分析与应用情况】

1. 统计指标和结果分析　BFI-2分析较为简单，主要的统计指标是各个维度得分及量表总分。

2. 应用评价

（1）中文版BFI-2具有跨文化适应性，其良好地适应了中国的文化背景。该测验在大学生、成人、退休群体和药物滥用群体这4个具有代表性的样本中，均有良好的信度和效度，这有助于推动相关的健康、居民调查、教育和咨询领域的研究。

（2）BFI-2也存在一定局限性。该测验中存在反向计分题目，这些题目通常使用否定性的措辞（如"对艺术没有什么兴趣"），阅读能力水平低的个体在作答这些项目时可能会遇到困难，未来需要对这一额外的变量进行研究。使用该测验对中国成人样本进行实测时，存在同事在场的情况，这种具有监督性的纸笔测验使个体在尽责性维度上得分较高，而在神经质维度上得分较低，因此研究者应当谨慎解释这些差异。

（刘歆阳　刘　拓）

参 考 文 献

[1] 陈基越,徐建平,黎红艳,等.五因素取向人格测验的发展与比较.心理科学进展,2015,23(3):460-478.

[2] Goldberg LR. Language and individual differences:The search for universals in personality lexicons. Review of personality and social psychology,1981,2 (1):141-165.

[3] John OP,Donahue EM,Kentle RL. The big five inventory—versions 4a and 54. Berkeley:University of California,Berkeley,Institute of Personality and Social Research,1991.

[4] Soto CJ,John OP. The next Big Five Inventory (BFI-2):Developing and assessing a hierarchical model with 15 facets to enhance bandwidth,fidelity,and predictive power. Journal of Personality and Social Psychology,2017,113(1):117-143.

[5] Zhang B,Li YM,Li J,et al. The Big Five Inventory-2 in China:A Comprehensive Psychometric Evaluation in Four Diverse Samples. Assessment,2021.

附:大五人格问卷(第2版)(BFI-2)

(张博、黎坚等修订)

以下是一些关于个人特征的描述,有些可能适用于你,有些可能不适用于你。比如,你是否同意"你是一个喜欢与他人待在一起的人"? 请在下面每个句子前的横线上填入对应的数字以表明你同意或不同意这个描述。

1	2	3	4	5
非常不同意	不太同意	态度中立	比较同意	非常同意

我是一个……的人

1. __性格外向,喜欢交际
2. __心肠柔软,有同情心
3. __缺乏条理
4. __从容,善于处理压力
5. __对艺术没有什么兴趣
6. __性格坚定自信,敢于表达自己的观点
7. __比较懒
8. __为人恭谦,尊重他人
9. __经历挫折后仍能保持积极心态
10. __对许多不同的事物都感兴趣
11. __很少觉得兴奋或者特别想要(做)什么
12. __常常挑别人的毛病

13. __可信赖的,可靠的
14. __喜怒无常,情绪起伏较多
15. __善于创造,能找到聪明的方法来做事
16. __比较安静
17. __对他人没有什么同情心
18. __做事有计划、有条理
19. __容易紧张
20. __着迷于艺术、音乐或文学
21. __常常处于主导地位,像个领导一样
22. __常与他人意见不合
23. __很难开始行动起来去完成一项任务
24. __觉得有安全感,对自己满意

（续　表）

1	2	3	4	5
非常不同意	不太同意	态度中立	比较同意	非常同意

25. ＿不喜欢知识性或者哲学性强的讨论　　　43. ＿可靠的,总是值得他人信赖

26. ＿不如别人有活力　　　44. ＿能够控制自己的情绪

27. ＿宽宏大量　　　45. ＿缺乏想象力

28. ＿有时比较没有责任心　　　46. ＿爱说话,健谈

29. ＿情绪稳定,不易生气　　　47. ＿有时对人冷淡,漠不关心

30. ＿几乎没有什么创造力　　　48. ＿生活环境乱糟糟的,不爱收拾

31. ＿有时会害羞,比较内向　　　49. ＿很少觉得焦虑或者害怕

32. ＿乐于助人,待人无私　　　50. ＿觉得诗歌、戏剧很无聊

33. ＿习惯让物品保持整洁有序　　　51. ＿喜欢让别人来领头负责

34. ＿时常忧心忡忡,担心很多事情　　　52. ＿待人谦逊礼让

35. ＿重视艺术与审美　　　53. ＿有恒心,能坚持把事情做完

36. ＿感觉自己很难对他人产生影响　　　54. ＿时常觉得郁郁寡欢

37. ＿有时对人比较粗鲁　　　55. ＿对抽象的概念和想法没什么兴趣

38. ＿有效率,做事有始有终　　　56. ＿充满热情

39. ＿时常觉得悲伤　　　57. ＿把人往最好的方面想

40. ＿思想深刻　　　58. ＿有时候会做出一些不负责任的行为

41. ＿精力充沛　　　59. ＿情绪多变,容易愤怒

42. ＿不相信别人,怀疑别人的意图　　　60. ＿有创意,能想出新点子

注:请检查是否在每个句子前的横线上都填了相应的数字。

计分方式:大五人格维度及其下属子维度所对应的条目如下所示。"R"表示此条目需要反向计分。

大五人格维度

外向性:1,6,11R,16R,21,26R,31R,36R,41,46,51R,56

宜人性:2,7,12R,17R,22R,27,32,37R,42R,47R,52,57

尽责性:3R,8R,13,18,23R,28R,33,38,43,48R,53,58R

神经质:4R,9R,14,19,24R,29R,34,39,44R,49R,54,59

开放性:5R,10,15,20,25R,30R,35,40,45R,50R,55R,60

大五人格子维度

社交:1,16R,31R,46

果断:6,21,36R,51R

活力:11R,26R,41,56

同情:2,17R,32,47R

谦恭:7,22R,37R,52

信任:12R,27,42R,57

条理:3R,18,33,48R
效率:8R,23R,38,53
负责:13,28R,43,58R
焦虑:4R,19,34,49R
抑郁:9R,24R,39,54
易变:14,29R,44R,59
好奇:10,25R,40,55R
审美:5R,20,35,50R
想象:15,30R,45R,60

六、特质性元情绪量表(TMMS)

【概述】

特质性元情绪量表(trait meta-mood scale,TMMS)是由 Salovey 和 Mayer(第一个正式提出情绪智力理论的学者)等在 1995 年编制的。TMMS 是在胜任力框架下测量个体的情绪智力的 3 种核心成分,即情绪注意力、情绪辨别力和情绪修复力。但与能力取向的最高行为测验不同,TMMS 属于典型行为测验。原量表共 30 个条目,中文版由韦嘉等(2013)修订,删除了 8 个测量学属性不佳的题目。

【内容及实施方法】

(一)项目和评定标准

中文版 TMMS 共包括 22 个问题(含 12 个反向计分题目),分别测量个体对情绪体验的注意(共 7 题,第 1、4、7、10、13、16 和 19 题),对不同情绪体验的辨别(共 9 题,第 2、5、8、11、14、17、20、21 和 22 题)及对不良情绪的修复(共 6 题,第 3、6、9、12、15 和 18 题)。

TMMS 为自评量表,被试者采用李克特 5 级评分的方式,根据自身的真实感受对量表条目所描述的内容进行赞同度评价:1="非常不同意";3="既不同意也不反对";5="非常同意"。由于各维度条目数量不一,因此采用计算平均分的方式求维度分和总分,分数越高则表明个体自觉的情绪胜任力水平越高。

(二)评定注意事项

量表由评定对象自行填写。在填表前必须让评定对象把填表说明、填表方法及问题内容看明白。文盲或半文盲一般不宜作为评定对象。如有特殊需要,可由施测人员念给其听,然后在表格中注明,供分析时参考。通常 5 分钟即可完成。

评定时注意事项如下。

(1)与用于临床评估的量表不同,本量表未对评定的时间范围进行特殊限制。

(2)本量表反向计分条目相对较多,因此对被试者的作答专注度要求较高,建议施测者适度关注被试者的参与意愿。

【测量学指标】

在以中学生为受测群体施测时,中文版 TMMS 的总量表和情绪注意力、情绪辨别力及情绪修复力分量表得分的 Cronbach's α 系数分别为 0.77、0.72、073 和 0.71,总量表和上述 3 个分量表得分的 4 周重测信度系数分别为 0.70、0.78、085 和 0.80。各分量表测量结果的稳定性相对优于一致性,潜在的原因可能是反向计分条目削弱了受测者对同一维度条目反应的一致性所致。同样可能因包含相对较多的反向计分条目,探索性因素分析会单独析出一个包含反向计分条目的因子,但利用关联特质－相关模型控制方法效应后,三因子模型拟合良好: $\chi^2/df=1.65$,GFI=0.91,CFI=0.87,RMSEA=0.05。

【结果分析与应用情况】

(1)解释分数时,量表使用者应注意,由于本量表采用的是典型行为测验,条目没有正确或最佳答案,评定的是被试者自我觉知的情绪注意力、情绪辨别力和情绪修复力,因而属于特质范畴而非能力范畴。

(2)中文版 TMMS 的被试群体为中学生,其测量结果在成人或受教育程度更低或更高的群体中的信度和效度还有待进一步验证。

（韦 嘉）

参 考 文 献

[1] 韦嘉,张春雨,赵清清,等.特质性元情绪量表在中学生群体中的初步应用.中国临床心理学杂志,2013;21(4),567-571.

[2] Salovey P,Mayer JD,Goldman SL,et al. Emotional attention,clarity,and repair:Exploring emotional intelligence using the trait meta-mood scale. Emotion,disclosure,and health. Washington,DC:American Psychological Assn,1995:125-154.

附:特质性元情绪量表(TMMS)

（韦嘉等修订）

请仔细阅读以下每个句子,并根据你的实际情况判断你是否赞同该句子表述的内容,并在题后相应的数字上画"○",每题只选一个数字,请不要漏选或复选,谢谢!

数字代表的含义:1＝非常不同意;2＝不同意;3＝既不同意也不反对;4＝同意;5＝非常同意。

		非常不同意	不同意	既不同意也不反对	同意	非常同意
1	我认为没有必要关注自己的内心感受	1	2	3	4	5
2	我有时不能分辨自己处于何种情绪之中	1	2	3	4	5
3	无论情绪如何糟糕,我都试着往好的方面想	1	2	3	4	5

（续 表）

		非常不同意	不同意	既不同意也不反对	同意	非常同意
4	我通常不在乎自己的内心感受	1	2	3	4	5
5	我从不表达自己的内心感受	1	2	3	4	5
6	虽然有时也会伤感,但我一贯乐观地看待生活	1	2	3	4	5
7	我十分关注自己的情绪体验	1	2	3	4	5
8	我的信念和观点总是随着情绪的变化而改变	1	2	3	4	5
9	当心情不好时,我会觉得"人生的一切美好事物"都是幻象	1	2	3	4	5
10	我不太关注自己的内心感受	1	2	3	4	5
11	我经常能意识到我对某个事情的内心感受	1	2	3	4	5
12	情绪低落的时候,我会提醒自己生活中还充满很多乐趣	1	2	3	4	5
13	我经常思考自己的情绪体验	1	2	3	4	5
14	我经常对自己的情绪感到迷惑不解	1	2	3	4	5
15	虽然有时会感到快乐,但我总认为生活很糟糕	1	2	3	4	5
16	情绪是人类弱点之一	1	2	3	4	5
17	我不能理解自己的情绪	1	2	3	4	5
18	无论情绪有多糟糕,我都努力去想些愉快的事情	1	2	3	4	5
19	思考自己的内心感受是在浪费时间	1	2	3	4	5
20	我通常很清楚自己的情绪	1	2	3	4	5
21	我通常很了解自己对某个事情的情绪体验	1	2	3	4	5
22	我几乎总是清楚地知道自己的感觉	1	2	3	4	5

注:条目 1、2、4、5、8、9、10、14、15、16、17、19 为反向计分题。

第 3 章

心理健康与精神病态量表

一、90 项症状清单(SCL-90)

【概述】

90 项症状清单(symptom check list 90,SCL-90)现版本由 Derogatis 编制于 1973 年。之后 Derogatis 在此基础上又编制了一个 51 项的文本,称为"简易症状问卷"(brief symptom inventory,BSI),近年来应用亦渐趋广泛。SCL-90 在国外应用甚广,于 20 世纪 80 年代引入我国,最初由王征宇翻译成中文(1984),后经金华、吴文源、张明园等领导的全国协作组在国内 13 个地区采样并制定常模,成为国内用于成人群体心理状况调查使用得最多的工具。在 2002 年刘恒和张建新等又对中学生群体进行了大规模的测评。

【内容及实施方法】

(一)项目和评定标准

本量表共 90 个项目,包含有较广泛的精神症状学内容,从感觉、情感、思维、意识、行为直至生活习惯、人际关系、饮食睡眠等方面均有涉及。

它的每一个项目均采取 5 级评分制,具体说明如下。

无:自觉无该项症状(或问题),记 1 分。

轻度:自觉有该项症状,但对受检者并无实际影响或影响轻微,记 2 分。

中度:自觉有该项症状,对受检者有一定影响,记 3 分。

偏重:自觉常有该项症状,对受检者有相当程度的影响,记 4 分。

严重:自觉该症状的频度和强度都十分严重,对受检者的影响严重,记 5 分。

这里所指的"影响",包括症状所致的痛苦和烦恼,也包括症状造成的心理社会功能损害。"轻""中""重"无具体定义,由自评者自己去体验。

(二)评定注意事项

在开始评定前,先由工作人员把总的评分方法和要求向受检者交代清楚,然后让受检者做出独立的、不受任何人影响的自我评定。对于文化程度低的受检者,可由工作人员逐项念给受检者听,并以中性的、不带任何暗示和偏向的方式把问题本身的意思告诉受检者。一次评定一般约 20 分钟。

还应注意的是,评定的时间范围是"现在"或者"最近 1 周"。评定结束时,工作人员应仔细检查自评表,凡有漏评或者重复评定时,均应提请受检者再重新评定,以免影响分析的准确性。

【测量学指标】

根据 Derogatis 报道其各症状效度系数为 $0.77 \sim 0.99(P < 0.01)$。协作组则应用大体评定量表(global assessment scale,GAS)和疾病严重程度量表(severity of illness,SI)对 SCL-90 做平行效度检验,发现 SCL-90 总分和 GAS 呈负相关($P < 0.05$),与 SI 呈正相关($P < 0.01$)。虽然 SCL-90 在国内已被广泛使用,但就其信度资料的报道却不多。陈树林等(2003)报道了 SCL-90 在杭州市 1162 名中学生、2808 名社区成人及 555 名 61 岁以上老年人中的内部一致性和重测信度,结果见表 3-1。

表 3-1　不同人群 SCL-90 各因子的 α 系数和重测信度

因子	总样本(4525 人)		成人(2808 人)		中学生(1162 人)		老年人(555 人)	
	α 系数	重测	α 系数	重测	α 系数	重测	α 系数	重测
躯体化	0.83	0.86	0.84	0.85	0.83	0.84	0.81	0.86
强迫症状	0.84	0.83	0.82	0.81	0.86	0.87	0.85	0.82
人际关系敏感	0.81	0.87	0.80	0.86	0.84	0.89	0.87	0.86
抑郁	0.86	0.91	0.82	0.90	0.82	0.90	0.89	0.92
焦虑	0.84	0.82	0.81	0.80	0.88	0.83	0.81	0.84
敌对	0.77	0.78	0.74	0.79	0.79	0.79	0.75	0.79
恐怖	0.79	0.80	0.78	0.82	0.77	0.83	0.79	0.82
偏执	0.78	0.89	0.80	0.86	0.75	0.91	0.79	0.82
精神病性	0.80	0.81	0.78	0.80	0.84	0.84	0.84	0.83
其他	0.69	0.73	0.67	0.75	0.70	0.75	0.72	0.75

注:重测总人数为 460 人,其中成人 300 人,中学生 100 人,老年人 60 人,间隔 6 周。

【结果分析与应用情况】

(一)各因子及其意义

1. 躯体化　包括项目 1、4、12、27、40、42、48、49、52、53、56 和 58,共 12 项。主要反映主观的身体不适感。

2. 强迫症状　包括项目 3、9、10、28、38、45、46、51、55 和 65,共 10 项。主要反

映临床上的强迫症症状群。

3. 人际关系敏感　包括项目 6、21、34、36、37、41、61、69 和 73,共 9 项。主要是指某些个人不自在感和自卑感,尤其是在与他人相比较时更突出。

4. 抑郁　包括项目 5、14、15、20、22、26、29、30、31、32、54、71 和 79,共 13 项。主要反映与临床上抑郁症症状群相联系的广泛概念。

5. 焦虑　包括项目 2、17、23、33、39、57、72、78、80 和 86,共 10 项。主要是指在临床上明显与焦虑症症状相联系的精神症状及体验。

6. 敌对　包括项目 11、24、63、67、74 和 81,共 6 项。主要从思维、情感及行为 3 个方面来反映患者的敌对表现。

7. 恐怖　包括项目 13、25、47、50、70、75 和 82,共 7 项。它与传统的恐怖状态或广场恐怖所反映的内容基本一致。

8. 偏执　包括项目 8、18、43、68、76 和 83,共 6 项。主要是指猜疑和关系妄想等。

9. 精神病性　包括项目 7、16、35、62、77、84、85、87、88 和 90,共 10 项。其中有幻听、思维播散、被洞悉感等反映精神分裂样症状项目。

10. 其他　包括项目 19、44、59、60、64、66 和 89,共 7 项。未能归入上述因子,在有些资料分析中将之归为因子 10"其他",主要反映睡眠及饮食情况。

(二)统计指标

SCL-90 统计指标主要有以下各项,其中最常用的是总分与因子分。

1. 单项分　90 个项目的个别评分值。

2. 总分　90 个单项分相加之和。

3. 总均分　总分除以 90。

4. 阳性项目数　单项分≥2 的项目数。表示患者有多少"有症状"的项目。

5. 阴性项目数　单项分=1 的项目数。表示患者有多少"无症状"的项目。

6. 阳性症状均分　阳性项目总分除以阳性项目数;另一计算方法为(总分-阴性项目数)除以阳性项目数。表示患者在所谓阳性项目,即"有症状"项目中的平均得分,反映该患者自我感觉不佳项目的严重程度究竟介于哪个范围。

7. 因子均分　计算各个因子的平均得分,将各因子得分除以该因子的项目数。

(三)成人常模和划界分

1987 年,量表协作组曾对全国 13 个地区 1388 名正常成人的 SCL-90 得分进行了分析(表 3-2)。

原量表作者并未提出过划界分。协作组按上述常模结果提出了一个参考标准:总分超过 160 分,或阳性项目数超过 43 项,或任一因子分超过 2 分,可考虑筛查阳性,须进一步检查。

表 3-2 1388 名中国正常成人 SCL-90 统计指标结果

统计指标	平均分±标准差	因子	平均分±标准差
总分	129.96±38.76	躯体化	1.37±0.48
总均分	1.44±0.43	强迫	1.62±0.58
阳性项目数	24.92±18.41	人际关系	1.65±0.51
阴性项目数	65.08±18.33	抑郁	1.50±0.59
阳性症状均分	2.60±0.59	焦虑	1.39±0.43
		敌对	1.48±0.56
		恐怖	1.23±0.41
		偏执	1.43±0.57
		精神病性	1.29±0.42

(四)中学生常模

刘恒和张建新等于 2002 年对广东、四川、河南、甘肃 4 个省 15 所学校的 2209 名中学生做了分析。该研究结果为我国中学生 SCL-90 建立了常模参照标准(表 3-3)。

该结果与 1986 年测定的中国青年组常模及 1984—1997 年 14 篇 SCL-90 研究文章中所调查的中学生综合样本的数据进行了比较:其中 9 个因子平均分均显著高于国内青年组常模;另外,除人际关系敏感分低于综合样本($P<0.01$),以及偏执因子分没有显著差异外($P>0.05$),其他 7 个因子的得分显著高于中学生综合样本($P<0.01$)。

表 3-3 SCL-90 中学生常模($n=2209$)

因子	平均分±标准差
躯体化	1.58±0.62
强迫	2.10±0.72
人际关系	1.82±0.68
抑郁	1.77±0.71
焦虑	1.75±0.69
敌对	1.81±0.74
恐怖	1.53±0.61
偏执	1.74±0.68
精神病性	1.67±0.62

(五)评定结果分析

1. 总分 能反映病情的严重程度。总分的变化不仅能反映其病情演变,还能反映自我感觉不佳项目的范围及其程度,以及阳性项目和阳性均分,也可在一定程度上代表其严重性。

2. 因子分及剖面图 可反映症状群特点,给人以直观印象。

(六)应用评价

(1)由于该量表反映症状丰富,能较准确地评估患者自觉症状特点,20 多年来被广泛地用于各种研究和实践,结果证明该量表具有良好的实证效度。

(2)由于该量表操作简便,效果良好,故可广泛应用于精神科和心理咨询门诊中,作为了解就诊者或受咨询者心理卫生问题的一种评定工具。

(3)该量表是一个精神症状(心理问题)筛查量表,而不是精神疾病诊断量表。其划界分是我国研究者提出的一个参考标准,即使被试者超过该标准也并不意味着其肯定有精神障碍或心理问题,仅提示其需要接受专业人员的进一步检查。这一点应引起所有使用者的重视。

(李春波　吴文源)

参 考 文 献

[1] 王征宇.症状自评量表(SCL-90).上海精神医学,1984,6(2):69-70,93-95.

[2] 金华,吴文源,张明园.中国正常人 SCL-90 评定结果的初步分析.中国神经精神疾病杂志,1986,12(5):260-263.

[3] 吴文源,金华,张明园.症状自评量表在神经症状评定的应用.中华神经精神科杂志,1986,19(5):921-923.

[4] 张明园.精神科评定量表手册.长沙:湖南科学技术出版社,1993:15-41.

[5] 刘恒,张建新.我国中学生症状自评量表(SCL-90)评定结果分析.中国心理卫生杂志,2004,18(2):88-90.

[6] 陈树林,李凌江.SCL-90 信度效度检验和常模的再比较.中国神经精神疾病杂志,2003,29(5):323-327.

附:90 项症状清单(SCL-90)

(Derogatis 编制)

注意:以下表格列出了有些人可能会有的问题,请仔细阅读每一条,然后根据最近 1 周内下述情况影响你的实际感觉,在 5 个方格中选择一格画"√"。

题目内容	没有	很轻	中等	偏重	严重
	1	2	3	4	5
1. 头痛	□	□	□	□	□
2. 神经过敏,心中不踏实	□	□	□	□	□
3. 头脑中有不必要的想法或字句盘旋	□	□	□	□	□
4. 头昏或昏倒	□	□	□	□	□
5. 对异性的兴趣减退	□	□	□	□	□
6. 对旁人责备求全	□	□	□	□	□
7. 感到别人能控制你的思想	□	□	□	□	□
8. 责怪别人制造麻烦	□	□	□	□	□
9. 忘性大	□	□	□	□	□
10. 担心自己衣饰的整齐及仪态的端正	□	□	□	□	□
11. 容易烦恼和激动	□	□	□	□	□

题目内容	没有	很轻	中等	偏重	严重
12. 胸痛	☐	☐	☐	☐	☐
13. 害怕空旷的场所或街道	☐	☐	☐	☐	☐
14. 感到自己的精力下降,活动减慢	☐	☐	☐	☐	☐
15. 想结束自己的生命	☐	☐	☐	☐	☐
16. 听到旁人听不到的声音	☐	☐	☐	☐	☐
17. 发抖	☐	☐	☐	☐	☐
18. 感到大多数人都不可信任	☐	☐	☐	☐	☐
19. 胃口不好	☐	☐	☐	☐	☐
20. 容易哭泣	☐	☐	☐	☐	☐
21. 同异性相处时感到害羞不自在	☐	☐	☐	☐	☐
22. 感到受骗、中了圈套或有人想抓住你	☐	☐	☐	☐	☐
23. 无缘无故地突然感到害怕	☐	☐	☐	☐	☐
24. 自己不能控制地发脾气	☐	☐	☐	☐	☐
25. 害怕单独出门	☐	☐	☐	☐	☐
26. 经常责怪自己	☐	☐	☐	☐	☐
27. 腰痛	☐	☐	☐	☐	☐
28. 感到难以完成任务	☐	☐	☐	☐	☐
29. 感到孤独	☐	☐	☐	☐	☐
30. 感到苦闷	☐	☐	☐	☐	☐
31. 过分担忧	☐	☐	☐	☐	☐
32. 对事物不感兴趣	☐	☐	☐	☐	☐
33. 感到害怕	☐	☐	☐	☐	☐
34. 我的感情容易受到伤害	☐	☐	☐	☐	☐
35. 旁人能知道你的私下想法	☐	☐	☐	☐	☐
36. 感到别人不理解你、不同情你	☐	☐	☐	☐	☐
37. 感到人们对你不友好,不喜欢你	☐	☐	☐	☐	☐
38. 做事必须做得很慢以保证做得正确	☐	☐	☐	☐	☐
39. 心跳得很厉害	☐	☐	☐	☐	☐
40. 恶心或胃部不舒服	☐	☐	☐	☐	☐
41. 感到比不上他人	☐	☐	☐	☐	☐
42. 肌肉酸痛	☐	☐	☐	☐	☐
43. 感到有人监视你、谈论你	☐	☐	☐	☐	☐
44. 难以入睡	☐	☐	☐	☐	☐

（续　表）

题目内容	没有	很轻	中等	偏重	严重
45. 做事必须反复检查	☐	☐	☐	☐	☐
46. 难以做出决定	☐	☐	☐	☐	☐
47. 怕乘电车、公共汽车、地铁或火车	☐	☐	☐	☐	☐
48. 呼吸有困难	☐	☐	☐	☐	☐
49. 一阵阵发冷或发热	☐	☐	☐	☐	☐
50. 因为感到害怕而避开某些东西、场合或活动	☐	☐	☐	☐	☐
51. 脑子变空了	☐	☐	☐	☐	☐
52. 身体发麻或刺痛	☐	☐	☐	☐	☐
53. 喉咙有梗阻感	☐	☐	☐	☐	☐
54. 感到没有前途、没有希望	☐	☐	☐	☐	☐
55. 不能集中注意力	☐	☐	☐	☐	☐
56. 感到身体某一部分软弱无力	☐	☐	☐	☐	☐
57. 感到紧张或容易紧张	☐	☐	☐	☐	☐
58. 感到手或脚发重	☐	☐	☐	☐	☐
59. 想到死亡的事	☐	☐	☐	☐	☐
60. 吃得太多	☐	☐	☐	☐	☐
61. 当别人看着你或谈论你时感到不自在	☐	☐	☐	☐	☐
62. 有些不属于你自己的想法	☐	☐	☐	☐	☐
63. 有想打人或伤害他人的冲动	☐	☐	☐	☐	☐
64. 醒得太早	☐	☐	☐	☐	☐
65. 必须反复洗手、点数目或触摸某些东西	☐	☐	☐	☐	☐
66. 睡得不稳不深	☐	☐	☐	☐	☐
67. 有想摔坏或破坏东西的冲动	☐	☐	☐	☐	☐
68. 有一些别人没有的想法或念头	☐	☐	☐	☐	☐
69. 感到对别人神经过敏	☐	☐	☐	☐	☐
70. 在商店或电影院等人多的地方感到不自在	☐	☐	☐	☐	☐
71. 感到做任何事情都很困难	☐	☐	☐	☐	☐
72. 感到一阵阵恐惧或惊恐	☐	☐	☐	☐	☐
73. 感到在公共场合吃东西很不舒服	☐	☐	☐	☐	☐
74. 经常与人争论	☐	☐	☐	☐	☐
75. 单独一人时神经很紧张	☐	☐	☐	☐	☐
76. 感到别人对你的成绩没有做出恰当的评价	☐	☐	☐	☐	☐
77. 即使和别人在一起也感到孤独	☐	☐	☐	☐	☐

（续　表）

题目内容	没有	很轻	中等	偏重	严重
78. 感到坐立不安、心神不定	□	□	□	□	□
79. 感到自己没有什么价值	□	□	□	□	□
80. 感到熟悉的东西变得陌生或不像是真的	□	□	□	□	□
81. 大叫或摔东西	□	□	□	□	□
82. 害怕会在公共场合昏倒	□	□	□	□	□
83. 感到别人想占你的便宜	□	□	□	□	□
84. 为一些有关"性"的想法而很苦恼	□	□	□	□	□
85. 你认为应该为自己的过错而受到惩罚	□	□	□	□	□
86. 想着要赶快把事情做完	□	□	□	□	□
87. 感到自己的身体有严重问题	□	□	□	□	□
88. 从未感到和其他人很亲近	□	□	□	□	□
89. 感到自己有罪	□	□	□	□	□
90. 感到自己的脑子有毛病	□	□	□	□	□

二、简明症状量表-18（BSI-18）

【概述】

简明症状量表-18（brief symptom inventory-18）是由 Derogatis（2001）基于 SCL-90 量表和 BSI-53 修订而成的简式版问卷。SCL-90 是评估精神疾病和躯体疾病患者的心理（精神）症状及其严重程度的心理健康评估工具，尽管得到了广泛认可和应用，但是题目较多，施测时间偏长。Derogatis 和 Melisaratos（1983）曾修订了 BSI-53，即 53 道题的简明症状量表，共测量了 9 项不同的心理症状和 1 项总体的心理健康指标。BSI-18 的题目筛选自 BSI-53，只测量躯体化、抑郁和焦虑 3 个方面的症状，用于筛查临床人群和社区人群。BSI-18 在诸多国家中已被广泛运用（Andreu et al.，2008；Franke et al.，2017；Li et al.，2018）。

【内容及实施方法】

（一）项目和评定标准

BSI-18（表 3-4）有 18 道题目，共调查了 3 类症状，包括躯体化症状、抑郁和焦虑。

躯体化症状：主要反映躯体各种不适的症状。

抑郁：以苦闷的情感与心境为代表性症状。

焦虑：表现为烦躁、紧张、不安等一系列症状。

表 3-4　BSI-18 分量表及其题目

分量表	题目
躯体化症状	1、4、7、10、13、16
抑郁	2、5、8、11、14、17
焦虑	3、6、9、12、15、18

BSI-18 采用李克特 5 点计分法：1＝无；2＝轻度；3＝中度；4＝比较严重；5＝严重。全部题目为正向计分。将所有题目得分相加可以得到总得分，得分越高表明症状越严重。同时，也可将躯体化症状、抑郁和焦虑 3 个分量表分数分别相加得到分量表分数，分量表得分越高表明该项症状越严重。

（二）评定注意事项

量表由评定对象自行填写。在填表前必须让评定对象把填表说明、填表方法及问题内容看明白。文盲或半文盲一般不宜作为评定对象。如有特殊需要，可由施测人员念给其听，然后在表格中注明，供分析时参考。一般 3～5 分钟可以完成评定。

评定时应该注意强调是"过去 1 周"，需将这一时间范围十分明确地告诉自评者。

【测量学指标】

有关 BSI-18 量表的研究较多，且评估人群存在较大差异。对于中国群体，BSI-18 的测量学指标都较好，这里选取了对于中国社区人群的指标进行详细报告（Li et al. ,2018）。

1. 信度　该量表的 Cronbach's α 系数良好，总量表和躯体化症状、抑郁及焦虑分量表的系数分别为 0.947、0.867、0.859 和 0.907。

2. 效度

（1）结构效度。尽管该量表的结构效度存在争议，但是大多数研究表明该量表为 bifactor 三因子结构（Franke et al. ,2017；Wang et al. ,2013）。Li 等（2018）的研究也认为是 bifactor 三因子模型（WLSMV $\chi^2=957.934,df=117$,CFI＝0.985,TLI＝0.980,RMSEA＝0.055,BIC＝55 923.251）。即存在一个一般因子（general factor）的同时还存在躯体化、抑郁、焦虑 3 个特殊因子（special factor）。

（2）效标效度。BSI-18 一般因子与感知社会支持、坚毅呈显著负相关（$r=-0.374,r=-0.331,P<0.001$）；躯体化因子与感知社会支持、坚毅呈显著正相关（$r=0.082,r=0.096,P<0.001$）；抑郁因子与坚毅呈负相关（$r=-0.039,P<0.05$）。

3. 测量等值　该量表在 bifactor 三因子模型上不存在严重的性别差异（$P\leqslant0.01$）。即该量表在男性和女性群体之间施测，不存在系统性的测量差异。

【结果分析与应用情况】

1. 统计指标和结果分析　该量表暂时无适合中国人群的明确临床划界标准。BSI-18 的题目筛选自 SCL-90 和 BSI-53,因此,使用者需要进行临床症状筛选时可以参考 BSI-53 的临床指标(Derogatis & Melisaratos,1983),包括总均分(global severity index,GSI)、阳性项目数(positive symptom total,PST)和阳性症状均分(positive symptom distress index,PSDI)。

总均分(GSI):总分除以所做项目总数,能敏感地反映评定者症状程度和数量的综合情况。

阳性项目数(PST):是指所有题目中大于 1 的项目数,能反映评定者有多少项目表现出"有症状"。

阳性症状均分(PSDI):阳性项目总分除以阳性项目数,能反映评定者阳性症状的严重程度。

2. 应用评价　BSI-18 已在国内不同人群中进行了施测,且信效度均表现良好,是一个适用于国内群体的量表(刘诏薄　等,2013;Li et al.,2018;Wang et al.,2013)。该量表不仅在临床中具有较好的表现,而且适用于一般人群的心理健康问题的筛查。BSI-18 还具有题目简洁、施测方便、跨文化适应性强等诸多优点。整体而言,BSI-18 是一个适用范围广泛的量表,其局限性在于没有明确的临床诊断标准,但可以配合其他量表进行考察。

（张严文　刘　拓）

参 考 文 献

[1] 刘诏薄,陈海峰,曹波,等.简明症状量表在高中学生中的试用.中国临床心理学杂志,2013, 21(1):36-38.

[2] Andreu Y,Galdón MJ,Dura E,et al. Psychometric properties of the brief symptoms inventory-18 (BSI-18) in a Spanish sample of outpatients with psychiatric disorders. Psicothema, 2008,20(4):844-850.

[3] Derogatis L. Brief symptoms inventory 18:Administration,Scoring,and procedures manual. Minneapolis,MN:NCS Pearson,2001.

[4] Derogatis LR,Melisaratos N. The Brief Symptom Inventory:an introductory report. Psychological Medicine,1983,13(3):595-605.

[5] Franke GH,Jaeger S,Glaesmer H,et al. Psychometric analysis of the brief symptom inventory 18 (BSI-18) in a representative German sample. BMC Medical Research Methodology, 2017,17(1):14-17.

[6] Li M,Wang MC,Shou Y,et al. Psychometric properties and measurement invariance of the brief symptom inventory-18 among Chinese insurance employees. Frontiers in Psychology, 2018,9:519.

[7] Wang J,Kelly BC,Liu T,et al. Factorial structure of the brief symptom inventory (BSI)-18 among chinese drug users. Drug & Alcohol Dependence,2013,133(2):368-375.

附:简明症状量表-18(BSI-18)

(李明舒、王孟成等修订)

指导语:以下是一些关于你身心状况的描述,请根据最近1周内下述情况影响你的实际感觉,在题目后面的数字上画"○"。其中,1=无;2=轻度;3=中度;4=比较严重;5=严重。

序号	题目内容	无	轻度	中度	比较严重	严重
1	头晕或晕倒	1	2	3	4	5
2	对事物不感兴趣	1	2	3	4	5
3	神经过敏,心中不踏实	1	2	3	4	5
4	胸痛	1	2	3	4	5
5	感到孤独	1	2	3	4	5
6	感到紧张或容易紧张	1	2	3	4	5
7	恶心或胃部不舒服	1	2	3	4	5
8	感到苦闷	1	2	3	4	5
9	无缘无故地突然感到害怕	1	2	3	4	5
10	呼吸有困难	1	2	3	4	5
11	感到自己没有什么价值	1	2	3	4	5
12	感到一阵阵恐惧或惊恐	1	2	3	4	5
13	身体发麻或感到刺痛	1	2	3	4	5
14	感到没有前途、没有希望	1	2	3	4	5
15	感到坐立不安、心神不定	1	2	3	4	5
16	感到身体的某一部分软弱无力	1	2	3	4	5
17	想结束自己的生命	1	2	3	4	5
18	感到害怕	1	2	3	4	5

三、抑郁自评量表(SDS)

【概述】

抑郁自评量表(self-rating depression scale,SDS)由 Zung 等编制于 1965 年,是用于心理咨询、抑郁症状筛查及严重程度评定和精神药理学研究的量表之一。因使用简便,在国内外应用很广。

【内容及实施方法】

(一)量表的结构和项目

SDS 含有 20 个项目,每条文字及其所希望引出的症状如下(括号中为症状名称)。

1 我觉得闷闷不乐,情绪低沉(忧郁)。

*2 我觉得一天中早晨最好(晨重晚轻)。

3 我一阵阵哭出来或觉得想哭(易哭)。

4 我晚上睡眠不好(睡眠障碍)。

*5 我吃得跟平常一样多(食欲减退)。

*6 我与异性密切接触时和以往一样感到愉快(性兴趣减退)。

7 我发觉我的体重在下降(体重减轻)。

8 我有便秘的苦恼(便秘)。

9 我心跳比平常快(心悸)。

10 我无缘无故地感到疲乏(易倦)。

*11 我的头脑跟平常一样清楚(思考困难)。

*12 我觉得经常做的事并没有困难(能力减退)。

13 我觉得不安而平静不下来(不安)。

*14 我对将来抱有希望(绝望)。

15 我比平常容易生气激动(易激惹)。

*16 我觉得做出决定是容易的(决断困难)。

*17 我觉得自己是个有用的人,有人需要我(无用感)。

*18 我的生活过得很有意思(生活空虚感)。

19 我认为如果我死了,别人会过得好些(无价值感)。

*20 平常感兴趣的事我仍然感兴趣(兴趣丧失)。

上述题目中标"*"为反向计分题。

(二)实施方法

SDS 按症状出现频度评定,分为 4 个等级:没有或很少时间;少部分时间;相当多时间;绝大部分或全部时间。若为正向计分题,依次评为粗分 1、2、3、4 分。反向计分题(前文中标"*"),则评为 4、3、2、1 分。

(三)评定注意事项

表格由被试者自行填写,评定前必须让被试者把整个量表的填写方法及每条问题的含义都看明白,然后做出独立的、不受任何人影响的自我评定。

在开始评定之前先由工作人员指着 SDS 量表告诉被试者:"下面有 20 条文字,请仔细阅读每一条,把意思看明白,然后根据你最近 1 周的实际情况,在适当的方格里画'√'。每一条文字后有 4 个方格,分别代表没有或很少时间(发生),少部分时间,相当多时间,绝大部分或全部时间。"

如果被试者的文化程度太低,不能理解或看不懂 SDS 问题的内容,可由工作人员逐条念给他听,让被试者独自做出评定。本次评定可在 10 分钟内填完。

评定时注意以下事项。

(1)强调评定的时间范围为过去 1 周。

(2)评定结束时,工作人员应仔细检查自评结果,并提醒自评者不要漏评任一项目,也不要在同一个项目里打两个"√"(重复评定)。

(3)如用以评估疗效,应在开始治疗或研究前让被试者评定一次,然后至少应在治疗后或研究结束时再复评一次。

(4)要让被试者理解各反向计分的题目,SDS 中有 10 项反向题目,如不能理解会直接影响统计结果。为避免出现理解与填写错误,可将这些问题逐项改为正向评分。具体改动例如:"2. 我觉得一天中早晨最差""5. 我吃得比平常少"等。

【测量学指标】

Zung 等对 SDS 内部一致性进行了检验,结果显示分半信度为 0.73(1973)和 0.92(1986)。刘贤臣等(1995)在一个包括 560 名大学生的样本中报道的内部一致性系数为 0.8624、Spearman-Brown 系数为 0.8539、间隔 3 周的重测系数为 0.82。

效度研究发现,SDS 与 Beck 抑郁问卷、汉密尔顿抑郁量表(Hamilton Depression Scale,HAMD)和 MMPI 的抑郁分量表之间存在中等程度相关性。北京大学精神卫生研究所曾对 50 例住院抑郁症患者于治疗前、中、后同时进行 SDS 和汉密尔顿抑郁量表评定,其评分之间的相关系数为 0.84。SDS 评分指数与临床抑郁严重程度评价之间的关系符合 Zung 的报道。

刘贤臣等(1994)在一个包括 1097 名医学生的样本中进行了因素分析,结果发现 3 个共因子累积贡献率为 53.37%。其中,因子 1 包含 7 个条目,即 1、3、9、10、13、15 和 19,全为正向计分条目;因子 2 包含 7 个条目,分别为 2、5、11、12、14、16 和 20,皆为反向计分条目。因子 3 包含的 3 个条目分别为 6、17 和 18。3 个因子的变异解释率依次为 21.09%、20.45% 和 11.84%。

【结果分析与应用情况】

SDS 的主要统计指标是总分,把 20 项项目中的各项分数相加,即得到总粗分,然后再通过公式转换:$Y = in + (1.25X)$。即用粗分乘以 1.25 后,取其整数部分,就得到标准总分(index score,Y)。也可以通过表格进行转换,但在实际应用中,很多使用者仅使用原始粗分。

临床使用时可以采用抑郁严重指数(范围为 0.25~1.0)来反映被试者的抑郁程度。

抑郁严重指数＝粗分(各条目总分)/80(最高总分)

抑郁程度判断方法:无抑郁(抑郁严重指数<0.5);轻度抑郁(抑郁严重指数 0.5~

0.59);中度抑郁(抑郁严重指数 0.6~0.69);重度抑郁(抑郁严重指数 0.7 以上)。

量表协作组曾对我国 1340 例正常人群进行 SDS 评定,其中男性 705 人,女性 635 人。评定结果总粗分为(33.46±8.55),标准分为(41.88±10.57)分,而性别和年龄对 SDS 影响不大。按上述中国常模结果分析,SDS 总粗分的划界分为 41 分,标准分为 53 分。这一结果也有国外学者通常建议的 40 分和 50 分甚为接近。1993 年,一项纳入 560 名大学生的研究得出 SDS 标准分为(39.33±10.18)分,其性别间比较差异无统计学意义。

(李春波　吴文源)

参 考 文 献

[1] 张明园.精神科评定量表手册.长沙:湖南科学技术出版社,1998:35-39.

[2] 汪向东,王希林,马弘,等.心理卫生评定量表手册(增订版).中国心理卫生杂志社,1999:194-195.

[3] 刘贤臣,唐茂芹,陈琨.SDS 和 CES-D 对大学生抑郁症状评定结果的比较.中国心理卫生杂志,1995,9(1):19-20.

[4] 刘贤臣,陈现,戴郑生,等.抑郁自评量表(SDS)医学生测查结果的因子分析.中国临床心理学杂志,1994,2(3):151-154.

附:抑郁自评量表(SDS)

（Zung 等编制）

填表注意事项:下面有 20 条文字,请仔细阅读每一条,看明白题目,然后根据你最近 1 周的实际情况在适当的方格里画"√"。每一条文字后有 4 个格,分别表示:没有或很少时间;少部分时间;相当多时间;绝大部分或全部时间。

题目内容	没有或很少时间	少部分时间	相当多时间	绝大部分或全部时间	工作人员评定
1. 我觉得闷闷不乐,情绪低沉	□	□	□	□	□
*2. 我觉得一天中早晨最好	□	□	□	□	□
3. 我一阵阵哭出来或觉得想哭	□	□	□	□	□
4. 我晚上睡眠不好	□	□	□	□	□
*5. 我吃得跟平常一样多	□	□	□	□	□
*6. 我与异性密切接触时和以往一样感到愉快	□	□	□	□	□
7. 我发觉我的体重在下降	□	□	□	□	□

（续　表）

题目内容	没有或很少时间	少部分时间	相当多时间	绝大部分或全部时间	工作人员评定
8. 我有便秘的苦恼	☐	☐	☐	☐	☐
9. 我心跳比平常快	☐	☐	☐	☐	☐
10. 我无缘无故地感到疲乏	☐	☐	☐	☐	☐
*11. 我的头脑跟平常一样清楚	☐	☐	☐	☐	☐
*12. 我觉得经常做的事并没有困难	☐	☐	☐	☐	☐
13. 我觉得不安而平静不下来	☐	☐	☐	☐	☐
*14. 我对将来抱有希望	☐	☐	☐	☐	☐
15. 我比平常容易生气激动	☐	☐	☐	☐	☐
*16. 我觉得做出决定是容易的	☐	☐	☐	☐	☐
*17. 我觉得自己是个有用的人，有人需要我	☐	☐	☐	☐	☐
*18. 我的生活过得很有意思	☐	☐	☐	☐	☐
19. 我认为如果我死了，别人会过得好些	☐	☐	☐	☐	☐
*20. 平常感兴趣的事我仍然感兴趣	☐	☐	☐	☐	☐

注：*为反向计分题。

四、流调用抑郁自评量表（CES-D）

【概述】

流调用抑郁自评量表由美国国立精神卫生研究所 Radloff 于 1977 年编制，原名为流行学研究中心抑郁量表（center for epidemiological survey，depression scale，CES-D）。该量表较广泛地用于流行病学调查，用以筛查出有抑郁症状的对象，以便进一步检查确诊。也有人用作临床检查，评定抑郁症状的严重程度。和其他抑郁自评量表相比，CES-D 更着重于个体的情绪体验，较少涉及抑郁时的躯体症状。

【内容及实施方法】

(一)项目和评定标准

CES-D 共包括 20 道题目，分别调查 20 项症状（表 3-5）。

表 3-5　CES-D 症状项目原文及引出症状

序号	量表中症状项目原文	引出症状
1	我因一些小事而烦恼	烦恼
2	我不太想吃东西	食欲减退
3	即使家属和朋友帮助我,我仍然无法摆脱心中的苦闷	苦闷感
*4	我觉得和别人一样好	自卑感
5	我在做事时,无法集中自己的注意力	注意障碍
6	我感到情绪低落	情绪低落
7	我感到做任何事都很费力	乏力
*8	我觉得前途是有希望的	绝望感
9	我觉得我的生活是失败的	失败感
10	我感到害怕	害怕
11	我的睡眠情况不好	睡眠障碍
*12	我感到高兴	无愉快感
13	我比平时说话要少	言语减少
14	我感到孤单	孤独感
15	我觉得人们对我不太友好	敌意感
*16	我觉得生活很有意思	空虚感
17	我曾哭泣	哭泣
18	我感到忧伤	忧伤
19	我觉得人们不喜欢我	被憎恶感
20	我觉得无法继续日常工作	能力丧失

注:* 为反向计分题。

CES-D 为自评量表,按过去 1 周内出现相应情况或感觉的频度评定:不足一天者为"没有或几乎没有";1~2 天为"少有";3~4 天为"常有";5~7 天为"几乎一直有"。除了以下提到的反向计分题外,其余均按上述顺序依次评为 3、2、1 和 0 分。标有"*"的 4、8、12 和 16 题,为反向计分题,即评分顺序为 0、1、2、3。如题 4:"我觉得和别人一样好",自评为"没有这样的感觉",应记"3"分。

(二)评定注意事项

量表由评定对象自行填写。在填表前必须让评定对象把填表说明、填表方法及问题内容看明白。文盲或半文盲一般不宜作为评定对象。如有特殊需要,可由施测人员念给其听,然后在表格中注明,供分析时参考。一般 5~7 分钟可以完成。

评定时应注意以下几点。

（1）评定时间范围应强调是"现在"或"过去1周"，需将这一时间范围十分明确地告诉自评者。

（2）如做疗效评定，应在开始治疗前（或开始研究前）让自评者评定一次，然后至少在治疗后（或研究结束时）再让他自评一次，以便通过CES-D总分的变化来分析自评者症状的变化。至于时间间隔，可由研究者自行安排。

（3）要让评定对象理解反向计分题。量表协作组的研究发现，有相当比例的评定对象并未真正明白反向计分题的含义及填表方法，以致这些项目的得分和总分的相关程度很低。为避免这类理解错误或填写错误，曾建议把它们改为正向评分题，结果便好得多。具体改动如下："4. 我觉得比不上别人""8. 我觉得前途没有希望""12. 我感到高兴不起来""16. 我觉得生活没有意思"。

【测量学指标】

量表原作者对CES-D信度进行了检验分析：α系数在0.9以上；分半信度患者组为0.85，正常组为0.77；重测信度间隔4周为0.67，间隔1年为0.32。刘贤臣等（1995）在大学生群体中报道的内部一致性系数为0.8539、Spearman-Brown系数为0.8338、间隔3周的重测系数为0.866。

CES-D与医护人员用汉密尔顿抑郁量表评分的相关系数为0.44。

【结果分析与应用情况】

（一）统计指标和结果分析

CES-D分析较为简单，主要的统计指标是总分，即20个单项分的总和。其中，总分≤15分为无抑郁症状；16～19分为可能有抑郁症状；≥20分为肯定有抑郁症状。

（二）应用评价

（1）CES-D简单实用，可作为抑郁症状的筛选工具。一项应用CES-D对上海两家工厂550名工人的调查报告结果发现，抑郁症状在该群体中较为常见。以CES-D的16项总分来划分（去反向题目4项），可能有抑郁症状者为22.5%，肯定有抑郁症状者为15.1%，有严重抑郁症状者为7.4%。最常见的症状是烦恼、乏力和睡眠障碍。对40例16项总分≥20分者进行进一步检查发现，其中9例患有抑郁障碍，需要接受治疗。在大规模心理卫生调查时，常取二阶段法：第一阶段为初筛，第二阶段对初筛阳性者做进一步诊断。CES-D便可作为抑郁症状的初筛工具。

（2）我国部分地区量表协作组应用CES-D对1150人进行常模研究，得出均分为11.52分。84例抑郁性神经症的均分为34.42分；而38例焦虑性神经症的均分为25.04分，76例神经衰弱的均分为25.04分。后两种神经症的CES-D总分虽高于正常人，但显著低于抑郁性神经症（目前CCMD-3称为心境恶劣）。另外，对100例抑郁性神经症采用汉密尔顿抑郁量表和CES-D同时评定，两者结果呈显著正相关，提示CES-D有较好的效度。一项针对560名大学生的研究表明，该量表在我国人群中有较高的信度,同时与 SDS 呈显著正相关。

但在进行治疗前后单项分的分析和临床判断比较时,CES-D 的结果不如 HAMD,其可能的原因为:①CES-D 有反向题目,评定对象未能很好地理解;②抑郁性神经症患者较为敏感,会过高地评定自我感觉。因此,CES-D 用作治疗学研究工具时,应结合 HAMD 的结果进行分析。

（吴文源　李春波）

参 考 文 献

[1] 刘贤臣,唐茂芹,陈琨. SDS 和 CES-D 对大学生抑郁症状评定结果的比较. 中国心理卫生杂志,1995,9(1):19-20.

[2] Radloff LS. The CES-D scale:A self-report depression scale for research in the general population. Applied Psychological Measurement,1977,1:385-401.

附:流调用抑郁自评量表(CES-D)

（Radloff 等编制）

说明:以下是你可能有过或感觉到的情况或想法。请按照过去 1 周内你的实际情况或感觉,在适当的空格内画"√"。

没有或几乎没有:过去 1 周内,出现这类情况不超过 1 天。

少有:过去 1 周内,有 1～2 天出现这类情况。

常有:过去 1 周内,有 3～4 天出现这类情况。

几乎一直有:过去 1 周内,有 5～7 天出现这类情况。

题目内容	没有或几乎没有	少有	常有	几乎一直有
1. 我因一些小事而烦恼	☐	☐	☐	☐
2. 我不太想吃东西	☐	☐	☐	☐
3. 即使家属和朋友帮助我,我仍然无法摆脱心中的苦闷	☐	☐	☐	☐
*4. 我觉得和别人一样好	☐	☐	☐	☐
5. 我在做事时,无法集中自己的注意力	☐	☐	☐	☐
6. 我感到情绪低落	☐	☐	☐	☐
7. 我感到做任何事都很费力	☐	☐	☐	☐
*8. 我觉得前途是有希望的	☐	☐	☐	☐
9. 我觉得我的生活是失败的	☐	☐	☐	☐

（续　表）

题目内容	没有或几乎没有	少有	常有	几乎一直有
10. 我感到害怕	□	□	□	□
11. 我的睡眠情况不好	□	□	□	□
*12. 我感到高兴	□	□	□	□
13. 我比平时说话要少	□	□	□	□
14. 我感到孤单	□	□	□	□
15. 我觉得人们对我不太友好	□	□	□	□
*16. 我觉得生活很有意思	□	□	□	□
17. 我曾哭泣	□	□	□	□
18. 我感到忧伤	□	□	□	□
19. 我觉得人们不喜欢我	□	□	□	□
20. 我觉得无法继续日常工作	□	□	□	□

注：*为反向计分题。

五、贝克抑郁自评问卷（BDI）

【概述】

贝克抑郁自评问卷（Beck depression inventory，BDI），又称Beck抑郁自评量表（Beck depression rating scale），由美国著名心理学家Beck AT于20世纪60年代编制，后被广泛应用于临床流行病学调查。BDI早年的版本为21项，其项目内容源自临床。后来发现，有些抑郁症患者，特别是严重抑郁者，不能很好地完成21项评定。Beck于1974年推出了13项版本。新版本品质良好，本节主要介绍BDI的13项版本。

【内容及实施方法】

BDI共13项，各项症状分别为：①抑郁；②悲观；③失败感；④满意感缺如；⑤自罪感；⑥自我失望感；⑦消极倾向；⑧社交退缩；⑨犹豫不决；⑩自我形象改变；⑪工作困难；⑫疲乏感；⑬食欲丧失。

各项均按0~3分4级评分，其中无该项症状＝0分；轻度＝1分；中度＝2分；严重＝3分。具体的每项问题均有4个短句，让被试者选择最符合他当时心情/情况的一项。例如，项目1抑郁的描述性短句分别为："0. 我不感到忧郁""1. 我感到忧郁或沮丧""2. 我整天感到忧郁，且无法摆脱""3. 我感到十分忧郁，已经忍受不住"。请被试者从0~3中选择1项。

使用时应注意以下几点。

（1）同其他自评量表一样，一定要让被试者对评定方法了解清楚后，方可开始评定。

(2)一定要强调评定的时间范围。例如,本量表评定此时此刻:今天和现在的情况/心情。

(3)一般来说,本量表不适用于文盲和低教育人群。

(4)原21项版本还包括受惩罚感、自责、哭泣、易激惹、睡眠障碍、体重减轻、疑病和性欲减退等8项。

【测量学指标】

据 Beck 报道,本量表在美国人群中具有较好的信度和效度。有学者比较了包括汉密尔顿抑郁量表和 SCL-90 在内的6种评定抑郁的工具,认为在药瘾患者中检出抑郁症状,以 BDI-13 最为敏感。

国内郑洪波等(1987)报道,BDI-21 具有良好的结构效度,与 HAMD 的总分及相应单项分显著相关。在患抑郁性障碍的328例患者中,BDI-21 的总分为(29.7±10.9)分,BDI-13 的总分为(17.1±4.9)分。BDI-13 和 BDI-21 的相关系数高达0.96,临床医师评定结果相关系数为0.61。

杜召云(1999)对1734名大学生进行的研究表明,该问卷在国内大学生人群中重测信度较好(126人间隔1周,条目和总分的相关系数在0.48~0.92,$P < 0.05$),测评结果稳定。

【结果分析与应用情况】

BDI 只有单项分和总分两项统计指标。Beck 提出,可以用总分来区分有无抑郁症状及其严重程度。其中,0~4分(基本上)为无抑郁症状,5~7分为轻度,8~15分为中度,16分及以上为严重。

近年国外一些大型的心血管疾病研究常常使用 BDI 评定抑郁症状。

Furlanetto 等(2005)对该量表用于筛选和诊断中至重度的抑郁症进行了研究,证实了该量表具有较高的灵敏度和阳性预测值。

(李春波　吴文源)

参 考 文 献

[1] 郑洪波,郑延平.Beck 抑郁自评问卷(BDI)在抑郁患者中的应用.中国神经精神疾病杂志,1987,13(4):236-237.

[2] 杜召云.1734名大学生 Beck 抑郁自评问卷调查分析.中国医学伦理学,1999,5:18-20.

[3] Beck AT,Ward CH,Mendelson M,et al. An inventory for measuring depression. Arch Gen Psychiatry,1961,4:53-63.

[4] Beck AT,Beamsderfer A. Assessment of depression:the depression inventory. Mod Probl Pharmacopsychiatry,1974,7:151-169.

[5] Furlanetto LM,Mendlowicz MV,Bueno JR,et al. The validity of the Beck Depression Inven-

tory-Short Form as a screening and diagnostic instrument for moderate and severe depression in medical inpatients. Journal of Affective Disorder,2005,86:87-91.

附:Beck 抑郁自评问卷(BDI)

（Beck 等编制）

指导语:以下是一个问卷,由 13 道题组成,每一道题均有 4 个短句,代表 4 个可能的答案。请你仔细阅读每一道题的所有回答(0～3)。读完后,从中选出一个最能反映你此刻情况的句子,在它前面的数字(0～3)上画"○"。然后,再接着回答下一题。

一、0 我不感到忧郁

1 我感到忧郁或沮丧

2 我整天感到忧郁,无法摆脱

3 我感到十分忧郁,已经忍受不住

二、0 我对未来并不悲观失望

1 我感到前途不太乐观

2 我对前途不抱希望

3 我感到今后毫无希望,不可能有所好转

三、0 我并无失败的感觉

1 我觉得和大多数人相比我是失败的

2 回顾我的一生,我觉得那是一连串的失败

3 我觉得我是个彻底失败的人

四、0 我并不觉得有什么不满意

1 我觉得我不能像平时那样享受生活

2 任何事情都不能使我感到满意一些

3 我对所有的事情都不满意

五、0 我没有特殊的内疚感

1 我有时感到内疚或觉得自己没价值

2 我感到非常内疚

3 我觉得自己非常坏,一钱不值

六、0 我没有对自己感到失望

1 我对自己感到失望

2 我讨厌自己

3 我憎恨自己

七、0 我没有要伤害自己的想法

1 我感到还是死掉好

2 我考虑过自杀

3 如果有机会,我还会杀了自己

（续 表）

八、0 我没有失去和他人交往的兴趣

1 和平时相比,我和他人交往的兴趣有所减退

2 我已失去大部分和人交往的兴趣,我对他们没有感情

3 我对他人完全无兴趣,也完全不理睬别人

九、0 我能像平时一样做出决定

1 我尝试避免做出决定

2 对我而言,做出决定十分困难

3 我无法做出任何决定

十、0 我觉得我的形象一点也不比过去糟糕

1 我担心我看起来老了,不吸引人了

2 我觉得我的外表肯定变了,变得不具吸引力

3 我感到我的形象丑陋且讨人厌

十一、0 我能像平时那样工作

1 我做事时,要花额外的努力才能开始

2 我必须努力强迫自己才能做事

3 我完全不能做事情

十二、0 和以往相比,我并不容易疲倦

1 我比过去容易觉得疲倦

2 我做任何事都感到疲倦

3 我太容易疲倦了,不能做任何事

十三、0 我的胃口不比过去差

1 我的胃口没有过去那样好

2 现在我的胃口比过去差多了

3 我一点食欲都没有

六、抑郁体验问卷(DEQ)

【概述】

　　心理动力理论家 Blatt 假定各种类型的抑郁都是客体表象发展受损造成的,据此他提出了以人格为基础的两种抑郁类型,即:①情感依附型抑郁(anaclitic depression),其特征为显著的无助感、需求感、害怕被遗弃和依赖他人;②内射型抑郁(introjective depression),其特征为自己的标准过分严格、自罪感、无价值感和自尊心丧失。情感依附型抑郁反映了较低水平的客体关系,在临床上表现为寻求亲近和宽慰人心的身体接触。内射型抑郁反映了较高的内化水平,但是以强烈的心灵内部的冲突为代价。情感依附型抑郁反映了关系问题:关系贫乏、不成熟的联结。内射型抑郁反映了自主性问题:个体与自我界定的斗争,不能取得自我有效性。然

而,这两类问题不是互相排斥的,最严重的抑郁症患者可表现出两个领域的问题。

为了测量抑郁的这两个维度,Blatt 及其同事于 1976 年研制了抑郁体验问卷 (depressive experiences questionnaire,DEQ)。自 DEQ 问世以来,其在国际上得到了广泛的研究和应用。国内有关 DEQ 的研究较少,1993 年刘平将其翻译成中文量表,刘秀菊、孟宪璋和姚树桥等对 DEQ 进行过相关研究。

【内容及实施方法】

DEQ 是一个自评量表,初始问卷包括 66 个李克特型条目,用于询问被试者对自身及对人际关系的态度。每个叙述都按 7 级回答,从"强烈反对"到"完全同意",中间值为 4。

Blatt 等将该问卷做了主成分分析,采取正交旋转,形成了 3 个因子。第一因子反映情感依附型抑郁,指向与人交往的人格特性,命名为依赖性(dependent);第二因子反映内射型抑郁,指向自我批评性人格特征,命名为自我批评性(self-critical);第三因子代表了自我安全感的渴求及自信等,命名为有效性(efficacy)。

使用 DEQ 初始问卷评分时,按照 Blatt 等的标准样本计算出每个条目的标准分,再乘以各条目对各分量表的因子加权值,得出的各条目分的总和就是该分量表的得分。这种加权值在男女之间是不一致的。

鉴于这种计分方法太过复杂和烦琐,Welkowitz 和 Bond 于 1985 年根据因子分析的因子负荷情况来确定条目,这样全量表有 20 个条目归入依赖性分量表 (DEQ-Q),15 个条目归入自我批评分量表(DEQ-I),8 个条目归入有效性分量表 (DEQ-E),共保留了 43 个条目,放弃了其他 23 个条目。

此后 DEQ 又经历了多次改版,主要有 Blatt 修订的适用于青少年的 DEQ-A (DEQ-adolescence)量表,Clarke 精神病研究所 Bagby 修订的 CIP(Clarke institute of psychiatry)量表,以及 McGill 大学 Santor 等(1997)修订的 30 条目的 McGill 量表。在这些研究中,3 个因子都是 DEQ 的基本结构。但最近也有研究得出了不同的结构模型。

在 Keys 和 Gina Louise 的研究中,采用了评估依赖和自我批评个体的方式,对条目内容进行了修订,然后在 460 名大学生中同时施测 DEQ 和 Beck 抑郁问卷 (BDI)。因素分析结果既生成了三因子(自我批评、依赖、有效)模型,也生成了五因子(自我批评、人际敏感、依赖、高标准、满意)模型。五因子好像对人格模式和抑郁的易感性提供了更丰富和更好的概念模型。

国内,刘秀菊、孟宪璋(2006)对大学生样本的研究中,采用主成分最大正交旋转,结果也得到了五因子模型(自我批评、人际敏感、依赖、自主性和满意)。

【测量学指标】

1985 年,Welkowitz 等的研究样本为心理系大学生。他们得出的分量表 α 系数为:依赖性 0.81,自我批评 0.865,有效性 0.72。1989 年,Klein 对患者和正常人的研究中,间隔 5 周或 13 周重测时依赖与自我批评分量表的重测相关值分别为 0.81～0.89 和 0.68～0.83。临床患者 6 个月后随访重测所得 3 个分量表的重测相关值分别为 0.64、0.61 和 0.69。

Blatt 等(1995)的研究发现,不管是在临床还是非临床人群中,DEQ 依赖和自我批评因子都与抑郁的标准测量[贝克抑郁问卷(BDI)、抑郁自评量表(SDS)]显著相关。然而,自我批评因子存在强相关($r=0.65$),而依赖因子只存在中等程度的相关($r=0.3$)。

Fazaa 等(2003)与有自杀企图的大学生进行了会谈,结果显示:与依赖型相比,自我批评的个体有更强烈的死亡意图,他们的自杀尝试更有致命性。自我批评的个体也更容易因为心灵内部的压力而企图自杀,具有明显的逃跑动机。相比之下,依赖型的个体更容易因人际压力自杀,他们自杀的动机是传达某种不幸。

Powers 等(2004)对大学生进行了有关"自我批评和完美主义隐蔽及明显的表达"的多重测量与分析,认为自我批评的完美主义和高的个人标准是目前隐蔽抑郁测量的基础。

刘秀菊、孟宪璋(2006)对 DEQ 进行了因子分析,三因子结构的累计方差解释率很低,只有 32%。通过探索性因素分析,获得一个五因子结构(自我批评、无助、依赖、自主和满意),包含 33 个条目,累计方差解释率达到 60%。研究的正式样本为广州市两所高校的 372 例学生,男女性别构成比大致相当,年龄 18～28 岁,平均 (21.19 ± 3.44)岁;文化程度为大专者 260 名,大专以上者 112 名。

自我批评、无助、依赖、自主性和满意 5 个因子的内部一致性(α 系数)介于 0.65～0.79,全量表的 α 系数为 0.81。对 30 例样本间隔 4 周后进行重测,自我批评、无助、依赖、自主性和满意 5 个因子的重测信度分别为 0.91、0.88、0.85、0.82 和 0.87。

抑郁体验问卷 5 个因子都与抑郁自评量表(SDS)总分显著相关,其中自我批评因子和 SDS 的相关系数最高,为 0.508;其次是无助因子,为 0.382;依赖因子为 0.252;自主性因子为 0.298;满意因子与 SDS 呈显著负相关,为 -0.148。

【结果分析与应用情况】

Welkowitz 的计分系统(表 3-6)包括 3 因子结构,分别是依赖、自我批评和有效性。依赖因子包括的条目主要是外部指向性的,诸如以人际关系为核心(包含关注被抛弃、感觉孤独和无助、想与他人亲密、依赖他人等),以及因为害怕别人对自己要求不满意而避免伤害或冒犯他人。

自我批评性因子包括的条目主要是内部指向性的,反映了对内疚、空虚、无助、不满和不安全的关注,对不能满足自我设定的、对自己要求过高的期望和标准而感到担忧和压力,对自己和他人的矛盾倾向于承担责任和自责。

有效性因子是抑郁的一种拮抗因素,包括的条目表明对自己的潜力和能力自信,独立且有责任感,对个人的成就感到自豪和满意。

表 3-6　Welkowitz 等（1985）修订的 DEQ 评分系统中 3 个分表所涉及的条目序号

依赖	自我批评	有效性	弃去
2	7	1	3
9b	11	14	4
10	13	15	5
18b	16	24	6
19	17	33	8
20	27	42	12
22	30	59	21
23	35	60	25
26b	36		29
28	37		31
32	43		39
34	53		40
38b	56		44
41	58		47
45	62b		48
46			49
50			51
52			54
55			57
65b			61
			63
			64
			66

注：弃去栏中的条目不包含在 Welkowitz 等的评分系统之中；b 表示这些条目采用反向计分。

　　刘秀菊、孟宪璋（2006）五因子结构（计分系统见表 3-7）的自我批评和满意因子与三因子结构的第一和第三因子吻合，无助因子大致与三因子结构的依赖因子对应。自我批评因子主要反映的是当达不到自己的标准或期望时的内疚、自责和对自我不满意，以及关注赞美和认可；无助因子反映的是当与他人的关系面临丧失或破裂时的孤独无助感；依赖因子反映的是被试者对他人的情感依赖；自主性因子反映的是自我界定问题，以及当自我不能获得统一稳定结构时，在夸大和贬低的两极摆动；满意因子反映的是对自己的潜力和能力自信，独立且有责任感，对个人的成就感到自豪和满意。

表 3-7　刘秀菊、孟宪璋修订的 DEQ 5 个因子条目序号

自我批评	无助	依赖	自主性	满意
7	2	6	4	9b
10	19	56	36	12
11	23	57	44	18b
13	45	63	58	21
16	46		60	48
22	50			62b
30	51			
35	55			
37				
41				

注:b 表示这些条目采用反向计分。

372 例样本各因子分的平均值和标准差分别为:自我批评(36.47±9.48),无助(29.15±8.77),依赖(10.17±3.16),自主性(18.44±5.89),满意(22.84±5.45)。

实证研究主要涉及对抑郁症状、自杀观念及行为、完美主义等的研究。结果提示,自我批评与抑郁关系最为密切,自我批评的个体存在着严厉/苛刻的客体认同,他们有更强烈的死亡意图,自杀尝试更有致命性。

(孟宪璋　刘秀菊)

参 考 文 献

[1] 汪向东,王希林,马弘. 心理卫生评定量表手册(增订版). 中国心理卫生杂志,1999:205-209.

[2] Welkowitz J,Lish JD,Bond RN. The Depressive Experiences Questionnaire Revision and validation. Journal of Personality Assessment,1985,49:89-94.

[3] Blatt SJ. The destructiveness of perfectionism:Implications for the treatment of depression. American Psychologist,1995,50:1003-1020.

[4] Keys,Gina Louise. An application of hermeneutics in the refinement of the Depressive Experiences Questionnaire. UMI,1999,9950437.

[5] Norman Fazaa MA,Stewart PD. Dependency and Self-Criticism as Predictors of Suicidal Behavior. Suicide and Life-Threatening Behavior,2003,33:172-185.

[6] Powers TA,Zuroff DC,Topciu RA. Covert and Overt Expressions of Self-criticism and Perfectionism and Their Relation to Depression. European Journal of Personality,2004,18:61-72.

附:抑郁体验问卷(DEQ)(Blatt 的 66 题版本)

(Blatt 等编制)

指导语:以下列出了一些与个人特点和素质有关的陈述句。请逐条阅读并确定你是否同意及程度如何。如果你完全同意,选 7;如果你强烈反对,选 1;如果你觉得介乎两者之间,请从 1～7 选择适合你的任一数字。中间值是 4,当你的态度不偏不倚或不能确定时,可选此值。

1＝强烈反对;2＝比较反对;3＝稍微反对;4＝既不反对也不同意;5＝稍微同意;6＝比较同意;7＝完全同意。

1. 我尽可能高地为自己设定目标 …………………………………………… 1 2 3 4 5 6 7
2. 没有周围人的支持,我将会感到孤立无援 ……………………………… 1 2 3 4 5 6 7
3. 我容易满足于目前的计划和目标,从不去追求更高的目标 …………… 1 2 3 4 5 6 7
4. 我有时觉得自己很高大,有时却又觉得自己很渺小 …………………… 1 2 3 4 5 6 7
5. 当我与别人形成了密切的关系,我从来没有唯恐失去的感觉 ………… 1 2 3 4 5 6 7
6. 我迫切需要只有别人才能提供的东西 …………………………………… 1 2 3 4 5 6 7
7. 我常常发觉自己不能按自己的标准或理想行事 ………………………… 1 2 3 4 5 6 7
8. 我感到我总能充分发挥自己的潜能 ……………………………………… 1 2 3 4 5 6 7
9. 与人缺少长久的关系并不会让我忧虑 …………………………………… 1 2 3 4 5 6 7
10. 如果不能达到自己的期望,我会觉得没有价值 ………………………… 1 2 3 4 5 6 7
11. 许多时候我觉得孤立无援 ………………………………………………… 1 2 3 4 5 6 7
12. 我很少担心自己的言行会遭到非议 ……………………………………… 1 2 3 4 5 6 7
13. 在我目前的状况与我的希望之间有相当大的距离 ……………………… 1 2 3 4 5 6 7
14. 我在激烈的竞争中感到快乐 ……………………………………………… 1 2 3 4 5 6 7
15. 我觉得有许多责任必须承担 ……………………………………………… 1 2 3 4 5 6 7
16. 我有时感到内心"空虚" …………………………………………………… 1 2 3 4 5 6 7
17. 我不易满足于现状 ………………………………………………………… 1 2 3 4 5 6 7
18. 我不在乎是否达到了别人的要求 ………………………………………… 1 2 3 4 5 6 7
19. 当感到寂寞时,我会变得恐慌 …………………………………………… 1 2 3 4 5 6 7
20. 假如失去一个很亲密的朋友,我会觉得好像是失去了身体的某个重
    要部分 ……………………………………………………………………… 1 2 3 4 5 6 7
21. 不管我犯过多少错误人们都不会将我拒之门外 ………………………… 1 2 3 4 5 6 7
22. 我难以中断使我不愉快的关系 …………………………………………… 1 2 3 4 5 6 7
23. 我常常担心会失去亲密朋友 ……………………………………………… 1 2 3 4 5 6 7
24. 别人对我要求太高 ………………………………………………………… 1 2 3 4 5 6 7
25. 跟别人一起时,我容易低估或"贱卖"自己 ……………………………… 1 2 3 4 5 6 7
26. 我不太在乎别人怎样报答 ………………………………………………… 1 2 3 4 5 6 7
27. 两个人的关系不管多么亲密,仍会有摩擦和冲突 ……………………… 1 2 3 4 5 6 7
28. 我对被别人拒绝的暗示非常敏感 ………………………………………… 1 2 3 4 5 6 7

（续　表）

29. 我的成功对家庭很重要 ···································· 1　2　3　4　5　6　7

30. 我常常觉得自己令人失望 ···································· 1　2　3　4　5　6　7

31. 当别人惹我发火时,我会让他（她）知道我的感受 ···· 1　2　3　4　5　6　7

32. 我持之以恒,不遗余力地取悦或帮助周围的人 ········· 1　2　3　4　5　6　7

33. 我精力（力量）充沛 ··· 1　2　3　4　5　6　7

34. 我发觉很难对朋友的请求说"不" ······················· 1　2　3　4　5　6　7

35. 在一种密切的关系中我绝不会真正感到安全 ········· 1　2　3　4　5　6　7

36. 我对自己的看法常常改变,有时感到自己完美无缺,有时看到自己的不足又觉得一无是处 ·· 1　2　3　4　5　6　7

37. 我时常因处境改变而恐惧 ·································· 1　2　3　4　5　6　7

38. 即便最亲近的人即将离去,我也一样能自己生活下去 ···· 1　2　3　4　5　6　7

39. 人们必须坚持不懈地追求他人的爱,也就是说,爱必须争取 ···· 1　2　3　4　5　6　7

40. 我对他人对自己言行的感受特别敏感 ················· 1　2　3　4　5　6　7

41. 我时常因自己的言行而内疚 ····························· 1　2　3　4　5　6　7

42. 我是一个独立性强的人 ···································· 1　2　3　4　5　6　7

43. 我常常感到有罪 ··· 1　2　3　4　5　6　7

44. 我想我是一个很复杂的人,一个具有"多种侧面"的人 ···· 1　2　3　4　5　6　7

45. 我十分担心会冒犯或伤害我所亲近的人 ·············· 1　2　3　4　5　6　7

46. 发怒会使我惊慌失措 ······································ 1　2　3　4　5　6　7

47. 重要的不是你的身份而是你所取得的成就 ··········· 1　2　3　4　5　6　7

48. 不管成功还是失败,我都感觉良好 ····················· 1　2　3　4　5　6　7

49. 我很容易把自己的感受和问题放到一边,全身心地关心别人的感受与问题 ·· 1　2　3　4　5　6　7

50. 假如一个我所关心的人冲我发火,我将担心他会离我而去 ······· 1　2　3　4　5　6　7

51. 当要担负重要责任时,我会感到不自在 ··············· 1　2　3　4　5　6　7

52. 与朋友吵架后,我必须尽快承认错误 ··················· 1　2　3　4　5　6　7

53. 我不愿意承认自身的弱点 ·································· 1　2　3　4　5　6　7

54. 重要的是我喜欢自己的工作,而不是我的工作是否得到称赞 ··· 1　2　3　4　5　6　7

55. 与人争吵后,我会感到非常孤独 ························ 1　2　3　4　5　6　7

56. 在与别人的交往中,我很注意别人能给我什么 ······· 1　2　3　4　5　6　7

57. 我很少想到我的家庭 ······································ 1　2　3　4　5　6　7

58. 我对亲友的感受时常发生改变,有时感到怒发冲冠,有时却又柔情似水、情意绵绵 ··································· 1　2　3　4　5　6　7

59. 我的言行对周围的人影响很大 ·························· 1　2　3　4　5　6　7

60. 我有时感到自己很"特别" ································ 1　2　3　4　5　6　7

61. 我成长在一个极端封闭的家庭中 ······················ 1　2　3　4　5　6　7

(续　表)

62. 我对自己和自己的成就十分满意 ················· 1　2　3　4　5　6　7
63. 我希望能从亲友那里得到许多东西 ··············· 1　2　3　4　5　6　7
64. 我倾向于对自己过分严厉 ······················· 1　2　3　4　5　6　7
65. 独自待着一点也不令我心烦 ····················· 1　2　3　4　5　6　7
66. 我经常用准则或目标来对照自己 ················· 1　2　3　4　5　6　7

七、老年抑郁量表(简式版)(GDS-15)

【概述】

美国心理学家 Brinkt 和 Yesavage 等于 1982 年编制了老年抑郁量表(geriatric depression scale,GDS),被全球广泛用于测量老年人的抑郁水平。1986 年,Sheikh 和 Yesavage 在包含 30 个项目的标准版基础上设计出了包含 15 个项目的简式版老年抑郁量表(GDS-15),由于其更为简短和易于操作,GDS-15 作为 GDS 的替代同样得到了临床工作者和心理学研究者的肯定和广泛使用。该量表评估了最近 1 周被调查者的抑郁状况,主要测试老年人情绪低落、活动减少、易激惹、退缩痛苦的想法,以及对过去、现在与将来的消极评价。现将 2013 年国内学者唐丹修订的简式版老年抑郁量表中文版介绍如下。

【内容及测定标准】

GDS-15 共包括 15 道题目,分为两个维度,分别是抑郁体验(2、3、4、6、8、9、10、12、14、15)和积极情绪(1、5、7、11、13)。

GDS-11 共包括 11 道题目,分为两个维度,分别是抑郁体验(3、4、6、10、12、14、15)和积极情绪(1、5、7、11)。

使用 GDS-11 和 GDS-15 量表时,要求被试者以"是"或"否"作答,每回答一个"是"计 1 分,"否"记 0 分,分数越高表示抑郁症状越严重。

【测量学指标】

样本来自 2000 年中国城乡老年人口状况一次性抽样调查,共计有效数据 1947 人,其中农村老年人 966 人,城镇老年人 981 人。

在结构效度方面,对原量表 15 个条目进行主成分法因素分析,然后经过 Quarimax 旋转确定因素数目和条目的归属,删除了在两个维度上均有较高载荷的项目及意义不明的项目(2、8、9、13),得到最佳结构(GDS-11),确定了两个维度,一共 11 个条目,分别是抑郁体验(7 个条目)和积极情绪(4 个条目)。

对 GDS-15 与 GDS-11 两个版本分别进行同质性信度的测定,并在 1 周后测得重测信度。结果见表 3-8。

表 3-8　GDS-15、GDS-11 的信度

	克隆巴赫系数	重测信度
GDS-15	0.793	0.728
GDS-11	0.763	0.712

在区分效度方面,对不同生活自理能力老年人的 GDS 得分进行比较,发现生活自理能力量表得分与 GDS-11、GDS-15 得分均显著相关($r=0.386,P<0.001$;$r=0.414,P<0.001$)。

【结果分析与应用情况】

GDS-15 因简短、易于操作和拥有良好的信度和效度,可广泛用于测量老年人的抑郁水平。国内研究者在对 GDS-15 进行了探索性因子分析后发现,因题目内容与中国老年人生活习惯不符,其中第 2、9 条目不适合纳入量表,题目内容并不是抑郁的典型表现,建议删除。而第 8、13 条目在农村和城镇量表中表现不完全一致,保留会影响量表的结构,因而也建议删除。删除了上述 4 个条目后的量表同样表现出良好的信度和效度,并且具有更合理的结构。为了便于进行国际比较,可直接应用 GDS-15 测量。若仅用于老年人抑郁问题研究或国内流行病学调查,建议将第 2、8、9 和 13 条目删除,以保证量表在不同测试人群中结构一致性,确保结构效度。

GDS-15 已在国内各类老年群体中使用,如刘红采用 GDS-15 对 110 例老年肿瘤患者进行抑郁症状筛查,结果显示,其抑郁症状发生率为 36.5%(刘红、陈茜,2012);潘惠英等采用 GDS-15 对 154 例老年认知障碍患者进行抑郁症状筛查,结果显示,老年认知障碍患者抑郁患病率为 29.9%(潘惠英　等,2012);王玉兰等选择 2000 年在唐山市随机抽取的 5 个社区 1475 名老年人为调查对象,对居家状态的 275 名老年人进行随访研究,并应用 GDS-15 对其抑郁症状进行筛查,结果发现,其抑郁症状发生率为 75.81%(王玉兰　等,2014)。

(何靖宜　王孟成)

参 考 文 献

[1] 丁志宏.宗教信仰对降低中国老年人抑郁的作用.中国老年学杂志,2014,34(2):462-464.

[2] 刘红,陈茜.老年肿瘤患者抑郁与生命质量状况调查.中华现代护理杂志,2012,18(31):3746-3748.

[3] 潘惠英,王君俏,周标,等.老年轻度认知障碍患者抑郁水平的调查与分析.中华护理杂志,2012,47(1):17-19.

[4] 唐丹.简版老年抑郁量表(GDS-15)在中国老年人中的使用.中国临床心理学杂志,2013,21(3):402-405.

[5] 王玉兰,张超,邢凤梅,等.老年居家不出人群一般状况和心理健康状况6年后随访.中国健康心理学杂志,2014,22(3):416-418.

[6] Brink T,Yesavage JA,Lum O,et al. Screening tests for geriatric depression. Clinical gerontologist,1982,1(1):37-43.

[7] Yesavage JA,Sheikh JI. 9/Geriatric depression scale (GDS) recent evidence and development of a shorter version. Clinical gerontologist,1986,5(1-2):165-173.

附1:老年抑郁量表(简式版)(GDS-15)

（唐丹编制）

说明:以下是一些你可能有过或感觉到的情况或想法。请按照过去1周内你的实际情况或感觉,在适当的空格内画"√"。

题目内容	是	否
1. 你对自己的生活是否基本满意	□	□
2. 你是否放弃了很多以往的活动和爱好	□	□
3. 你是否觉得自己生活得不够充实	□	□
4. 你是否常常感到心烦	□	□
5. 你是否多数时候都感到精神好	□	□
6. 你是否担心有不好的事情发生在自己身上	□	□
7. 你是否多数时候都感到幸福	□	□
8. 你是否常常感到无依无靠	□	□
9. 你是否宁愿在家,也不愿去做自己不太熟悉的事情	□	□
10. 你是否觉得自己的记忆力要比其他老年人差	□	□
11. 你是否认为活到现在真是太好了	□	□
12. 你是否觉得自己很没用	□	□
13. 你是否感到精力充沛	□	□
14. 你是否觉得自己的处境没有希望	□	□
15. 你是否觉得多数人比自己富有	□	□

附2:老年抑郁量表(简式版)(GDS-11)

（唐丹编制）

说明:以下是一些你可能有过或感觉到的情况或想法。请按照过去1周内你的实际情况或感觉,在适当的格子内画"√"。

题目内容	是	否
1. 你对自己的生活是否基本满意	☐	☐
2. 你是否觉得自己生活得不够充实	☐	☐
3. 你是否常常感到心烦	☐	☐
4. 你是否多数时候都感到精神好	☐	☐
5. 你是否担心有不好的事情发生在自己身上	☐	☐
6. 你是否多数时候都感到幸福	☐	☐
7. 你是否觉得自己的记忆力要比其他老年人差	☐	☐
8. 你是否认为活到现在真是太好了	☐	☐
9. 你是否觉得自己很没用	☐	☐
10. 你是否觉得自己的处境没有希望	☐	☐
11. 你是否觉得多数人比自己富有	☐	☐

八、医院焦虑抑郁量表(HADS)

【概述】

医院焦虑抑郁量表(hospital anxiety and depression scale,HADS)由 Zigmond 和 Snaith 于 1983 年创制。主要应用于综合医院患者中焦虑和抑郁情绪的筛查。量表原文为英文,此后被翻译为阿拉伯文、德文、日文、意大利文、中文等多种文字。中文版本有中国香港 Leung 等(1993)和叶维菲、徐俊冕(1993)翻译的两个版本,另外还有一个粤语翻译的版本。

【内容及实施方法】

HAD 是一个自评量表,由 14 个条目组成,其中 7 个条目评定抑郁,7 个条目评定焦虑。共有 6 条反向提问条目,5 条在抑郁分量表,1 条在焦虑分量表,这就导致了评分方式有些不均衡。

【测量学指标】

叶维菲和徐俊冕(1993)对综合医院中的 123 名住院患者使用该量表测评,结果表明该量表具有良好的信度,效度以 9 分为界评定效果较好,敏感度和特异性均较高,具有良好的效度,且似乎对抑郁症的筛查比焦虑症更加有效。与 SAS 和 SDS 都有较好的相关性。

夏艳婷(2006)对 300 名孕妇的研究报道结果显示,内部一致性系数为 0.865,焦虑因子分为 0.797 分,抑郁因子分为 0.822 分。

张国华、许明智和金海燕(2006)的因素分析结果表明,HAD 主要由两个因子组成,方差变异解释率分别为 51.70% 和 9.28%,除第 6 题所属因子与原量表设计不同外,其他条目均负荷所属因子。而夏艳婷(2006)在对孕妇的观察中却没有发现第 6 题中跨负荷的问题。

【结果分析与应用情况】

采用 HAD 的主要目的是进行焦虑、抑郁的筛查，因此重要的一点是确定一个公认的临界值。各研究中所采用的临界值不尽相同。按原作者的标准，焦虑与抑郁两个分量表的分值划分为：0～7 分属于无症状；8～10 分属于症状可疑；11～21 分属于肯定存在症状。Barczak(1988)采用 8 分作为划界分，用 DSM-Ⅲ 诊断作为"金标准"，发现其对抑郁和焦虑的灵敏度分别为 82% 和 70%，特异性为 94% 和 68%。但 Silverstone(1994)研究发现，采用 8 分作为划界分，用 HAD 预测被 DSM-Ⅲ-R 诊断为抑郁症的患者时具有较好的灵敏度（在综合医院和精神科中分别为 100% 和 80%），但其特异性却只有 17% 或 29%，因此认为该量表只能用于筛查。

HAD 作为筛查量表，最佳用途是作为综合医院医生筛查可疑存在焦虑或抑郁症状的患者，对阳性的患者做进一步的深入检查，以明确诊断并给予相应的治疗。

有研究以汉密尔顿抑郁量表和汉密尔顿焦虑量表作为"金标准"，考查 HAD-D、SDS 及 HAD-A、SAS 的诊断质量（HAD-D 为医院抑郁焦虑量表抑郁分表，HAD-A 则为焦虑分表），结果见表 3-9。

表 3-9　HAD-D、SDS 及 HAD-A、SAS 的诊断质量

项目	HAD-D	SDS	HAD-A	SAS
灵敏度(%)	84.4	81.3	74.4	55.0
特异度(%)	60.7	64.3	64.7	60.0
漏诊率(%)	15.6	18.7	25.6	45.0
误诊率(%)	39.3	35.7	35.3	40.0
阳性预测值(%)	71.1	72.2	84.2	78.6
正确诊断指数	0.45	0.45	0.38	0.15
似然比	2.15	2.25	2.11	1.38

由此可以看出，HAD-D 和 SDS 的灵敏度、特异性、误诊率、漏诊率及阳性预测值很接近，反映了两者诊断效率的似然比也非常接近，说明两个量表的诊断效能相似。HAD-A 各诊断指标则均优于 SAS。

（李春波　吴文源）

参 考 文 献

[1] 叶维菲,徐俊冕.综合性医院焦虑抑郁量表在综合医院病人中的应用与评价.中国行为医学杂志,1993,2(3):17.

[2] 周炯,王荫华.焦虑抑郁量表评价分析.中国心理卫生杂志,2006,20(10):665.

[3] 张国华,许明智,金海燕.医院焦虑抑郁量表的因素结构研究.中国临床心理学杂志,2006,14(6):591-592

[4] 夏艳婷.医院焦虑抑郁量表用于孕妇的信效度检验.护理学报,2006,13(11):62-63.

[5] Zigmond AS,Snaith RP. The hospital anxiety and depression scale. Acta Psychiatry Scandinavia,1983,67:361-370.

附:医院焦虑抑郁量表(HADS)

（叶维菲、徐俊冕等修订）

指导语:情绪在大多数疾病中起着重要作用,如果医生了解你的情绪变化,他们就能给你更多的帮助。请你阅读以下各个条目,在其中最符合你过去1个月的情绪评分上画"○"。对这些问题不要做过多的考虑,立即做出的回答会比考虑后再回答更切合实际。

1. 我感到紧张(或痛苦)(A)
   几乎所有时候 …………………… 3
   大多数时候 ……………………… 2
   有时 ……………………………… 1
   根本没有 ………………………… 0
2. 我对以往感兴趣的事情还是有兴趣(D)
   肯定一样 ………………………… 0
   不像以前那样多 ………………… 1
   只有一点 ………………………… 2
   基本上没有 ……………………… 3
3. 我感到有点害怕,好像预感到有什么可怕的事情要发生(A)
   非常肯定和十分严重 …………… 3
   是有,但并不太严重 …………… 2
   有一点,但并不使我苦恼………… 1
   根本没有 ………………………… 0
4. 我能够哈哈大笑,并看到事物好的一面(D)
   经常这样 ………………………… 0
   现在已经不大这样了 …………… 1
   现在肯定是不太多了 …………… 2
   根本没有 ………………………… 3
5. 我的心中充满烦恼(A)
   大多数时间 ……………………… 3
   常常如此 ………………………… 2
   时时,但并不经常 ……………… 1
   偶然如此 ………………………… 0
6. 我感到愉快(D)
   根本没有 ………………………… 3

   并不经常 ………………………… 2
   有时 ……………………………… 1
   大多数 …………………………… 0
7. 我能够安静而轻松地坐着(A)
   肯定 ……………………………… 0
   经常 ……………………………… 1
   并不经常 ………………………… 2
   根本没有 ………………………… 3
8. 我对自己的仪容(打扮自己)失去兴趣(D)
   肯定 ……………………………… 3
   并不像我应该做到的那样关心 … 2
   我可能不是非常关心 …………… 1
   我仍像以往一样关心 …………… 0
9. 我有点坐立不安,好像感到非要活动不可(A)
   确实非常多 ……………………… 3
   是不少 …………………………… 2
   并不很多 ………………………… 1
   根本没有 ………………………… 0
10. 我对一切都是乐观地向前看(D)
    差不多是这样做的 ……………… 0
    并不完全是这样做的 …………… 1
    很少这样做 ……………………… 2
    几乎从来不这样做 ……………… 3
11. 我突然出现恐慌感(A)
    确实很经常 ……………………… 3
    时常 ……………………………… 2
    并非经常 ………………………… 1
    根本没有 ………………………… 0

（续　表）

12. 我好像感到情绪在渐渐低落(D)		很经常 ……………………… 2
几乎所有的时间 …………… 3		非常经常 ……………………… 3
很经常 …………………… 2		14. 我能欣赏一本好书或一档好的广播
有时 ……………………… 1		或电视节目(D)
根本没有 ………………… 0		常常 ……………………… 0
13. 我感到有点害怕,好像某个内脏器		有时 ……………………… 1
官变坏了(A)		并非经常 ……………………… 2
根本没有 ………………… 0		很少 ……………………… 3
有时 ……………………… 1		

注:A 用于筛查是否有焦虑症状;D 用于筛查是否有抑郁症状。

九、焦虑自评量表(SAS)

【概述】

焦虑自评量表(self-rating anxiety scale,SAS)由 Zung 于 1971 年编制。从量表构造的形式到具体评定方法都与抑郁自评量表(SDS)十分相似,用于评定被试者焦虑的主观感受。

【内容及实施方法】

SAS 共包含 20 个项目,其条文及所希望引出的症状如下。

(1)我觉得比平常容易紧张和着急(焦虑)。

(2)我无缘无故地感到害怕(害怕)。

(3)我容易心里烦乱或觉得惊恐(惊恐)。

(4)我觉得我可能将要发疯(发疯感)。

*(5)我觉得一切都很好,也不会发生什么不幸(不幸预感)。

(6)我手脚发抖(手足颤抖)。

(7)我因为头痛、颈痛和背痛而苦恼(躯体疼痛)。

(8)我感觉容易衰弱和疲乏(乏力)。

*(9)我觉得心平气和,并且容易安静坐着(静坐不能)。

(10)我觉得心跳得很快(心悸)。

(11)我因为一阵阵头晕而苦恼(头昏)。

(12)我有晕倒发作或觉得要晕倒似的(晕厥感)。

*(13)我呼气和吸气都感到很容易(呼吸困难)。

(14)我手脚麻木和刺痛(手足刺痛)。

(15)我因为胃痛和消化不良而苦恼(胃痛,消化不良)。

(16)我常常要小便(尿意频数)。

*(17)我的手常常是干燥温暖的(多汗)。

(18)我脸红发热(面部潮红)。

*(19)我容易入睡,并且一夜睡得很好(睡眠障碍)。

(20)我做噩梦(噩梦)。

上述题目中标有"*"者为反向计分题。

SAS的主要评定依据为项目所定义的症状出现的频度,共分4级:没有或很少时间;小部分时间;相当多时间;绝大部分或全部时间。正向评分题,依次评为1、2、3、4。反向计分题(上文中有"*"者),则评分为4、3、2、1。

评定注意事项参见SDS关于评定注意事项的说明。

【测量学指标】

吴文源等对36例神经症患者进行SAS自评,同时由医师使用汉密尔顿焦虑量表做评价。两量表总分用Pearson相关法获得的相关系数为0.365,Spearman等级相关的相关系数为0.341,表明SAS的效度尚好。王芳芳(1994)在1032名中学生中测试的斯皮尔曼-布朗系数为0.696,间隔1个月的重测相关系数为0.777($P<0.001$)。

刘贤臣等的因子分析表明SAS主要由4个因子组成,累计方差解释率为46.38%。因子1中负荷量>0.50的条目有4个,可解释为焦虑心情;因子2、3反映了自主神经功能紊乱和运动性紧张;因子4是混合性因子,由2个条目构成。

【结果分析与应用情况】

SAS的主要统计指标为总分。在自评者评定结束后,将20个项目的各个得分相加,即得总粗分。然后通过公式转换:Y=int+(1.25X)。即用总粗分乘以1.25后,取其整数部分,就得到标准总分(index score,Y)。

量表协作组对1158名中国正常人群对照组的研究结果表明,正向评分题15个项目均分为(1.29±0.98)分;反向评分题5个项目均分为(2.08±1.71)分,20项总粗分均值为(29.78±10.07)分。总粗分的正常上限为40分,标准总分为50分。略高于国外的30分和38分。

国外研究认为,SAS能较准确地反映有焦虑倾向的精神病患者的主观感受(表3-10)。而焦虑又是心理咨询门诊中较常见的一种心理障碍,因此,SAS可作为咨询门诊中了解焦虑症状的一种自评工具。

表3-10 不同精神疾病的SAS总分(标准分)

诊断	例数	总分均值	标准差
焦虑症	22	58.7	13.5
精神分裂症	25	46.4	12.9
抑郁症	96	50.7	13.4
人格障碍	54	51.2	13.2
正常对照组	100	33.8	5.9

　　量表协作组还对129例神经衰弱、焦虑性神经症和抑郁性神经症者进行了检查,得出SAS的平均总粗分为(42.98±9.94)分。其中神经衰弱为(40.52±6.62)分,焦虑症为(45.68±11.23)分(F检验,$P>0.05$)。上述结果表明焦虑是神经症的共同症状,但SAS在各类神经症鉴别中作用不大。

　　刘贤臣(1997)对2462名13～22岁的青少年测查发现,SAS标准分为(40.65±9.47)分,明显高于国内正常成人($P<0.01$),但标准差较小。若以$\overline{X}\pm1SD$作为青少年正常值的上限,即40.65＋9.47≈50分,则我国青少年SAS的常模分与成人相同,且无性别差异。并且5个反向条目的平均分明显高于15个正向计分条目,故而建议群体测查时最好将反向计分条目改为正向或进行特别说明。

　　1986年,全国量表协作组对该量表的常模测试过程中发现,其中的反向计分题不易为国人所掌握,影响了该量表的准确性,因而协作组将其修改为正向计分题(SAS-CR),有研究对308例神经症得出该量表的信度和效度也较好。

(李春波　吴文源)

参 考 文 献

[1] 吴文源.焦虑自评量表(SAS).上海精神医学,1990,新2卷(增刊):44.

[2] 刘贤臣,刘良民,唐茂芹.2462名青少年焦虑自评量表测查结果分析.中国心理卫生杂志,1997,11(2):75-77.

[3] 陶明,高静芳.修订焦虑自评量表(SAS-CR)的信度及效度.中国神经精神疾病杂志,1994,20(5):301-303.

[4] 刘贤臣,唐茂芹,陈现,等.焦虑自评量表的因子分析.山东医科大学学报,1995,33(4):303-306.

[5] 王芳芳.焦虑自评量表在中学生中的测试.中国学校卫生,1994,15(3):202-204.

[6] Zung WWK. A Rating Instrument for Anxiety Disorders. Psychosomatics,1971,12:371-379.

附:焦虑自评量表(SAS)

(Zung编制)

　　填表注意事项:以下有20条文字,请仔细阅读每一条,看明白意思。然后根据你最近1周的实际情况在适当的方格里画"√"。每一条文字后的4个方格分别表示:没有或很少时间;小部分时间;相当多时间;绝大部分或全部时间。

题目内容	没有或很少时间	小部分时间	相当多时间	绝大部分或全部时间
1. 我觉得比平常容易紧张和着急	☐	☐	☐	☐
2. 我无缘无故地感到害怕	☐	☐	☐	☐
3. 我容易心里烦乱或觉得惊恐	☐	☐	☐	☐
4. 我觉得我可能将要发疯	☐	☐	☐	☐
5. 我觉得一切都好,也不会发生什么不幸	☐	☐	☐	☐
6. 我手脚发抖	☐	☐	☐	☐
7. 我因为头痛、颈痛和背痛而苦恼	☐	☐	☐	☐
8. 我感觉容易衰弱和疲乏	☐	☐	☐	☐
9. 我觉得心平气和,并且容易安静坐着	☐	☐	☐	☐
10. 我觉得心跳得很快	☐	☐	☐	☐
11. 我因为一阵阵头晕而苦恼	☐	☐	☐	☐
12. 我有晕倒要发作或觉得要晕倒的感觉	☐	☐	☐	☐
13. 我呼气和吸气都感到很容易	☐	☐	☐	☐
14. 我手脚麻木和刺痛	☐	☐	☐	☐
15. 我因为胃痛和消化不良而苦恼	☐	☐	☐	☐
16. 我常常要小便	☐	☐	☐	☐
17. 我的手常常是干燥温暖的	☐	☐	☐	☐
18. 我脸红发热	☐	☐	☐	☐
19. 我容易入睡,并且一夜睡得很好	☐	☐	☐	☐
20. 我做噩梦	☐	☐	☐	☐

十、状态-特质焦虑问卷(STAI)

【概述】

状态-特质焦虑问卷(state-trait anxiety inventory,STAI)由 Charles D Spielberger 等编制。STAI 首版(STAI-Form X)于 1970 年问世,曾经过 2000 项研究。1979 年,Spielberger 等对首版进行了修订,修订版的 STAI-Form Y 于 1980 年开始应用,并于 1988 年被译成中文。

Spielberger 等编制 STAI 旨在为临床学家、行为学家和内科学家提供一种工具,以区别评定短暂的焦虑情绪状态和人格特质性焦虑倾向,为不同的研究目的和临床实践服务。STAI 适用于具有焦虑症状的成人,可广泛应用于评定内科、外科、心身疾病及精神病患者的焦虑情绪;也可用来筛查高校学生、军人和其他职业人群的有关焦虑问题；还可用来评价心理治疗、药物治疗的效果。

Cattle 和 Spielberger 提出了状态焦虑（state anxiety）和特质焦虑（trait anxiety）的概念。特质焦虑是指个体对广泛的威胁性刺激做出焦虑反应的一种相对稳定的行为倾向；而状态焦虑是觉察到危险性刺激而产生的一种短暂的情绪状态，包括个体的紧张、担心、不安、困扰及自主神经系统的过度兴奋。STAI 就是试图将状态焦虑与特质焦虑这两种不同性质的焦虑区分开来，以便为临床实践和研究提供更有效的测量工具。

【内容及实施方法】

STAI 由评价两种不同焦虑类型的分量表组成，共 40 个条目。第 1～20 项为状态焦虑分量表（STAI，Form Y-Ⅰ，S-AI），其中半数为描述负性情绪的条目，半数为正性情绪条目，主要用于评定个体即刻的或最近某一特定时间或情境的恐惧、紧张、忧虑和神经质的体验或感受。第 21～40 项为特质焦虑分量表（STAI，Form Y-Ⅱ，T-AI），用于评定人们较稳定的焦虑、紧张性人格特质，其中有 11 项为描述负性情绪的条目，9 项为正性情绪条目。

该问卷由自我评定来完成。评定无时间限制，一般在 10～20 分钟可完成所有条目的回答。可用于个人或集体测验，被试者一般需要具有初中文化水平。

STAI 采用 4 点评分方法。S-AI：1＝完全没有，2＝有些，3＝中等程度，4＝非常明显；其中有 10 项为反向计分题。T-AI：1＝几乎没有，2＝有些，3＝经常，4＝几乎总是如此；也有 10 项为反向计分题。

【测量学指标】

Spielberger 在高中生、大学生、新兵和成年工作人员的大样本人群中进行了 STAI 现场测试，制定了常模。通过测试发现：S-AI 和 T-AI 题目的总净相关系数介于 $0.46～0.61$（$M=0.52$）。S-AI 与 T-AI 评分的相关系数为 $0.59～0.75$。原作者对该量表进行了重测信度检验，发现 T-AI 的稳定性较高，两次评分的相关系数为 $0.73～0.86$。S-AI 的稳定性较低，相关系数为 $0.16～0.62$。由 KR20 公式测定其内部一致性系数：T-AI 为 $0.86～0.92$，S-AI 为 $0.83～0.92$。

效度检验结果表明，该量表的一致性（concurrent）、会聚性（convergent）、区分性（dirvergent）和结构性比较满意。对数据进行因子分析，发现两个分量表均包含焦虑-存在因子和焦虑-缺如两个公共因子。

1990 年，北京大学精神卫生研究所与长春一汽精神科合作，在长春和北京分别对正常人群和抑郁症患者进行了 STAI 中译本测试，获得了与原作者近似的结果。李文利和钱铭怡（1995）将大学生作为被试对象对 STAI 进行了修订，去除了 T-AI 的第 4 项，修订后量表的同质性信度 S-AI 为 0.9062、T-AI 为 0.8825。付建斌（1997）对中译本 STAI 的构想效度进行了验证性因素分析。他选取了 376 名不同年级与不同专业的男女大学生作为被试者，对测试结果进行分析发现，S-AI 和

T-AI问卷具有良好的构想效度。

【结果分析与应用情况】

分别计算 S-AI 和 T-AI 的 20 个条目的总分,最小值为 20,最大值为 80。S-AI 总分反映被试者当前焦虑症状的严重程度;T-AI 总分反映被试者一贯或平时的焦虑情况。

国外研究发现如下。①男女性别在 S-AI、T-AI 的得分上无显著差异。②不同职业者中新兵评分最高:S-AI 44.05(男),47.01(女);T-AI 37.64(男),40.03(女)。中学生其次,大学生再次。工作人员最低:S-AI 35.72(男),35.20(女);T-AI 34.89(男),34.79(女)。③自然情况下 S-AI 分略低于 T-AI 分;应激情况下 S-AI 分高,放松时低,而 T-AI 分不受影响。④年轻组略高于年老组。⑤与病理组相对照,两量表的得分均值均以病理组高。

量表原作者在测试了美国 1838 例正常成人之后,制定了分性别、年龄的常模。如超过表 3-11 中所列出的第 95 百分位值,可认为是异常。

许多研究结果显示,STAI 的应用性广泛,中译本信度、效度均满意,适合在我国应用。

表 3-11 STAI 的美国正常成人常模结果(第 95 百分位值)

年龄段(岁)	S-AI		T-AI	
	男	女	男	女
19～39	53	55	56	57
40～49	51	53	55	58
50～69	50	43	52	47

(雷 辉)

参 考 文 献

[1] 李文利,钱铭怡.状态特质焦虑量表中国大学生常模修订.北京大学学报(自然科学版),1995,30(1):108-112.

[2] 付建斌.状态-特质焦虑问卷构想效度的验证性因素分析.中国心理卫生杂志,1997,11(4):216-217.

[3] Spielberger CD,Gorsuch R,Lushene R,et al. Manual for the State-Trait Anxiety Inventory (Form Y). Palo Alto:Consulting Psychologists Press,1983:577.

[4] Hedberg AG. Review of State-Trait Anxiety Inventory. Professional Psychology,1972,3(4):389-390.

附：状态-特质焦虑问卷(STAI)

（李文利、钱铭怡修订）

指导语：以下列出的是一些人们常常用来描述自己感受的陈述，请仔细阅读每一个陈述后，在右边适当的圆圈上打"√"，以表示你此刻最恰当的感觉。回答没有对或错，不要对任何一个陈述花太多的时间去考虑，但所给出的回答应该是你现在最恰当的感觉。

题目内容	完全没有	有些	中等程度	非常明显
*1. 我感到心情平静	①	②	③	④
*2. 我感到安全	①	②	③	④
3. 我是紧张的	①	②	③	④
4. 我感到紧张束缚	①	②	③	④
*5. 我感到安逸	①	②	③	④
6. 我感到烦乱	①	②	③	④
7. 我在烦恼,感觉这种烦恼超过了可能的不幸	①	②	③	④
*8. 我感到满意	①	②	③	④
9. 我感到害怕	①	②	③	④
*10. 我感到舒适	①	②	③	④
*11. 我有自信心	①	②	③	④
12. 我觉得神经过敏	①	②	③	④
13. 我极度紧张不安	①	②	③	④
14. 我优柔寡断	①	②	③	④
*15. 我是轻松的	①	②	③	④
*16. 我感到心满意足	①	②	③	④
17. 我是烦恼的	①	②	③	④
18. 我感到慌乱	①	②	③	④
*19. 我感觉镇定	①	②	③	④
*20. 我感到愉快	①	②	③	④
21. 我感到神经过敏和不安	①	②	③	④
*22. 我感到自我满足	①	②	③	④
*23. 我希望能像别人那样高兴	①	②	③	④
24. 我感到我像衰竭了一样	①	②	③	④
*25. 我感到很宁静	①	②	③	④

（续　表）

题目内容	完全没有	有些	中等程度	非常明显
* 26. 我是平静的、冷静的和泰然自若的	①	②	③	④
27. 我感到困难——一堆集起来,因此无法克服	①	②	③	④
28. 我过分忧虑一些事,实际上这些事无关紧要	①	②	③	④
* 29. 我是高兴的	①	②	③	④
30. 我的思想处于混乱状态	①	②	③	④
31. 我缺乏自信心	①	②	③	④
* 32. 我感到安全	①	②	③	④
* 33. 我容易做出决断	①	②	③	④
34. 我感到合适	①	②	③	④
* 35. 我是满足的	①	②	③	④
36. 一些不重要的思想总是缠绕着、打扰着我	①	②	③	④
37. 我产生的沮丧是如此强烈,以致我不能从思想中排除它们	①	②	③	④
* 38. 我是一个镇定的人	①	②	③	④
39. 当我考虑我目前的事情和利益时,我就陷入紧张状态	①	②	③	④

注:* 为反向计分题。

十一、死亡焦虑量表(SDA)

【概述】

死亡焦虑(death anxiety)是指个体面对死亡的必然性和不可预测性产生的一种消极的情绪状态。

死亡焦虑量表(scale of death anxiety,SDA)由中国研究者蔡颖、汤永隆、吴嵩和李红于 2017 年编制。该量表基于死亡焦虑的多维度假设,从躯体、认知、情感和行为反应 4 个方面评估个体的死亡焦虑水平高低,具体包括 4 个维度:烦躁不安、死亡闪现、死亡恐惧和死亡回避。其中,"烦躁不安"是指想到死亡时感觉疲惫、不安及情感疏离;"死亡闪现"是指与自己死亡有关的侵入性噩梦和想法;"死亡恐惧"是指对死亡感到害怕,并伴有情绪和躯体上的症状;"死亡回避"是指回避与死亡有关的想法、情境、事件及经历。该量表既具有潜在的临床诊断评估价值,也可用作研究工具,探讨与个体死亡焦虑相关的影响因素和心理机制。

【内容及实施方法】

(一)项目和评定标准

SDA 包括 17 道题目,共 4 个维度(表 3-12)。

表 3-12　SDA 项目及维度

序号	量表中项目	维度
9	最近 1 个月,想到死亡,我经常感觉容易衰弱和疲乏	烦躁不安
12	最近 1 个月,想到死亡,我经常无法和亲密的人表达感情	
15	最近 1 个月,想到死亡,我经常感到和别人有陌生或疏离感	
14	最近 1 个月,想到死亡,我经常心里烦乱	
10	最近 1 个月,想到死亡,我经常感觉自己的生活没有意义	
1	最近 1 个月,我经常想到自己死亡的情景	死亡闪现
3	最近 1 个月,我经常想到和死亡相关的事情	
5	最近 1 个月,我经常感觉自己不久就会死去	
7	最近 1 个月,我经常梦到自己死亡的情景	
8	最近 1 个月,我经常梦到和死亡相关的事情	
11	最近 1 个月,想到死亡,我经常很害怕	死亡恐惧
13	最近 1 个月,想到死亡,我经常觉得心跳很快	
16	最近 1 个月,想到死亡,我经常觉得惊恐	
17	最近 1 个月,想到死亡,我经常因为不知道何时会死而感到很无助	
2	最近 1 个月,我经常无法回忆和死亡相关的经历	死亡回避
4	最近 1 个月,我经常回避与死亡有关的活动和场所	
6	最近 1 个月,我经常回避与死亡相关的想法或谈话	

注:无反向计分题。

SDA 为自评量表,是按过去 1 个月内的感受或行为表现对条目与自身情况的符合程度进行评定,包括"非常不符合""比较不符合""一般""比较符合""非常符合"。所有题目的选项按照上述顺序依次评为 1、2、3、4 和 5 分。

(二)评定注意事项

量表由评定对象自行填写。在填表前必须让评定对象把填表说明、填表方法及问题内容看明白。文盲或半文盲一般不宜作为评定对象。如有特殊需要,可由施测人员念给其听,然后在表格中注明,供分析时参考。一般 3～5 分钟可以完成。

评定时应注意强调是"最近1个月",需将这一时间范围十分明确地告诉自评者。

【测量学指标】

量表原作者对 SDA 的信效度进行检验,结果显示量表总 α 系数为 0.86,1 周后的重测信度为 0.69,95％ CI＝0.54～0.81。SDA 量表的结构效度良好,$\chi^2/df＝2.73$,CFI＝0.90,SRMR＝0.059,RMSEA＝0.07;效标效度良好,与特质焦虑水平(特质焦虑问卷,STAI-From Y,TA)呈中低水平正相关($r＝0.40$);与创伤性或压力性事件影响水平(事件冲击量表修订版,impact of event scale-revised,IES-R)呈正相关($r＝0.41～0.48$);与抑郁水平(Beck 抑郁自评问卷,Beck depression inventory,BDI)呈正相关($r＝0.40$);与主观幸福感(主观幸福感量表,subjective happiness scale,SHS)呈负相关($r＝-0.24$)。

【结果分析与应用情况】

1. 统计指标和结果分析　SDA 分析较简单,主要的统计指标为 4 个分维度的总分及其总和。总分范围为 0～85 分。分值越高,表明个体的死亡焦虑水平越高。

2. 应用评价

(1)SDA 从躯体、认知、情感和行为反应 4 个方面评估个体的死亡焦虑,与特质焦虑呈中低程度相关,既反映了焦虑本身的特质,又体现出了死亡焦虑的独特之处。其可作为心理咨询与临床心理诊断的测量工具,辅助检测与死亡焦虑相关的精神障碍与心理问题。

(2)一项应用 SDA 对 342 名 13～23 岁青少年及成年早期个体的调查显示,在该群体中,不同性别(34％男性)和受教育水平(55％大学生、25％高中生、20％初中生)的个体,其死亡焦虑差异不显著,但是随着年龄的增长可影响显著($r＝-0.11$,95％ CI＝-0.208～0.006)。具体表现为随着个体年龄的增长,其感知到的总体死亡焦虑逐渐下降。虽然在一些针对国外被试者的研究中,也发现了死亡焦虑会随着年龄递减的现象(如 Rasmussen and Brems,1996;Tang et al. ,2002)。但报道仅针对成年早期和青少年群体展开,成年中后期及老年期的死亡焦虑情况仍有待于进一步检验。

(3)死亡焦虑具有显著的文化差异,基于中国背景编制的 SDA 有助于推动国内的相关研究发展,促进进一步探讨死亡焦虑的相关影响因素,对死亡焦虑相关心理障碍的评估、干预与治疗也有积极的帮助意义。SDA 已受到多国研究者的关注,目前已有波兰语修订版(Chodkiewicz & Gola,2021;Chodkiewicz et al. ,2021)。

(蔡　颜)

参 考 文 献

[1] Cai W, Tang Y, Wu S, et al. Scale of Death Anxiety (SDA): Development and Validation. Frontiers in Psychology, 8, 858. doi: 10.3389/fpsyg.2017.00858.

[2] Rasmussen CA, Brems C. The relationship of death anxiety with age and psychosocial maturity. The Journal of Psychology, 1996, 130: 141-144. doi: 10.1080/00223980.1996.9914996

[3] Tang CSK, Wu AM, Yan ECW. Psychosocial correlates of death anxiety among chinese college students. Death Studies, 2002, 26: 491-499. doi: 10.1080/074811802760139012

[4] Chodkiewicz J, Gola M. Fear of COVID-19 and death anxiety: Polish adaptations of scales. Advances in Psychiatry and Neurolory, 2021.

[5] Chodkiewicz J, Miniszewska J, Krajewska E, et al. Mental Health during the second wave of the COVID-19 pandemic—Polish studies. International Journal of Environmental Research and Public Health, 2021, 18. doi: https://doi.org/10.3390/ijerph18073423.

附:死亡焦虑量表(SDA)

（蔡颖等编制）

指导语:以下列出了17个表述,每个表述后有5个选项,从1~5依次表示该表述与你个人情况的符合程度,1代表非常不符合你的情况,5代表非常符合你的情况。请根据你最近1个月内的感受或行为表现,选择最符合你个人情况的一个选项,在对应选项的栏目内画"√"。

题目内容	非常不符合	比较不符合	一般	比较符合	非常符合
1. 最近1个月,我经常想到自己死亡的情景	1	2	3	4	5
2. 最近1个月,我经常无法回忆和死亡相关的经历	1	2	3	4	5
3. 最近1个月,我经常想到和死亡相关的事情	1	2	3	4	5
4. 最近1个月,我经常回避与死亡有关的活动和场所	1	2	3	4	5
5. 最近1个月,我经常感觉自己不久就会死去	1	2	3	4	5
6. 最近1个月,我经常回避与死亡相关的想法或谈话	1	2	3	4	5
7. 最近1个月,我经常梦到自己死亡的情景	1	2	3	4	5
8. 最近1个月,我经常梦到和死亡相关的事情	1	2	3	4	5
9. 最近1个月,想到死亡,我经常感觉容易衰弱和疲乏	1	2	3	4	5
10. 最近1个月,想到死亡,我经常感觉自己的生活没有意义	1	2	3	4	5
11. 最近1个月,想到死亡,我经常很害怕	1	2	3	4	5
12. 最近1个月,想到死亡,我经常无法和亲密的人表达感情	1	2	3	4	5

(续　表)

题目内容	非常不符合	比较不符合	一般	比较符合	非常符合
13. 最近1个月,想到死亡,我经常觉得心跳得很快	1	2	3	4	5
14. 最近1个月,想到死亡,我经常心里烦乱	1	2	3	4	5
15. 最近1个月,想到死亡,我经常感到和别人有陌生或疏离感	1	2	3	4	5
16. 最近1个月,想到死亡,我经常觉得惊恐	1	2	3	4	5
17. 最近1个月,想到死亡,我经常因为不知道何时会死而感到很无助	1	2	3	4	5

十二、斯宾赛儿童焦虑量表(家长报告)(SCAS-P)

【概述】

斯宾赛儿童焦虑量表(家长报告)(parent version of the Spence children's anxiety scale,SCAS-P)由澳大利亚学者 Spence 于 1999 年编制,该量表用于检查儿童特定的焦虑症,即评估学龄前儿童 DSM-Ⅳ 中规定的焦虑障碍的严重程度,与斯宾赛儿童自我报告焦虑量表(Spence,1998)平行,内部状态的项目被重新表述为父母可观察行为。下面介绍的量表参考 Wang(2005)经过 Spence 许可的翻译版本。

【内容及实施方法】

(一)项目和评定标准

SCAS-P 包括 38 个项目,共调查 6 项症状,旨在测量 DSM-Ⅳ 中规定的 6 个焦虑维度(表 3-13)。

表 3-13　SCAS-P 引出症状及分量表项目

分量表	项目
分离焦虑障碍(separation anxiety disorder,SAD)	5,8,11,14,15,38
社交恐惧(social phobia,SoPh)	6,7,9,10,26,31
强迫症(obsessive-compulsive disorder,OCD)	13,17,24,35,36,37
惊恐发作和广场恐惧症(panic attack and agoraphobia,Panic/Ag)	12,19,25,27,28,30,32,33,34
躯体伤害恐惧(physical injury fears,Ph Inj)	2,16,21,23,29
广泛性焦虑障碍(generalized anxiety disorder,GAD)	1,3,4,18,20,22

1. 分离焦虑障碍　是指个体与其依恋对象离别时,会产生与其发育阶段不相称的、过度的害怕或焦虑。样本项目:"要是我的孩子一个人待在家里的话,他会害怕的"。

2. 社交恐惧　是指个体由于面对可能被他人审视的一种或多种社交情况时而产生显著的害怕或焦虑。样本项目:"我的孩子生怕自己会在别人面前出丑"。

3. 强迫症　样本项目:"我的孩子头脑里有些不好的或愚蠢的想法和形象让他/她感到困惑不安"。

4. 惊恐发作和广场恐惧症　是指反复出现不可预期的惊恐发作,可出现于任一种焦虑障碍的背景下。样本项目:"我的孩子诉说没有什么原因他/她的心突然跳得太快了"。

5. 躯体伤害恐惧　样本项目:"我的孩子怕小虫子或蜘蛛"。

6. 广泛性焦虑障碍　是指在至少6个月内对于诸多事件或活动,表现出过分的焦虑和担心(焦虑性期待)。样本项目:"我的孩子担心各种事情"。

以上为量表引出的6个症状,并有模型肯定广泛性焦虑障碍作为其他5个因素的高阶因子,能更好地描述数据。

SCAS-P为他评量表,儿童的父母被要求按4分制评分:"从不(0)""有时(1)""经常(2)""总是(3)",通过圈出最恰当的数字以表明每一种情况发生的频率,最高得分为114分。

(二)评定注意事项

量表由评定对象的父母自行填写。在填写前,必须填写父母本人及其孩子姓名以方便对应,并让填写者理解填表方法及每个问题的内容。评定的儿童年龄最好在7~13岁。填写时间没有限制,通常需要10分钟左右。

评定时应注意以下内容。

(1)如做疗效评定,SCAS-P应在开始治疗前(或开始研究前)让儿童父母评定一次,在治疗后(或研究结束时)让其父母再评一次,以便通过SCAS-P总分的变化来分析儿童症状的变化。时间间隔由研究者自行安排。

(2)在追踪研究中,参与评分的父母应始终是同一位(同为母亲或同为父亲)。

【测量学指标】

量表原作者对SCAS-P信度进行了检验,结果显示:在焦虑障碍儿童组中,各维度α系数为0.61~0.81,分半信度为0.83~0.92。在正常儿童中,α系数均为0.58~0.74,分半信度为0.80~0.90。在对国人的施测中,各维度α系数为0.57~0.83,第一次施测信度为0.83,13周后施测信度为0.86,重测信度为0.88(Lau et al.,2010)。

在聚合效度方面,SCAS-P与斯宾赛儿童自评量表各维度得分的相关系数为0.53~0.75,其中惊恐发作和广场恐惧症及强迫症的相关性最高;焦虑障碍儿童组和正常儿童组与同样是由家长评估的儿童行为检查表(CBCL)的相关系数分别为0.55和0.59。

【结果分析与应用情况】

1. 统计指标和结果分析 SCAS-P分析较简单,主要的统计指标是各个分量表得分及38个项目的总分。得分越高,表明儿童的焦虑问题越严重。中国与澳大利亚两个地区施测的结果具有高度可比性,可根据年龄与性别进一步借鉴原作者根据澳大利亚、荷兰、美国和英国样本数据计算所发布的T分数进行结果分析(常模见本节后附录)。

2. 应用评价

(1)SCAS-P旨在用于评价被试者的焦虑症状及其严重程度,同样,它也可作为评价疗效的指标。使用一种有效且相对简易的工具来评估中国儿童的焦虑问题是非常重要的。Lau等(2010)在中国香港地区使用认知行为疗法(CBT)治疗儿童焦虑问题的有效性研究中,采用了SCAS-P作为评估治疗效果的工具,判别分析结果表明SCAS-P得分用于预测儿童焦虑障碍诊断具有较高的正确率。

(2)与自评相比,在涉及内部过程(如广泛性焦虑症和强迫症)的分量表中,他评的一致性程度要低于其他可观察到的行为症状(如分离焦虑和躯体伤害恐惧)。由于随着年龄的增长,孩子可能不一定会和父母分享他们所有的想法和感受。因此,为了获得更可靠和有效的结果,有助于临床诊断,建议将该父母评定量表与儿童面谈一起使用,而非单独施测。

(3)SCAS-P还可用于识别有发展焦虑问题的高危儿童的研究中,以便进行早期干预或预防,以及用于评估、监测预防焦虑发展干预措施的实施效果。

(夏方婧 刘 拓)

参 考 文 献

[1] Spence SH. Spence Children's Anxiety Scale (parent version). Brisbane: University of Queensland,1999.

[2] Wang W. Chinese version of the Spence Children's Anxiety Scale—parent version. https://www. scaswebsite. com/wp-content/uploads/2021/07/scas-parent-simplified-chinese. pdf. 2005.

[3] Wang W,Deng C. Chinese version of the Spence Children's Anxiety Scale—children version,2004.

[4] Nauta MH,Scholing A,Rapee R,et al. A parent-report measure of children's anxiety:psychometric properties and comparison with child-report in a clinic and normal sample. Behaviour Research and Therap,2004,42(7):813-839.

[5] Lau WY,Chan KY,Li CH,et al. F. Effectiveness of group cognitivebehavioral treatment for childhood anxiety in community clinics. Behaviour Research and Therapy,2010,48(11):

1067-1077.

[6] Li CH, Lau WY, Au KF. Psychometric properties of the spence children's anxiety scale in a hong kong chinese community sample. Journal of Anxiety Disorders, 2011, 25(4):584-591.

附：斯宾赛儿童焦虑量表（家长报告）（SCAS-P）

（Spence 编制）

你的名字：_____　　　　　日期：_____

你孩子的名字：_____

指导语：下面是一些对孩子的描述。请根据每种情形在你孩子身上发生的程度，把最准确的回答在右边相应的方格内圈出。请回答所有的问题。

题目内容	从不	有时	经常	总是
1. 我的孩子担心各种事情	☐	☐	☐	☐
2. 我的孩子怕黑	☐	☐	☐	☐
3. 我的孩子遇到问题时，他/她就会说胃部有点不舒服	☐	☐	☐	☐
4. 我的孩子诉说他/她感到害怕	☐	☐	☐	☐
5. 要是我的孩子一个人待在家里的话，他会害怕的	☐	☐	☐	☐
6. 我的孩子要考试时会感到恐慌	☐	☐	☐	☐
7. 我的孩子害怕用公共厕所或公共浴室	☐	☐	☐	☐
8. 我的孩子担心离开我（们）	☐	☐	☐	☐
9. 我的孩子生怕自己会在别人面前出丑	☐	☐	☐	☐
10. 我的孩子担心在学校里学习不好	☐	☐	☐	☐
11. 我的孩子担心家里有人会碰到倒霉的事情	☐	☐	☐	☐
12. 我的孩子诉说他/她会无缘无故地突然觉得自己好像透不过气来	☐	☐	☐	☐
13. 我的孩子必须不断检查自己有没有把事情做好（比如开关关好了没有，门锁上了没有）	☐	☐	☐	☐
14. 如果我的孩子必须自己一个人睡觉，他/她就会觉得恐慌	☐	☐	☐	☐
15. 早晨去上学对我的孩子来说是很苦恼的，因为他/她会感到紧张或害怕	☐	☐	☐	☐
16. 我的孩子怕狗	☐	☐	☐	☐
17. 我的孩子似乎不能摆脱头脑里一些不好的或愚蠢的想法	☐	☐	☐	☐
18. 我的孩子遇到问题时，他/她会诉说心跳得很快	☐	☐	☐	☐
19. 我的孩子会无缘无故地突然开始颤抖或发抖	☐	☐	☐	☐
20. 我的孩子担心有什么不好的事情会在他/她自己身上发生	☐	☐	☐	☐

(续 表)

题目内容	从不	有时	经常	总是
21. 我的孩子对去看医生或牙医很恐慌	☐	☐	☐	☐
22. 当我的孩子遇到问题时,他/她就感到紧张发抖	☐	☐	☐	☐
23. 我的孩子对高度很恐慌(比如在悬崖上)	☐	☐	☐	☐
24. 我的孩子必须去想一些特殊的想法(比如数字或词语)以阻止坏事的发生	☐	☐	☐	☐
25. 如果我的孩子必须坐车,或乘大巴或火车旅行,他/她就感到恐慌	☐	☐	☐	☐
26. 我的孩子担心别人对他/她是怎么想的	☐	☐	☐	☐
27. 我的孩子害怕待在拥挤的地方(如购物中心、电影院、公共汽车、热闹的游乐场)	☐	☐	☐	☐
28. 根本没有什么原因,突然间我的孩子会觉得非常恐慌	☐	☐	☐	☐
29. 我的孩子怕小虫子或蜘蛛	☐	☐	☐	☐
30. 我的孩子诉说无缘无故地会突然间头晕或像要昏倒了	☐	☐	☐	☐
31. 如果我的孩子必须在全班同学面前讲话,他/她就感到害怕	☐	☐	☐	☐
32. 我的孩子诉说没有什么原因他/她的心突然跳得太快了	☐	☐	☐	☐
33. 即使没有什么可怕的东西,我的孩子还是担心他/她会突然产生恐慌的感觉	☐	☐	☐	☐
34. 我的孩子害怕待在狭小封闭的地方,比如隧道或小房间里	☐	☐	☐	☐
35. 有些事情我的孩子必须一遍遍地反复做(比如洗手、打扫卫生或把东西按照固定的次序放好)	☐	☐	☐	☐
36. 我的孩子头脑里有些不好的或愚蠢的想法和形象让他/她感到困惑不安	☐	☐	☐	☐
37. 我的孩子必须以特定的恰当方式去做某些事情以阻止坏事的发生	☐	☐	☐	☐
38. 如果我的孩子必须离家在外过夜,他/她会觉得很恐慌	☐	☐	☐	☐

SCAS-P:7~10 岁男孩原始 T 分数转换表

OCD	SoPh	Panic/Ag	SAD	Ph Inj	GAD	总分	T 分数	比例
≥8	≥11	≥6	≥12	≥9	≥9	≥47	≥70	≥98%
7				8	8	42~46	69	97%
6	10	5	11			40~41	68	96%
			10			38~39	67	95%
					37	66	94%

（续　表）

OCD	SoPh	Panic/Ag	SAD	Ph Inj	GAD	总分	T分数	比例
5	9	4	9	7	7	35~36	65	94%
4	8	3			6	33~34	64	91%
3			8	6	5	31~32	63	90%
		2				30	62	88%
			7			27~29	61	86%
	7				5	26	60	84%
2			6			24~25	59	82%
	6	1				23	58	80%
				4	4	22	57	77%
						21	56	73%
	5		5			19~20	55	70%
1						18	54	67%
			4	3	3	17	53	65%
	4	0				16	52	57%
			3			15	51	54%
0	3					14	50	50%
				2		13	49	46%
			2		2		48	43%
						12	47	40%
						11	46	36%
	2				1	10	45	32%
		1				9	44	28%
							43	26%
						8	42	22%
	1					7	41	20%
0		0	0		≤1	≤6	≤40	≤16%

SCAS-P:7~10岁女孩原始T分数转换表

OCD	SoPh	Panic/Ag	SAD	Ph Inj	GAD	总分	T分数	比例
≥8	≥13	≥7	≥12	≥9	≥10	≥53	≥70	≥98%
7			11		9	50~52	69	97%
6	12	6		8	8	41~49	68	96%
	11		10			40	67	95%
						39	66	94%

（续　表）

OCD	SoPh	Panic/Ag	SAD	Ph Inj	GAD	总分	T 分数	比例
5	10	4～5	9		7	38	65	94%
4				7		36～37	64	91%
	9	3	8		6	33～35	63	90%
3						31～32	62	88%
	8		7	6		30	61	86%
	7	2			5	28～29	60	84%
						27	59	82%
2			6	5		26	58	80%
	6				4	24～25	57	77%
		1	5			23	56	73%
						22	55	70%
	5			4		20～21	54	67%
1						19	53	65%
			4		3	18	52	57%
	4	0		3		17	51	54%
						16	50	50%
			3			15	49	46%
0	3					14	48	43%
					2	13	47	40%
				2		12	46	36%
	2		2			11	45	32%
						10	44	28%
							43	26%
						9	42	22%
	1		1			8	41	20%
	0		0	≤1	≤1	≤7	≤40	≤16%

SCAS-P：10～13 岁男孩原始 T 分数转换表

OCD	SoPh	Panic/Ag	SAD	Ph Inj	GAD	总分	T 分数	比例
≥9	≥13	≥10	≥12	≥9	≥10	≥53	≥70	≥98%
8	12	9	11	8	10	51～52	69	97%
7	11	8	10	7	9	49～50	68	96%
		7	9		8	44～48	67	95%
						41～43	66	94%

（续　表）

OCD	SoPh	Panic/Ag	SAD	Ph Inj	GAD	总分	T分数	比例
6	9-10	6	7-8	6	7	39～40	65	94%
5		5				35～38	64	91%
4	8	4		5	6	32～34	63	90%
		3	6			29～31	62	88%
3	7	2			5	27～28	61	86%
2	6		5			24～26	60	84%
		1				22～23	59	82%
			4	4	4	20～21	58	80%
						18～19	57	77%
	5					17	56	73%
1			3	3	3	16	55	70%
						15	54	67%
	4					14	53	65%
			2			13	52	57%
				2	2	12	51	54%
0	3	0				11	50	50%
			1			10	49	46%
						9	48	43%
				1			47	40%
						8	46	36%
	2				1	7	45	32%
							44	28%
						6	43	26%
			0				42	22%
						5	41	20%
1								
0				0	0	≤4	≤40	≤16%

SCAS-P：10～13岁女孩原始T分数转换表

OCD	SoPh	Panic/Ag	SAD	Ph Inj	GAD	总分	T分数	比例
≥8	≥13	≥8	≥11	≥9	≥10	≥46	≥70	≥98%
7	12	7	10	8		43～45	69	97%
6	11	6	9		9	41～42	68	96%
		5		7	8	40	67	95%
						38～39	66	94%

（续　表）

OCD	SoPh	Panic/Ag	SAD	Ph Inj	GAD	总分	T 分数	比例
5	10	4	8		7	36～37	65	94%
4	9	3				34～35	64	92%
3			7	6	6	32～33	63	90%
	8	2				31	62	88%
2			6		5	29～30	61	86%
	7				5	27～28	60	84%
		1				24～26	59	82%
			5			22～23	58	80%
	6			4	4	21	57	77%
1			4			19～20	56	73%
	5				5	18	55	70%
						17	54	67%
			3	3	3	16	53	65%
		0				15	52	57%
0	4		2			14	51	54%
						13	50	50%
				2	2	12	49	46%
	3					11	48	43%
			1				47	40%
						10	46	36%
			1			9	45	32%
				1		8	44	28%
	2						43	26%
						7	42	22%
			0			6	41	20%
	≤1			0	0	≤5	≤40	≤16%

十三、斯宾赛儿童焦虑量表（简式版）（SCAS-S）

【概述】

斯宾赛儿童焦虑量表（Spence children's anxiety scale，SCAS）是国际上常用的儿童焦虑评估工具之一（Spence，1998），已被翻译成至少 22 种语言，在世界范围内广泛使用（Essau et al.，2011）。国内外的测量学研究发现，SCAS 具有清晰的因子结构、良好的内部一致性系数和合理的效标效度，与其他焦虑症状量表之间存在强相关性，与儿童抑郁量表具有中等程度相关（Zhao et al.，2012）。然而，原版

SCAS 包含了 44 个题目，在很多研究场景限制了其应用。为此 Ahlen 等（2018）对 SCAS 进行了简化，开发出只包含 19 个题目的简式版问卷（SCAS-S）。SCAS-S 同样具有清晰的因子结构，并且在焦虑障碍筛查准确性、聚合效度和区分效度方面与原版相当。龚杰等（2021）在国内儿童群体对 SCAS-S 进行了信效度检验。

【内容及实施方法】

（一）项目和评定标准

SCAS-S 包括 19 个项目，共调查 5 项症状，旨在测量 DSM-Ⅳ中规定的 5 个焦虑维度（表 3-14）。

表 3-14　SCAS-S 引出症状及分量表项目

分量表	项目
分离焦虑障碍（separation anxiety disorders，SEP）	3/5/19
社交恐惧（social anxiety disorder，SAD）	4/6/7
惊恐发作（panic disorder，PD）	9/11/14/16/17
特定恐惧（specific phobias，SP）	2/13/15/18
广泛性焦虑障碍（generalized anxiety disorder，GAD）	1/8/10/12

1. 分离焦虑障碍　是指个体与其依恋对象离别时，会产生与其发育阶段不相称的、过度的害怕或焦虑。样本项目："要我自己一个人待在家里，我会害怕的"。

2. 社交恐惧　是指个体由于面对可能被他人审视的一种或多种社交情况时而产生显著的害怕或焦虑。样本项目："要考试时我会感到恐慌"。

3. 惊恐发作　是指反复出现不可预期的惊恐发作，可出现于任一种焦虑障碍的背景下。样本项目："我无缘无故地突然觉得自己好像透不过气来"。

4. 特定恐惧　是指对某一特定事件或某一特定情境的恐惧，样本项目："我怕黑"。

5. 广泛性焦虑障碍　是指在至少 6 个月内对于诸多事件或活动，表现出过分的焦虑和担心（焦虑性期待）。样本项目："我担心各种事情"。

以上为量表引出的 5 个症状，5 个维度的总分也可用于评估儿童的一般性焦虑水平。

SCAS-S 为自评量表，按 4 分制评分："从不（0）""有时（1）""经常（2）""总是（3）"，通过圈出最恰当的数字以表明每一种情况发生的频率，最高得分为 76 分。

（二）评定注意事项

表格由儿童自行填写。在填写前儿童会被告知要按照自己的实际情况如实作答，作答结果不会对儿童在校成绩产生任何影响。自评儿童的年龄在三年级以上。填写时间没有限制，通常需要 5～8 分钟。

【测量学指标】

Ahlen等(2018)对SCAS-S的信效度进行了检验,发现SCAS-S的总分及各维度得分的信度分别为0.88、0.63、0.70、0.82、0.59和0.75。且结果表明简式版SCAS与原版相比,在分类精确性、收敛效度和区分效度上与原量表相似。龚杰等(2021)对SCAS-S在中国样本中进行了适用性检验,结果发现SCAS-S的总分及各维度(SEP、SAD、PD、SP、GAD)在小学生自评样本($n=462$)中的信度分别为0.82、0.61、0.63、0.78、0.65和0.63,在母亲评价版本(他评样本,$n=948$)中的信度分别为0.89、0.67、0.67、0.83、0.71和0.72,均在可接受的范围内。此外,SCAS-S被证明具有良好的五因子结构,在小学生样本中为[CFI=0.938,TLI=0.926,RMSEA(90% CI)=0.072(0.065~0.079)],在母亲样本中为[CFI=0.930,TLI=0.915,RMSEA(90% CI)]=0.059(0.054~0.063)]。但是SCAS-S的严格测量不变性只在跨性别和时间上得到了验证,在母亲他评和孩子自评中仅有负荷和截距不变性得到支持。此外,SCAS-S具有良好的效标效度,与儿童希望量表得分呈显著负相关($r=-0.21,P<0.01$),与父母婚姻冲突和儿童情绪表达抑制呈显著正相关($r=0.28,P<0.01;r=0.16,P<0.01$)。以上结果都表明SCAS-S问卷具有良好的结构效度和效标效度,在性别和时间上都具有测量等值性,说明SCAS-S适用于测量中国儿童的焦虑状况,以及跨性别的焦虑水平对比和跨时间的焦虑水平追踪。

【结果分析及应用现状】

1. 统计指标和结果分析　SCAS-S的分析较简单,主要的统计指标是各个分量表得分及19个项目的总分。得分越高,表明儿童的焦虑问题越严重。

2. 应用评价　焦虑是儿童青少年常见的心理问题。SCAS-S用于评估多种常见的特定焦虑症状,题量较少,在对儿童进行焦虑筛查时可以减轻儿童的作答负担,便于收集数据。

(龚　杰　王孟成)

参 考 文 献

[1] Spence SH. A measure of anxiety symptoms among children. Behaviour Research and Therapy,1998,36(5):545-566.

[2] Essau CA,Sasagawa S,Anastassiou-Hadjicharalambous X,et al. Psychometric properties of the Spence child anxiety scale with adolescents from five European countries. Journal of Anxiety Disorders,2011,25(1):19-27.

[3] Zhao J,Xing X,Wang M. Psychometric properties of the Spence Children's anxiety scale (SCAS) in mainland Chinese children and adolescents. Journal of Anxiety Disorders,2012,26(7):728-736.

[4] Ahlen J, Vigerland S, Ghaderi A. Development of the Spence Children's Anxiety Scale-Short Version (SCAS-S). Journal of Psychopathology and Behavioral Assessment, 2018, 40(2): 288-304.

[5] Gong J, Wang MC, Zhang X, et al. Measurement invariance and psychometric properties of the Spence Children's Anxiety Scale-Short Version (SCSA-S) in Chinese students. Current Psychology, 2021.

附：斯宾赛儿童焦虑量表（简式版）（SCAS-S）

（龚杰、王孟成等修订）

你的名字：_____　日期：_____年龄：_____

指导语：请你根据以下每种情形在自己身上发生的频率，在右边相应的方格上画圈。回答没有对错之分。请回答所有的问题。

题目内容	从不	有时	经常	总是
1. 我（我的孩子）担心各种事情	☐	☐	☐	☐
2. 我（我的孩子）怕黑	☐	☐	☐	☐
3. 要我（我的孩子）自己一个人待在家里，我（我的孩子）会害怕的	☐	☐	☐	☐
4. 要考试时我（我的孩子）会感到恐慌	☐	☐	☐	☐
5. 我（我的孩子）担心离开父母	☐	☐	☐	☐
6. 我（我的孩子）怕自己会在别人面前出丑	☐	☐	☐	☐
7. 我（我的孩子）担心学校功课会做得很差	☐	☐	☐	☐
8. 我（我的孩子）担心家里有人会出事	☐	☐	☐	☐
9. 我（我的孩子）无缘无故地突然觉得自己好像透不过气来	☐	☐	☐	☐
10. 我（我的孩子）似乎不能摆脱头脑里一些不好的或愚蠢的想法	☐	☐	☐	☐
11. 我（我的孩子）无缘无故地突然开始颤抖或发抖	☐	☐	☐	☐
12. 我（我的孩子）担心什么不好的事情会在自己（他人）身上发生	☐	☐	☐	☐
13. 我（我的孩子）在高处或电梯里会很恐慌	☐	☐	☐	☐
14. 根本没有什么原因，突然间我（我的孩子）觉得非常恐慌	☐	☐	☐	☐
15. 我（我的孩子）怕小虫子或蜘蛛	☐	☐	☐	☐
16. 我（我的孩子）突然无缘无故地头晕目眩，好像要昏倒了	☐	☐	☐	☐
17. 我（我的孩子）会突然没有原因地心跳得很快	☐	☐	☐	☐
18. 我（我的孩子）害怕待在狭小封闭的地方（如隧道或小房间）	☐	☐	☐	☐
19. 如果要我（我的孩子）离家在外过夜，我（我的孩子）会觉得很恐慌	☐	☐	☐	☐

注：儿童自评或父母他评的条目内容相同，只是在人称上有差异。具体使用时请根据对象选择印刷问卷，以免被试者在使用时感觉不便。例如，自评时人称用"我"，父母他评时用"我的孩子"。

十四、匹兹堡睡眠质量指数（PSQI）

【概述】

匹兹堡睡眠质量指数（Pittsburgh sleep quality indes, PSQI）于 1989 年由匹兹

堡大学精神科医生 Buysse 博士编制而成,用于睡眠质量评价的临床和基础研究。刘贤臣等(1996)将该量表译成中文,并对其进行了信度和效度研究,结果发现这一量表应用于国内也具有很高的信度和效度。PSQI 简单易行,信度和效度高,与多导睡眠脑电图测试结果有较高的相关性,已成为国内外精神科临床评定的常用量表。如今国内多数睡眠研究也都采用了这一量表,这对统一有关科研标准是有意义的。

PSQI 是在多种有关评定睡眠质量的量表分析评价的基础上编制而成的。它将睡眠的质和量有机地结合在一起,用于评定被试者最近 1 个月的睡眠质量。本量表不仅可以评价一般人的睡眠行为和习惯,更重要的是可以用于临床患者睡眠质量的综合评价。

【内容及实施方法】

PSQI 由 19 个自评和 5 个他评条目构成,其中第 19 个自评条目和第 5 个他评条目不参与计分。参与计分的条目可组合成睡眠质量、入睡时间、睡眠时间、睡眠效率、睡眠障碍、催眠药物和日间功能障碍 7 个成分。每个成分按 0~3 分 4 级计分,累计各成分得分为 PSQI 总分(0~21 分),得分越高,表示睡眠质量越差。被试者完成该问卷需 5~10 分钟。

【测量学指标】

Buysse(1989)以 52 名健康者、62 名睡眠障碍患者和 54 名抑郁症患者作为测试对象对 PSQI 的信效度进行了验证。结果显示 PSQI 7 个成分的 Cronbach's α 系数为 0.83,各成分与总分间的平均相关系数为 0.58。各条目间的 Cronbach's α 系数为 0.83。平均间隔 4 周后,PSQI 总分的重测相关系数为 0.85;7 个成分的测验和再测验得分除抑郁症患者睡眠障碍和日间功能障碍评分显著下降外,其余成分均无显著差异。

国内刘贤臣等(1996)以 112 名正常成人、560 名大学生、45 名失眠患者、39 名抑郁症患者和 37 名神经症患者作为测试对象,对该量表中译本的信效度进行了验证。结果显示 PSQI 7 个成分的 Cronbach's α 系数为 0.84,各成分与总分间的平均相关系数为 0.72。各条目间的 Cronbach's α 系数为 0.85。奇偶分半信度系数为 0.87。2 周后的重测信度系数为 0.81。各成分首次测验与再次测验得分均无显著差异($P > 0.05$)。

刘贤臣等对测试结果进行了因子分析,结果表明,PSQI 7 个成分和 16 个条目均可用睡眠质量这一单一因子概括,验证了该量表有较好的构想效度。Buysse 测得患者组的 PSQI 总分显著高于对照组。刘贤臣也测得无论是各成分还是总分均为病例组>大学生组>正常成人组。相关分析表明,PSQI 与 SDS 和 SAS 的相关系数分别达到了 0.43 和 0.42,这也说明 PSQI 有较好的效标关联效度。

【结果分析与应用情况】

(一)7个成分的具体计分方法

成分一:睡眠质量(subjective sleep quality),根据条目6计分,"很好"计0分,"较好"计1分,"较差"计2分,"很差"计3分。

成分二:入睡时间(sleep latency),包含条目2和5a。

(1)条目2的计分"≤15分"计0分,"16~30分"计1分,"31~60分"计2分,">60分"计3分。

(2)条目5a的计分:"无"计0分,"<1次/周"计1分,"1~2次/周"计2分,"≥3次/周"计3分。

(3)成分二计分:将两条目得分相加,若累加分为"0"计0分,"1~2"计1分,"3~4"计2分,"5~6"计3分,此为成分二(入睡时间)得分。

成分三:睡眠时间(sleep duration),根据条目4计分,实际睡眠时间">7小时"计0分,"6~7小时"计1分,"5~6小时"计2分,"<5小时"计3分。

成分四:睡眠效率(habitual sleep efficiency),涉及条目1、3、4。

(1)床上时间=起床时间(条目3)-上床时间(条目1)。

(2)睡眠效率=睡眠时间(条目4)÷床上时间×100%。

(3)睡眠效率计分:百分比">85%"计0分,"75~84%"计1分,"65~74%"计2分,"<65%"计3分。

成分五:睡眠障碍(sleep disturbance),包含条目5b~5j共9个项目。

(1)先进行各条目计分:"无"计0分,"<1次/周"计1分,"1~2次/周"计2分,"≥3次/周"计3分。

(2)睡眠障碍计分:累加5b~5j各条目得分,若累加分为"0"计0分,"1~9"为1分,"10~18"为2分,"19~27"为3分。

成分六:催眠药物(used sleep medication),根据条目7计分,"无"计0分,"<1次/周"计1分,"1~2次/周"计2分,"≥3次/周"计3分。

成分七:日间功能障碍(daytime dysfunction),包含条目8和9。

(1)条目8计分:"无"计0分,"<1次/周"计1分,"1~2次/周"计2分,"≥3次/周"计3分。

(2)条目9计分:"没有"计0分,"偶尔有"计1分,"有时有"计2分,"经常有"计3分。

(3)日间功能障碍计分:累加两条目得分,若累加分为"0"计0分,"1~2"计1分,"3~4"计2分,"5~6"计3分。

PSQI总分计算:将7个成分得分相加即为总分,得分越高,表示睡眠质量越差。

(二)结果判断及应用

Buysse等确定PSQI总分5为划界分,其灵敏度为89.6%,特异度为86.5%。

国内以 PSQI＞7 分作为成人睡眠质量问题的参考界值。以此划界标准对 121 例患者和 112 名正常成人分析发现,临床诊断和 PSQI 诊断的一致率较高(Kappa＝0.89,P＜0.01),灵敏度和特异度分别达到 98.3％和 90.3％(刘贤臣 等,1996)。这说明 PSQI 不仅对失眠症,且对伴有睡眠质量问题的疾病如各种抑郁症、焦虑症、神经衰弱等均有一定的辅助诊断价值。

(雷 辉)

参 考 文 献

[1] 刘贤臣,唐茂芹,胡蕾,等.匹兹堡睡眠质量指数的信度和效度研究.中华精神科杂志,1996,29(2):103-107.

[2] Buysse DJ, Reynolds CF, Monk TH,et al. The Pittsburqh Sleep Quality Index:a new instrument for psychiatric practice and research. Psychiatry Research,1989,28:193-213.

[3] Buysse DJ, Reynolds CF, Monk TH,et al. Quantification of subjective sleep quality in healthy elderly men and women using the Pittsburgh Sleep Quality Index. Journal of Sleep Research & Sleep Medicine,1991,14(4):331-338.

附:匹兹堡睡眠质量指数(PSQI)

(Buysse 等编制)

姓名:_____ 性别:_____ 年龄:_____ 编号:_____ 日期:_____

指导语:以下一些问题是关于你最近 1 个月的睡眠状况,请选择或填写最符合你近 1 个月实际情况的答案。

请回答下列问题:

1. 近 1 个月,晚上上床睡觉通常是_____点。

2. 近 1 个月,从上床到入睡通常需要_____分钟。

3. 近 1 个月,通常早上_____点起床。

4. 近 1 个月,每晚通常实际睡眠_____小时(不等于卧床时间)。

对下列问题请选择 1 项最适合你的答案。

5. 近 1 个月,因下列情况影响睡眠而烦恼:

a. 入睡困难(30 分钟内不能入睡) (1)无 (2)＜1 次/周 (3)1～2 次/周 (4)≥3 次/周;

b. 夜间易醒或早醒 (1)无 (2)＜1 次/周 (3)1～2 次/周 (4)≥3 次/周;

c. 夜间去厕所 (1)无 (2)＜1 次/周 (3)1～2 次/周 (4)≥3 次/周;

d. 呼吸不畅 (1)无 (2)＜1 次/周 (3)1～2 次/周 (4)≥3 次/周;

e. 咳嗽或鼾声高 (1)无 (2)＜1 次/周 (3)1～2 次/周 (4)≥3 次/周;

f. 感觉冷 (1)无 (2)＜1 次/周 (3)1～2 次/周 (4)≥3 次/周;

g. 感觉热 (1)无 (2)＜1 次/周 (3)1～2 次/周 (4)≥3 次/周;

h. 做噩梦　（1）无　（2）＜1 次/周　（3）1～2 次/周　（4）≥3 次/周；

i. 疼痛不适　（1）无　（2）＜1 次/周　（3）1～2 次/周　（4）≥3 次/周；

j. 其他影响睡眠的事情　（1）无　（2）＜1 次/周　（3）1～2 次/周　（4）≥3 次/周；

如有，请说明：

6. 近 1 个月，总的来说，你认为自己的睡眠质量　（1）很好　（2）较好　（3）较差　（4）很差；

7. 近 1 个月，你服用药物催眠的情况　（1）无　（2）＜1 次/周　（3）1～2 次/周　（4）≥3 次/周；

8. 近 1 个月，你常感到困倦吗　（1）无　（2）＜1 次/周　（3）1～2 次/周　（4）≥3 次/周；

9. 近 1 个月，你做事情的精力不足吗　（1）没有　（2）偶尔有　（3）有时有　（4）经常有。

十五、儿童问题特质问卷（CPTI）

【概述】

精神病态（psychopathy）是一种表现在人际、情感、生活方式和反社会行为等方面的人格障碍，其特征主要为自我中心、欺骗、冲动、缺乏共情、缺乏罪恶感和人际操纵等方面。早期的精神病态研究主要集中在成人群体，后来研究者发现，在学前儿童身上亦能观察到精神病态行为。随后，大量以儿童和青少年为研究对象的研究发现，精神病态与儿童品行问题（Frick et al. ,2000）、违法行为（Marsee et al. ,2005）、攻击（Kimonis et al. ,2006）行为相关。因此，尽早识别和准确评估儿童的精神病态特质对于预防和干预都具有重要意义。

目前存在多个评估儿童精神病态的自评和他评工具。例如，反社会过程筛查量表（antisocial process screening device,APSD），精神病态检查表（儿童版）（psychopathy checklist-youth version,PCL-YV）和青少年精神病态特质问卷（儿童版）（youth psychopathic traits inventory-child version,YPI-CV）。这些评估工具各有优缺点，但主要用于 6 岁以上儿童的评估，尚未有评估工具针对学前儿童（3～6 岁），为此儿童问题特质问卷（child problematic traits inventory,CPTI）应运而生。

CPTI 由荷兰和瑞典学者设计开发（Colins et al. ,2014），其理论模型对应成人精神病态三因子模型：人际、情感和行为（Cooke & Michie,2001）。CPTI 的 28 个题目主要针对 3～12 岁儿童设计，最早的版本主要为教师评定，后来采用母亲评定的方式所得结果也较理想（Wang et al. ,2018）。

截至目前，CPTI 已有荷兰语、瑞典语、西班牙语、意大利语、中文和英文版本（未有研究在英语国家样本中检验其信效度）。就目前所发表的研究来看，CPTI 的三因子结构拟合数据良好，总分和 3 个因子得分的信度优良，多数信度系数介于 0.8～0.9。效标关联效度方面的结果也较为理想，与攻击、问题行为、气质等理论概念显著相关（Colins et al. ,2017；Wang et al. ,2018）。

【内容及实施方法】

CPTI 包含 28 个题目（具体题目见文后附表），用于测量浮夸欺骗（grandiosedeceitful,GD;5、7、9、15、18、21、24、26 共 8 题)、冷酷无情(callous-unemotional,CU;2、4、8、11、13、17、20、22、25、27 共 10 题)和冲动刺激追寻(impulsivity-need for stimulation,INS;1、3、6、10、12、14、16、19、23、28 共 10 题)3 个因子。题目采用 4 点计分:1=一点也不符合;2=不是很符合;3=基本符合;4=非常符合。除了将 3 个因子的题目相加得到三因子分外,还可以将 28 个题目加总获得总分,得分越高,表明问题越严重。

【测量学指标】

本文报道的心理测量学指标主要基于 Wang 等(2018)和 Luo 等(2019)的研究。

样本:686 名 1～5 年级儿童的父母参与了本研究,平均年龄 37.20 岁($SD=3.69$,范围为 28～52 岁)。509(74.2%)名儿童是独生子女,652(95.0%)名儿童来自非单亲家庭。

验证性因素分析:教师评定和母亲评定的三因子模型拟合全部数据的拟合指数均在可接受的范围($RMSEA=0.09/0.07$,$CFI=0.94/0.92$,$TLI=0.93/0.91$),题目的标准化因子负荷结果见表 3-15。然而,当分性别检验三因子模型拟合时发现,在母亲报告的女生数据拟合中的指数拟合低于推荐的最低标准(表 3-16),而在其他分样本(教师评定的男女生和母亲报告的男生)中拟合指数均可以接受。随后,我们还检验了教师评定的 CPTI 数据跨性别的测量不变性,结果发现在形态(configural)、单位(metric)和尺度(scalar)水平上满足不变性。Luo 等(2019)的研究发现 CPTI 满足间隔 1 年的纵向等值(严格等值)。

表 3-15 标准化因子负荷(教师评定样本数为 646 人/母亲评定样本数为 632 人)

题目内容	T/M(GD)	T/M(CU)	T/M(INS)
5. 逃避问题而撒谎	0.847/0.800		
7. 比其他孩子都要优秀	0.420/0.130		
9. 得到自己想要的而撒谎	0.864/0.821		
15. 更经常撒谎	0.908/0.867		
18. 以高傲自大的态度对人	0.660/0.712		
21. 欺骗他人来达到目的是有效的	0.900/0.854		
24. 在任何事上都做得比其他孩子好	0.511/0.365		
26. 撒谎似乎已经是家常便饭了	0.923/0.833		
2. 很少对他人表现出同情		0.659/0.550	
4. 不在乎别人所分享的快乐和忧伤		0.773/0.740	
8. 不会为他做过的事而惭愧		0.722/0.599	
11. 经常表现得很冷漠		0.775/0.660	

(续　表)

题目内容	T/M(GD)	T/M(CU)	T/M(INS)
13. 不感到不安或难过		0.788/0.630	
17. 做了不被允许的事时很少感到懊悔		0.736/0.622	
20. 不在乎别人的感受和想法		0.796/0.786	
22. 看起来不会感到懊悔		0.757/0.721	
25. 并没有表现出内疚		0.847/0.748	
27. 不会表现出和同龄人同样程度的内疚		0.811/0.777	
1. 喜欢改变			0.535/0.137
3. 经常不能耐心等待			0.760/0.686
6. 为了寻求新鲜感而去做某件事情			0.667/0.646
10. 着急地给自己更换不同的东西			0.707/0.688
12. 经常冲动行事			0.762/0.738
14. 有什么东西就用掉而不是留着			0.688/0.594
16. 讨厌一成不变并喜欢寻求新异的感觉和体验			0.670/0.503
19. 不喜欢等待			0.754/0.622
23. 很容易感到厌烦			0.800/0.717
28. 总是喜新厌旧			0.664/0.708

注:T/M=教师/母亲;GD=浮夸欺骗;CU=冷酷无情;INS=冲动刺激追寻。

表 3-16　模型拟合指数汇总

项目	RMSEA	CFI	TLI
母亲评定	0.07	0.92	0.91
男生	0.07	0.94	0.93
女生	0.08	0.89	0.88
教师评定	0.09	0.94	0.93
男生	0.09	0.94	0.93
女生	0.10	0.93	0.93
形态等值	0.09	0.94	0.93
负荷等值	0.09	0.94	0.93
截距等值	0.08	0.95	0.95

注:RMSEA=近似误差均方根;CFI=相对拟合指数;TLI=Tucker-Lewis指数。

信度:CPTI 总分和 3 个因子分在教师版和母亲版,以及总样本和不同性别样本上的信度系数均理想,多数系数超过 0.8,更多结果见表 3-17。

表 3-17 CPTI 各因子得分和信度系数($n=686$)

项目	总样本			男孩			女孩		
	n	M(SD)	α	n	M(SD)	α	n	M(SD)	α
CPTI 教师版									
总分	646	54.69(13.07)	0.95	335	57.55(13.60)	0.95	311	51.61(11.73)	0.95
浮夸欺骗	666	14.83(4.09)	0.87	345	15.47(4.42)	0.89	321	14.15(3.59)	0.83
冷酷无情	668	19.57(5.27)	0.92	347	20.76(5.50)	0.91	321	18.29(4.68)	0.90
冲动刺激追寻	667	20.28(5.00)	0.88	348	21.23(5.01)	0.86	319	19.24(4.89)	0.89
CPTI 母亲版									
总分	632	53.62(10.87)	0.92	333	54.91(11.36)	0.92	299	52.18(10.12)	0.90
浮夸欺骗	672	14.32(3.43)	0.79	350	14.69(3.65)	0.81	322	13.91(3.13)	0.76
冷酷无情	664	18.55(4.43)	0.86	344	19.10(4.53)	0.87	320	17.95(4.23)	0.84
冲动刺激追寻	660	20.95(4.66)	0.81	347	21.33(4.81)	0.83	313	20.53(4.45)	0.80

效度:此方面的证据主要来自 CPTI、母亲和教师评定的儿童行为问卷简式版(children's behavior questionnaire,CBQ)及父母评定的长处困难问卷(strength and difficulties questionnaire,SDQ)。总的来说,教师评定的 CPTI 分数与:①父母和儿童自评的 SDQ 中的品行问题和过度活跃因子呈显著正相关(相关系数为 0.2~0.3);②与教师评定的 CBQ 中的外向(surgency)和负性情感(negative affectivity)在零阶水平(zero-order level)和控制人口学变量后的偏相关水平呈显著正相关(相关系数为 0.4~0.5);与母亲评定的 CBQ 中的外向存在微弱的显著正相关或不相关。

母亲评定的 CPTI 分数与:①父母和儿童自评的 SDQ 中的品行问题和过度活跃因子呈显著正相关(相关系数为 0.2~0.5);②与教师评定的 CBQ 中的努力控制(effortful control)因子呈显著负相关;与母亲评定的 CBQ 中的外向和负性情感呈显著正相关,与努力控制呈显著负相关。更详细的效度相关结果见 Wang 等 .(2018)的报道。

【结果分析与应用情况】

相较于其他儿童精神病态评估工具来说,CPTI 最大的优点在于因子结构稳定,分数信度较高。作为较新的儿童精神病态评估工具,需要进一步接受不同样本的测量学检验,由于其填补了 3~6 岁儿童段评估工具的空白,在将来的研究中 CPTI 可被广泛使用。

(王孟成)

参 考 文 献

[1] Colins OF, Andershed H, Frogner L, et al. A new measure to assess psychopathic personality in children: The Child Problematic Traits Inventory. Journal of Psychopathology and Behavioral Assessment, 2014, 36:4-21.

[2] Colins OF, Veen V, Frogner L, et al. The Child Problematic Traits Inventory in a Dutch General Population Sample of 3-to 7-year old children. European Journal of Psychological Assessment, 2018, 34:336-343.

[3] Colins OF, Fanti K, Larsson H, et al. Psychopathic traits in early childhood: Further validation of the Child Problematic Traits Inventory. Assessment, 2017, 24:602-614.

[4] Cooke DJ, Michie C. Refining the construct of psychopathy: Towards a hierarchical model. Psychological Assessment, 2001, 13:171-188.

[5] Frick PJ, Bodin SD, Barry CT. Psychopathic traits and conduct problems in community and clinic-referred samples of children: Further development of the psychopathy screening device. Psychological Assessment, 2000, 12:382-393.

[6] Kimonis ER, Frick PJ, Fazekas H, et al. Psychopathy, aggression, and the processing ofemotional stimuli in non-referred girls and boys. Behavioral Sciences & the Law, 2006, 24:21-37.

[7] Luo J, Wang X, Wang MC, et al. Longitudinal measurement invariance of the Child Problematic Trait Inventory in older Chinese children. PlOS One, 2019, 14(7):e0219136.

[8] López-Romero L, Molinuevo B, Bonillo A, et al. Psychometric properties of the Spanish version of the Child Problematic Traits Inventory in 3-to 12-year-old Spanish children. European Journal of Psychological Assessment, 2018, 35:842-854.

[9] Marsee MA, Silverthorn P, Frick PJ. The association of psychopathic traits with aggression and delinquency in non-referred boys and girls. Behavioral Sciences & the Law, 2005, 23:803-817.

[10] Somma A, Andershed H, Borroni S, et al. The validity of the child problematic trait inventory in 6-12 year old Italian children: Further support and issues of consistency across different sources of information and different samples. Journal of Psychopathology and Behavioral Assessment, 2016, 38:350-372.

[11] van Baardewijk Y, Stegge H, Andershed H, et al. Measuring psychopathic traits in children through self-report. The development of the Youth Psychopathic traits Inventory-Child Version. International Journal of Law and Psychiatry, 2008, 31:199-209.

[12] Wang MC, Colins OF, Deng Q, et al. The Child Problematic Traits Inventory in China: A Multiple Informant-Based Validation Study. Psychological Assessment, 2018, 30:956-966.

附:儿童问题特质问卷(CPTI)

（王孟成等编制）

指导语:以下各题描述了各种儿童的行为表现与反应,请根据你孩子的真实情况,判断描述

的恰当性,并圈出符合你孩子的选项。其中,1＝一点也不符合;2＝不是很符合;3＝基本符合;
4＝非常符合。

题目内容	一点也不 符合	不是很 符合	基本 符合	非常 符合
1. 他/她喜欢改变(如兴趣爱好、行为方式等),并且经常改变	1	2	3	4
2. 他/她很少对他人表现出同情	1	2	3	4
3. 他/她经常不能耐心等待	1	2	3	4
4. 他/她通常不在乎别人所分享的快乐和忧伤	1	2	3	4
5. 他/她经常因为逃避问题而撒谎	1	2	3	4
6. 他/她看起来只是为了寻求新鲜感而去做某件事情	1	2	3	4
7. 他/她觉得自己比其他孩子都要优秀	1	2	3	4
8. 他/她从来不会为其做过的事而惭愧	1	2	3	4
9. 他/她经常为了得到自己想要的而撒谎	1	2	3	4
10. 他/她总是着急地给自己更换不同的东西	1	2	3	4
11. 在其他孩子伤心的时候,他/她经常表现得很冷漠	1	2	3	4
12. 他/她经常冲动行事	1	2	3	4
13. 在别人受伤的时候,他/她并不感到不安或难过	1	2	3	4
14. 他/她经常有什么东西就用掉而不是留着	1	2	3	4
15. 与同龄人相比,他/她更经常撒谎	1	2	3	4
16. 他/她看起来很讨厌一成不变并喜欢寻求新异的感觉和 体验	1	2	3	4
17. 他/她做了不被允许的事时很少感到懊悔	1	2	3	4
18. 他/她经常以高傲自大的态度对人	1	2	3	4
19. 他/她不喜欢等待	1	2	3	4
20. 他/她大多数时候看起来并不在乎别人的感受和想法	1	2	3	4
21. 他/她认为通过欺骗他人来达到目的是有效的	1	2	3	4
22. 有时候他/她看起来不会感到懊悔	1	2	3	4
23. 他/她看起来很容易感到厌烦	1	2	3	4
24. 他/她认为自己几乎在任何事上都做得比其他孩子好	1	2	3	4
25. 他/她做了不被允许的事时并没有表现出内疚	1	2	3	4
26. 对他/她来说,撒谎似乎已经是家常便饭了	1	2	3	4
27. 他/她不会表现出和同龄人同样程度的内疚	1	2	3	4
28. 他/她总是喜新厌旧	1	2	3	4

十六、三元精神病态量表(TriPM)

【概述】

精神病态(psychopathy)是指一系列人格特征,反映了人际关系(如自我中心和操纵)、情感(如冷酷无情、缺乏共情和悔恨)及生活中的一些不适应行为(如不负责任和冲动)(Polaschek,2015)。鉴于其与犯罪和暴力等一系列负面社会行为存在一定的联系,最近越来越受到研究人员的关注(Osumi et al.,2007)。

研究者开发了一系列测量精神病态的量表,如 Levenson 自我报告精神病态量表(Levenson self-report psychopathy scale,LSRP)、Hare 精神病态检查清单修订版(Hare's psychopathy checklist-revised,PCL-R)。但这些量表对于精神病态测量的侧重点不同,比如 PCL-R 更多地强调精神病态中的情感缺陷和反社会倾向(Cleckley,1941),而精神病态人格问卷(PPI-R)则强调精神病态中的低恐惧和负面情绪((Lilienfeld et al.,2012)。因此,便有研究者提出了精神病态的三元测量模型,他们认为这些量表的不一致可以解释为对胆大、卑鄙、去抑制 3 个维度的不同程度的强调,而三元测量模型则平衡了冲动和攻击性等反社会人格特征、社会效能、压力免疫特征的重要性,并在三元测量模型的基础上,编制出了精神病态的三元测量量表(Patrick et al.,2009)。

迄今为止,三元精神病态量表(triarchic psychopathy measure,TriPM)被翻译成多种语言版本,在世界范围内广泛使用。同时,TriPM 已被证实适用于临床样本(精神病患者)和非临床样本(大学生、社区群众、罪犯)中,有较高的适用性和跨文化适应性。本文介绍的中文版基于 Shou 等(2016)翻译的版本。

【内容及实施方法】

(一)项目和评定标准

见表 3-18。

表 3-18　TriPM 引出症状及分量表项目

分量表	项目
胆大(boldness)	1/4/7/10/13/16/19/22/25/28/32/35/38/41/44/47/50/54/57
卑鄙(meanness)	2/6/8/11/14/17/20/23/26/29/33/36/39/40/42/45/48/52/55
去抑制(disinhibition)	3/5/9/12/15/18/21/24/27/30/31/34/37/43/46/49/51/53/56/58

1. 胆大　是指个体具有无所畏惧的适应性以及检测威胁线索时的高阈值,其特点是低水平的特质恐惧、兴奋,目标导向的风险寻求,对负面情绪如压力、焦虑的免疫力,高分说明果断大胆。样本项目:"我害怕的事情和大多数人比要少很多"。

2. 卑鄙　是指个体在情感和人际上的缺陷,其特点是缺乏同理心、冷漠、控制他人的欲望、自私,高分说明缺乏人际情感交往。样本项目:"我不介意别人受到伤害,如果那些人是我不喜欢的"。

3. 去抑制　是指个体的低冲动控制的表现倾向,其特点是敌对、反社会、难以控制愤怒相关情绪,高分说明缺少冲动控制。样本项目:"我的冲动决定曾给我的亲人带来麻烦"。

TriPM 为自评量表,共包括 58 个题目,根据与个体实际情况描述相符的程度评定,计分方式采用李克特 4 级计分(1＝完全不符合,2＝不符合,3＝符合,4＝完全符合),其中 17 个题目(2、4、10、11、16、21、25、30、33、35、39、41、44、47、50、52、57)为反向计分题。通过圈出最符合自身情况的数字以表明个体的精神病态水平,问卷总分越高,说明个体的精神病态水平越高。

(二)评定注意事项

量表由评定对象自行填写。在填表前必须让评定对象把填表说明、填表方法及问题内容看明白。文盲或半文盲一般不宜作为评定对象。如有特殊需要,可由施测人员念给其听,然后在表格中注明,供分析时参考。一般 7～10 分钟可以完成。

评定时应注意反向计分项目,要让评定对象理解反向计分题。量表协作组的研究发现,有相当比例的评定对象并未真正明白反向计分题的含义及填表方法,以致这些项目的得分和总分的相关程度很低。在信度分析过程中,若删除反向计分项目,3 个分量表的内部一致性信度均有一定程度的提升,这可能是因为中国评定对象不能理解反向计分题目是正常计分题目的相反表述。

【测量学指标】

1. 内部一致性信度(Cronbach's α)　该量表在精神病态群体中报告的总量表内部一致性系数 α 为 0.78,胆大、卑鄙、去抑制 3 个分量表的内部一致性系数 α 分别是 0.74、0.74、0.83;在大学生群体中报告的胆大、卑鄙、去抑制 3 个分量表的内部一致性系数 α 分别是 0.79、0.78、0.76。总的来说,该量表在临床样本(精神病患者)和非临床样本(大学生)中内部一致性信度均良好。

2. 聚合效度和区分效度

(1)TriPM 卑鄙分量表与人情问卷(renqing inventory)评分的相关系数为 －0.38,与人际反应指针量表(interpersonal reactivity index,IRI)移情关注分量表、观点采择分量表评分的相关系数分别为 －0.61、－0.22。

(2)TriPM 去抑制分量表与危险行为问卷(risky behavior inventory)评分的相关系数为 0.45,与自我报告的学业表现的相关系数为 －0.19。

(3)TriPM 胆大分量表与无畏问卷(fearless questionnaire)非物质分量表评分的相关系数为 0.52,与人际反应指针量表(IRI)个人困扰分量表评分的相关系数为 －0.23。

上述所有相关系数在 0.001 水平上呈显著相关。

【结果分析与应用情况】

1. 统计指标和结果分析　TriPM 在中国大学生和精神病群体中的内部一致性系数 α 均低于西方样本,除了部分反向计分项目的影响外,还有可能是因为部分项目与其他项目弱相关导致的,这可能说明 TriPM 中有部分项目是多余的。虽然其信度略低于西方样本,但其效度与西方样本相似,说明了 TriPM 在中国有较高的适用性,即中国样本与西方样本有着类似的精神病态结构。

对于聚合效度的相似性结果表明,TriPM 中保留了足够丰富的测量内容,区分效度的区分性结果表明,TriPM 与其他人格障碍存在一定的差异。

2. 应用评价

(1)中文版 TriPM 在临床和非临床样本中均表现出较高的效度,具有很好的跨文化适应性和适用性,因此可用于临床和非临床领域。

(2)然而,TriPM 属于自我报告量表,存在共同方法的方差。若用于临床精神病患者样本时,可能会影响自我报告方法的测量准确性。因此,在应用时可以考虑补充临床医师的评分或观察报告等信息。

(3)TriPM 大部分以成人样本进行测量,可能存在结论无法推广到未成年人的局限性。

（刘晓瑞　刘　拓）

参 考 文 献

[1] Cleckley H. The mask of sanity. St. Louis,MO:Mosby. 1941.

[2] Lilienfeld SO,Patrick CJ,Benning SD,et al. The role of fearless dominance in psychopathy:Confusions,controversies,and clarifications. Personality Disorders,2012,3:327-340.

[3] Osumi T,Kanayama N,Sugiura Y,et al. Validation of the Japanese version of the Primary and Secondary Psychopathy Scales. Japanese Journal of Personality,2007,16:117-120.

[4] Patrick CJ,Fowles DC,Krueger RF. Triarchic conceptualization of psychopathy:Developmental origins of disinhibition,boldness,and meanness. Development and Psychopathology,2009,21:913-938.

[5] Polaschek DLL. (Mis)understanding psychopathy:Consequences for policy and practice with offenders. Psychiatry,Psychology and Law,2015,22:500-519.

[6] Shou Y,Sellbom M,Xu J,et al. Elaborating on the construct validity of triarchic psychopathy measure in Chinese clinical and nonclinical samples. Psychological Assessment,2016,29:1071-1081.

附:三元精神病态量表(TriPM)

（寿懿赟等修订）

指导语: 以下是一些关于你个性特点的描述,请根据与你的实际情况描述相符的程度,在题目后面的数字上画"○"。其中,1＝完全不符合,2＝不符合,3＝符合,4＝完全符合。

题目内容	完全不符合	不符合	符合	完全符合
1. 我通常是乐观的	1	2	3	4
2. 他人的感受对我很重要	1	2	3	4
3. 我经常根据我眼下的欲望行事	1	2	3	4
4. 我没有想要跳降落伞的强烈欲望	1	2	3	4
5. 我过去常常错过自己和别人约好的事情	1	2	3	4
6. 我会享受高速飙车追逐的乐趣	1	2	3	4
7. 我能够非常有效地应对压力	1	2	3	4
8. 我不介意别人受到伤害,如果那些人是我不喜欢的	1	2	3	4
9. 我的冲动决定曾给我的亲人带来麻烦	1	2	3	4
10. 我容易感到害怕	1	2	3	4
11. 我同情别人所面临的问题	1	2	3	4
12. 我曾翘班或翘课,并且懒得请假	1	2	3	4
13. 我是个天生的领导者	1	2	3	4
14. 我享受精彩的打斗	1	2	3	4
15. 我做事不经过思考	1	2	3	4
16. 让事情向我想得那样发展对我来说很困难	1	2	3	4
17. 别人对我的侮辱,我会以同样的方式反击回去	1	2	3	4
18. 我曾因为经常逃学而遇到过许多麻烦	1	2	3	4
19. 我有影响他人的天赋	1	2	3	4
20. 看到别人遭受痛苦,我不会在意	1	2	3	4
21. 我能够较好地控制自己	1	2	3	4
22. 在面对新的情况时,即便是没准备我也能发挥良好	1	2	3	4
23. 有时我喜欢欺凌或恐吓他人	1	2	3	4
24. 我曾在没有征得别人允许的情况下,就拿取他们钱包里的钱	1	2	3	4
25. 我不认为我有天赋	1	2	3	4
26. 我为了挑起是非而嘲笑别人	1	2	3	4
27. 别人常常滥用我的信任	1	2	3	4
28. 我害怕的事情和大多数人比要少很多	1	2	3	4
29. 如果我伤害了别人,我觉得没必要担心	1	2	3	4
30. 和别人定下的约会,我能赴约	1	2	3	4
31. 我做事常常很快就感到厌倦,并且失去兴趣	1	2	3	4
32. 对别人来说会是精神创伤的事情,我却能够克服	1	2	3	4
33. 我对别人的感受很敏感	1	2	3	4

常用心理评估量表手册（第 3 版）

（续　表）

题目内容	完全不符合	不符合	符合	完全符合
34. 我曾蒙骗别人以获取他们的钱财	1	2	3	4
35. 在没有完全了解细节的情况下进入新环境让我感到担忧	1	2	3	4
36. 我对他人不抱有太多的同情心	1	2	3	4
37. 我因为不考虑自己行为的后果而惹上麻烦	1	2	3	4
38. 我可以说服别人按我的意愿去做事	1	2	3	4
39. 对我来说,诚实是最好的准则	1	2	3	4
40. 我曾为了看到别人痛苦而伤害别人	1	2	3	4
41. 我不喜欢在团队中当领导者	1	2	3	4
42. 我有时侮辱别人只是为了看看他们的反应	1	2	3	4
43. 我曾在没付钱的情况下拿走商店里的物品	1	2	3	4
44. 我容易感到难堪	1	2	3	4
45. 事情如果包含一些危险会更有乐趣	1	2	3	4
46. 当我想得到某个东西时,耐心等待对我来说很困难	1	2	3	4
47. 我尽量远离会侵害到我人身安全的事物	1	2	3	4
48. 我不在乎我做的事情会伤害到别人	1	2	3	4
49. 我曾因为做了不负责任的事而失去过朋友	1	2	3	4
50. 我比不过其他大多数人	1	2	3	4
51. 曾经有人告诉我,他们担心我缺乏自控能力	1	2	3	4
52. 和别人的情绪产生共鸣对我来说是容易的	1	2	3	4
53. 我曾经抢劫过别人	1	2	3	4
54. 我从来不担心在别人面前出丑	1	2	3	4
55. 若我周围的人感到受伤害,我不会在意	1	2	3	4
56. 我不负责任的行为曾导致我工作中出现问题	1	2	3	4
57. 我不太擅长影响他人	1	2	3	4
58. 我曾偷过别人车里的东西	1	2	3	4

十七、莱文森精神病态自评量表（LSRP）

【概述】

精神病态是心理病理学领域被广泛研究的一种人格障碍,主要包括冷酷无情、自我中心、欺骗、冲动和不负责任等特质。近年来,越来越多的研究发现精神病态与犯罪行为之间存在密切关系。与非精神病态者相比,精神病态者往往具有以下特点:更加残忍和极端的攻击模式,更多的施虐倾向,犯罪年龄更早,犯罪活动更广泛和多样及再犯率更高等。

莱文森精神病态自评量表(Levenson self-report psychopathy scale,LSRP),原名为原发性与继发性精神病态量表,由 Levenson 等于 1995 年首次开发。该量表支持了精神病态的两因子结构,可用于评估个体的自私、冷酷、控制等原发性精神病态人格特征,以及由于继发性精神病态人格特征而引发的反社会行为等(Levenson,Kiehl & Fitzpatrick,1995)。以下介绍的量表参考 Shou 等(2016)和 Wang 等(2018)的修订本。

【内容及实施方法】

(一)项目和评定标准

Shou 等(2016)面向大学生样本修订的 LSRP 共包括 19 道题目,其研究对比了两因子模型(原发性精神病态、继发性精神病态)和三因子模型(自私、冷酷、反社会)的拟合优度,模型结果支持了精神病态的三因子结构,即调查了 3 个精神病态特征,见表 3-19。

表 3-19 LSRP 分量表名称及所属项目

分量表	项目
自私(egocentricity)	1/3/5/6/7/9/10/12/14/16
冷酷(callous)	15/17/18/19
反社会(antisocial)	2/4/8/11/13

Wang 等(2018)面向中国男性监狱服刑人员修订的 LSRP 共包括 18 道题目,进行了两因子模型(原发性精神病态、继发性精神病态)和三因子模型(自私、冷酷、反社会)的比较分析,最终模型结果显示支持精神病态的三因子结构,见表 3-20。

表 3-20 LSRP 分量表名称及所属项目

分量表	项目
自私	1/5/7/9/11/13/17/21
冷酷	22/23/24/25/26
反社会	2/4/10/16/18

1. **自私** 描述了精神病态者的自私、刻薄及想要控制他人的人际关系风格。样本项目:"成功取决于适者生存,我不关心失败者(Shou,Sellbom & Han,2016)""在当今社会,我觉得能让我成功的事都是合理的(Wang et al. ,2018)"。

2. **冷酷** 反映了精神病态者缺乏观点采择和冷漠的情感特质。样本项目:

"如果我的言行导致某人感到痛心,我心里会不好受(Shou,Sellbom & Han,2016)""我喜欢操控他人的感情(Wang et al.,2018)"。

3.反社会　反映了精神病态者的冲动、发生暴力行为和反社会行为的倾向。样本项目:"我曾经多次与别人大声争吵(Shou,Sellbom & Han,2016)""我发现自己一次又一次地犯同样的错误(Wang et al.,2018)"。

LSRP为自评量表,需要按照李克特4点计分:"完全不符合(1)""不符合(2)""符合(3)"或"完全符合(4)"。通过勾选出最恰当的选项以表明每种情况与被试者真实情况的符合程度。需注意的是,在Shou等(2016)修订的LSRP中,题目15、17、18、19需反向计分。Wang等(2018)修订的符合三因子结构的18题版LSRP涉及题目1、2、4、5、7、9、10、11、13、16、17、18、21、22、23、24、25、26,其中题目22、24、25、26需反向计分。

(二)评定注意事项

量表由评定对象自行填写。在填写量表前,评定对象必须充分理解填写说明、填写方法及量表内容。文盲或半文盲一般不宜作为评定对象。如有特殊需要,可由施测人员为其读题施测,同时在施测表格中注明该情况,供分析时参考。

【测量学指标】

Shou等(2016)修订的LSRP的信效度检验结果显示:LSRP量表总分的α系数为0.84,而各分量表得分的α系数介于0.69~0.85。各项目在其所属维度上的因子负荷介于0.317~0.788,显示了良好的测量学特性。LSRP总分与各子维度分与三元精神病态量表(TriPM)的卑鄙、去抑制子维度的相关系数介于0.37~0.60。LSRP总分、自私、反社会子维度与测量个体抑郁情绪的患者健康问卷(PHQ-9)及评估个体焦虑水平的广泛性焦虑量表(GAD-7)得分的相关系数介于0.28~0.43。除此之外,LSRP的冷酷子维度与国际人格项目库(简式版)(Mini-IPIP)的宜人性子维度呈显著负相关,相关系数为-0.36。LSRP总分及反社会子维度与IPIP的宜人性、责任心、开放性子维度均呈显著负相关,相关系数介于-0.35~-0.19,反映了良好的收敛效度和区分效度。

Wang等(2018)对其修订的LSRP进行了信效度检验,结果显示对于三因子模型中所涉及的18道题目的总量表分来说,其α系数为0.81,而各分量表得分的α系数介于0.71~0.75。各项目在其所属维度上的因子负荷介于0.38~0.77,显示了良好的测量学特性。LSRP的3个子维度与中国大五人格问卷(简式版)(CBF-PI-B)中责任心、宜人性子维度间的相关系数介于-0.50~-0.20,与反应性-主动性攻击量表(RPQ)、青少年精神病态特质量表(简式版)(YPI-S)、Barratt冲动量表(BIS-11)的量表总分及其分量表得分,以及人格障碍诊断问卷(PDQ-4+)中的反社会人格障碍分量表之间的相关系数介于0.22~0.67,反映了良好的区分效度和收敛效度。

【结果分析与应用情况】

1. 统计指标和结果分析 LSRP 分析较为简单,主要的统计指标是各个分量表得分及量表总分。得分越高,表明精神病态水平越高。分维度的得分意义与此相同。

2. 应用评价

(1)LSRP 是一种可用于评估中国人群的精神病态水平的可靠、有效的自评测量工具,在中国和美国样本中显示了良好的测量不变性。LSRP 在学生群体、监狱服刑人员中均显示出了较好的心理测量学特性。邓俏文等(2017)的研究表明 LSRP 也适用于社区成年男性。中文版 LSRP 为国内精神病态的相关研究的开展起到了极大的助推作用。

(2)考虑到精神病态罪犯这一群体的特殊性,LSRP 有助于对其特殊心理特点进行研究与探索。了解服刑人员精神病态特质的心理特征亦可为刑事侦查与审讯等提供一定的理论指导与支持,为后期教育改造这类特殊罪犯提供心理学的理论依据。一项研究(Yao et al.,2019)也表明研究者可使用 LSRP 探讨精神病态个体在风险决策中的表现特点。

(3)LSRP 可应用于识别精神病态者,并进一步对其进行有效干预与行为监控。

(陈雪明　刘　拓)

参 考 文 献

[1] 邓俏文,邓嘉欣,赖红玉,等.莱文森精神病态自评量表的因子结构及心理测量学特性分析.中国临床心理学杂志,2017,25(4):659-661.

[2] Levenson MR,Kiehl KA,Fitzpatrick CM. Assessing psychopathic attributes in a noninstitutionalized population. Journal of Personality & Social Psychology,1995,68(1):151-158.

[3] Wang MC,Shou YY,Deng QW,et al. Factor Structure and Construct Validity of the Levenson Self-report Psychopathy Scale (LSRP) in a Sample of Chinese Male Inmates. Psychological Assessment,2018,30(7):882-892.

[4] Shou YY,Sellbom M,Han J. Evaluating the Construct Validity of the Levenson Self-Report Psychopathy Scale in China. Assessment,2016:1-16.

[5] Yao X,Zhang F,Yang T,et al. Psychopathy and decision-making:Antisocial factor associated with risky decision-making in offenders. Frontiers in Psychology,2019,10:1-9.

附 1：莱文森精神病态自评量表（LSRP）

（寿懿赟等修订）

指导语：以下是一些描述个人观念或者性格的句子，请根据你对每个句子的同意程度进行评价。每个人的看法和性格都不一样，所以答案没有对错之分。请根据你的实际想法作答。

题目内容	完全不符合	不符合	符合	完全符合
1. 成功取决于适者生存，我不关心失败者	□	□	□	□
2. 我发现自己总是周而复始地陷入同一种麻烦中	□	□	□	□
3. 对我来说，所谓的正确就是能避开不好的结果	□	□	□	□
4. 我常常感到厌烦	□	□	□	□
5. 在今天这个世界，我觉得为了取得成功，做任何事都是正当的	□	□	□	□
6. 我人生的主要目标是尽可能多地得到好处	□	□	□	□
7. 赚大钱是我最重要的目标	□	□	□	□
8. 我很快就对开始做的事失去兴趣	□	□	□	□
9. 让别人去担心崇高品格，我只考虑什么对我有好处	□	□	□	□
10. 有些人很蠢，上当受骗了也是活该	□	□	□	□
11. 我曾经多次与别人大声争吵。	□	□	□	□
12. 我会说人们想听的话，因为这样他们就会愿意为我做事	□	□	□	□
13. 我通常用发怒来发泄我的挫败感	□	□	□	□
14. 我经常会欣赏某个非常机智的骗局	□	□	□	□
*15. 在我追逐目标时，我会强调尽量不伤害到他人	□	□	□	□
16. 我喜欢操控他人的情感	□	□	□	□
*17. 如果我的言行导致某人感到痛心，我心里会不好受	□	□	□	□
*18. 即使我很努力的想要销售某个东西，我也不会撒谎	□	□	□	□
*19. 作弊是不正当的，因为那样对他人不公平	□	□	□	□

注：*为反向计分题。

附 2：莱文森精神病态自评量表（LSRP）

（Levenson 等编制）

指导语：以下是一些描述个人观念或者性格的句子，请根据你对每个句子的同意程度进行评价。每个人的看法和性格都不一样，所以答案没有对错之分。请根据你的实际想法作答。

题目内容	完全不符合	不符合	符合	完全符合
1. 成功在于适者生存,我并不关心失败者	☐	☐	☐	☐
2. 我发现自己一次又一次地犯同样的错误	☐	☐	☐	☐
3. 对我来说,所谓的正确就是能避开不好的结果	☐	☐	☐	☐
4. 我常常感到厌烦	☐	☐	☐	☐
5. 在当今社会,我觉得能让我成功的事都是合理的	☐	☐	☐	☐
6. 我发现我能长期坚持追求一个目标	☐	☐	☐	☐
7. 我生活的主要目标就是尽可能地获得更多的好东西	☐	☐	☐	☐
8. 我不会提前为很长远的事情做准备	☐	☐	☐	☐
9. 赚很多的钱是我的头等大事	☐	☐	☐	☐
10. 开始一件事情后,我很快就失去兴趣	☐	☐	☐	☐
11. 让别人为高标准操心,而我只关心底线问题	☐	☐	☐	☐
12. 我大多数的问题是别人不理解造成的	☐	☐	☐	☐
13. 愚蠢的人活该上当受骗	☐	☐	☐	☐
14. 做任何事之前,我会仔细考虑可能的结果	☐	☐	☐	☐
15. 照顾好自己是我的头等大事	☐	☐	☐	☐
16. 我常与别人争吵	☐	☐	☐	☐
17. 说别人想听的话,以便他们会做我想让他们做的事	☐	☐	☐	☐
18. 遇到挫折时,我常常以发脾气来发泄	☐	☐	☐	☐
19. 如果我的成功以别人的损失为代价,我会感到难过	☐	☐	☐	☐
20. 我的爱被高估了	☐	☐	☐	☐
21. 我常常钦佩设计巧妙的骗局	☐	☐	☐	☐
*22. 我在追求自己目标的同时尽量不去伤害别人(的利益)	☐	☐	☐	☐
23. 我喜欢操控他人的感情	☐	☐	☐	☐
*24. 如果我的言行引起了别人感情上的痛苦,我会感到难过	☐	☐	☐	☐
*25. 即使东西销售不出去,我也不会为之撒谎	☐	☐	☐	☐
*26. 欺骗是不应该的,因为这对他人不公平	☐	☐	☐	☐

注:*为反向计分题。此版呈现的是 Levenson 原版工具,其中第 1、2、4、5、7、9、10、11、13、16、17、18、21、22、23、24、25、26 题为 Wang 的 18 题版。

十八、冷酷无情特质问卷(ICU)

【概述】

精神病态通常被认为包含情感成分(如缺乏同情心、缺乏内疚感和情感肤浅),人际成分(如自大、为了私利无情地利用他人)和冲动-不负责任的行为风格(Hare

& Neumann,2008)。其中的情感成分被认为是精神病态的核心成分,该成分在儿童及青少年群体被称为冷酷无情(callousness-unemotional,CU)特质。CU 特质主要包含 4 个方面的特征(APA,2013):缺乏懊悔或缺乏内疚感(lack of remorse or guilt),冷酷-缺乏同情心(callous-lack of empathy),不在乎表现(unconcerned about performance),肤浅或缺乏情感(shallow or deficient affect)。目前的研究结果一致表明,具有 CU 特质的儿童及青少年对惩罚线索加工存在异常,主要表现在对惩罚线索不敏感(Fisher & Blair,1998)。在行为方面,CU 特质儿童通常表现出奖赏主导(reward-dominant)的行事风格,还具有偏爱新异刺激、刺激追寻和冒险行为倾向(Frick et al.,1999)。此外,CU 特质儿童表现出高水平的反应性(reactive aggression)和主动性攻击(proactive aggression),而具有其他品行问题的个体只表现出高水平的反应性攻击(Frick & White,2008)。

目前测量 CU 特质的量表包括儿童精神病态量表(psychopathy checklist: youth version,PCL-YV;Forth,Kosson & Hare,2003)、反社会过程筛查量表(antisocial process screening device,APSD;Frick & Hare,2001)和青少年精神病态特质量表(youth psychopathy inventory,YPI;Andershed et al.,2002)等。但是这些量表存在一些不足,比如 PCL-YV 仅有 4 个条目测量 CU 特质,严重限制了测量的广度与精度。此外,PCL-YV 是 60~90 分钟的半结构化访谈问卷,且需要由经过专门培训的临床研究者对 20 个项目进行评估,这意味着很难进行大规模调查。

Frick(2004)在 APSD 4 个测量 CU 特质条目的基础上,以每个条目为原型分别扩展出 3 个正向描述和 3 个反向描述的条目,最终组成了综合性的包含 24 个条目的冷酷无情特质问卷(inventory of callous-unemotional,ICU)。

【内容及实施方法】

ICU 量表包含 24 个题目,不同版本的题目组成不同。ICU 采用李克特 4 点计分法:1＝完全不符合;2＝有点符合;3＝符合;4＝完全符合,其中题目 1、3、5、8、10、13、14、15、16、17、19、23、24 为反向计分。ICU-12 由原版 ICU 中的题目 4、6、9、11、12、18、21、5、8、16、17、24 组成;ICU-11 在 ICU-12 基础上去除了题目 6。目前 ICU-11 已得到越来越多证据的支持(Allen et al.,2021;Colins et al.,2016; Wang et al.,2017;2020;Zhang et al.,2019)。

【测量学指标】

1. 因子结构　ICU 最初包含 4 个因子,这 4 个因子来源于 APSD-CU 分量表中所对应的 4 个题目。然而,ICU 的四因子结构并未获得数据支持。Essau 等(2006)在 1443 名 13~18 岁德国社区青少年样本中对 ICU 自评版进行探索性因素分析发现,三因子模型拟合最好,随后该模型得到广泛印证。最近的研究发现,三因子模型虽然比一阶三因子、高阶三因子等模型拟合得更好,但其拟合指数仍未达到通常的标准(如 CFI/TLI＞0.90 和 RMSEA＜0.08)(Ciucci et al.,2014;Ki-

monis et al. ,2008)。

鉴于无情(unemotional)维度的条目表现出不良心理测量特性,Hawes 等(2014)在 ICU-24 基础上开发了 12 个条目的 ICU-12,随后 ICU-12 二因子结构得到了 Colins 等(2016)和 Pechorro 等(2016)的研究支持。然而在 Colins 等(2016)的研究中,ICU-12 的第 6 题存在因子负荷较低的现象,这个现象在我们以国内不同群体为研究对象的研究中均有出现。因此,我们提出了去除第 6 题的 ICU-11 版本,该模型在国内成人、未成年犯罪和儿童群体中均达到了最佳拟合(Wang et al. ,2017;2020;Zhang et al. ,2019)。

总的来说,不同研究者采用不同样本对 ICU 因子结构模型进行了大量研究,截至目前众多研究得出了以下结论:①并不存在一个最佳的因子模型去解释原版的 ICU-24 量表;②为了找到最佳模型拟合原版量表,研究者提出了不同的修订版(表 3-21),但是这些基于完整版提出的模型均不能广泛用于其他样本;③研究者将无情特质分量表的全部题目去除后产生的 ICU-12 和 ICU-11 得到了广泛支持。相关研究报道的不同版本 ICU 的拟合结果见表 3-21。

2. 内部一致性 Deng 等(2019)的元分析研究中表明,ICU 内部一致性系数(α)在不同样本间表现出很大的变异性,总分信度系数介于 0.64~0.93,而无情因子内部一致性系数相较于其他维度变动性最大,α 系数介于 0.17~0.90;信度概化分析结果显示,ICU 总分和分量表得分的平均 α 系数是可以接受的,范围为 0.70(无情)~0.81(总分)。部分研究在不同群体基于不同的因子结构报道的 α 系数见表 3-22。

3. 效标效度 不少研究(Roose et al. ,2010;Wang et al. ,2017)发现 CU 特质与一般心理病态特征和攻击行为密切相关,与共情(empathy)呈显著负相关。而且大量研究(Ciucci et al. ,2014;Essau et al. ,2006;Kimonis et al. ,2008)发现麻木不仁和注意力不集中与品行障碍、攻击行为和反社会相关行为(如违法犯罪)呈显著正相关,然而多数研究发现无情因子与多数效标变量并不存在有意义的相关(Colins et al. ,2016;Hawes et al. ,2014;Wang et al. ,2017)。

具体来说,Wang 等(2017)的研究结果表明,ICU-11 总分与其他测量精神病态特质的量表呈显著相关,且与 LSRP 总分的相关性要强于测量反社会人格特征的 APSD 总分($r=0.52$ vs $r=0.27$),这说明 CU 特质与反社会人格障碍的症状相关但不同。此外,ICU-11 总分还与国际人格题目库(international personality item pool,IPIP)中的共情呈显著负相关($r=-0.40$,$P<0.001$),与 IPIP 中的无情特质呈显著正相关($r=0.63$,$P<0.001$);在因子水平上,ICU-11 的麻木不仁和注意力不集中性质得分与 APSD、LSRP 和主动攻击的总分呈显著相关,再次与之前的研究结果一致(Roose et al. ,2010)。而未成年罪犯样本研究结果发现,ICU-11 的注意力不集中因子与APSD(自评版)的冷酷/无情特质呈显著正相关($r=0.504$,$P<0.001$);

表 3-21 不同因子模型拟合指数汇总表

模型	题量	样本特征	χ^2	df	CFI/GFI	TLI/AGFI	RMSEA	作者
全尺寸模型								
单因子模型	24	1443 名 13～18 岁青少年	2475.37	252	NA/0.73	NA/0.68	0.12	Essau et al.，2006
三因子模型（交互相关）	22		2214.17	249	NA/0.78	NA/0.74	0.11	
三因子 Bifactor 模型	22		1824.94	228	NA/0.82	NA/0.76	0.10	
三因子 Bifactor 模型（删除第 2 题和第 10 题）	22	248 名 12～20 岁未成年罪犯	343.52	187	0.87/NA	NA	0.06	Kimonis et al.，2008
三因子 Bifactor 模型	24	455 名青少年	674.53	228	0.92/0.89	NA/0.86	0.07	Roose et al.，2010
三因子 Bifactor 模型	24	540 名 6～8 年级儿童	426.52	187	0.87/0.93	NA/0.91	0.05	Ciucci et al.，2014
ICU-12	12	250 名 6～12 岁品行问题男孩	100.21	53	0.97/NA	0.96/NA	0.06	Hawes et al.，2014
ICU-11	11	191 名 12～17 岁拘留所女孩	58.51	33	0.96/NA	0.94/NA	0.06	Colins et al.，2016
ICU-12	12	103 名 14～18 岁涉案人员和 274 名 14～19 岁学生	2.02 (χ^2/df)		0.94/NA	NA/NA	0.10	Pechorro et al.，2016
ICU-12 中文版	12	345 名 19～52 岁成人，	138.75	53	0.96/NA	0.95/NA	0.05	Wang et al.，2017
ICU-12 Bifactor 中文版	12	292 名 18～48 岁成人	106.44	43	0.97/NA	0.96/NA	0.04	
ICU-11 中文版	11		108.18	43	0.97/NA	0.96/NA	0.05	

模型	题量	样本特征	χ^2	df	CFI/GFI	TLI/AGFI	RMSEA	作者
ICU-11 中文版	11	977 名 1～6 年级儿童	476.55	43	0.95/NA	0.93/NA	0.10	Wang et al., 2020
ICU-11 中文版和英文版	11	437 名英国在校青少年，364 名中国在校青少年	211.06	86	0.96/NA	0.95/NA	0.06	Allen et al., 2021

表 3-22 不同因子模型对应因子的题目和 Cronbach's α 系数

模型	模型因子和题目	α(MIC)	题量	作者
三因子模型（交互相关）	无情:1,6,14,19,22	0.64	5	Essau et al., 2006
	麻木不仁:2,4,7,8,9,10,11,12,18,20,21	0.73	11	
	注意力不集中:3,5,13,15,16,17,23,24	0.70	8	
	总分	0.77	24	
三因子 Bifactor 模型（删除第 2 题和第 10 题）	无情:1,6,14,19,22	0.53	5	Kimonis et al., 2008
	麻木不仁:4,7,8,9,11,12,18,20,21	0.80	9	
	注意力不集中:3,5,13,15,16,17,23,24	0.81	8	
	总分	0.81	22	
三因子 Bifactor 模型	无情:1,6,14,19,22	0.73	5	Roose et al., 2010
	麻木不仁:2,4,7,8,9,10,11,12,18,20,21	0.79	11	
	注意力不集中:3,5,13,15,16,17,23,24	0.77	8	
	总分	0.83	24	

模型	模型因子和题目	α(MIC)	题量	作者
三因子 Bifactor 模型（删除第 2 题和第 10 题）	无情:1,6,14,19,22	0.64	5	Ciucci et al.,2014
	麻木不仁:4,7,8,9,11,12,18,20,21	0.66	9	
	注意力不集中:3,5,13,15,16,17,23,24	0.72	8	
	总分	0.81	22	
ICU-12	麻木不仁:4,6,9,11,12,18,21	0.87	7	Hawes et al.,2014
	注意力不集中:5,8,16,17,24	0.76	5	
	总分	0.85	12	
ICU-12 二因子 Bifactor 模型	无情:4,6,9,11,12,18,21	0.72(0.40)	7	Colins et al.,2016
	注意力不集中:5,8,16,17,24	0.74(0.29)	5	
	总分	0.76(0.22)	12	
ICU-12	无情:4,6,9,11,12,18,21	0.73(0.28)	7	Pechorro et al.,2016
	注意力不集中:5,8,16,17,24	0.79(0.43)	5	
	总分	0.84(0.30)	12	
ICU-11 中文版	麻木不仁:4,9,11,12,18,21	0.69(0.27)	6	Wang et al.,2017
	注意力不集中:5,8,16,17,24	0.59(0.22)	5	
	总分	0.76(0.22)	11	
ICU-11 中文版	麻木不仁:4,9,11,12,18,21	0.69(0.27)	6	Wang et al.,2020
	注意力不集中:5,8,16,17,24	0.63(0.25)	5	

ICU-11 的麻木不仁特质与 APSD(自评版)的无情特质及 APSD 自评版的总分表现出显著正相关($r=0.496$ 和 $0.533,P<0.001$);ICU-11 总分和 ICU-11 的麻木不仁特质及攻击性呈中度正相关,而 ICU-11 的注意力不集中特质与攻击性的相关性较弱($r<0.30$);ICU-11 总分也与共情呈显著负相关(基本共情量表总分:$r=-0.505,P<0.001$;情感因素:$r=-0.348,P<0.001$;认知因素:$r=-0.448,P<0.001$)。

【小结与展望】

CU 特质是当前儿童心理病理学研究的热点之一,而 ICU 量表又是这一领域使用最广泛的工具。尽管 ICU 是当前测量 CU 特质最合适的工具,但其因子结构存在的问题使其不能全面测量 CU 特质。因此,将来的研究应该考虑在其基础上通过补充条目进而完善因子结构和提高信度。

(王孟成)

参 考 文 献

[1] Allen JL,Shou Y,Wang M. C,et al. Assessing the measurement invariance of the Inventory of Callous-Unemotional traits in school students in China and the United Kingdom. Child Psychiatry & Human Development,2021,52(2):343-354.

[2] Ciucci E,Baroncelli A,Franchi M,et al. The association between callous-unemotional traits and behavioral and academic adjustment in children:Further validation of the Inventory of Callous-Unemotional Traits. Journal of Psychopathology and Behavioral Assessment,2014,36(2):189-200.

[3] Colins OF,Andershed H,Hawes SW,et al. Psychometric properties of the original and short form of the Inventory of Callous-Unemotional Traits in detained female adolescents. Child Psychiatry and Human Development,2016,47(5):679-690.

[4] Deng JX,Wang M,Zhang X,et al. The Inventory of Callous Unemotional Traits:A Reliability Generalization Meta-Analysis. Psychological Assessment,2019,31(6):765-780.

[5] Essau CA,Sasagawa S,Frick PJ. Callous-unemotional traits in community sample of adolescents. Assessment,2006,13(4):454-469.

[6] Frick PJ. Inventory of callous-unemotional traits. Unpublished rating scale,University of New Orleans,2004.

[7] Frick PJ,Lilienfeld SO,Ellis M,et al. The association between anxiety and psychopathic traits dimensions in children. Journal of Abnormal Child Psychology,1999,27(5):383-392.

[8] Frick PJ,White SF. Research review:The importance of callous-unemotional traits for developmental models of aggressive and antisocial behavior. Journal of Child Psychology and Psychiatry,2008,49(4):359-375.

[9] Kimonis ER,Frick PJ,Skeem JL,et al. Assessing callous-unemotional traits in adolescent of-

fenders：Validation of the Inventory of Callous-Unemotional Traits. International Journal of Law and Psychiatry,2008,31(3):241-252.

[10] Pechorro P,Hawes SW,Gonçalves R. A,et al. Psychometric properties of the inventory of callous-unemotional traits short version (ICU-12) among detained female juvenile offenders and community youths. Psychology,Crime and Law,2016,23:221-239.

[11] Roose A,Bijttebier P,Decoene S,et al. Assessing the affective features of psychopathy in adolescence：A further validation of the Inventory of Callous and Unemotional Traits. Assessment,2010,17(1):44-57.

[12] Hawes SW,Byrd AL,Henderson CE,et al. Refining the parent-reported inventory of Callous-Unemotional Traits in boys with conduct problems. Psychological Assessment,2014, 26(1):256-266.

[13] Wang MC,Gao Y,Deng J,et al. The factor structure and construct validity of the Inventory of Callous-Unemotional Traits in Chinese undergraduate students. PLOS One,2017,12(12):.

[14] Wang MC,Shou Y,Lai H,et al. Further validation of the Inventory of Callous-Unemotional Traits：Cross-Informants invariance and longitudinal invariance. Assessment. 2020,27(7):1668-1680.

[15] Zhang X,Shou Y,Wang MC,et al. Assessing callous-unemotional traits in Chinese detained boys：Factor structure and construct validity of the inventory of callous-unemotional traits. Frontiers in Psychology,2019,10:1841.

附：冷酷无情特质问卷(ICU)

（王孟成等修订）

指导语：下面是一些关于你日常行为或认知的描述,请根据与你实际情况描述符合的程度,在题目后面的数字上画"○"。

题目内容	完全不符合	有点符合	符合	完全符合
1. 我会将自己的情绪表现出来	1	2	3	4
2. 我认为对的事,别人却认为是错误的	1	2	3	4
3. 我在意自己在学校或工作上的表现	1	2	3	4
4. 为了达到目的,我不在乎伤害了谁	1	2	3	4
5. 犯了错,我会感到难过或内疚	1	2	3	4
6. 我不会向别人袒露内心情绪和感受	1	2	3	4
7. 我不担心会不会迟到	1	2	3	4
8. 我在意别人的感受	1	2	3	4
9. 我不在意是否惹了麻烦	1	2	3	4
10. 我能控制自己的情绪	1	2	3	4
11. 我不在意事情是否做得足够好	1	2	3	4

（续 表）

题目内容	完全不符合	有点符合	符合	完全符合
12. 我似乎很冷淡,也不关心别人	1	2	3	4
13. 我乐于承认错误	1	2	3	4
14. 别人很容易觉察到我的情绪变化	1	2	3	4
15. 我总是尽力而为	1	2	3	4
16. 我会向被我伤害的人道歉(说"对不起")	1	2	3	4
17. 我尽力不去伤害别人的感情	1	2	3	4
18. 做错了事,我不会感到懊悔	1	2	3	4
19. 我的表情丰富而且容易情绪化	1	2	3	4
20. 我不愿意花时间把事情做得更好	1	2	3	4
21. 别人的感受对我来说并不重要	1	2	3	4
22. 我向别人隐藏自己的情绪/情感	1	2	3	4
23. 做任何事情我都很努力	1	2	3	4
24. 我会做些让别人感觉愉快的事	1	2	3	4

十九、反社会过程筛查量表(自评版)(APSD-SR)

【概述】

精神病态是一种表现在人际关系、情感、生活方式和反社会行为等方面的人格障碍,其特征主要表现为自我中心、欺骗、冲动、缺乏共情、缺乏罪恶感等。目前有多种儿童精神病态测评工具,其中精神病态检查表(儿童版)(psychopathy check-list-youth version PCL-YV；Forth,Kossor & Hare,2003)和反社会过程筛查量表(antisocial process screening device,APSD；Frick & Hare,2001)是用于测量青少年精神病态特征最广泛的工具。PCL-YV 是半结构访谈问卷,主要用于青少年(12～18 岁)罪犯群体,访谈时间需要 60～90 分钟,由于其耗时长,因而很难用于大样本筛查。而 APSD 是从心理变态测评量表修订版(PCL-R)衍生而来的,较为简洁,共 20 个条目,包含家长版和教师版。然而,该问卷包含了反映儿童个人情感的条目,父母和教师是否能对其进行准确的评估是值得怀疑的。同时,有研究表明,随着儿童年龄的增长,自我报告结果会变得更加可信且有效(Frick et al,2000)。因此,Caputo 等(1999)开发了可应用于 13～18 岁青少年的反社会过程筛查量表(自评版)(APSD-SR)。

虽然 APSD-SR 已经得到了广泛的应用,但是在不同的样本中其因子结构并不一致。例如,在葡萄牙青少年样本中,两因子模型(即冷酷无情和冲动/行为问题)更加适合;而在芬兰青少年样本及美国临床样本和罪犯样本中,三因子模型更加适合。

APSD-SR 在国内不同样本中的结果也不一致。例如,刘明亮等(2016)的研究发现,在国内青少年群体中 APSD-SR 具有良好的信度,符合三因子结构模型,即自恋、冲动和冷酷无情。而在 Wang 等(2015)的研究中,四因子模型(即冲动、冷酷无情、自恋、避群行为)更加合适。最近一项以国内 3 个不同青少年群体为对象的研究发现,以往的因子结构均不能很好拟合全部 3 个样本(Liang et al.,2020)。因此,我们建议只使用总分作为儿童精神病态总分而不使用因子分。

【内容及实施方法】

APSD-SR 采用李克特 3 级评分法:1＝根本不符合;2＝偶尔符合;3＝非常符合。其中 3、7、12、18 题为反向计分题。每种特质的得分越高,表明个体具有明显的因子特点。

【测量学指标】

本文报道的 APSD-SR 中文版测量学指标主要基于我们课题组先前的两项研究结果(Wang et al.,2015;刘明亮 等,2016)。

首先,在 Wang 等(2015)的研究中,使用了两个独立的样本。第一个样本用于探索性因素分析,第二个样本用于验证性因素分析(CFA)。

样本 1 是来自一所中学的 1607 名学生,年龄为 11～19 岁,平均年龄 14.66 岁,标准差 1.64 岁。其中,男生 727 人,平均年龄 14.74 岁,标准差 1.59 岁;女生 720 人,平均年龄 14.74 岁,标准差 1.68 岁。97.5%的学生是汉族。(以上数据包含一些性别缺失的作答问卷)

样本 2 是来自另一所中学的 501 名学生,年龄为 11～15 岁,平均年龄 13.12 岁,标准差 0.90 岁。其中,男生 267 人,平均年龄 13.17 岁,标准差 0.92 岁;女生 231 人,平均年龄 13.06 岁,标准差 0.87 岁。99.4%的学生是汉族。

信度:APSD-SR 4 个因子分(即自恋、冲动、冷酷无情和避群行为)和总分的内部一致性 α 系数(其中条目 12 不做分析)分别为 0.575、0.504、0.556、0.416 和 0.637。

结构效度:CFA 结果表明,APSD-SR 的四因子模型拟合程度较好。其拟合指标分别为:WLSMV $\chi^2 = 263.590$,$df = 146$,CFI$=0.888$,TLI$=0.869$,RMSEA$=0.040$。

而在刘明亮等(2016)的研究中,使用了两个独立的样本。第一个样本用于分析 APSD-SR 的因子结构和内部一致性信度;第二个样本用于效标关联效度分析。

样本 1 是来自广州五所中学的 1067 名学生,年龄为 12～20 岁,平均年龄 15 岁,标准差 1.58 岁。其中,男生 611 人,女生 431 人,25 人未报告性别。

样本 2 是来自广州某中学的 368 名学生,年龄为 14～18 岁,平均年龄 15.5 岁,标准差 0.67 岁。其中,男生 187 人,女生 180 人,1 人未报告性别。

信度:本文分两个样本报道 APSD-SR 3 个因子分(即冲动、冷酷无情、自恋)和总分的内部一致性系数(其中条目2、6不做分析)。其中样本1α系数分别为0.70、0.77、0.69和0.78;样本2α系数分别为0.62、0.53、0.58和0.72。两项研究报告的信度系数见表3-23。

　　结构效度:CFA结果表明,APSD-SR的三因子模型拟合程度较好。其拟合指标分别为:WLSMV $\chi^2=402.041,df=132$,CFI$=0.859$,TLI$=0.837$,RMSEA$=0.062$。

表 3-23　不同因子结构的信度系数

维度	四因子模型		三因子模型	
	样本 1($n=1607$)	样本 2($n=501$)	样本 1($n=1067$)	样本 2($n=368$)
自恋	—	0.556	0.69	0.58
冷酷无情	—	0.504	0.77	0.53
冲动	—	0.575	0.70	0.62
避群行为	—	0.416	—	—
总分	—	0.637	0.78	0.72

【结果分析与应用情况】

　　APSD-SR因题量适中、操作简便而深得研究者的青睐,被广泛用于青少年精神病态的研究。然而,由于APSD-SR的因子结构不清晰,所以在今后的研究中采用量表总分作为分析依据,避免使用因子分。

（王孟成）

参 考 文 献

[1] 刘明亮,程姣,邓俏文,等.反社会过程筛查表在国内青少年群体中的初步应用.中国临床心理学杂志,2016(6):58-62.

[2] Wang M,Deng Q,Armour C,et al. The psychometric properties and factor structure of the antisocial process screening device self-report version in Chinese adolescents. Journal of Psychopathology and Behavioral Assessment,2015(37):553-562.

[3] Frick PJ, Hare RD. The antisocial process screening device. Toronto:Multi-Health Systems,2001.

[4] Caputo AA,Frick PJ, Brodsky SL. Family violence and juvenile sex offending:the potential mediating role of psychopathic traits and negative attitudes toward women. Criminal Justice and Behavior,1999(26):338-356.

[5] Burke JD,Loeber R,Lahey BB. Adolescent conduct disorder and interpersonal callousness as predictors of psychopathy in young adults. Journal of Clinical Child & Adolescent Psychology,2007(36):334-346.

［6］Frick P，Barry C，Bodin S. Applying the concept of psychopathy to children：Implications for the assessment of antisocial youth. //Gacono C. The clinical and forensic assessment of psychopathy：A practitioner's guide (pp. 1-24). Mahwah：Lawrence Erlbaum，2000a.

［7］Frick PJ，Bodin SD，Barry CT. Psychopathic traits and conduct problems in community and clinic-referred samples of children：further development of the psychopathy screening device. Psychological Assessment，2000b(12)：382-393.

［8］Viding E，Blair RR，Moffitt TE. Evidence for substantial genetic risk for psychopathy in 7-year-olds. Journal of Child Psychology & Psychiatry，2005(46)：592-597.

［9］Liang J，Wang MC，Zhang X，Luo，et al. Elaborating on the construct validity of the antisocial process screening device in Chinese children and adolescents：Across-informants and across-samples. Current Psychology，2020. https：//doi. org/10. 1007/s12144-020-00777-2.

附：反社会过程筛查量表（自评版）（APSD-SR）

（王孟成等修订）

指导语：以下是一些描述你日常行为或感受的句子，请根据你的真实情况在相应的数字上画"○"。其中，1＝根本不符合；2＝偶尔符合；3＝非常符合。

题目内容	根本不符合	偶尔符合	非常符合
1. 你常因自己的错误而迁怒别人	1	2	3
2. 你参与违法活动	1	2	3
*3. 你在乎自己在学校或工作上的表现	1	2	3
4. 你做事不考虑后果	1	2	3
5. 你情感肤浅而做作	1	2	3
6. 你善于说谎	1	2	3
*7. 你是遵守诺言的人	1	2	3
8. 你吹嘘自己的能力、成就或财产	1	2	3
9. 你很容易感到无聊	1	2	3
10. 你通过利用或欺骗别人来达到自己的目的	1	2	3
11. 你戏弄或取笑他人	1	2	3
*12. 做错事你会感到难过或内疚	1	2	3
13. 你会做冒险或危险的事情	1	2	3
14. 你通过举止优雅迷人来达到自己的目的	1	2	3
15. 被批评或被惩罚时你很恼火	1	2	3
16. 你觉得自己比别人更棒或更重要	1	2	3

（续 表）

题目内容	根本不符合	偶尔符合	非常符合
17. 你做事不会事先计划而是把事情拖到"最后关头"才解决	1	2	3
*18. 你在意别人的感受	1	2	3
19. 你对他人隐藏自己真实的感受或情绪	1	2	3
20. 你只有固定的几个朋友	1	2	3

注：* 为反向计分题。

二十、Barratt 冲动量表（简式版）（BIS-8、BIS-11、BIS-15）

【概述】

冲动是指个体不顾自身行为对自己或他人带来消极后果而采取行动的倾向。因为冲动与多种精神障碍（反社会人格、品行障碍等）及精神病态特质相关，高冲动水平的罪犯其再犯罪率更高，所以冲动一直是心理学、犯罪学等领域研究的核心概念之一。

研究者开发了一系列测量冲动的量表，如 UPPS 冲动行为量表（UPPS impulsive behavior scale）（Whiteside，2005）和 Barratt 冲动量表（Barratt impulsiveness scale，BIS）。其中，由 Patton 及其同事于 1995 年开发并发展至今的 BIS 量表被视作测量冲动的最佳工具。经过多次修订，BIS 现已更新至第 11 版（BIS-11）。BIS-11 共有 30 个条目，包含 3 个主要维度（注意冲动、运动冲动及缺少计划冲动）。每个维度因子又包括两个低阶因子，依次为注意、侵入性想法、冲动行为、生活风格稳定性、自控及认知复杂性。

迄今为止，BIS-11 被翻译成多种语言版本，在世界范围内广泛使用。同时，BIS 对当今冲动控制理论产生了重要影响，在临床和人格心理学领域产生了重要影响。

此外，许多研究者就 BIS-11 的因子结构做了大量的研究。Someya 等（2011）的研究结果并不支持 Barratt 最初提出的三因子结构；然而，Spinella（2007）开发的包含 15 个题目简式版（BIS-15）支持该因子模型。另外，有研究得出了与 Barratt 观点不一的三因子结构模型。同时，由于二阶三因子模型中的注意冲动和运动冲动因子相关性非常高，有学者将其整合并提出了 BIS-11 的二阶两因子模型。由于 BIS-11 因子结构的不确定性，Steinberg 等于 2013 年提出了包含 8 个题目的简式版（BIS-8）作为冲动单维度的测量工具。

在国内，有研究发现 BIS-11 的二阶三因子模型在中国样本中拟合并不好，验证性因素分析（CFA）结果未达到可接受的水平。由于冲动和犯罪行为相关更密切，所以在中国罪犯群体中对 BIS-11 及各简式版的因子结构和心理测量学特性进行检验更能揭示中国人冲动的特点。基于上述原因,2019 年,王孟成等在中国成年男性罪犯样本中检验了 BIS-11 及其两个简式版的因子结构及心理测量学特性。以下介绍的量表参考 BIS-11 的中文版。

【内容及实施方法】

(一)项目和评定标准

见表 3-24。

表 3-24　BIS-11 引出症状及分量表项目

分量表	项目
注意(attentional)	1/2/3/4/5/28/29/30
运动(motor)	6/7/8/9/10/11/12/21/22/23/24/25
缺少计划(non-planning)	13/14/15/16/17/18/19/20/26/27

1. 注意　高分说明注意力不集中,样本项目:"我在剧院或听讲时坐立不安"。

2. 运动　是指个体的无思考行为,高分说明缺乏冲动控制。样本项目:"我购物凭一时冲动"。

3. 缺少计划　高分说明缺少计划。样本项目:"我说话不加思考"。

BIS-11 为自评量表,根据每个条目出现的频度按 1~4 级计分:"完全不符合(1)""不符合(2)""符合(3)"或"完全符合(4)"。其中 11 个条目(4/5/13/14/15/16/17/19/20/21/26)为反向计分题。通过圈出最恰当的数字来表明每一种情况发生的频率。问卷总分越高,说明个体的冲动水平越高。

(二)评定注意事项

量表由评定对象自行填写。在填表前必须让评定对象把填表说明、填表方法及问题内容看明白。文盲或半文盲一般不宜作为评定对象。如有特殊需要,可由施测人员念给其听,然后在表格中注明,供分析时参考。一般 3~5 分钟可以完成。

评定时应注意反向计分题,要让评定对象理解反向计分题。量表协作组的研究发现,有相当比例的评定对象并未真正明白反向计分题的含义及填表方法,以致这些项目的得分和总分的相关程度很低。

【测量学指标】

本文报告的测量学指标选自 Wang 等(2019)在罪犯群体报道的结果。

1. CFA 结果　基于 BIS-11 原版 30 个题目提出的因子结构均未获得数据支持,但 BIS-15 的三因子结构(CFI=0.91,TLI=0.89,RMSEA=0.10)及 BIS-8 的单维结构(CFI=0.93,TLI=0.91,RMSEA=0.14)拟合数据尚可,各种模型的拟合结果见表 3-25。BIS-8 各条目的标准化因子负荷介于 0.57~0.79。

表 3-25　BIS 9 种竞争模型的拟合指标

模型		WLSMV χ^2	df	CFI	TLI	RMSEA	90%CI
模型 1	BIS-11 单因子模型	1677.54**	405	0.81	0.79	0.09	[0.08~0.09]
模型 2	BIS-11 三因子模型	1509.23**	402	0.83	0.82	0.08	[0.08~0.09]
模型 3	BIS-11 六因子模型	1411.10**	390	0.84	0.83	0.08	[0.07~0.08]
模型 4	BIS-11 Fossati 二阶模型	1439.89**	398	0.84	0.83	0.08	[0.07~0.08]
模型 5	BIS-11 Patton 二阶模型	1435.72**	396	0.84	0.83	0.08	[0.07~0.08]
模型 6	BIS-15 三因子模型	478.81**	87	0.91	0.89	0.10	[0.09~0.11]
模型 7	BIS-8 单因子模型	180.92**	20	0.93	0.91	0.14	[0.12~0.16]
模型 8	修正的模型 6(项目 1 和 2 的残差相关)	377.23**	86	0.93	0.92	0.09	[0.08~0.10]
模型 9	修正的模型 7(项目 13 和 14 的残差相关)	113.41**	19	0.96	0.94	0.11	[0.09~0.13]

注:** $P<0.001$。WLSMV χ^2—均值和方差调整过的 WLS 的卡方;CFI—比较拟合指数;TLI—Tucker-Lewis 指数;RMSEA—近似误差均方根;CI—置信区间。

2. 内部一致性信度(Cronbach's α 系数)　BIS-11 的总分内部一致性系数 α 为 0.87,注意冲动、运动冲动、缺少计划冲动的内部一致性系数 α 分别是 0.68、0.75 和 0.76;BIS-15 的总分内部一致性系数 α 为 0.86,注意冲动、运动冲动及缺少计划冲动的内部一致性系数 α 分别为 0.71、0.79 和 0.75;BIS-8 的总分(一般冲动水平)的 α 系数为 0.82。总的来说,各版本的内部一致性信度良好。见表 3-26。

表 3-26　BIS-11、BIS-15、和 BIS-8 的总分与外部标准的 0 相关

项目	r			Z	Z
	BIS-11	BIS-15	BIS-8	(BIS-8 vs BIS-11)	(BIS-8 vs BIS-15)
YPI-S					
总分	0.61**	0.58**	0.57**	2.43	0.60
夸大-人际操纵	0.26**	0.21**	0.20**	2.99*	0.50
冷酷无情	0.38**	0.35**	0.34**	2.08	0.52
冲动-不负责任	0.73**	0.72**	0.70**	2.13	1.41
APSD	0.43**	0.42**	0.35**	4.24**	3.70**

（续　表）

项目	r			Z	Z
	BIS-11	BIS-15	BIS-8	(BIS-8 vs BIS-11)	(BIS-8 vs BIS-15)
RPQ					
总分	0.51**	0.49**	0.46**	2.79*	1.66
反应性攻击	0.48**	0.44**	0.41**	3.82**	1.61
主动性攻击	0.45**	0.45**	0.42**	1.62	1.62

注：* $P<0.01$，** $P<0.001$。BIS-11：Barratt 冲动量表第 11 版；BIS-15：只有 15 个题目的 BIS 简式版；BIS-8：只有 8 个题目的 BIS 简式版；YPI-S：青少年精神病态特质量表（简式版）；APSD：反社会过程筛查量表；RPQ：反应性-主动性攻击量表。

3. 项目分析　所有条目的区分度 a 介于 1.28～2.22，这说明问卷条目与潜在特质之间具有强相关；难度指数 b1 介于 -2.87～-2.03，b2 介于 0.77～2.78，b3 介于 3.57～6.06。项目难度参数值说明了高冲动水平的罪犯更可能在 BIS-8 条目中勾选"2"和"4"选项。

4. 效度　BIS 各版本总分与 YPI-S、APSD、RPQ 的总分及维度得分的相关系数介于 0.20～0.73，所有相关系数在 0.001 水平上显著相关。随着 BIS 各版本条目数的减少，其与效标的相关系数也逐渐减小，但与原版量表相比，相关系数差异并不大，表明 BIS-8 与 BIS-11 和 BIS-15 相比，题目的大幅减少并未损失太多信息。

【结果分析与应用情况】

1. 统计指标和结果分析　CFA 结果并不支持 BIS-11 三因子结构，但 BIS-15 三因子结构及 BIS-8 单因子结构拟合数据均理想，这可能说明 BIS-11 有一半或以上的条目是多余的。两个 BIS 简式版的因子结构说明了中国样本与西方样本有着类似的冲动行为。聚合效度的相似性表明 BIS-15 从 BIS-11 中保留了足够丰富的测量内容以测量特定的冲动成分，而 BIS-8 又是一个测量一般冲动水平的量表，所以两个简式版问卷都是 BIS-11 的有效替代。

2. 应用评价

（1）仅以男性罪犯为样本进行测量，容易造成结论推广性的局限。

（2）效标测量变量仅包括了精神病态特质及攻击性，然而，综合统计学指标来看，3 个量表都是具有临床有效性的工具。

总的来说，当测量冲动的特定成分时，BIS-15 可派上用场，而 BIS-8 则是测量一般冲动水平的最佳选择。

（李雨欣　刘　拓）

参 考 文 献

[1] Fossati A,Barratt ES,Carretta I,et al. Predicting borderline and antisocial personality disorder features in nonclinical subjects using measures of impulsivity and aggressiveness. Psychiatry Research,2004,125(2):161-170.

[2] Patton JH,Stanford MS,Barratt ES. Factor structure of the barratt impulsiveness scale. Journal of Clinical Psychology,1995,51(6):768-774.

[3] Spinella M. Normative data and a short form of the Barratt Impulsiveness Scale. International Journal of Neuroscience,2007,117(3):359-368.

[4] Steinberg L,Sharp C,Stanford MS,et al. New tricks for an old measure:the development of the Barratt Impulsiveness Scale-Brief (BIS-Brief). Psychological Assessment,2013,25(1):216-226.

[5] Whiteside SP,Lynam DR,Miller JD,et al. Validation of the UPPS impulsive behaviour scale:a four-factor model of impulsivity. European Journal of Personality,2005,19:559-574.

[6] Wang MC,Deng Q,Shou Y,et al. Assessing impulsivity in Chinese:Elaborating validity of BIS among male prisoners. Criminal Justice and Behavior,2019,64:492-506.

附:Barratt 冲动量表(BIS-11)

（王孟成等修订）

指导语:下面是一些关于日常生活的描述,请选择与你实际情况相符的数字。

其中,1＝完全不符合;2＝不符合;3＝符合;4＝完全符合。

题目内容	完全不符合	不符合	符合	完全符合
1. 我在观看演出或听讲时扭来扭去	1	2	3	4
2. 我在剧院或听讲时坐立不安	1	2	3	4
3. 我不专心	1	2	3	4
*4. 我容易集中注意力	1	2	3	4
*5. 我是一个思维稳定的人	1	2	3	4
6. 我做事冲动	1	2	3	4
7. 我经常因一时兴起而行事	1	2	3	4
8. 我购物凭一时冲动	1	2	3	4
9. 我做决定很快	1	2	3	4
10. 我做事不加考虑	1	2	3	4
11. 我花的比挣的要多	1	2	3	4
12. 我是一个无忧无虑的人	1	2	3	4

(续　表)

题目内容	完全不符合	不符合	符合	完全符合
*13. 我是一个思考问题谨慎的人	1	2	3	4
*14. 我会仔细地计划任务	1	2	3	4
*15. 我能够自我控制	1	2	3	4
*16. 我会提前做好计划	1	2	3	4
*17. 我为了将来工作有保障而做计划	1	2	3	4
18. 我说话不加思考	1	2	3	4
*19. 我喜欢思考复杂的问题	1	2	3	4
*20. 我喜欢拼图	1	2	3	4
*21. 我定期储蓄	1	2	3	4
22. 与将来相比,我对现在更感兴趣	1	2	3	4
23. 当解决带有思考性的问题时,我容易厌烦	1	2	3	4
24. 我经常更换住处	1	2	3	4
25. 我经常换工作	1	2	3	4
*26. 我会为未来做准备	1	2	3	4
27. 我每次只能思考一个问题	1	2	3	4
28. 当思考问题时,我时常有一些无关的想法	1	2	3	4
29. 我思维跳跃	1	2	3	4
30. 我经常改变爱好	1	2	3	4

注:①BIS-11共30题,*为反向计分题。②BIS-15包含BIS-11的以下条目:注意,第1、2、3、4、23项;运动,第6、7、8、10、18项;缺少计划,第13、14、17、21、26项。③BIS-8包含BIS-11的以下条目:第3、4、7、10、13、14、15、18项。

二十一、反应性-主动性攻击量表(简式中文版)(RPQ-SC)

【概述】

攻击行为(aggression behavior)是一种个体试图伤害他人并且被伤害人试图避免的行为(Anderson & Bushman,2002)。攻击行为是一种反社会行为,会给个人甚至社会带来很多不良影响(Krahé,2013)。到目前为止,很多研究者通过测量攻击行为不同维度,试图探究攻击行为对个体及社会的影响机制(Björkqvist,Lagerspetz & Österman,1992;Buss & Durkee,1957;Buss & Perry,1992;Raine et al.,2006)。Buss和Durkee(1957)测量了直接敌意、间接敌意、易怒、消极、怨恨、怀疑和言语敌意7个维度;Björkqvist、Lagerspetz和Österman(1992)测量了攻击行为的强度或外在表现,并集中在身体攻击、言语攻击和间接攻击3个维度;Buss

和 Perry(1992)测量了身体攻击、言语攻击、愤怒、敌意 4 个维度。由于不同的动机可能导致相同的外在表现,Dodge 和 Coie(1987)首次提出从个体做出攻击行为的内部动机的角度测量攻击行为,即主动性攻击(proactive aggression,PA)和反应性攻击(reactive aggression,RA)。反应性攻击(RA)指的是个体对感知到的攻击或威胁做出的攻击性反应(Dodge & Coie,1987),减少个体感知到的攻击和威胁是它的主要功效,如"他故意弄坏了我的玩具,所以我要报复他"(周广东,冯丽姝　2014)。主动性攻击(PA)是指个体为达成某目标或获得某物,产生有计划或有预谋的攻击性行为(Dodge & Coie,1987),通过操控他人来凸显自己的统治地位或者达成某种期望是它的主要功效,如"我非常想得到那个玩偶,所以我要从别人手里抢过来"(周广东,冯丽姝　2014)。

1987 年,Dodge 和 Coie 首次编制由教师进行评价的反应性-主动性攻击量表,该量表仅有 6 道题目。由于反应性攻击和主动性攻击是个体攻击行为的内在动机,教师们并不能总是很清晰地观察并评估。Raine 等(2006)在 Dodge 和 Coie 提出的概念和原始量表的基础上开发了由被试者自我报告的反应性-主动性攻击量表,该量表共有 23 道题目。然而,与教师评估版量表的 6 道题目相比,自评版量表的题目显得多了一点。前后不同版本 RPQ 在题量上的差异使得 You 等(2020)对包含 23 道题目的自评版 RPQ 进行了简化。此外,自评版 RPQ 常常在包含上百道题的大规模测试中进行施测,或者在进行脑成像研究(EEG/fMRI)时对攻击行为进行评定。在大规模测试或者复杂的实验环境中,量表题目容易使被试者感到疲劳或者无聊,进而出现胡乱作答的情况。考虑到实际测试成本,You 等(2020)简化了包含 23 道题目的自评版 RPQ。本文主要介绍他们编制的包含 11 道题目的简式中文版反应性-主动性攻击量表(RPQ-SC)。

【内容及实施方法】

(一)项目和评定标准

RPQ-SC 共包括 11 道题目,分别测量了两种攻击行为,见表 3-27。

表 3-27　RPQ-SC 维度及项目

维度	项目
反应性攻击(reactive aggression)	1/2/3/4/8
主动性攻击(proactive aggression)	5/6/7/9/10/11

以上为量表所测量的两个维度,符合反应性-主动性攻击的两因子模型。

RPQ-SC 共有 11 道题目,使用 3 点计分法(1＝从来没有;2＝有时;3＝经常),所有题目的选项按照上述顺序依次评为 1、2、3,没有反向计分题。

(二)评定注意事项

量表由评定对象自行填写。在填表前必须让评定对象理解量表问题的内容、作答含义及作答方式。一般2～5分钟可以完成。

【测量学指标】

RPQ-SC的信度良好。You等(2020)通过计算内部一致性系数和项目相关的均值(mean item correlation,MIC)对简式版量表的信度进行检验,结果简式版量表总维度的α系数为0.83,RA维度和PA维度的α系数分别为0.75和0.85,且儿童样本中总维度的MIC为0.22,PA维度的MIC为0.38,RA维度的MIC为0.29,罪犯样本中MIC依次为0.33、0.48和0.33。α系数和MIC都表明RPQ-SC的内部一致性良好。

RPQ-SC的效度良好。You等(2020)通过验证性因素分析(CFA)发现RPQ-SC的两因子模型拟合较好($\chi^2 = 95.87$,TLI $= 0.988$,CFI $= 0.991$,RMSEA $= 0.037$),说明该量表的结构效度良好。此外,把反社会筛查量表(antisocial process screening device)、儿童不良行为检查量表(child behavior checklist-delinquent device)和无畏问卷(fearless scales)3个量表作为外部效标,原始RPQ和RPQ-SC均与三者有一定的相关,把所有的相关系数r转化为Fisher's Z,然后进行Z检验,结果发现简化前后RPQ在效标效度上的差异不显著,这说明RPQ-SC的效标效度是良好的。

RPQ-SC中11道题目的因子负荷介于0.49～0.71,因子负荷均大于0.4且不存在跨维度现象。此外,RPQ-SC的11道题目在项目反应理论框架下的区分度介于1.23～2.38,每道题目各选项的难度介于-0.68～1.88,这表明量表题目性能良好。

【结果分析与应用情况】

1. 统计指标和结果分析　RPQ-SC主要的统计指标为:两个分维度的总分和整个量表的总分。分维度和总量表得分越高,表明个体(反应性/主动性)攻击水平越高。

2. 应用评价

(1)RPQ具有跨文化的一致性。张万里等(2014)探究了RPQ在中国大学生群体中的适用性。针对来自荷兰、摩洛哥、苏里南和土耳其的被试者所修订的不同版本RPQ,在反应性攻击、主动性攻击和总维度的内部一致性都良好,Cronbach's α系数均大于0.79(Colins,2016)。

(2)RPQ具有跨性别的一致性。Dinic和Raine于2019年首次在项目反应理论的框架下运用项目功能差异,对塞尔维亚版本的RPQ进行了跨性别差异的检验。

(3)RPQ-SC具有跨评价方式的一致性。You等(2021)发现在母亲评价和儿童自己评价时,多组CFA结果良好,表明RPQ-SC具有跨评价方式的一致性。这为RPQ-SC在需要他人评价的特殊情景中使用的有效性提供了依据。

(4)RPQ-SC 在简化过程中主要是在项目反应理论的框架下开发的,其项目参数稳定。此外,RPQ-SC 在大规模测试或者复杂的实验环境中能为研究者减轻负担,可将测量成本降至最低。

（尤晓慧 刘 拓）

参考文献

［1］张万里,贾世伟,陈光辉,等.反应性-主动性攻击问卷在大学生中的信效度检验.中国临床心理学杂志,2014,22(2):74-77.

［2］周广东,冯丽姝.区分两类攻击行为:反应性与主动性攻击.心理发展与教育,2014,30(1):105-111.

［3］Anderson CA,Bushman BJ. Human aggression. Annual Review of Psychology,2002,53(1):27-51.

［4］Björkqvist K,Lagerspetz KMJ,Österman K. The Direct & Indirect Aggression Scales (DIAS). Vasa,Finland:Department of Social Sciences,Åbo Akademi University,1992.

［5］Buss AH,Durkee A. An inventory for assessing different kinds of hostility. Journal of Consulting Psychology,1957,21(4):343-349.

［6］Buss AH,Perry M. The aggression questionnaire. Journal of Personality and Social Psychology,1992,63(3):452-459.

［7］Colins OF. Assessing reactive and proactive aggression in detained adolescents outside of a research context. Child Psychiatry & Human Development,2016,47(1):159-172.

［8］Dodge KA,Coie JD. Social-information-processing factors in reactive and proactive aggression in children's peer groups. Journal of personality and social psychology,1987,53(6):1146.

［9］Dinić BM,Raine A. An item response theory analysis and further validation of the Reactive-Proactive Aggression Questionnaire (RPQ):The Serbian adaptation of the RPQ. Journal of personality assessment,2019,102(4):1-11.

［10］Krahé B. The social psychology of aggression. 2th ed. Hove:Psychology Press,2013.

［11］Raine A,Dodge K,Loeber R,et al. The reactive-proactive aggression questionnaire:Differential correlates of reactive and proactive aggression in adolescent boys. Aggressive Behavior:Official Journal of the International Society for Research on Aggression,2006,32(2):159-171.

［12］You X,Liu T,Mai Y, et al. Developing a Simplified Version of the Reactive-Proactive Aggression Questionnaire. (unpublished manuscript),2020.

［13］You X,Wang MC,Xia F,et al. Measurement Invariance of the Reactive and Proactive Aggression Questionnaire (RPQ) across Self-and Other-reports. Journal of Aggression,Maltreatment & Trauma,2021,30(2):261-277.

附：反应性-主动性攻击量表（简式中文版）（RPQ-SC）

（尤晓慧、刘拓等修订）

指导语：你对下列说法是赞同还是反对呢？请选出最能代表你态度的数字。其中，1＝从来没有；2＝有时；3＝经常。

题目内容	从来没有	有时	经常
1. 当被别人惹怒时，会冲他们大吼	1	2	3
2. 当受到挑衅时，会被激怒	1	2	3
3. 受挫时，会感到愤怒	1	2	3
4. 喜欢大发脾气	1	2	3
5. 为了追求刺激而结伙斗殴	1	2	3
6. 为了取胜而伤害别人	1	2	3
7. 用武力强迫他人按自己说的做	1	2	3
8. 当受到威胁时，会发怒	1	2	3
9. 使用武力从别人那里获得财物	1	2	3
10. 威胁和欺负他人	1	2	3
11. 联合他人对付某位同学	1	2	3

二十二、钦佩-竞争自恋量表（NARQ）

【概述】

自恋型人格障碍的主要特征表现是对自我的过分关注及对他人缺乏感情（DSM-5，2013）。自恋者的魅力和自信给了他们巨大的能量，让别人着迷，但是他们的攻击性和缺乏同理心又使得他人对其敬而远之。钦佩-竞争自恋理论提出，自恋者会采取自我提升和自我防卫两种不同的策略，分别对应钦佩自恋和竞争自恋，两者之间存在不同的认知、情感-动机和行为过程。前者偏向光明面，使个体产生了社会效能，使之与社会环境更相适应，促进了个人的提升。后者偏向黑暗面，导致了社会冲突及更多的不适应行为，使个体感受到威胁而过度保护自我，并与他人发生冲突。

根据自恋的两面性理论，Back 等于 2013 年编制了钦佩-竞争自恋量表（narcissistic admiration and rivalry questionnaire，NARQ）。NARQ 清晰而准确地解释了自恋的对立现象与复杂的动态特征，与其他自恋量表相比，更好地从钦佩性和竞争性两个对立的角度阐述了自恋的特质。以下介绍的量表参考邓嘉欣等（2017）的中译本。

【内容及实施方法】

(一)项目和评定标准

见表 3-28。

表 3-28　NARQ 维度及项目

一阶因子	二阶因子	项目
钦佩(narcissistic admiration,NA)	夸大-幻想(grandiose fantasies)	1/2/8
	追求独特(striving for uniqueness)	3/5/15
	魅力(charmingness)	7/16/18
竞争(narcissistic rivalry,NR)	贬低他人(devaluation)	13/14/17
	追求霸权(striving for supremacy)	6/9/10
	敌意(aggressiveness)	4/11/12

NARQ 为自评量表,共包括 18 道题目,其中两个一阶因子:钦佩因子和竞争因子。按照行为、认知和情感又划分成 6 个低阶因子,分别是钦佩因子下的夸大-幻想、追求独特和魅力,以及竞争因子下的贬低他人、追求霸权和敌意。计分方式采用李克特 6 级计分法(从"1＝完全不符合"到"6＝完全符合"),无反向计分题,无特定指导语。

(二)评定注意事项

量表由评定对象自行填写。在填表前必须让评定对象理解并明白填表说明、填表方法及项目内容。文盲或半文盲不宜作为评定对象。一般 3～5 分钟可以完成。

根据数据结果及研究人群,在不影响量表结构及信效度的基础上,题目可稍做调整。在一项针对自恋崇拜和竞争对运动员韧性的研究中,基于理论与题目呈现的负偏态分布,并且样本中的大多数运动员已经达到一定的公众认可度,对题目做出了调整,删除了第 2 个项目"我会出名的"(Manley et al.,2019)。

【测量学指标】

量表原作者报道的 NARQ 信效度及验证性因素分析(CFA)的结果如下:量表总分、钦佩因子分和竞争因子分的 α 系数分别为 0.74、076、0.61;总分间隔 5 周的重测信度为 0.80;CFA 的结果为:$\chi^2 = 416.632(df = 128,P < 0.001)$,CFI＝0.95,RMSEA＝0.049,SRMR＝0.046,表明量表结构清晰。

在国内人群中报道的测量学指标如下:NARQ 总分、钦佩因子分和竞争因子分的内部一致性 α 系数分别为 0.86、0.84 和 0.80;NARQ 总分与反社会过程筛查量表(自评版)(APSD-SR)、青少年精神病态特质量表(简式版)(YPI-S)和反应性-主动性攻击量表(RPQ)3 个量表总分均呈中等程度正相关($r=0.42\sim0.53$,$P<0.01$),钦佩自恋分量表和效标量表总分呈低度正相关($r=0.20\sim0.37$,$P<0.01$),竞争自恋分量表和效标量表总分呈高度正相关($r=0.50\sim0.52$,$P<0.01$)。

【结果分析与应用情况】

1. 统计指标和结果分析   NARQ 的统计指标为总分或各个因子得分,分析简单,结果分析按需将所有题目或因子所包含题目得分加总。

2. 应用评价

(1)NARQ 具有较好的年龄适用性及较大的代表性样本。量表原作者对 18~73 岁人群及国内对某中学青少年的施测都得到了较好的信效度结果。

(2)NARQ 的二维结构稳定并具有一定区分度,其表现在以下几个方面:NARQ 中钦佩、竞争两个因子与其效标量表之间的相关存在一定差异;在使用NARQ 探究浪漫关系与自恋的研究中,发现短期浪漫关系的吸引力与钦佩因子更为密切,而长期浪漫关系与竞争因子更为密切(Wurst et al. ,2017);另外,Grove 等(2019)从人际关系视角使用 NARQ 考察了自恋的两个维度与人际环形模型量表相关,结果表明钦佩更为显著地与主动、占主导地位的人际过程相关,而竞争则与敌对的人际过程、敌对目标相关。

(3)NARQ 也可用于他人评价。原量表作者通过向填写过 NARQ 参与者的熟人发放相同量表,其总分及各个维度的 α 系数介于 0.80~0.84,自我与他人对自恋的认同程度的相关系数达到 0.44。这在一定程度上也证明了自我报告中个体在钦佩自恋和竞争自恋两方面的差异在某种程度上能被他人所感知。

(夏方婧 刘 拓)

参 考 文 献

[1] 邓嘉欣,杨忍,王孟成,等. 钦佩-竞争自恋量表在中学生群体的信效度检验. 中国临床心理学杂志,2017,25(3):445-447.

[2] Back MD,Küfner A,Dufner M. Narcissistic admiration and rivalry:Disentangling the bright and dark sides of narcissism. Journal of Personality and Social Psychology,2013,105(6):1013-1037.

[3] Manley H,Jarukasemthawee S,Pisitsungkagarn K. The effect of narcissistic admiration and rivalry on mental toughness. Personality and Individual Differences,2019,148:1-6.

[4] Wurst SN,Gerlach TM,Dufner M,et al. Narcissism and Romantic Relationships:The Differential Impact of Narcissistic Admiration and Rivalry. Journal of Personality and Social Psychology,2017,112(2):280-306.

[5] Grove JL,Smith TW,Girard JM,et al. Narcissistic admiration and rivalry:an interpersonal approach to construct validation. Journal of Personality Disorders,2019,33(6):1-25.

附:钦佩-竞争自恋量表(NARQ)

（邓嘉欣、王孟成等修订）

指导语:以下一些描述是你可能有过或感受到的情况或想法。请按照过去你的实际情况或感受,在适当的空格内画"√"。

题目内容	完全不符合	大部分不符合	基本不符合	基本符合	大部分符合	完全符合
1. 我很出色	☐	☐	☐	☐	☐	☐
2. 我会出名的	☐	☐	☐	☐	☐	☐
3. 我喜欢向别人显示我的与众不同	☐	☐	☐	☐	☐	☐
4. 如果别人在我面前出风头,我会很恼火	☐	☐	☐	☐	☐	☐
5. 我陶醉在自己取得的成就之中	☐	☐	☐	☐	☐	☐
6. 如果我的敌人失败的话,我会暗自开心	☐	☐	☐	☐	☐	☐
7. 在大多数的社交场合,我都能成功地将大家的注意力集中在自己身上	☐	☐	☐	☐	☐	☐
8. 我值得被别人当作偶像来崇拜	☐	☐	☐	☐	☐	☐
9. 我希望我的竞争对手失败	☐	☐	☐	☐	☐	☐
10. 我享受高高在上的感觉	☐	☐	☐	☐	☐	☐
11. 被别人批评时,我很恼火	☐	☐	☐	☐	☐	☐
12. 别人成为被关注的焦点,对我来说是难以接受的	☐	☐	☐	☐	☐	☐
13. 大多数人都不会成功	☐	☐	☐	☐	☐	☐
14. 除了我以外,其他人都没有什么价值	☐	☐	☐	☐	☐	☐
15. 作为一个卓越的人而存在,让我从中得到很多能量	☐	☐	☐	☐	☐	☐
16. 我将以我杰出的贡献成为大家关注的焦点	☐	☐	☐	☐	☐	☐
17. 大部分人在一定程度上都是失败者	☐	☐	☐	☐	☐	☐
18. 在与人交往时,我大多表现得游刃有余	☐	☐	☐	☐	☐	☐

第 4 章

应激与应对量表

一、生活事件量表(LES)

【概述】

自 20 世纪 30 年代 Selye 提出了应激概念以来,生活事件作为一种心理社会应激源对身心健康的影响引起了广泛的关注,使用"生活事件量表"的目的就是对应激源进行定性和定量评估。

所谓生活事件,是指个体生活中那些迫使人们改变现成行为方式的主要变化,如结婚、得子、居丧、解职、亲朋好友的去世、经济状况的重大改变等。对生活事件的评价源于 Holmes 和 Rahe 于 1967 年创编的"社会重新适应量表(SRRS)",作者用该量表测量人们在日常生活中所遭遇的紧张性生活事件。内容包括:人际关系、学习和工作方面的问题、生活中的问题、健康问题、婚姻问题、家庭和子女方面的问题、意外事件和幼年时期的经历等。生活事件在健康和疾病中的作用,已越来越引起人们的重视。当代盛行的生物—心理—社会疾病模式的特点之一,就是强调包括生活事件在内的心理社会因素在疾病发生、发展、预后和转归中的作用。对精神医学来说,其重要性更为突出。国内外的许多研究都证明了心理社会应激与各类精神疾病有着极为密切的联系。

生活事件量表(life event scale)由杨德森和张亚林于 1986 年编制。它是在 20 世纪 80 年代初引进的"社会重新适应量表(SRRS)"基础上根据我国实际情况修订而成,该量表强调了个体对生活事件的主观感受,作者认为只有个体实际感受到的紧张焦虑等情绪反应才会对身体产生影响,并且把生活事件分为正性(积极)事件和负性(消极)事件,认为负性事件才与疾病相关。

【内容及实施方法】

1. 量表内容　量表共包含 48 条我国较常见的生活事件,包括三方面的问题:一是家庭生活方面(28 条);二是工作学习方面(13 条);三是社交及其他方面(7

条）。另设有两条空白项目,供受测者填写已经经历而表中未列出的某些事件。

2. 施测步骤 LES 属于自评量表,填写者必须仔细阅读和领会指导语,然后逐条一一过目。根据调查者的要求,填写者首先将某一时间范围内(通常为 1 年内)的事件记录下来。有的事件虽然发生在该时间范围之前,如果影响深远并延续至今,可作为长期性事件记录。然后,由填写者根据自身的实际感受而不是按常理或伦理道德观念去判断那些经历过的事件对本人来说是好事还是坏事? 影响程度如何? 影响持续的时间有多久? 对于表上已列出但并未经历的事件应一一注明"未经历",不留空白,以防遗漏。

【测量学指标】

(1)对 153 名正常人、107 名神经症患者、165 名慢性疼痛患者、44 名缓解期的精神分裂症患者在间隔 2~3 周后重测,相关系数介于 0.611~0.742,P 值均小于 0.01。

(2)研究显示 100 名离婚诉讼者的精神紧张总值、负性事件值高于按年龄、性别、民族、学历、职业及婚龄与之配对的五好家庭成员($P<0.01$),而正性事件评分两组无差异。

(3)十二指肠溃疡患者精神紧张总值、负性事件值均高于无症状的乙肝病毒携带者($P<0.01$),而正性事件差异不显著。

(4)恶性肿瘤患者生活事件的发生频度、强度及总值高于结核病患者,差异具有显著性。

(5)72 名癌症患者生活事件总值与反映其社会功能状况的大体评定量表(global assessment scale)分值呈负相关($r=-0.3003$,$P<0.05$)。

【结果分析与应用情况】

1. 测验的计分 一过性的事件如流产、失窃要记录发生次数;长期性事件如住房拥挤、夫妻分居等不到半年记为 1 次,超过半年记为 2 次。影响程度分为 5 级,从毫无影响到影响极重分别记 0、1、2、3、4 分,即无影响=0 分,轻度=1 分,中度=2 分,重度=3 分,极重=4 分。影响持续时间分 3 个月内、半年内、1 年内、1 年以上共 4 个等级,分别记 1、2、3、4 分。

2. 生活事件刺激量的计算方法

(1)某事件刺激量=该事件影响程度分×该事件持续时间分×该事件发生次数。

(2)正性事件刺激量=全部好事刺激量之和。

(3)负性事件刺激量=全部坏事刺激量之和。

(4)生活事件总刺激量=正性事件刺激量+负性事件刺激量。

另外,还可以根据研究需要,按家庭问题、工作学习问题和社交问题进行分类统计。

3. 结果的解释　LES 总分越高,则反映个体承受的精神压力越大。95%的正常人 1 年内的 LES 总分不超过 20 分,99%的不超过 32 分。负性生活事件的分值越高,对身心健康的影响越大,正性生活事件分值的意义尚待进一步的研究。

4. 应用情况　LES 适用于 16 岁以上的正常人、神经症患者、身心疾病患者、各种躯体疾病患者及自知力恢复的重性精神病患者,主要应用于以下几点。

(1)神经症、身心疾病、各种躯体疾病及重性精神病的病因学研究,可确定心理因素在这些疾病发生、发展和转归中的作用。

(2)指导心理治疗和危机干预,使心理治疗和危机干预更有针对性。

(3)甄别高危人群,预防精神疾病和身心疾病,对 LES 高分者加强预防工作。

(4)指导正常人了解自己的精神负荷,维护心身健康,提高生活质量。

由于该类量表能够对正性和负性生活事件分别进行定量、定性评定,从而为客观分析影响人们身心健康的心理社会刺激的性质和强度提供了有价值的评估手段,可在心理健康领域广泛运用。

(杨　洁)

参 考 文 献

[1] 杨德森,张亚林.生活事件量表.//杨德森.行为医学.长沙:湖南师大出版社,1990:285.

[2] 李凌江,杨德森.生活事件、家庭行为方式与婚姻稳定性.中国心理卫生杂志,1990,4(6):257.

[3] 刘破资,杨玲玲.十二直肠溃疡男性患者的社会心理因素对照研究.中国心理卫生杂志,1989,3(4):162.

[4] 高北陵,杨玲玲.生活事件、情绪与恶性肿瘤.中国心理卫生杂志,1989,3(1):1.

[5] 张亚林,杨德森.生活事件的致病作用.中国神经精神疾病杂志,1988,14(2):65.

附:生活事件量表(LES)

(杨德森、张亚林等编制)

①性别:____②年龄:____③职业:____④婚姻状况:____⑤填表日期:__年__月__日

指导语:以下是每个人都有可能遇到的一些日常生活事件,究竟是好事还是坏事,可根据个人情况自行判断。这些事件可能对个人有精神上的影响(体验为紧张、压力、兴奋或苦恼等),影响的轻重程度各不相同,影响持续的时间也不一样。请你根据自己的情况,实事求是地回答下列问题,填表不记姓名,完全保密,请在最适合的答案上画"√"。

生活事件名称	事件发生时间				性质			精神影响程度				影响持续时间				备注
	未发生	1年前	1年内	长期性	好事	坏事	无影响	轻度	中度	重度	极重	3个月内	半年内	1年内	1年以上	
举例:房屋拆迁																
家庭相关问题																
1. 恋爱或订婚																
2. 恋爱失败、情感破裂																
3. 结婚																
4. 自己(爱人)怀孕																
5. 自己(爱人)流产																
6. 家庭增添新成员																
7. 与爱人父母不和																
8. 夫妻感情不好																
9. 夫妻分居(因不和)																
10. 夫妻两地分居(工作需要)																
11. 性生活不满意或独身																
12. 配偶一方有外遇																
13. 夫妻重归于好																
14. 超指标生育																
15. 本人(爱人)做绝育手术																
16. 配偶死亡																
17. 离婚																
18. 子女升学(就业)失败																
19. 子女管教困难																
20. 子女长期离家																
21. 父母不和																
22. 家庭经济困难																
23. 欠债500元以上																
24. 经济情况显著改善																

（续　表）

生活事件名称	事件发生时间				性质			精神影响程度				影响持续时间				备注
	未发生	1年前	1年内	长期性	好事	坏事	无影响	轻度	中度	重度	极重	3个月内	半年内	1年内	1年以上	
25. 家庭成员重病或重伤																
26. 家庭成员死亡																
27. 本人重病或重伤																
28. 住房紧张																
工作学习中的问题																
29. 待业、无业																
30. 开始就业																
31. 高考失败																
32. 扣发奖金或罚款																
33. 突出的个人成就																
34. 晋升、提级																
35. 对现职工作不满意																
36. 工作学习中压力大（如成绩不好）																
37. 与上级关系紧张																
38. 与同事及邻居不和																
39. 第一次远走异国他乡																
40. 生活规律发生重大变动（饮食及睡眠规律改变）																
41. 本人退休/离休或未安排具体工作																
社交与其他问题																
42. 好友重病或重伤																
43. 好友死亡																
44. 被人误会、错怪、诬告、议论																
45. 介入民事法律纠纷																

（续 表）

生活事件名称	事件发生时间				性质			精神影响程度				影响持续时间				备注
	未发生	1年前	1年内	长期性	好事	坏事	无影响	轻度	中度	重度	极重	3个月内	半年内	1年内	1年以上	
46. 被拘留、受审																
47. 失窃、财产损失																
48. 意外惊吓、发生事故、自然灾害																
如果你还经历过其他的生活事件,请依次填写																
49.																
50.																

正性事件值:	
负性事件值:	
总　　　值:	

家庭相关问题:	
工作学习中的问题:	
社交及其他问题:	

二、简易应对方式问卷(SCSQ)

【概述】

Joff 等指出,应对是个体对现实环境变化有意识、有目的和灵活的调节行为。Martin 指出,应对的主要功能是调节应激事件作用,包括改变对应激事件的评估,调节与事件有关的躯体和情感反应。个体的应对方式与身心健康之间的关系已成为临床心理学研究的重要内容。

人们在面对环境变化时所采取的应对方式可能多种多样,但研究者发现它们都具有某些共同的特点,有的应对方式积极的成分较多,如寻求支持、改变价值观念体系;而有的则以消极的成分为主,如回避、发泄等。1995 年,解亚宁和张育坤在国外应对方式量表基础上,根据实际应用需要,结合我国人群的特点编制了简易应对方式问卷(simplified coping style questionnaire,SCSQ)。

【内容及实施方法】

SCSQ 是一个自评量表,由积极应对和消极应对两个分量表组成,包括 20 个条目。采用 4 级评分法,即"不采用"记 0 分,"偶尔采用"记 1 分,"有时采用"记 2 分,"经常采用"记 4 分。

【测量学指标】

测试样本为城市中不同年龄、性别、文化和职业的人群 846 人,其中男性 514 人,女性 332 人,年龄范围为 20～65 岁,平均 38 岁。职业包括工人(87 人)、干部和技术员(374 人)、大学生(327 人)和其他职业(58 人)。文化程度从小学到大学,其中小学 44 人,初中 112 人,高中和中专 292 人,大学 398 人。

信度:量表的重测信度为 0.89,α 系数为 0.90;积极应对分量表的 α 系数为 0.89;消极应对分量表的 α 系数为 0.78。

效度:采用主成分分析法提取因子,并对初始因子模型做方差极大正交旋转。因素分析结构表明,应对方式项目确实可以分出"积极应对"和"消极应对"两个因子,与理论构想一致。实际测试表明 SCSQ 能反映出人群的不同应对方式与他们心理健康之间的关系。积极应对评分较高时,心理问题或症状分较低;而消极应对评分较高时,心理问题或症状分也较高。应对方式评分与心理健康水平性显著相关性。

【结果分析与应用情况】

积极应对分量表包括第 1～12 题,重点反映了个体在遇到应激时采用积极应对方式的特点。

消极应对分量表包括第 13～20 题,重点反映了个体在遇到应激时采用消极应对方式的特点。

张育坤和解亚宁的研究结果显示,积极应对分量表的平均分为 1.78 分,标准差为 0.52;消极应对分量表的平均分为 1.59 分,标准差为 0.66。不同年龄、性别、文化和职业人群的应对方式特点有显著差异。

该量表自发表以来在精神卫生领域被广泛地使用,大量的研究成果证明人们的应对方式与其心理健康有重要的关系,而且它在许多身心疾病的发生、发展与转归中也起着重要的作用。

个体在遭遇应激时都常常会采取各种应对措施,既包括积极的应对方式,也包括消极的应对方式。因此,戴晓阳提出一个判断个体应对方式倾向性的公式:

应对倾向＝积极应对标准分(Z 分)－消极应对标准分(Z 分)

标准分采用积极应对方式和消极应对方式平均值和标准差分别进行 Z 转换。

例如:某人积极应对和消极应对分量表实际得分(平均值)为 1.90 和 1.32,代入 Z 分计算公式:Z＝(实际得分－样本平均值)÷样本标准差。即积极应对标准分＝(1.90－1.78)÷0.52＝0.23,消极应对标准分＝(1.32－1.59)÷0.66＝

－0.41。将计算结果代入上式中：

$$应对倾向＝0.23－（－0.41）＝0.64。$$

当应对倾向值大于 0 时，提示该被试者在应激状态时主要采用积极的应对方式；而小于 0 时，则提示被试者在应激状态时更习惯采用消极的应对方式。

（解亚宁　戴晓阳）

参 考 文 献

[1] 张育坤,解亚宁.社会支持和应付方式与当代民族大学生心理健康的相关分析.中国临床心理学杂志,1995 年,增刊:74.

[2] 姚树桥,高北陵,戴晓阳,等.心理社会因素在糖尿病发生过程中的作用及机理研究:Ⅲ.社会支持、应对方式、个性对Ⅱ型糖尿病发生的影响.中国临床心理学杂志,1998,6:143-147.

[3] Joff PE,Bast BA. Coping and defense in relation to accommodation among a sample of blind man. J Never Ment Dis,1978,166:537-552.

附：简易应对方式问卷(SCSQ)

（解亚宁、张育坤编制）

指导语：以下列出的是当你在生活中经受挫折打击，或遇到困难时可能采取的态度和做法。请你仔细阅读每一项，然后在最适合你本人情况的数字上画"√"。其中,"不采取"代表 0,"偶尔采取"代表 1,"有时采取"代表 2,"经常采取"代表 3。

题目内容	不采取	偶尔采取	有时采取	经常采取
1. 通过工作学习或一些其他活动解脱	0	1	2	3
2. 与他人交谈,倾诉内心烦恼	0	1	2	3
3. 尽量看到事物好的一面	0	1	2	3
4. 改变自己的想法,重新发现生活中什么是重要的	0	1	2	3
5. 不把问题看得太重	0	1	2	3
6. 坚持自己的立场,为自己想要得到的而斗争	0	1	2	3
7. 找出几种不同的解决问题的方法	0	1	2	3
8. 向亲戚朋友或同学寻求帮助	0	1	2	3
9. 改正自己原来的一些做法或一些问题	0	1	2	3
10. 借鉴他人处理类似困难情境的办法	0	1	2	3
11. 寻找业余爱好,积极参加文体活动	0	1	2	3
12. 尽量克制自己的失望、悔恨、悲伤或愤怒情绪	0	1	2	3
13. 试图通过休息或休假,暂时把问题(烦恼)抛开	0	1	2	3

（续　表）

题目内容	不采取	偶尔采取	有时采取	经常采取
14. 通过吸烟、喝酒、服药或吃东西的方式来解除烦恼	0	1	2	3
15. 认为时间会改变现状,唯一要做的便是等待	0	1	2	3
16. 试图忘记整个事情	0	1	2	3
17. 依靠别人解决问题	0	1	2	3
18. 接受现实,因为没有其他办法	0	1	2	3
19. 幻想可能会发生某种奇迹来改变现状	0	1	2	3
20. 自我安慰	0	1	2	3

三、应付方式问卷（CSQ）

【概述】

Gentry 曾较乐观地认为我们正趋向发展一门"应付科学"（science of coping），这种见解是对 Pelietier 于 20 世纪 70 年代提出的"现代人类疾病 50％以上与应激有关"这一观点认同的结果（肖计划，1992）。因为应付作为应激与健康的中介机制,对身心健康的保护起着重要的作用。例如,有研究发现,个体在高应激状态下,如果缺乏社会支持和良好的应付方式,则心理损害的危险度可达 43.3％,为普通人群危险度的 2 倍。但是,当个体面对应激环境时,哪一类或哪一种应付方式才是良好的应付方式? 如何测量或评估个体的应付方式? 虽然近十多年来,国外有关此类问题的研究较多,但目前似乎仍无统一的意见和工具。而国内有关应付与应付方式评估与测量工具的研究还非常少。本着积极开拓应付行为领域,发展一套较适合中国人使用的"应付方式问卷"的想法,我们参阅了国外研究应付和防御时所用的问卷,并借助他们的经验和知识,同时结合我们汉语的语言特点及中国人处世的一些行为习惯,编制了"应付方式问卷"（coping style questionnaire，CSQ）。

【内容及实施方法】

1. 量表的结构、条目数　"应付方式问卷"包括 64 个条目,由 6 个分量表构成。根据每个分量表组成条目的内容,分别被命名为:解决问题、自责、求助、幻想、退避和合理化。

各分量表的条目数分别为:①解决问题,12 个条目;②自责,10 个条目;③求助,10 个条目;④幻想,10 个条目;⑤退避,11 个条目;⑥合理化,11 个条目。

2. 注意事项

(1)"应付方式问卷"是自陈式个体应付行为评定量表,由被试者独自完成,答完问题后,当场收回。

(2)评定的时间范围是指被试者近半年来的应付行为状况。

(3)适用范围:①文化程度在初中和初中以上;②年龄在 14 岁以上的青少年和成人;③除痴呆和重性精神病之外的各类心理障碍患者。

【测量学指标】

1. 样本 采用分层整群随机抽样调查。普通人群组实际被测样本量为 250 人,有效问卷为 226 份;学生被测样本量为 648 人,有效问卷为 587 份。其中普通人群组男性 108 人,女性 118 人;年龄(27.6±11.7)岁。青少年学生男性 292 人,女性 295 人;中学生 301 人,大学生 286 人;年龄(17.0±2.3)岁。

2. 信度评估 采用再测信度检验法。在被测学生中,随机抽取 40 多名学生,间隔 1 周重测。6 个应付因子重测相关系数分别为:解决问题＝0.72、自责＝0.62、求助＝0.69、幻想＝0.72、退避＝0.67、合理化＝0.72。

3. 效度评估 采用因子分析,以检验和评估"应付方式问卷"的构造效度。组成各因子条目的因素负荷取值在 0.35 或以上。

【结果分析与应用情况】

1. 计分方法

(1)条目粗分计分方法:"应付方式问卷"有 6 个分量表,每个分量表由若干个条目组成,每个条目只有两个答案,"是"和"否"。计分方法见表 4-1。

表 4-1 应付方式问卷(第 3 版)分量表条目构成(计分键)

分量表	分量表条目构成编号
解决问题	1,2,3,5,8,－19,29,31,40,46,51,55
自责	15,23,25,37,39,48,50,56,57,59
求助	10,11,14,－36,－39,－42,43,53,60,62
幻想	4,12,17,21,22,26,28,41,45,49
退避	7,13,16,19,24,27,32,34,35,44,47
合理化	6,9,18,20,30,33,38,52,54,58,61

注:各分量表项目没有"－"者,选"是"得 1 分,有"－"者,选"否"得 1 分。

(2)"有效""比较有效"和"无效"的回答不计分,仅供该项应付行为对被试者的价值和意义的分析解读用。

(3)分量表粗分计分方法:将组成分量表的每个条目得分相加,即得该分量表的量表粗分。

(4)分量表因子分计算方法:分量表因子分＝分量表粗分÷分量表条目数。

各分量表因子分的参考区间见表 4-2。

表 4-2　各分量表因子分的参考区间

分量表	参考区间
解决问题	0.60～0.75
自责	0.25～0.40
求助	0.15～0.30
幻想	0.30～0.45
退避	0.25～0.40
合理化	0.25～0.35

2. 理论意义　个体从生到死,无时不面临各种问题和挑战。通过努力来改变应激环境,并借此保护自身健康与生存的应付活动几乎存在于生活中的各个方面和人生的每一个阶段。因此,不论从临床医学还是从心理卫生的角度看,积极探索应付行为的产生机制和应付方式与健康的关系对于丰富发展心理治疗理论,完善和补充健康行为教育内容都有非常积极的意义。Vaillant 认为,长期的精神健康可以通过了解被试者在面临环境危机时,习惯使用的自我防御类型来预测;而良好的应付方式有助于缓解精神紧张,帮助个体最终成功地解决问题,从而起到平衡心理和保护精神健康的作用已为许多研究所证实。但具体到哪一类或哪一种应付方式有助于保护精神健康,哪一类应付方式的长期使用会损害精神健康及究竟能否根据个体的习惯应付方式来评估和预测其精神健康水平,目前尚无一致的意见,其中一个重要的原因是研究方法和研究工具的不一致。开发一个适合中国人的文化背景、语言特点和行为习惯的应付方式研究量表,将将有助于我们相对定式、定量、客观和较全面地研究我们的应付行为特征,以及这些特征的产生和变化与我们的其他心理生理特点、社会环境等因素的关系。同时,也有助于为我们的心理健康教育、心理咨询和心理治疗等活动提供某一方向的理论指导。

3. 各分量表的意义　应付因子间的相关分析发现,"解决问题"与"退避"两个应付因子的负相关程度最高。以此作为 6 个应付因子关系序列的两极,然后根据各因子与"解决问题"应付因子相关系数的大小排序,可将 6 个应付因子排出下列关系序列图:

退避→幻想→自责→求助→合理化→解决问题

研究结果还发现,个体应付方式的使用一般都在一种以上,有些人甚至在同一应激事件上所使用的应付方式也是多种多样。但每个人的应付行为类型仍具有一定的倾向性,这种倾向性构成了 6 种应付方式在个体身上的不同组合形式。这些不同形式的组合与解释如下。

(1)"解决问题—求助"(成熟型)。这类被试者在面对应激事件或环境时,常能采取"解决问题"和"求助"等成熟的应付方式,而较少使用"退避""自责"和"幻想"

等不成熟的应付方式,在生活中表现出一种成熟稳定的人格特征和行为方式。

(2)"退避—自责"(不成熟型)。这类被试者在生活中常以"退避""自责"和"幻想"等应付方式应付困难和挫折,而较少使用"解决问题"这类积极的应付方式,表现出一种神经官能症性的人格特点,其情绪和行为均缺乏稳定性。

(3)"合理化"(混合型)。"合理化"应付因子既与"解决问题""求助"等成熟应付因子呈正相关,也与"退避""幻想"等不成熟应付因子呈正相关,反映出这类被试者的应付行为集成熟与不成熟的应付方式于一体,在应付行为上表现出一种矛盾的心态和两面性的人格特点。

各分量表更全面和更精确的理论意义和标准化的行为评估解释尚待进一步研究确认。每个条目答案后的单个应付方式的有效性评估仅供实用性应付行为指导研究用。

4. 量表的应用价值 本量表结果可解释个体或群体的应付方式类型和应付行为特点,比较不同个体或群体的应付行为差异,并且不同类型的应付方式还可以反映人的心理发展成熟的程度。

(1)作为不同群体的应付行为研究的标准化工具之一。

(2)由于良好的应付方式有助于缓解精神紧张,帮助个体最终成功地解决问题,从而起到心理平衡和保护精神健康的作用。因此,评估个体或某个群体的应付行为,有助于为心理健康保健工作提供依据。

(3)用于各种心理障碍的行为研究,为心理治疗和康复治疗提供指导。

(4)用于各种有心理问题人的行为研究,为提高和改善人的应付水平提供帮助。

(5)用于不同群体应付行为类型和特点研究,为不同专业领域选拔人才提供帮助。

(6)用于不同群体应付行为类型和特点的研究,为培养人才提供帮助。

（肖计划）

参 考 文 献

[1] 肖计划.应付与应付方式.中国心理卫生杂志,1992,6(4):181-183.

[2] 肖计划,许秀峰."应付方式问卷"效度与信度研究.中国心理卫生杂志,1996,10(4):164-168.

[3] 肖计划,向孟泽.587名青少年学生应付行为研究——年龄、性别与应付方式.中国心理卫生杂志,1995,9(3):100-102.

[4] 肖计划,李晶.青少年学生不同个性的应付行为研究.中国行为医学科学,1996,5(2):79-81.

附:应付方式问卷(CSQ)

（肖计划编制）

姓名_____ 性别____ 年龄____ 文化_____ 职业_____

籍贯_____ 住址_____ 编号_____

填表方法:此表每个条目有两个答案"是""否"。请你根据自己的情况在每一条目后选择一个答案,如果选择"是",则请继续对后面的"有效""比较有效""无效"做出评估。如果选择"否",则请继续下一个条目。在每一行的○里画"√",表示你的选择。

问题:你在生活中遇到冲突、挫折、困难或不愉快时,是否采取了下列应付方法?

题目内容	是	否	有效	比较有效	无效
1. 能理智地应付困境 ………………	○	○	○	○	○
2. 善于从失败中吸取经验 ……………	○	○	○	○	○
3. 制定一些克服困难的计划并按计划去做 ………	○	○	○	○	○
4. 常希望自己已经解决了面临的困难 …………	○	○	○	○	○
5. 对自己取得成功的能力充满信心 …………	○	○	○	○	○
6. 认为"人生经历就是磨难" …………	○	○	○	○	○
7. 常感叹生活的艰难 ………………	○	○	○	○	○
8. 专心于工作或学习以忘却不快 …………	○	○	○	○	○
9. 常认为"生死有命,富贵在天" …………	○	○	○	○	○
10. 常喜欢找人聊天以减轻烦恼 ……………	○	○	○	○	○
11. 请求别人帮助自己克服困难 …………	○	○	○	○	○
12. 常只按自己想的做,且不考虑后果 ………	○	○	○	○	○
13. 不愿过多思考影响自己情绪的问题 ………	○	○	○	○	○
14. 投身其他社会活动,寻找新寄托 ………	○	○	○	○	○
15. 常自暴自弃 ………………	○	○	○	○	○
16. 常以无所谓的态度来掩饰内心的感受 ………	○	○	○	○	○
17. 常想"这不是真的就好了" …………	○	○	○	○	○
18. 认为自己的失败多系外因所致 …………	○	○	○	○	○
19. 对困难采取等待、观望、任其发展的态度 ……	○	○	○	○	○
20. 与人冲突,常是对方性格怪异引起 …………	○	○	○	○	○
21. 常向引起问题的人和事发脾气 …………	○	○	○	○	○
22. 常幻想自己有克服困难的超人本领 ………	○	○	○	○	○
23. 常自我责备 ………………	○	○	○	○	○
24. 常用睡觉的方式逃避痛苦 …………	○	○	○	○	○

（续　表）

题目内容	是	否	有效	比较有效	无效
25. 常借娱乐活动来消除烦恼	○	○	○	○	○
26. 常爱想些高兴的事自我安慰	○	○	○	○	○
27. 避开困难以求心中宁静	○	○	○	○	○
28. 为不能回避困难而懊恼	○	○	○	○	○
29. 常用两种以上的办法解决困难	○	○	○	○	○
30. 常认为没有必要那么费力去争成败	○	○	○	○	○
31. 努力去改变现状,使情况向好的一面转化	○	○	○	○	○
32. 借烟或酒消愁	○	○	○	○	○
33. 常责怪他人	○	○	○	○	○
34. 对困难常采用回避的态度	○	○	○	○	○
35. 认为"退后一步自然宽"	○	○	○	○	○
36. 把不愉快的事埋在心里	○	○	○	○	○
37. 常自卑自怜	○	○	○	○	○
38. 常认为这是生活对自己不公平的表现	○	○	○	○	○
39. 常压抑内心的愤怒与不满	○	○	○	○	○
40. 吸取自己或他人的经验去应付困难	○	○	○	○	○
41. 常不相信那些对自己不利的事	○	○	○	○	○
42. 为了自尊,常不愿让人知道自己的遭遇	○	○	○	○	○
43. 常与同事、朋友一起讨论解决问题的办法	○	○	○	○	○
44. 常告诫自己"能忍者自安"	○	○	○	○	○
45. 常祈祷神灵保佑	○	○	○	○	○
46. 常用幽默或玩笑的方式缓解冲突或不快	○	○	○	○	○
47. 自己能力有限,只有忍耐	○	○	○	○	○
48. 常责怪自己没出息	○	○	○	○	○
49. 常爱幻想一些不现实的事来消除烦恼	○	○	○	○	○
50. 常抱怨自己无能	○	○	○	○	○
51. 常能看到坏事中有好的一面	○	○	○	○	○
52. 自感挫折是对自己的考验	○	○	○	○	○
53. 向有经验的亲友、师长求教解决问题的方法	○	○	○	○	○
54. 平心静气,淡化烦恼	○	○	○	○	○
55. 努力寻找解决问题的办法	○	○	○	○	○

（续　表）

题目内容	是	否	有效	比较有效	无效
56. 选择职业不当,是自己常遇挫折的主要原因 ……	○	○	○	○	○
57. 总怪自己不好 ………………………………	○	○	○	○	○
58. 经常是看破红尘,不在乎自己的不幸遭遇 ……	○	○	○	○	○
59. 常自感运气不好 ……………………………	○	○	○	○	○
60. 向他人诉说心中的烦恼 ……………………	○	○	○	○	○
61. 常自感无所作为而任其自然 ………………	○	○	○	○	○
62. 寻求别人的理解和同情 ……………………	○	○	○	○	○

四、社会支持评定量表(SSRS)

【概述】

大量的研究结果表明,良好的社会支持有利于健康,而不良社会关系的存在则损害身心健康。社会支持一方面对应激状态下的个体提供保护,即对应激起缓冲作用;另一方面对维持一般的良好情绪体验具有重要意义。

一般认为,社会支持从性质上可以分为两类。一类为客观的、可见的或实际的支持,包括物质上的直接援助和社会网络、团体关系的存在及个体的参与程度,后者指的是稳定的社会关系如家庭、婚姻、朋友和同事等关系,或不稳定的社会联系如非正式团体、暂时性的社会关系等。这类支持独立于个体的感受,是客观存在的现实。另一类是主观的、体验到的情感上的支持,指的是个体在社会中受尊敬、被支持、被理解的情感体验和满意程度,与个体的主观感受密切相关。对这两类支持的重要性不同的学者有不同的看法,多数学者认为主观感受到的支持比客观支持更有意义,因为虽然感受到的支持并不是客观现实,但是"被感知到的现实却是心理的现实,而正是这种心理的现实作为实际(中介)的变量影响到人的行为和发展"。肖水源和杨德森认为,在评价个体的社会支持系统时,除了应对其客观支持和主观支持进行评估外,还应评估个体对支持的利用情况。个体对社会支持的利用存在着差异,有些人虽然可获得支持,却拒绝别人的帮助。并且,人与人的支持是一个相互作用的过程,一个人在支持别人的同时,也为获得别人的支持打下了基础。因此,对社会支持的评定有必要将对社会支持的利用情况作为第3个维度。

1986年肖水源等自行编制了社会支持评定量表(social support rating scale, SSRS),并于1990年进行了修订。

【内容及实施方法】

社会支持评定量表是一个自评量表,包括主观支持、客观支持和社会支持利用度3个维度,共10个条目,其中主观支持4条,客观支持3条,社会支持利用度3条。

【测量学指标】

肖水源(1987)用社会支持评定量表对 128 名二年级大学生进行测试,量表总分平均值为 34.56 分,标准差为 3.73 分。

在信度方面,间隔 2 个月重测信度为 0.92($P<0.01$),各条目的重测信度介于 0.89~0.94。

自量表发表以来,许多研究者应用该量表进行了多方面研究,证明社会支持评定量表具有良好的实证效度。

【结果分析与应用情况】

(一)各条目评分方法

(1)第 1~4 条和第 8~10 条:每条只选一项,选择(1)、(2)、(3)、(4)项分别计 1、2、3、4 分。

(2)第 5 条分 A、B、C、D 4 项计总分,每项从"无"到"全力支持"分别计 1~4 分。

(3)第 6、7 条如回答"无任何来源"则计 0 分,回答"下列来源"者,有几个来源就计几分。

(二)维度和总分及其意义

(1)主观支持维度包括 1、3、4、5 共 4 个条目,反映被试者主观感受到自己被尊重、被支持、被理解的情感体验和满意程度。

(2)客观支持维度包括 2、6、7 共 3 个条目,反映被试者认为自己实际得到的支持,包括直接援助和社会关系两方面。

(3)社会支持利用度维度包括 8、9、10 共 3 个条目,反映被试者对社会支持的利用程度。

(4)将 10 个条目得分加起来即为社会支持的总分,反映被试者社会支持的总体状况。

(三)应用情况

多年来,已公开发表了大量将社会支持评定量表应用于各种研究的论文,感兴趣的读者可以自己去检索,这里仅列举几个例子。王向东等(1988)将该量表应用于深圳移民的心理健康研究,发现本地组社会支持总分(35.78±6.71)分显著高于迁居组的(33.77±6.68)分;社会支持总分与 SCL-90 得分呈显著负相关;多元回归分析发现迁居组的心理健康水平主要与在深圳居住时间、对迁居的态度和社会支持状态有关。解亚宁等(1993)分析心理社会因素与少数民族大学生心理健康的关系时发现,主观支持和社会支持利用度与 SCL-90 的症状呈显著负相关,在其所建立的预测大学生心理健康判别方程中,社会支持利用度是进入方程的 4 个心理社会变量之一。肖水源等(1991)应用病例配对方法研究应激、社会支持等心理社会因素对消化性溃疡的影响,发现患者的社会支持总分显著低于正常组,其中患者组社会支持总分与 SCL-90 总分的相关系数为$-0.184\ 8(P<0.01)$;多元回归分析结果显示社会支持是影响患者心理健康状况的 4 个因素之一。姚树桥等(1998)在一个纵向追踪研究中发现,社会支持利用度对糖耐量减低转化为 2 型糖尿病有显著的作用。

(肖水源)

参 考 文 献

[1] 肖水源,杨德森.社会支持对心理健康的影响.中国心理卫生杂志,1987(1):184-187.

[2] 王向东,沈其杰.深圳移居者心理健康水平及有关因素的初步研究.中国心理卫生杂志,1988,2(5):193-197.

[3] 解亚宁,龚耀先.生活事件因素与中国少数民族大学生心理健康状况的相关和多元回归分析.中国心理卫生杂志,1993,7(4):182-184.

[4] 肖水源,杨德森,凌奇荷.消化性溃疡的心理因素研究.中华神经精神科杂志,1991,24(5):282-283.

[5] 姚树桥,高北陵,戴晓阳,等.心理社会因素在糖尿病发生过程中的作用及机理研究:Ⅲ.社会支持、应对方式、个性对Ⅱ型糖尿病发生的影响.中国临床心理学杂志,1998,6(3):143-147.

附:社会支持评定量表(SSRS)

(肖水源编制)

姓名:_____ 性别:____ 年龄:____(岁) 文化程度:_____ 职业:_____

婚姻状况:____ 住址或工作单位:_____ 填表日期:____年___月___日

指导语:下面的问题用于反映你在社会中所获得的支持,请按各个问题的具体要求,根据你的实际情况填写。

1. 你有多少个关系密切,并可以得到支持和帮助的朋友(只选一项)

(1)一个也没有 　　(2)1～2 个

(3)3～5 个 　　(4)6 个或 6 个以上

2. 你近 1 年来(只选一项)

(1)远离家人,且独居一室 　　(2)住处经常变动,多数时间和陌生人住在一起

(3)和同学、同事或朋友住在一起 　　(4)和家人住在一起

3. 你与邻居(只选一项)

(1)相互之间从不关心,只是点头之交 　　(2)遇到困难可能稍微关心

(3)有些邻居很关心你 　　(4)大多数邻居都很关心你

4. 你与同事(只选一项)

(1)相互之间从不关心,只是点头之交 　　(2)遇到困难可能稍微关心

(3)有些同事很关心你 　　(4)大多数同事都很关心你

5. 从家庭成员中得到的支持和照顾(在合适的框内画"√")

	无	极少	一般	全力支持
A. 夫妻(恋人)				
B. 父母				
C. 儿女				
D. 兄弟姐妹				
E. 其他成员(如嫂子)				

6. 过去,在你遇到急难情况时,曾经得到的经济支持和解决实际问题的帮助的来源

(1)无任何来源

(2)下列来源(可选多项)

A. 配偶　　B. 其他家人　　C. 朋友　　D. 亲戚　　E. 同事　　F. 工作单位

G. 党团工会等官方或半官方组织　　H. 宗教、社会团体等非官方组织　　I. 其他(请列出)

7. 过去,在你遇到急难情况时,曾经得到的安慰和关心的来源

(1)无任何来源

(2)下列来源(可选多项)

A. 配偶　　B. 其他家人　　C. 朋友　　D. 亲戚　　E. 同事　　F. 工作单位

G. 党团工会等官方或半官方组织　　H. 宗教、社会团体等非官方组织　　I. 其他(请列出)

8. 当你遇到烦恼时的倾诉方式(只选一项)

(1)从不向任何人倾诉　　(2)只向关系极为密切的1~2个人倾诉

(3)如果朋友主动询问你时会说出来　　(4)主动倾诉自己的烦恼,以获得支持和理解

9. 当你遇到烦恼时的求助方式(只选一项)

(1)只靠自己,不接受别人的帮助　　(2)很少请求别人的帮助

(3)有时请求别人的帮助　　(4)有困难时经常向家人、亲友、组织求助

10. 你对于团体(如党团组织、宗教组织、工会、学生会等)组织活动(只选一项)

(1)从不参加　　(2)偶尔参加

(3)经常参加　　(4)主动参加并积极活动

总分:_____

五、青少年社会支持量表(ASSS)

【概述】

社会支持是指个体与其周围社会的各方面,包括亲戚、朋友、同事、伙伴等社会人,以及家庭、工作单位、党团、工会等社会组织之间在精神上和物资上的联系程度。在应激的研究领域,一般是指在应激作用过程中个体可利用的外部社会资源。大量研究证明,个体社会支持系统的完善与否与其身心健康的维护有明显关系。

青少年社会支持量表(adolescent social support scale,ASSS)由叶悦妹、戴晓

阳、崔汉卿和王娥于 2008 年编制,该量表以肖水源的社会支持理论模型为基础。量表内容包括被试者得到的社会支持资源和其对已有资源的利用情况。前者又分主观感觉自己所拥有的资源和客观实际得到的帮助两部分;后者则指个体对所拥有的社会资源的利用情况。研究发现人们对社会资源的利用程度存在很大的个体差异。

【内容及实施方法】

青少年社会支持量表是一个自评量表,包括主观支持、客观支持和支持利用度 3 个维度,共 17 个条目。采用 5 级评分法,即符合记 5 分,有点符合记 4 分,不确定记 3 分,有点不符合记 2 分,不符合记 1 分。

【测量学指标】

大学生正式样本为深圳某大学本科生 423 例,文理科、男女性别和年级构成比大致相当。中学生正式样本来自深圳市 24 所中学初一、初二、高一和高二学生共 3784 例。

条目区分度:大学生样本各条目鉴别指数除第 11 题为 0.26 外,其他均在 0.30 以上。中学生样本鉴别指数除第 13 题为 0.11、第 11 题为 0.25 外,其他也均在 0.30 以上。

信度研究:主观支持、客观支持和支持利用度 3 个分量表的内部一致性(α 系数),大学生样本分别为 0.845、0.814 和 0.874,全量表为 0.906;中学生样本分别为 0.891、0.852 和 0.836,全量表为 0.920。对 46 例大学生间隔 2 周后进行重测,主观支持、客观支持、支持利用度和全量表重测信度分别为 0.630、0.799、0.720 和 0.821,P 值均小于 0.01;对 41 名初一学生和 43 名高一学生间隔 2 周后进行重测,主观支持、客观支持、支持利用度和全量表重测信度分别为 0.856、0.842、0.823 和 0.882,P 值均小于 0.01。

结构效度:将大学生样本按单、双号分为两个样本,首先采用主成分分析方法对第 1 个样本($n=212$)进行探索性因素分析,并用方差极大正交旋转方法对特征值大于 1 的 3 个初始因子进行旋转,得到的三因子模型与原假设相吻合。然后,采用极大似然法对第 2 个样本($n=211$)进行验证性因素分析,得出 RMSEA 为 0.03,NFI、NNFI 和 CFI 都在 0.9 以上,进一步说明了三因子模型的稳定性。同样采用验证性因素分析方法对中学生样本进行分析,得出 RMSEA 为 0.07,NFI、NNFI 和 CFI 都在 0.9 以上,证实量表结构在中学生样本中也符合理论假设。

编制者对 55 名大学生同时实施本量表和肖水源的社会支持评定量表,结果表明两个量表的总分相关系数为 0.476,主观支持和支持利用度分量表的相关系数分别为 0.545 和 0.528,P 值均小于 0.01;但是客观支持分量表得分之间的相关系数没有达到显著水平($r=-0.083$)。另外,在 55 名大学生样本中发现,青少年社会支持量表主观支持得分和总分与 SCL-90 总分和大多数因子之间存在低至中度水平的负相关($P<0.05$),支持利用度与抑郁和精神病因子之间也呈低度负相关

（$P<0.05$），但是客观支持得分与SCL-90总分和各因子分之间的相关性不显著。在3784名中学生中，社会支持量表3个维度得分和总分与SCL-90总分和各因子分之间均呈低度负相关，并且都达到非常显著的水平。

【结果分析与应用情况】

主观支持分量表：包括1、4、6、7、9共5个条目，反映被试者主观感觉到自己拥有的社会支持方面的资源。

客观支持分量表：包括8、10、11、13、15、16共6个条目，反映被试者认为自己实际得到的社会支持状况。

支持利用度分量表：包括2、3、5、12、14、17共6个条目，反映被试者主动利用社会支持的情况。

所有17个条目得分之和即为该量表的总分，反映了被试者社会支持的总体状况。由于该量表刚完成编制工作，实际应用效果尚有待后续研究的检验。

（戴晓阳　叶悦妹）

参 考 文 献

[1] 肖水源.社会支持评定量表的理论基础与研究应用.临床精神医学杂志,1994,4(2):98-100.
[2] 叶悦妹,戴晓阳.大学生社会支持评定量表的编制.中国临床心理学杂志,2008,16(5):456-458.

附:青少年社会支持量表(ASSS)

（叶悦妹、戴晓阳编制）

指导语：这是一份关于大学生社会支持的量表。请根据你自身与各个项目所描述情况相符合的程度，在每题后相对应的数字上画"√"。答案无好坏和对错之分，请根据你的真实情况填写，我们承诺对你的资料严格保密。完成这份问卷可能会耽误你一点宝贵的时间，在此我向你表示衷心的感谢！

请你在答题之前先填写以下资料，在你要选择的选项上画"√"。

①姓名：＿＿＿＿　②学院(校)：＿＿＿＿＿＿＿　③年级：＿＿＿＿　④性别：男□　女□

题目内容	符合	有点符合	不确定	有点不符合	不符合
1. 大多数同学都很关心我	⑤	④	③	②	①
2. 面对两难的选择时,我会主动向他人寻求帮助	⑤	④	③	②	①
3. 当有烦恼时,我会主动向家人、亲友倾诉	⑤	④	③	②	①
4. 我经常能得到同学、朋友的照顾和支持	⑤	④	③	②	①
5. 当遇到困难时,我经常会向家人、亲人寻求帮助	⑤	④	③	②	①

（续　表）

项目内容	符合	有点符合	不确定	有点不符合	不符合
6. 我周围有许多关系密切,并可以给予我支持和帮助的人	⑤	④	③	②	①
7. 在我遇到问题时,同学、朋友都会出现在我身旁	⑤	④	③	②	①
8. 在遇到困难的时候,我可以依靠家人或亲友	⑤	④	③	②	①
9. 我经常从同学、朋友那里获得情感上的帮助和支持	⑤	④	③	②	①
10. 我经常能得到家人、亲友的照顾和支持	⑤	④	③	②	①
11. 当有需要时,我可以从家人、亲友那里得到经济支持	⑤	④	③	②	①
12. 当遇到麻烦时,我通常会主动寻求别人的帮助	⑤	④	③	②	①
13. 当我生病时,总是能得到家人、亲友的照顾	⑤	④	③	②	①
14. 当有烦恼时,我会主动向同学、朋友倾诉	⑤	④	③	②	①
15. 在我遇到问题时,家人、亲友都会出现在我身旁	⑤	④	③	②	①
16. 我经常从家人、亲友那里获得情感上的帮助和支持	⑤	④	③	②	①
17. 当遇到困难时,我经常会向同学、朋友寻求帮助	⑤	④	③	②	①

六、归因方式问卷（ASQ）

【概述】

　　人们对生活中发生的事件进行分析,指出其性质或推论其原因的过程就是归因。在分析某一事件的原因时,个体可以从3个方面来进行评价:内在性——外在性、持久性——暂时性、整体性——局部性。对正性事件和负性事件的不同归因方式与身心健康的维持有明显关系。

　　归因方式问卷(attributional style questionnaire,ASQ)由郭文斌和姚树桥于2003年采用社会测量法编制。该问卷以 Abramson 等提出的抑郁症的归因假设为基础:患者倾向于将负性事件归因为内在的、持久的、整体的,而将正性事件归因为外在的、暂时的、局部的,具有这种归因方式的个体很可能表现出抑郁症状。问卷内容包括正性事件和负性事件各5个,对这些事件从内在性——外在性、持久性——暂时性、整体性——局部性3个维度进行归因,归结出被试者的归因方式特征。

【内容及实施方法】

　　ASQ 是一个自评量表,共10个事件,其中正性事件和负性事件各5个。主要从总体指标、内在性、持久性、整体性4个方面计分,采用5级计分法,将正性事件和负性事件分开计分。得分越高,表示被试者越倾向于将原因归结为内在的、持久的、整体的,在总体指标上归结为内在的。被试者对每个事件所写的原因仅供参考,本问卷尚未对被试者所写的原因进行统计分析。

【测量学指标】

本问卷的样本包括以下三方面。①大学生样本:送取中南大学、湖南师范大学各年级大学生 419 名,其中文理科、男女性别和年级构成比大致相当。②抑郁症患者组:选取中南大学湘雅二医院、新乡医学院第二附属医院、邵阳市精神病院、湖南省脑科医院住院的抑郁症患者 98 例。③正常对照组:按照入组抑郁症患者的年龄、性别、文化程度等指标,在中南大学湘雅二医院部分职工、临时工、学生、患者陪同人员等自愿者中匹配选取 100 人。抑郁症患者组和正常对照组在年龄、性别、文化程度、婚姻状况等方面无显著差异。

对各年级大学生 ASQ 总体指标及 3 个维度进行比较,ASQ 各指标无年级差异和性别差异,ASQ 各维度的相关系数介于 0.154～0.847。各分量表总分和各维度内部一致性(α 系数)及重测信度见表 4-3。

表 4-3　ASQ 的信度

维度	负性事件分量表		正性事件分量表	
	内部一致性(α)	重测信度(r)	内部一致性(α)	重测信度(r)
内在性维度	0.390	0.443	0.497	0.615
持久性维度	0.621	0.405	0.697	0.687
整体性维度	0.610	0.748	0.709	0.762
总体指标	0.655	0.668	0.766	0.824

在实证效度方面,将患者治疗前的各指标与对照组比较,发现除负性事件的内在性维度外,其余各指标的差异均达到显著水平($P<0.01$),这与 Abramson 的归因假设结果一致。随着治疗的进行,其归因方式发生了改变,表现为治疗后更多地将负性事件归因为暂时的、局部的,在总体指标上归结为外在的,同时更多地将正性事件归因为内在的。

【结果分析与应用情况】

主要从总体指标、内在性、持久性、整体性 4 个方面计分,采用 5 级计分法,将正性事件和负性事件分开计分。其中 2、3、4、7、8 题为正性事件,1、5、6、9、10 题为负性事件。每题分别包括内在性、持久性、整体性 3 个维度,将正性事件和负性事件的 3 个维度的得分分别相加除以 5 得到 3 个维度的得分,再将正性事件和负性事件的 3 个维度的得分全部相加除以 15 得到总体指标的得分。

(郭文斌　姚树桥)

参 考 文 献

[1] 郭文斌,姚树桥,蚁金瑶,等.归因方式问卷的初步编制.中国临床心理学杂志,2003,11(2):92-95.

[2] 郭文斌,姚树桥,黄敏儿,等.自动思维及归因方式对抑郁症作用的多因素分析.心理科学, 2005,28(2):392-394.

[3] Abramson LV,Seligman MEP,Teasdale JD. Learned helplessness in humans:Critique and reformulation. Journal of Abnormal Psychology,1978,87:49-74.

附:归因方式问卷(ASQ)

(郭文斌等编制)

姓名:_____ 性别:____ 年龄:____ 职业:____ 婚否:____ 文化程度:_____

指导语:下面是每个人都有可能遇到的一些生活事件,请你在每一个事件后写出一个主要原因,然后根据这一原因回答一些问题。请你根据自己的情况选择一个数字,并在相应的数字上画圈。请你实事求是地回答,注意不要漏答。

事件一:你与一位好友关系破裂。请写出一个主要原因:

请回答下列问题(在相应的数字上画圈):

1. 这一原因是你自己或主观因素,还是由于他人或客观因素?

由于客观因素				由于主观因素
1	2	3	4	5

2. 将来遇到类似的事件,这一原因是否还会存在?

不会再存在				总是存在着
1	2	3	4	5

3. 这一原因是仅影响这类事件,还是会影响你生活的所有方面?

仅影响这类事件				影响所有方面
1	2	3	4	5

事件二:受到别人的表扬。请写出一个主要原因:

请回答下列问题(在相应的数字上画圈):

1. 这一原因是你自己或主观因素,还是由于他人或客观因素?

由于客观因素				由于主观因素
1	2	3	4	5

2. 将来遇到类似的事件,这一原因是否还会存在?

不会再存在				总是存在着
1	2	3	4	5

3. 这一原因是仅影响这类事件,还是会影响你生活的所有方面?

仅影响这类事件				影响所有方面
1	2	3	4	5

事件三:毕业后,你找到了理想的去处,如升入理想中的学校或谋得一份好的工作。请写出一个主要原因:

请回答下列问题(在相应的数字上画圈):

1. 这一原因是你自己或主观因素,还是由于他人或客观因素?

　　由于客观因素　　　　　　　　　　　　　　　　由于主观因素

　　1　　　　　　2　　　　　　3　　　　　　4　　　　　　5

2. 将来遇到类似的事件,这一原因是否还会存在?

　　不会再存在　　　　　　　　　　　　　　　　　总是存在着

　　1　　　　　　2　　　　　　3　　　　　　4　　　　　　5

3. 这一原因是仅影响这类事件,还是会影响你生活的所有方面?

　　仅影响这类事件　　　　　　　　　　　　　　　影响所有方面

　　1　　　　　　2　　　　　　3　　　　　　4　　　　　　5

事件四:在一次评选先进中,你当选了。请写出一个主要原因:

请回答下列问题(在相应的数字上画圈):

1. 这一原因是你自己或主观因素,还是由于他人或客观因素?

　　由于客观因素　　　　　　　　　　　　　　　　由于主观因素

　　1　　　　　　2　　　　　　3　　　　　　4　　　　　　5

2. 将来遇到类似的事件,这一原因是否还会存在?

　　不会再存在　　　　　　　　　　　　　　　　　总是存在着

　　1　　　　　　2　　　　　　3　　　　　　4　　　　　　5

3. 这一原因是仅影响这类事件,还是会影响你生活的所有方面?

　　仅影响这类事件　　　　　　　　　　　　　　　影响所有方面

　　1　　　　　　2　　　　　　3　　　　　　4　　　　　　5

事件五:在一次会议上,你受到了批评和处分。请写出一个主要原因:

请回答下列问题(在相应的数字上画圈):

1. 这一原因是你自己或主观因素,还是由于他人或客观因素?

　　由于客观因素　　　　　　　　　　　　　　　　由于主观因素

　　1　　　　　　2　　　　　　3　　　　　　4　　　　　　5

2. 将来遇到类似的事件,这一原因是否还会存在?

　　不会再存在　　　　　　　　　　　　　　　　　总是存在着

　　1　　　　　　2　　　　　　3　　　　　　4　　　　　　5

3. 这一原因是仅影响这类事件,还是会影响你生活的所有方面?

　　仅影响这类事件　　　　　　　　　　　　　　　影响所有方面

　　1　　　　　　2　　　　　　3　　　　　　4　　　　　　5

事件六：你在家时，父母发生了争吵。请写出一个主要原因：

请回答下列问题（在相应的数字上画圈）：

1. 这一原因是你自己或主观因素，还是由于他人或客观因素？

　　由于客观因素　　　　　　　　　　　　　　　　由于主观因素

　　　1　　　　　　2　　　　　　3　　　　　　4　　　　　　5

2. 将来遇到类似的事件，这一原因是否还会存在？

　　不会再存在　　　　　　　　　　　　　　　　　总是存在着

　　　1　　　　　　2　　　　　　3　　　　　　4　　　　　　5

3. 这一原因是仅影响这类事件，还是会影响你生活的所有方面？

　　仅影响这类事件　　　　　　　　　　　　　　　影响所有方面

　　　1　　　　　　2　　　　　　3　　　　　　4　　　　　　5

事件七：在一次生病中，你能迅速康复。请写出一个主要原因：

请回答下列问题（在相应的数字上画圈）：

1. 这一原因是你自己或主观因素，还是由于他人或客观因素？

　　由于客观因素　　　　　　　　　　　　　　　　由于主观因素

　　　1　　　　　　2　　　　　　3　　　　　　4　　　　　　5

2. 将来遇到类似的事件，这一原因是否还会存在？

　　不会再存在　　　　　　　　　　　　　　　　　总是存在着

　　　1　　　　　　2　　　　　　3　　　　　　4　　　　　　5

3. 这一原因是仅影响这类事件，还是会影响你生活的所有方面？

　　仅影响这类事件　　　　　　　　　　　　　　　影响所有方面

　　　1　　　　　　2　　　　　　3　　　　　　4　　　　　　5

事件八：在一次关键性考试中，你通过了。请写出一个主要原因：

请回答下列问题（在相应的数字上画圈）：

1. 这一原因是你自己或主观因素，还是由于他人或客观因素？

　　由于客观因素　　　　　　　　　　　　　　　　由于主观因素

　　　1　　　　　　2　　　　　　3　　　　　　4　　　　　　5

2. 将来遇到类似的事件，这一原因是否还会存在？

　　不会再存在　　　　　　　　　　　　　　　　　总是存在着

　　　1　　　　　　2　　　　　　3　　　　　　4　　　　　　5

3. 这一原因是仅影响这类事件，还是会影响你生活的所有方面？

　　仅影响这类事件　　　　　　　　　　　　　　　影响所有方面

　　　1　　　　　　2　　　　　　3　　　　　　4　　　　　　5

事件九:与自己关系亲密的人身体出现了问题,如意外受伤、重病或去世。请写出一个主要原因:

请回答下列问题(在相应的数字上画圈):

1. 这一原因是你自己或主观因素,还是由于他人或客观因素?

    由于客观因素   *由于主观因素*

    1   2   3   4   5

2. 将来遇到类似的事件,这一原因是否还会存在?

    不会再存在   *总是存在着*

    1   2   3   4   5

3. 这一原因是仅影响这类事件,还是会影响你生活的所有方面?

    仅影响这类事件   *影响所有方面*

    1   2   3   4   5

事件十:在公共场合你与别人发生争执。请写出一个主要原因:

请回答下列问题(在相应的数字上画圈):

1. 这一原因是你自己或主观因素,还是由于他人或客观因素?

    由于客观因素   *由于主观因素*

    1   2   3   4   5

2. 将来遇到类似的事件,这一原因是否还会存在?

    不会再存在   *总是存在着*

    1   2   3   4   5

3. 这一原因是仅影响这类事件,还是会影响你生活的所有方面?

    仅影响这类事件   *影响所有方面*

    1   2   3   4   5

第5章

行为问题量表

一、Achenbach 儿童行为量表(CBCL)

【概述】

Achenbach 儿童行为量表(child behavior checklist,CBCL)系美国心理学家 Achenbach 及 Edelbrock 于 1976 年编制、1983 年修订的父母用儿童行为量表,是一个评定儿童广谱的行为和情绪问题及社会能力的量表。作者在临床采样 2300 名,分为 4～5 岁、6～11 岁、12～16 岁 3 个年龄段男/女性别常模,每个年龄/性别常模根据主成分分析,提取 8～9 个不同的因子,各年龄/性别常模的因子命名及组成不尽相同。例如:4～5 岁女童由 8 个因子组成,包括抑郁、躯体主诉、分裂样、社交退缩、性问题、肥胖、攻击性行为、多动;6～11 岁男童由 9 个因子组成,包括分裂样、抑郁、不合群、强迫-冲动、躯体主诉、社交退缩、多动、攻击性行为、违纪行为。4～5 岁女童分裂样因子由 18 个项目组成;6～11 岁男童分裂样因子由 9 个项目组成。该版本内容十分全面、详尽,缺点是计分十分复杂,不利于不同年龄、性别之间的比较。1991 年,Achenbach 对 CBCL 再次进行修订,将年龄范围扩大至 18 岁,分为 4～11 岁、12～18 岁男/女 4 个年龄/性别常模,不同年龄、性别统一使用相同的因子名称和项目组成。并且将教师报告表(teacher report forms)和青少年自我报告表(youth self-reports)的因子名称改为和 CBCL 一致,这样就可以从父母、教师、儿童自己三方面获得信息。CBCL 是美国最常用的儿童行为评定量表之一,可以用于流行病学调查、临床行为评定,也可以用于追踪治疗效果。该量表被荷兰、加拿大、泰国、澳大利亚等国家广泛引进及应用,并进行了一系列跨文化研究,一致认为其信度、效度较好。苏林雁以 1991 年版为蓝本,在湖南省城乡采样,制定了湖南常模。

【内容及实施方法】

(一)量表内容

CBCL 所评估的内容包括社会能力和行为问题两部分。社会能力包括 7 个项目:Ⅰ.参加运动;Ⅱ.参加活动;Ⅲ.参加课余爱好小组(团体);Ⅳ.参加家务劳动;Ⅴ.交往;Ⅵ.与人相处;Ⅶ.在校学习。这部分内容组成 3 个分量表,即活动能力(第Ⅰ、Ⅱ、Ⅳ项)、社交能力(第Ⅲ、Ⅴ、Ⅵ项)和学校能力(第Ⅶ项),并计算社会能力总分,供 6～18 岁儿童和青少年使用。

行为问题共 120 项(包括 2 个由家长自行填写的开放项),按 0、1、2 共 3 级评分。有些项目需要描述,评分者应根据描述内容判断是否计分。例如,第 28 题(吃一些不能吃的东西,指异食癖),家长描述为"吃油漆"记 1 或 2 分;描述为"吃未经洗过的水果"则记 0 分。又如第 66 题(反复地重复某些动作,指强迫行为),家长描述为"反复检查作业"记 1 或 2 分;描述为"反复打别的小朋友"则记 1 分。由家长自行填写内容的项目如第 56 题(h.其他查不出原因的躯体症状),如果家长未填,则记 0 分,如果家长填了许多项,也只对最严重的一项计分。又如第 113 题(写出上面没有提到的其他任何问题),计分方法也同第 56 题 h 选项一样。

4～11 岁为 9 个分量表:退缩、躯体主诉、焦虑/抑郁、社交问题、思维问题、注意问题、违纪行为、攻击性行为、性问题;12～16 岁为 8 个因子(无性问题分量表),每一分量表由 7～20 个项目组成,将每一分量表的项目得分相加,即得到该分量表的粗分。

按照行为问题两维度划分法,又分为内化性(internalizing),即以退缩、躯体化、焦虑抑郁为主要表现的情绪问题,以及外化性(externalizing),即以攻击、违纪为主要表现的行为问题,并计算行为问题总分。

量表要求父母或与儿童密切接触的监护人填写,具有初中以上文化程度的家长一般 15～20 分钟即可完成。如果家长填写有困难,可以由调查者读给家长听并记录其答案。

(二)计分方法

1.社会能力

Ⅰ.参加运动:分为 A、B 两项。

A.运动项目:要求家长在左边一栏填写儿童参加运动的项目内容。计分方法:凡参加 3 项或 3 项以上者记 2 分,参加 2 项者记 1 分,参加 1 项或不喜欢任何运动者记 0 分,即得到项目数分。

B.参加运动的数量和质量:要求家长在中间和右边的空格内画"√"。计分方法:与其他同龄的孩子比较,他/她花在这些运动上的时间是多还是少,"较少"记 0 分,"一样"记 1 分,"较多"记 2 分;与其他同龄的孩子比较,他/她在这项运动上做得较差还是较好,"较差"记 0 分,"一样"记 1 分,"较好"记 2 分。将这些得分相加,除以所填的空格数,即得到参加运动的数量和质量的均分(如填"不知"不计分,此项亦应减去不算)。

将 A 和 B 项相加,即为参加运动分,本项目最高分为 4 分。

举例如下：

Ⅰ. 请写出你的孩子最喜欢的运动，如游泳、乒乓球、排球、篮球、骑自行车、跑步等	与其他同龄的孩子比较，他/她花在这些运动上的时间是多还是少				与其他同龄的孩子比较，他/她在这项运动上做得较差还是较好			
运动项目	不知	较少	一样	较多	不知	较差	一样	较好
骑自行车			√				√	
踢足球		√						√
跳绳				√			√	

得分如下：

A. 运动项目：家长填 3 项，记 2 分。

B. 数量和质量：较少 1 项，记 0 分；一样 2 项，记 2 分；较好（较多）2 项，记 4 分，共 6 分，除以 5 项（因不知不计分），得出平均分 1.2。

将 A 和 B 项相加，即为该儿童参加运动分，共 3.2 分。

Ⅱ. 参加活动：指非运动性活动，不包括看电视、玩网络游戏、打麻将等活动；计分方法与参加运动分相同，但 A 活动项目不计分，本项目最高分为 2 分。

Ⅲ. 参加课余爱好小组（团体）：也分 A、B 两项，计分方法与Ⅰ相同，本项目最高分为 4 分。

Ⅳ. 参加家务劳动：也分 A、B 两项，B 项仅评价做家务较差还是较好，本项目最高分为 4 分。

将Ⅰ、Ⅱ、Ⅳ的得分相加，即为活动能力分量表分，最高分为 10 分。

Ⅴ. 交往能力：分(1)(2)两项。

(1)有多少好朋友："没有或 1 个"记 0 分，"2～3 个"记 1 分，"4 个以上"记 2 分。

(2)每周与小朋友在一起活动的次数："少于 1 次"记 0 分，"1～2 次"记 1 分，"3 次以上"记 2 分。

将(1)(2)的得分相加，即为交往能力分，本项目最高分为 4 分。

Ⅵ. 与人相处能力：分为 A、B 两项。

A. 与人相处时的表现

(1)与兄弟姐妹能否和睦相处："较差"记 0 分，"差不多"记 1 分，"较好"记 2 分。

(2)与其他小孩能否和睦相处："较差"记 0 分，"差不多"记 1 分，"较好"记 2 分。

(3)在父母面前的表现："较差"记 0 分，"差不多"记 1 分，"较好"记 2 分。

将(1)、(2)、(3)的得分相加，除以项目数，即为与人相处时的行为得分。

B. 独立做事的表现

(4)独立玩耍或做事:"较差"记 0 分,"差不多"记 1 分,"较好"记 2 分。

将 A 与 B 项的得分相加,即为与人相处得分,本项目最高分为 4 分。

将 Ⅲ、Ⅴ、Ⅵ的得分相加,即为社交能力分量表分,最高分为 12 分。

Ⅶ. 在校学习

(1)你的孩子是否在一个特殊班级(这里的特殊班级指的是针对学习困难或行为问题儿童的特殊班级,而不是我国在学校中将成绩较好的学生另外分班,进行实验性教育的班级):"是"记 0 分,"不是"记 1 分。

(2)你的孩子是否留过级:"没有"记 1 分,"留过"(无论什么原因)均记 0 分。

(3)你的孩子在学校里是否有学习或其他方面的问题:家长描述"有问题"记 0 分,"没有"记 1 分。

(4)最近学校成绩:是指主要功课与班上同学比较的水平,不包括体育、音乐、美术。按 0～3 分 4 级评分,即"不及格"记 0 分,"较低"记 1 分,"中等"记 2 分,"较高"记 3 分,把得分相加,除以功课门数,得到平均分。

将(1)、(2)、(3)、(4)项相加,即为学校能力分量表分,最高分为 6 分。

将活动能力、交往能力、学校能力 3 个分量表分相加,即得到社会能力总分。

2. 行为问题　行为问题有 113 个项目,其中第 56 题包括 a～h 共 8 项,实际项目为 120 项,按 3 级评分,即"无此症状"记 0 分,"有时出现"或"有一点"记 1 分,"经常出现"或"很明显"记 2 分。

各分量表的项目组成如下。

Ⅰ. 退缩:42、65、69、75、80、88、102、103、111。

Ⅱ. 躯体主诉:51、54、56a、56b、56c、56d、56e、56f、56g。

Ⅲ. 焦虑/抑郁:12、14、31、32、33、34、35、45、50、52、71、89、103、112。

Ⅳ. 社交问题:1、11、25、38、48、55、62、64。

Ⅴ. 思维问题:9、40、66、70、80、84、85。

Ⅵ. 注意问题:1、8、10、13、17、41、45、46、61、62、80。

Ⅶ. 违纪行为:26、39、43、63、67、72、81、82、90、96、101、105、106。

Ⅷ. 攻击性行为:3、7、16、19、20、21、22、23、27、37、57、68、74、86、87、93、94、95、97、104。

Ⅸ. 性问题(4～11 岁男/女童):5、59、60、73、110。

内化性行为:Ⅰ分量表＋Ⅱ分量表＋Ⅲ分量表－项目 103。

外化性行为:Ⅶ分量表＋Ⅷ分量表。

行为问题总分:第 2 题(过敏性疾病)和第 4 题(哮喘)不参与计分。将 118 个单项相加(包括 2 个开放项,但无论家长在开放项中填了多少项,仅记得分最高的一项,即 2 分),则得到行为问题总分。

【测量学指标】

（一）样本情况

采用分层-随机-整群抽样的方法，根据湖南省地区分布、经济文化状况等选择6个行政区，分布于湘中、湘东、湘南、湘西及湘北5个地理位置，经济文化水平有好、中、差3种情况，每个地区在城市抽幼儿园、小学、中学各一所，再按年级分层，各年级随机抽一个班，每班按学号抽男女各4名；农村每地区抽一村，按户号每年龄组（4～16岁）抽男女各4名。由2名儿童精神科医师通过向家长、教师了解病史，与儿童面谈、观察，按DSM-Ⅲ-R标准进行诊断，发现有精神障碍者则予以排除，抽取其紧邻学（户）号的同年龄、性别儿童入组，并采集了一定的少数民族样本（苗族和土家族）。由父母或抚养人填写CBCL，共采样CBCL 1248份，组成湖南常模。

（二）信度

1. 内部一致性　不同年龄/性别组各分量表的Cronbach's α系数见表5-1。结果显示社交能力、社交问题、思维问题，以及4～11岁男/女童性问题与女童违纪行为内部一致性较差，其余都达到中度以上相关。

2. 重测信度　间隔3个月的重测信度，社会能力总分$r=0.79$，行为问题总分$r=0.77$。

表 5-1　CBCL 各分量表的 Cronbach's α 系数（r）

项目	男童		女童	
	4～11	12～16	4～11	12～16
活动能力	0.58	0.54	0.65	0.55
社交能力	0.25	0.10	0.29	0.15
学校能力	0.75	0.82	0.76	0.77
退缩	0.61	0.77	0.56	0.75
躯体主诉	0.69	0.65	0.66	0.66
焦虑/抑郁	0.62	0.71	0.64	0.81
社交问题	0.35	0.47	0.51	0.47
思维问题	0.28	0.43	0.27	0.50
注意问题	0.66	0.72	0.62	0.74
违纪行为	0.55	0.68	0.45	0.37
攻击性行为	0.77	0.82	0.76	0.76
性问题	0.21	0.22	—	—

(三)效度

1. 内容效度　将常模样本与异常组的所有社会能力、行为问题项目进行比较,仅社会能力中的"参加运动""与小朋友玩耍次数"及行为问题中的"害怕某些动物及场合""认为自己必须十全十美""过分要求整洁"5项无显著差异($t=0.15\sim1.89,P>0.05$),其余项目两组之间比较均有显著差异。说明该量表的内容能够较好地反映异常问题。

2. 平行效度

(1)Conners父母用评定问卷(parent symptom questionnaire,PSQ)。该问卷为美国另一个常用的效度较好的儿童行为评定量表,抽取门诊异常组儿童84例,请家长同时填CBCL和PSQ,对两个量表的得分进行相关分析,结果见表5-2。

表5-2　CBCL与PSQ的相关分析($n=84$)

CBCL	PSQ				
	品行问题	学习问题	身心问题	冲动-多动	焦虑
学校能力	0.48**	−0.66**	−0.17	−0.51**	−0.13
退缩	0.36**	0.44**	0.09	0.17	0.45**
躯体主诉	0.41**	0.49**	0.47**	0.37**	0.23
焦虑/抑郁	0.39**	0.27	0.18	0.32*	0.58**
注意问题	0.64**	0.77**	0.25	0.78**	0.17
违纪行为	0.74**	0.64**	0.18	0.66**	0.32*
攻击性行为	0.86**	0.57**	0.17	0.72**	0.31*
内化性问题	0.61**	0.48**	0.24	0.49**	0.50**
外化性问题	0.85**	0.70**	0.21	0.74**	0.32*
行为问题总分	0.79**	0.68**	0.26	0.68**	0.42**

注:* $P<0.01$,** $P<0.001$。

PSQ品行问题、冲动-多动与CBCL注意问题、违纪行为、攻击性行为、外化性问题、行为问题总分相关(0.64~0.86);PSQ身心问题与CBCL躯体主诉相关,PSQ焦虑与CBCL退缩、焦虑/抑郁、内化性问题、行为问题总分相关(0.45~0.58);PSQ学习问题与CBCL学校能力呈负相关($r=-0.66$)。总的看来,行为问题、学习的相关系数高于与情绪问题。

(2)儿童焦虑性情绪障碍筛查表(screen for child anxiety related emotional disorders,SCARED)。该量表是由Birmaher编制的用于筛查儿童焦虑障碍的量表,CBCL内化性问题与SCARED总分的相关($r=0.41,P<0.01$),高于外化性问

题($r=0.18$)。

(3)注意缺陷多动障碍诊断量表父母版(ADHDDS-P)。该量表是苏林雁根据 DSM-IV ADHD 诊断标准的 18 条症状编制的用于辅助 ADHD 诊断的量表，ADHDDS-P 总分与 CBCL 注意问题与外化性问题的相关($r=0.71\sim0.65$)显著高于与内化性问题的相关($r=0.39$)。

3. 结构效度　对异常组 118 个行为项目分性别进行主成分分析，采用方差极大正交旋转得到各变量的因子负荷，以特征根≥1 为标准，男童提取 7 个因子，解释总方差的 36.07%，依其内容命名为：攻击-违纪行为、多动-违抗、躯体主诉、退缩-社交问题、刻板行为、自我中心、焦虑/抑郁。有 5 个因子与原量表一致，产生了 2 个不同于美国儿童的因子：刻板行为、自我中心。女童提取 7 个因子，解释总方差的 38.49%，依其内容命名为：社交问题、焦虑/抑郁-退缩、发脾气、多动-违抗、刻板行为、违纪-攻击行为、躯体主诉。有 5 个因子与原量表一致，产生了 2 个不同于美国常模的因子：刻板行为、发脾气。提示儿童行为问题的基本表现在中外是一致的；提取我国独有的刻板行为因子，这些行为常与害怕、依赖、退缩合并存在，可能是我国儿童表达焦虑的一种方式，自我中心、发脾气可能反映儿童一种寻求注意的倾向；男/女儿童均未提取思维问题和性问题因子，可能与文化因素(父母不注意儿童这类问题)有关。

4. 对异常儿童的鉴别能力　在儿童心理卫生门诊收集行为障碍儿童 100 例(包括 ADHD、对立违抗障碍、品行障碍)、情绪障碍 93 例(包括焦虑障碍、抑郁障碍、强迫症)，从常模中抽取年龄、性别相匹配的儿童 193 例。比较各分量表和总分的组间差异(表 5-3)，发现所有因子均显示对照组社会能力高于异常组，行为问题低于异常组，其中情绪障碍组退缩、躯体主诉、焦虑/抑郁、思维问题及内化性问题得分高于行为障碍组，行为障碍组社交问题、注意问题、违纪行为、攻击性行为、外化性问题及行为问题总分高于情绪障碍组。提示 CBCL 对行为障碍和情绪障碍有较好的鉴别能力。

表 5-3　常模与异常组 CBCL 得分比较(粗分)

项目	对照组(1) ($n=193$)	情绪障碍组(2) ($n=93$)	行为障碍组(3) ($n=100$)	F	组间比较
活动能力	4.48±2.64	4.11±2.35	3.75±1.85	3.15*	(1)>(3)
社交能力	6.87±1.97	6.20±2.11	5.67±2.03	12.01***	(1)>(2)>(3)
学校能力	4.72±0.85	4.23±1.15	3.88±1.03	25.53***	(1)>(2)>(3)
社会能力总分	16.01±4.04	14.47±4.04	13.10±3.31	28.75***	(1)>(2)>(3)
退缩	1.95±2.37	6.21±3.78	3.56±2.76	69.02***	(2)>(3)>(1)
躯体主诉	1.15±1.64	4.11±3.27	2.75±2.51	51.73***	(2)>(3)>(1)

（续　表）

项目	对照组(1) ($n=193$)	情绪障碍组(2) ($n=93$)	行为障碍组(3) ($n=100$)	F	组间比较
焦虑/抑郁	1.66 ± 2.21	9.31 ± 5.90	5.30 ± 4.13	122.70^{***}	$(2)>(3)>(1)$
社交问题	1.58 ± 1.60	3.55 ± 2.68	5.79 ± 3.01	110.64^{***}	$(3)>(2)>(1)$
思维问题	0.25 ± 0.63	2.17 ± 2.08	2.18 ± 2.14	73.30^{***}	$(2)>(3)>(1)$
注意问题	3.01 ± 2.63	6.76 ± 3.98	9.54 ± 3.51	141.07^{***}	$(3)>(2)>(1)$
违纪行为	1.48 ± 1.68	2.71 ± 2.38	5.67 ± 3.15	107.87^{***}	$(3)>(2)>(1)$
攻击性行为	3.77 ± 3.36	8.76 ± 6.8	14.84 ± 7.36	140.01^{***}	$(3)>(2)>(1)$
内化性问题	4.67 ± 4.90	18.80 ± 10.81	11.35 ± 7.34	118.04^{***}	$(2)>(3)>(1)$
外化性问题	5.26 ± 4.64	11.53 ± 8.00	20.65 ± 9.81	152.57^{***}	$(3)>(2)>(1)$
行为问题总分	17.71 ± 13.59	49.27 ± 26.13	58.00 ± 23.68	159.75^{***}	$(3)>(2)>(1)$

注：$^{*}P<0.05$，$^{***}P<0.001$。

【结果分析与应用情况】

(一)T分常模的制定及剖析图绘制

1. 社会能力　将活动能力、社交能力、学校能力排列在剖析图的下方,组成儿童社会能力剖析图(social competence profile),左边框为常模的百分位,以常模样本第2百分位作为社会能力各分量表的划界分,T分则定为30分。划界分以上按常模样本不同年龄社会能力各分量表百分位相对应的粗分分布描记在剖析图中,划界分以下的分布则按划界分与本分量表最低分来均分。T分标记在剖析图的右边框上,根据百分位分布制定剖析图正常范围相对应的T分,最高T分为55分,最低为20分。若已知该儿童的粗分,则可通过查剖析图确定其T分。将所评定儿童的量表分描记在剖析图上,可以看出哪些低于正常范围,并使儿童能力的倾向性更清楚。社会能力总分则以常模样本第10百分位作为划界分。

2. 行为问题　将内化性行为问题(退缩、躯体主诉、焦虑/抑郁)因子排列在剖析图下方的左边,将外化性行为问题(违纪行为、攻击性行为)因子排列在剖析图下方的右边,中间为混合因子(社交问题、思维问题、注意问题),组成行为问题剖析图(behavior problem profile)。左边框为常模的百分位分布,以常模的第98百分位作为各分量表的划界分,T分则定为70分,划界分以下按常模不同年龄行为问题各分量表百分位分布所对应的各分量表的粗分分布描记在剖析图中。第98百分位以上粗分分布则根据常模第98百分位所对应的粗分与最高理论粗分(即所有项目每项均得2分)之差平均而来。T分标记在剖析图的右边框上。最低T分为50分,最高T分为100分。将儿童各分量表分描记在剖析图上,可以形象地反映该儿童行为问题症状的特点。以图5-1为例:一名7岁儿童社交问题、思维问题、注意问题、违纪行为和攻击性行为得分高于划界分(实线),提示该儿童可能患有 ADHD,同时共患破坏性行为障碍,也影响到其社会交往。另一名 8 岁儿童退缩、躯体主诉、焦虑抑郁、社交问题、思维问题、注意问题得分高于划界分(虚线),提示该儿童可能患有情绪障碍,也影响到其社会交往和注意力。行为问题总分以第 90 百分位为划界分。

已知该儿童的粗分,可通过查剖析图确定其 T 分。由于我国目前在临床研究中多使用粗分进行比较,因篇幅有限(有 4 个剖析图),故不提供 T 分。

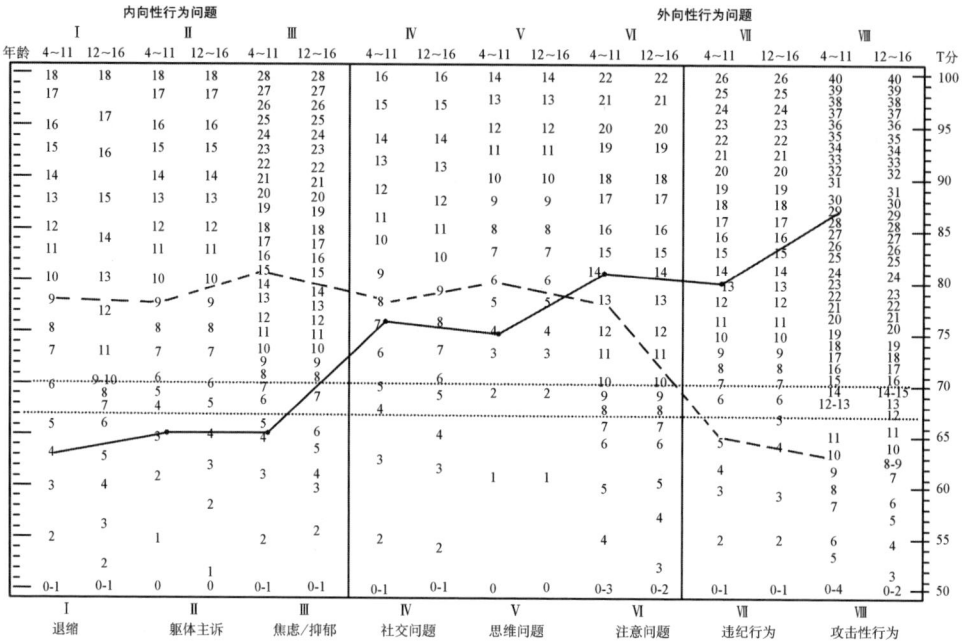

图 5-1　CBCL(4~16)岁(男)行为问题剖析图

(二)划界分

1. 社会能力　量表规定以社会能力各分量表第 2 百分位(T 分为 30 分)作为划界分,低于第 2 百分位则存在该方面的能力不足。社会能力总分则以第 10 百分位为划界分。社会能力划界分见表 5-4。

表 5-4　CBCL 湖南常模社会能力各分量表总分的划界分(粗分)

项目	6~11 岁(男)	6~11 岁(女)	12~16 岁(男)	12~16 岁(女)
活动能力	0.50	0.50	0.85	1.23
社交能力	3.30	3.30	3.00	2.60
学校能力	1.00	1.90	3.00	3.00
社会能力总分	11.00	12.00	12.66	13.66

2. 行为问题　量表规定以行为问题各分量表第98百分位为划界分,如高于第98百分位,即认为该儿童可能存在这方面的问题。湖南常模行为问题各分量表及总分的划界分见表5-5。

表5-5　湖南常模行为问题总分的划界分(粗分)

项目	4～11岁(男)	4～11岁(女)	12～16岁(男)	12～16岁(女)
退缩	6.0	6.0	10.0	9.2
躯体主诉	6.0	6.0	6.0	7.0
焦虑/抑郁	7.0	8.3	7.3	10.4
社交问题	5.0	6.0	6.0	6.0
思维问题	2.0	2.0	2.3	3.0
注意问题	10.0	8.0	10.0	8.2
违纪行为	7.0	5.0	6.3	4.0
攻击性行为	14.0	14.0	14.6	13.0
内化性问题	9.0	11.0	11.5	14.0
外化性问题	13.0	10.0	11.0	9.0
行为问题总分	37.0	32.0	35.5	35.8

(三)得分的意义

1. 行为问题各得分的意义

(1)分量表分的意义。各分量表名称是根据各项目所集中反映的问题命名的,得分越高,表明问题越多或越严重。需要说明的有以下几点。

1)躯体主诉:是指查不出原因的躯体不适,主要反映躯体化问题。

2)思维问题:反映一些分裂性症状和强迫症状;该分量表效度不理想,可能与我们临床样本中未纳入精神分裂症患者、强迫症患者也较少、父母对这些内容不理解有关。评估儿童精神分裂症和强迫症需要使用更特异的量表。

3)性问题:反映儿童有性身份识别障碍。该分量表效度不理想,其原因可能与我国儿童性问题发生率低、家长对条目不理解有关。临床发现该分量表主要反映了男孩的退缩行为及女孩的违纪、攻击性行为,而非性识别障碍,也就是说该量表不能区分儿童的性问题,性问题分量表在我国是不大适用的。

(2)内化-外化两维度划分。内化性问题是指胆小、害羞、退缩、焦虑抑郁、躯体化等过度抑制症状,原来称为神经症行为或情绪问题;外化性问题是指违纪、攻击等抑制不足症状,原来称为反社会行为或行为问题。原量表规定两者差值T分超过10分才有意义。

(3)行为问题总分。反映儿童行为问题总的严重程度。

2. 社会能力各得分的意义　由于儿童在发育过程中可能出现各种行为和情绪症状,为了界定哪些是行为问题,哪些达到了行为障碍,在精神障碍诊断标准中强调了严重程度的标准,即社会功能受损。Achenbach 设置了社会能力部分,要求行为问题高于划界分,且社会能力低于划界分才认为其行为问题具有临床意义。但在我国的应用中发现,社会能力部分的效度不够理想,可能与我国文化背景有关,比如参加活动中我国儿童得分很低,可能与其父母不鼓励孩子参加运动、课外活动及与小伙伴交往有关,而学校能力却比国外得分高,可能与我国父母对儿童学习要求高,同时学校不设置特殊班、没有留级制度等因素有关。因此社会能力得分仅作为参考。

目前,CBCL(1991)在国内已用于各项科研中,包括评估儿童 ADHD、对立违抗障碍、品行障碍、焦虑障碍、抑郁障碍等项目。

（苏林雁）

参 考 文 献

[1] 苏林雁,李雪荣,万国斌,等. Achenbach 儿童行为量表的湖南常模. 中国临床心理学杂志,1996,4(1):24-28.
[2] 苏林雁,李雪荣,罗学荣,等. Achenbach 儿童行为量表的再标准化及效度检验. 中国心理卫生杂志,1998,12(2):67-69.
[3] Achenbach TM. Manual for the Child Behavior Checklist/4-18 and 1991 Profile. Burlington, VT:University of Vermont,Department of Psychiatry,1991.

附:Achenbach 儿童行为量表(CBCL)

（苏林雁等编制）

编号_____

儿童姓名:_____性别:____年龄:____学校:_____班级:_____
填表人姓名:_____与儿童的关系:_____
联系地址:_____邮编:_____电话:_____

指导语:请根据你孩子的情况,真实地填写下列内容,将喜欢的运动或活动内容填在左边空格内,在中间、右边的空格内画"√"。

Ⅰ. 请写出你的孩子最喜欢的运动,比如游泳、乒乓球、排球、篮球、骑自行车、跑步等	与其他同龄孩子比较,他/她花在这些运动上的时间是多还是少				与其他同龄孩子比较,他/她在这项运动上做得较好还是较差			
运动项目	不知	较少	一样	较多	不知	较差	一样	较好
1.								
2.								
3.								

不喜欢任何运动　　　（是）

Ⅱ. 请写出孩子除运动外最喜欢的活动,比如集邮、玩布娃娃、看书、玩乐器、唱歌等(不包括看电视)	与其他同龄孩子比较,他/她花在这些活动上的时间是多还是少				与其他同龄孩子比较,他/她在这项活动中做得较好还是较差			
活动项目	不知	较少	一样	较多	不知	较差	一样	较好
1.								
2.								
3.								

不喜欢任何活动　　　(是)

Ⅲ. 请写出你的孩子承担的家务劳动,比如照看小孩、递送书报、整理床铺、扫地、倒垃圾等	与其他同龄孩子比较,他/她做家务事是较好还是较差			
家务劳动项目	不知	较差	一样	较好
1.				
2.				
3.				

不做任何家务　(是)

Ⅳ. 请写出你的孩子参加的课外组织、训练队或团体的名称,比如乐器、书画、体育等	与其他同龄孩子比较,他/她参加这些团体活动的时间是较多还是较少			
参加项目	不知	较少	一样	较多
1.				
2.				
3.				

未参加任何团体　(是)

Ⅴ. 1. 你的孩子有多少个好朋友?(请将符合的情况画圈)

　　没有　　　1个　　　2～3个　　　4个以上

　2. 你的孩子每周有多少次与其他的小朋友在一起活动?(请将符合的情况画圈)

少于 1 次　　　1～2 次　　　3 次以上

Ⅵ. 你的孩子与其他同龄孩子比较,对以下情况的处理是较好还是较差?

（请将符合的情况画圈）

1. 与兄弟姐妹能否和睦相处?	较差	差不多	较好
2. 与其他小孩能否和睦相处?	较差	差不多	较好
3. 在父母面前的行为如何?	较差	差不多	较好
4. 独自玩耍或做事的情况如何?	较差	差不多	较好

Ⅶ. 1. 你的孩子是否在一个特殊班级?

不是

是(请注明是什么性质的特殊班级)

2. 你的孩子留过级吗?

没有

留过(请注明是哪一年,什么原因留级)

3. 你的孩子在学校里有学习或其他方面的问题吗?（请描述）

4. 你的孩子最近学习成绩如何?（与班上其他同学比较,不填具体分数）

科目	不及格	较低	中等	较高
1. 语文				
2. 数学				
3.				
4.				
5.				
6.				
7.				

Ⅷ. 请根据你的孩子最近 6 个月的表现填写下表。凡是非常明显或常常出现的行为则在右侧的数字 2 上画圈;如果有时出现或有一点儿的行为则在数字 1 上画圈;如果是根本不出现的行为则在数字 0 上画圈。请不要遗漏,每条都要填写。

1. 行为幼稚与年龄不符 ……	0	1	2
2. 过敏性疾病 ……	0	1	2
描述具体内容:			
3. 好争论 ……	0	1	2
4. 哮喘 ……	0	1	2
5. 行为举止像异性儿童 ……	0	1	2
6. 随地大便 ……	0	1	2
7. 吹牛、自夸 ……	0	1	2
8. 注意力不集中 ……	0	1	2
9. 老是想某些事情,不能摆脱(强迫性思维) ……	0	1	2
具体举例:			

（续　表）

10. 坐不住、不能安静下来或活动过多 ·················	0	1	2
11. 喜欢缠着大人或过分依赖 ·····	0	1	2
12. 诉说寂寞 ·····	0	1	2
13. 困惑、做事糊里糊涂 ·····	0	1	2
14. 好哭 ·····	0	1	2
15. 虐待动物 ·····	0	1	2
16. 残酷、粗鄙、好欺侮人 ·····	0	1	2
17. 爱做白日梦或沉溺于幻想之中 ·····	0	1	2
18. 故意伤害自己或企图自杀 ·····	0	1	2
19. 过分要求别人注意自己 ·····	0	1	2
20. 破坏自己的东西 ·····	0	1	2
21. 破坏家中的或别的孩子的东西 ·····	0	1	2
22. 在家中不听话 ·····	0	1	2
23. 在学校不听话 ·····	0	1	2
24. 不好好吃饭 ·····	0	1	2
25. 与其他孩子相处不好 ·····	0	1	2
26. 做了错事自己不觉得内疚 ·····	0	1	2
27. 易嫉妒 ·····	0	1	2
28. 吃喝一些不能吃的东西 ·····	0	1	2
具体举例：			
29. 害怕某些动物、场合或地方（不包括学校） ·····	0	1	2
具体举例：			
30. 害怕去学校 ·····	0	1	2
31. 害怕自己会出现坏念头或做某些坏事情 ·····	0	1	2
32. 认为自己必须是十全十美的 ·····	0	1	2
33. 感觉或诉说没有一个人疼爱自己 ·····	0	1	2
34. 觉得别人存心想为难自己 ·····	0	1	2
35. 觉得自己没有用或自卑 ·····	0	1	2
36. 常常受伤,容易发生意外 ·····	0	1	2
37. 常常打架 ·····	0	1	2
38. 常被人嘲弄 ·····	0	1	2
39. 常与那些爱惹祸的孩子交往 ·····	0	1	2
40. 听见某些并不存在的声音 ·····	0	1	2
具体描述：			
41. 易冲动或做事不加以考虑 ·····	0	1	2
42. 喜欢孤独 ·····	0	1	2
43. 说谎或骗人 ·····	0	1	2

（续　表）

44. 咬手指甲	0	1	2
45. 神经质、过于敏感、过度紧张	0	1	2
46. 神经质地运动或抽动	0	1	2
具体描述：			
47. 做噩梦	0	1	2
48. 便秘	0	1	2
49. 过分害怕或焦虑	0	1	2
50. 觉得头昏	0	1	2
51. 过分地自责	0	1	2
52. 贪吃	0	1	2
53. 易疲乏	0	1	2
54. 肥胖	0	1	2
55. 查不出原因的躯体症状			
a. 这里痛那里痛	0	1	2
b. 头痛	0	1	2
c. 恶心,感觉生病了	0	1	2
d. 眼睛有毛病	0	1	2
具体描述：			
e. 红疹或其他皮肤问题	0	1	2
f. 胃痛或胃痉挛	0	1	2
g. 呕吐	0	1	2
h. 其他	0	1	2
具体描述：			
56. 动手打人	0	1	2
57. 挖鼻孔、抓皮肤或身体其他部位	0	1	2
58. 公开玩弄自己的生殖器	0	1	2
59. 经常玩弄自己的生殖器	0	1	2
60. 作业做不好	0	1	2
61. 身体动作不协调或动作笨拙	0	1	2
62. 喜欢与年龄较自己大的孩子一起玩	0	1	2
63. 喜欢与年龄较自己小的孩子一起玩	0	1	2
64. 不愿与人讲话	0	1	2
65. 反复地重复某些动作(强迫性动作)	0	1	2
具体描述：			
66. 离家出走	0	1	2
67. 常常尖声喊叫	0	1	2
68. 有事喜欢闷在心里,不愿意告诉别人	0	1	2

（续　表）

69. 看见某些并不存在的事物 ┄┄┄┄┄┄┄┄┄┄┄┄┄┄	0	1	2
具体描述：			
70. 过分忸怩，易于困窘 ┄┄┄┄┄┄┄┄┄┄┄┄┄┄┄┄	0	1	2
71. 玩火 ┄┄┄┄┄┄┄┄┄┄┄┄┄┄┄┄┄┄┄┄┄┄	0	1	2
72. 性的问题 ┄┄┄┄┄┄┄┄┄┄┄┄┄┄┄┄┄┄┄┄┄	0	1	2
73. 好炫耀、出洋相 ┄┄┄┄┄┄┄┄┄┄┄┄┄┄┄┄┄┄	0	1	2
74. 害羞或胆小 ┄┄┄┄┄┄┄┄┄┄┄┄┄┄┄┄┄┄┄┄	0	1	2
75. 睡眠较其他孩子少 ┄┄┄┄┄┄┄┄┄┄┄┄┄┄┄┄	0	1	2
76. 白天和(或)晚上睡眠较其他孩子多 ┄┄┄┄┄┄┄┄	0	1	2
具体描述：			
77. 大便时玩弄大便或弄脏衣服 ┄┄┄┄┄┄┄┄┄┄┄┄	0	1	2
78. 言语问题(口吃或口齿不清等) ┄┄┄┄┄┄┄┄┄┄	0	1	2
具体描述：			
79. 眼神茫然 ┄┄┄┄┄┄┄┄┄┄┄┄┄┄┄┄┄┄┄┄┄	0	1	2
80. 在家中偷东西 ┄┄┄┄┄┄┄┄┄┄┄┄┄┄┄┄┄┄┄	0	1	2
81. 在外面偷东西 ┄┄┄┄┄┄┄┄┄┄┄┄┄┄┄┄┄┄┄	0	1	2
82. 收藏一些自己并不需要的东西 ┄┄┄┄┄┄┄┄┄┄┄	0	1	2
具体描述：			
83. 行为怪异 ┄┄┄┄┄┄┄┄┄┄┄┄┄┄┄┄┄┄┄┄┄	0	1	2
具体描述：			
84. 想法怪异 ┄┄┄┄┄┄┄┄┄┄┄┄┄┄┄┄┄┄┄┄┄	0	1	2
具体描述：			
85. 倔强、阴郁或易激惹 ┄┄┄┄┄┄┄┄┄┄┄┄┄┄┄	0	1	2
86. 情绪或情感突然改变 ┄┄┄┄┄┄┄┄┄┄┄┄┄┄┄	0	1	2
87. 常常生气 ┄┄┄┄┄┄┄┄┄┄┄┄┄┄┄┄┄┄┄┄┄	0	1	2
88. 多疑 ┄┄┄┄┄┄┄┄┄┄┄┄┄┄┄┄┄┄┄┄┄┄┄	0	1	2
89. 好骂人或讲粗鄙话 ┄┄┄┄┄┄┄┄┄┄┄┄┄┄┄┄	0	1	2
90. 谈论自杀 ┄┄┄┄┄┄┄┄┄┄┄┄┄┄┄┄┄┄┄┄┄	0	1	2
91. 梦游或讲梦话 ┄┄┄┄┄┄┄┄┄┄┄┄┄┄┄┄┄┄┄	0	1	2
具体描述：			
92. 话多 ┄┄┄┄┄┄┄┄┄┄┄┄┄┄┄┄┄┄┄┄┄┄┄	0	1	2
93. 常戏弄他人 ┄┄┄┄┄┄┄┄┄┄┄┄┄┄┄┄┄┄┄┄	0	1	2
94. 好发脾气或脾气暴躁 ┄┄┄┄┄┄┄┄┄┄┄┄┄┄┄	0	1	2
95. 对性的问题考虑太多 ┄┄┄┄┄┄┄┄┄┄┄┄┄┄┄	0	1	2
96. 好威胁别人 ┄┄┄┄┄┄┄┄┄┄┄┄┄┄┄┄┄┄┄┄	0	1	2
97. 吮吸拇指 ┄┄┄┄┄┄┄┄┄┄┄┄┄┄┄┄┄┄┄┄┄	0	1	2
98. 过分要求整洁 ┄┄┄┄┄┄┄┄┄┄┄┄┄┄┄┄┄┄┄	0	1	2

（续　表）

99. 睡眠不好 ……………………………………………………	0	1	2
具体描述：			
100. 逃学、旷课 …………………………………………………	0	1	2
101. 不活跃、行动迟缓、精力不足 ……………………………	0	1	2
102. 闷闷不乐、抑郁、忧愁 ……………………………………	0	1	2
103. 异常地大声吵闹 ……………………………………………	0	1	2
104. 饮酒或服药成瘾 ……………………………………………	0	1	2
具体描述：			
105. 故意破坏别人的东西或公共财物 ………………………	0	1	2
106. 白天尿湿自己的衣服 ……………………………………	0	1	2
107. 尿床 ………………………………………………………	0	1	2
108. 抽抽噎噎地哭诉 …………………………………………	0	1	2
109. 希望自己是异性就好了 …………………………………	0	1	2
110. 退缩，不愿与他人在一起 ………………………………	0	1	2
111. 烦恼不安 …………………………………………………	0	1	2
112. 请写出上面没有提到的任何问题 ………………………	0	1	2

二、手机依赖测验(中文版)(TMD)

【概述】

Choliz(2012)基于《美国精神疾病诊断和统计手册(第四版修订版)》(DSM-IV-TR)对依赖的标准和其他用于评估成瘾行为的方法编制了手机依赖测验(test of mobile phone dependence,TMD)。原量表结构由 3 个因子组成：戒断症状(abstinence)、缺乏控制和使用问题(lack of control and problems)、耐受性和干扰其他活动(tolerance and interference with other activities)。其中，第 1 个因子戒断症状解释了最高比例的差异，为 42.69%。量表采用 5 级计分法，由 22 个项目组成，内部一致性较高。Chóliz 等(2016)在 6 个不同国家地区(包括西班牙、爱尔兰、秘鲁、墨西哥、巴基斯坦和印度)对 2018 名青少年开展了 TMD 的跨文化研究。经不断修订后，对量表的信效度重新进行了评估，并分析比较年龄、性别等差异，结果显示信效度良好。综上所述，TMD 具有较高的信效度，且在国际上被广泛应用，是评定 12~18 岁青少年(初高中生)手机依赖的权威性量表，符合手机功能智能化发展趋势。

张斌等(2019)通过筛选、探索性因素分析删除了原量表的第 1、第 12 题，最终保留 20 个项目，并对最初的 3 个因子进行了修订。其中"缺乏控制和使用问题"因子基本保留原量表的条目，同时将原量表"耐受性和干扰其他活动"与"戒断症状"条目部分拆分，新增了"突显性"这一因子。以下详细介绍 TMD 的中文修订版。

【内容及评定标准】

(一)项目内容

TMD共20个项目,包括突显性、耐受性和干扰其他活动、戒断症状、缺乏控制4个因子。

(二)评定标准

本量表采用0"从不"至4"总是"5级计分法,得分越高表明个体手机依赖程度越高。其中,第1～6题为突显性(salience),是指智能手机的使用占据了思维和活动的中心;第7～12题为耐受性和干扰其他活动,是指增加使用手机来获得相同满意度和干扰其他重要活动;第13～16题为戒断症状,是指不能使用手机时感到不舒服;第17～20题为缺乏控制,是指过度使用手机,以致难以停止。

【测量学指标】

在青少年群体中,量表原作者对TMD得分的信度进行检验,总分的α系数为0.94。分量表戒断症状、缺乏控制和使用问题、耐受性和干扰其他活动的α系数分别为0.81、0.70和0.64。

在张斌等(2019)报道的TMD中文版中,总分的α系数为0.90,分量表突显性、耐受性和干扰其他活动、戒断症状、缺乏控制的α系数分别为0.83、0.74、0.77和0.69。4周后总量表得分的重测信度为0.76,4个分量表的重测信度分别为0.70、0.65、0.67和0.67。选取抑郁自评量表(SDS)和孤独量表(UCLA)作为检验TMD的效标,结果显示TMD总分及4个因子与抑郁(总分的α系数为0.22;分量表分别为0.17、0.22、0.17、0.14)、孤独感(总分的α系数为0.12;分量表分别为0.12、0.15、0.10、0.15)呈显著正相关,反映出该量表具有较好的效标关联效度。该量表对数据拟合良好($\chi^2/df = 2.29$,NFI=0.90,CFI=0.92,RMSEA=0.06,AGFI=0.91),均达到可以接受的水平,能有效地测量青少年的手机依赖状况。

【结果分析与应用情况】

1. 统计指标和结果分析　TMD分析较简单,主要的统计指标是总分,即20个单项分的总和,得分越高表明个体手机依赖程度越高。

2. 应用评价　TMD中文版已在国内不同人群中进行了施测且信效度均表现良好,是一个适用于国内青少年群体的量表(胡荣婷　等,2021;夏芫　等,2020;张斌　等,2019)。同时,还具有题项简洁、施测方便等诸多优点。局限性在于没有明确的临床划界分,但可以配合其他量表或临床诊断进行综合考察。

(张　斌)

参 考 文 献

[1] 胡荣婷,彭好,毛惠梨,等.青少年智能手机成瘾和人际适应的关系:情绪调节效能感和认知

失败的中介作用. 中国健康心理学杂志, 2021, 29(1): 156-160.

[2] 刘勤学, 杨燕, 林悦, 等. 智能手机成瘾: 概念、测量及影响因素. 中国临床心理学杂志, 2017, 25(1): 82-87.

[3] 夏芜, 彭美佳, 陈京军. 留守儿童手机依赖的调查研究. 中小学心理健康教育, 2020(30): 8-12.

[4] 张斌, 熊思成, 姜永志, 蒋怀滨, 等. 手机依赖测验中文版在青少年中的信效度检验. 中国临床心理学杂志, 2019, 27(4): 86-90.

[5] Billieux J, Maurage P, Lopez-Fernandez O, et al. Can disordered mobile phone use be considered a behavioral addiction? An update on current evidence and a comprehensive model for future research. Current Addiction Reports, 2015, 2(2): 156-162.

[6] Chóliz M. Mobile phone addiction: a point of issue. Addiction, 2010, 105(2): 373-374.

[7] Chóliz M. Mobile phone addiction in adolescence: The Test of Mobile Phone Dependence (TMD). Prog Health Sci, 2012, 2: 33-44.

[8] Chóliz M, Mariano. The challenge of online gambling: the effect of legalization on the increase in online gambling addiction. Journal of Gambling Studies, 2016, 32: 749-756.

[9] Chóliz M, Lourdes P, Phansalkar SS, et al. Development of a brief multicultural version of the test of mobile phone dependence (TMDbrief) questionnaire. Frontiers in Psychology, 2016, 7(71): 112-123.

附: 手机依赖测验(中文版)(TMD)

（张斌等编制）

指导语: 首先非常感谢你愿意完成这份问卷。这是一份不记名的问卷, 问卷所得的资料内容, 仅供学术研究使用, 不做个别分析, 并予以严格保密。请你放心回答。

请你仔细阅读问卷, 并按照要求填写所有问卷题项。答案没有对错之分, 只要你按照自己真实的感觉填写, 就是最好的答案。请不要对每道题目思考过多的时间。如有任何疑问, 请向施测人员反映, 谢谢合作!

题目内容	从不	很少	有时	经常	总是
1. 自从有了手机, 我发信息的次数增加了	0	1	2	3	4
2. 我曾在一天内发送了 5 条以上信息(短信、QQ 消息、微信等)	0	1	2	3	4
3. 早上一起床, 我做的第一件事情就是查看有没有人联系我或留言	0	1	2	3	4
4. 我一拿到手机就想联系别人(如打电话、发短信等)	0	1	2	3	4
5. 一会儿没使用手机, 我就想联系别人(如打电话、发短信及使用社交软件 QQ、微信等)	0	1	2	3	4

（续 表）

题目内容	从不	很少	有时	经常	总是
6. 我感到孤独的时候,就会使用手机(如打电话、发短信及使用社交软件QQ、微信等)	0	1	2	3	4
7. 我曾经计划过只在一定的时间内使用手机,但却不能坚持执行	0	1	2	3	4
8. 我曾因使用手机而晚睡或睡眠不足	0	1	2	3	4
9. 我的手机在身边时,我就会一直使用	0	1	2	3	4
10. 我在手机上花费的时间(如打电话、发短信及使用社交软件QQ、微信等),比我预想得多	0	1	2	3	4
11. 我无聊的时候就会使用手机	0	1	2	3	4
12. 我经常在不恰当的场合(如吃饭、别人和我讲话时等)使用手机	0	1	2	3	4
13. 如果手机不在身边,我会觉得难受	0	1	2	3	4
14. 我无法忍受1周内不使用手机	0	1	2	3	4
15. 如果我的手机坏了一段时间,且需要花很长时间修理,我会感觉非常糟糕	0	1	2	3	4
16. 由于各种需要,我不得不频繁地使用手机	0	1	2	3	4
17. 我曾因手机上的消费过高而被批评	0	1	2	3	4
18. 我在手机上的消费(如电话、短信、流量包、购买会员等)超乎我的预期	0	1	2	3	4
19. 我曾因手机消费的问题和父母或家人发生争执	0	1	2	3	4
20. 我现在的手机消费比刚有手机时高	0	1	2	3	4

三、智能手机成瘾量表(简式版)(SAS-SV)

【概述】

Kwon等(2013)基于韩国网络成瘾自我诊断程序(K-scale)和智能手机自身的特点,编制了智能手机成瘾量表简式版(short version of smartphone addiction scale,SAS-SV)。该量表具有较高的信效度和有效的诊断功能,在国际上应用广泛,是评定个体智能手机成瘾的权威性量表之一。并且韩国和中国同属于亚洲文化,具有相似的人口学结构和背景,修订量表时可能因文化差异而导致的问题相对较少。以下介绍的量表参考张斌等修订的中文版。

【内容及评定标准】

（一）项目内容

SAS-SV 共 10 个项目，为单维度量表。

（二）评定标准

本量表采用 1"非常不同意"至 6"非常同意"6 级计分法，得分越高表明个体手机成瘾程度越高。

【测量学指标】

量表原作者对 540 名青少年的 SAS-SV 得分进行信度检验，结果显示 α 系数为 0.90。通过 ROC 曲线分析得出了手机成瘾的临界值，即男生得分高于 31 分或女生得分高于 33 分可判断其智能手机成瘾。随后，SAS-SV 分别在土耳其、西班牙和比利时开展了系列跨文化研究，经不断修订，对量表的信效度重新进行了评估，并分析比较性别、年龄差异，结果显示信效度良好（Ahmet et al.，2014；Lopez-Fernandez，2017）。

张斌等（2019）在此基础上进行了中文修订，运用临界比率法计算项目的区分度。根据 SAS-SV 量表总分的高低顺序对被试者进行排列，得分前 27% 者为高分组，得分后 27% 者为低分组。对两组被试者在每个项目上得分的差异性进行独立样本 t 检验。结果显示，各项目 t 值的绝对值介于 10.84~21.43，两组被试者在所有项目上的差异均显著（$P < 0.001$）。各项目得分与总分的相关系数介于 0.57~0.76，均呈显著正相关（$P < 0.01$）。各个项目的标准差介于 1.20~1.47，显示离散程度均较高。

张斌等还发现，在大学生群体中 SAS-SV 量表得分的 α 系数为 0.87，4 周后重测信度为 0.89，说明该量表信度较高，与之前使用 SAS-SV 量表的研究结果相一致（Kwon & Paek，2016）。在删除任一项目后，α 系数均不超过 0.87，说明每个项目的存在都会使量表总信度提升，应当予以保留。极大似然验证性因素分析的拟合指数为：$\chi^2 = 143.63$，$df = 31$，$P < 0.001$，RMSEA = 0.09，CFI = 0.94，NFI = 0.93，IFI = 0.94，RFI = 0.90，说明该量表拟合度较好。

【结果分析与应用情况】

1. 统计指标和结果分析　SAS-SV 分析较简单，主要的统计指标是总分，即 10 个单项分的总和，得分越高表明个体手机成瘾程度越高。Kwon（2013）通过被试者工作特征曲线（receiver operating characteristic，ROC）划分出手机成瘾的临界值，即男生得分 ≥31 分或女生得分 ≥33 分可判断其智能手机成瘾。

2. 应用评价　SAS-SV 简单实用，可作为大学生手机成瘾程度的评估工具。Ahmet（2014）和 Lopez-Fernandez（2017）分别在土耳其、法国和西班牙展开了 SAS-SV 的跨文化研究，经不断修订，对量表的信效度重新进行了评估，并分析比较性别、年龄差异，结果显示信效度良好。

张斌等曾运用 SAS-SV 对 475 名大学生进行施测,结果发现 SAS-SV 总分的平均分为(37.76 ± 9.18),最低分是 10 分,最高分是 60 分;男生在 SAS-SV 的总分平均分为(35.03 ± 9.58),女生的为(38.68 ± 8.86),性别差异有统计学意义($t=-3.75,P<0.001$)。

项明强等(2019)运用 SAS-SV 对 643 名大学生和中学生群体进行施测,发现 SAS-SV 总分不存在性别差异,青少年手机依赖发生率为 33.9%,初一和高一年级的学生手机依赖程度显著高于其他年级,这也提示了初一和高一学生的手机依赖问题是中学心理健康教育工作的重点。

(张　斌)

参 考 文 献

[1] 项明强,王梓蓉,马奔.智能手机依赖量表中文版在青少年中的信效度检验.中国临床心理学杂志,2019,21(5):13-28.

[2] 张斌,熊思成,姜永志,等.手机依赖测试中文版在青少年中的信效度检验.中国临床心理学杂志,2019,27(4):726-730.

[3] Ahmet,Akn,Yunus,Altunda,Mehmet,et al. The validity and reliability of the Turkish version of the smart phone addiction scale-short form for adolescent. Procedia-Social and Behavioral Sciences,2014,152:74-77.

[4] Kwon M,Kim DJ,Cho H,et al. The smartphone addiction scale:development and validation of a short version for adolescents. Plos One,2013,8:e83558.

[5] Kwon YS,Paek K. The influence of smartphone addiction on depression and communication competence among college students. Indian Journal of Science and Technology,2016,9(41):234-245.

[6] Lopez-Fernandez O. Short version of the smartphone addiction scale adapted to Spanish and French:towards a cross-cultural research in problematic mobile phone use. Addictive Behaviors,2017,64:275-280.

附:智能手机成瘾量表(简式版)(SAS-SV)

（Kwon 等编制）

指导语:非常感谢你愿意完成这份问卷。这是一份不记名的问卷,问卷所得的资料内容仅供学术研究使用,不作个别分析,并予以严格保密。请你放心回答。

请你仔细阅读问卷,并按照要求填写所有问卷题项。答案没有对错之分,只要你按照自己真实的感觉填写,就是最好的答案。请不要对每道题目思考过多的时间。如有任何疑问,请向施测人员反映,谢谢合作!

题目内容	非常不同意	不同意	有点不同意	有点同意	同意	非常同意
1. 我曾因为使用手机而耽误计划好的学习或工作	1	2	3	4	5	6
2. 我曾因为使用手机在学习或工作时很难集中注意力	1	2	3	4	5	6
3. 使用手机时，我感到手腕或后颈部疼痛	1	2	3	4	5	6
4. 没有手机会使我难以忍受	1	2	3	4	5	6
5. 手机不在身边时，我会感到焦躁不安和不耐烦	1	2	3	4	5	6
6. 即使当我没有使用手机时，我也会一直想着它	1	2	3	4	5	6
7. 即使手机已经严重影响了我的生活，我也不会放弃使用手机	1	2	3	4	5	6
8. 我经常查看手机，以免错过他人在微信或QQ（社交网站）上的留言	1	2	3	4	5	6
9. 我发现自己使用手机的时间比预期得长	1	2	3	4	5	6
10. 我曾被告知在使用手机上花费太多时间	1	2	3	4	5	6

四、问题性移动社交媒体使用筛查问卷（PMSMU-SQ）

【概述】

问题性移动社交媒体使用筛查问卷（screening questionnaire of problematic mobile social media usage，PMSMU-SQ）是由姜永志等于2019年编制，可以较广泛地用于个体的问题性移动社交媒体使用筛查诊断评估。PMSMU-SQ使用安戈夫法确定筛查诊断标准，具有较高的信效度和有效的诊断功能，是评定个体问题性移动社交媒体使用的有效工具。以下介绍的问卷参考姜永志等编制的问卷。

【内容及评定标准】

（一）项目内容

PMSMU-SQ共包括12个题目，为单维度量表，见表5-6。

表5-6　问题性移动社交媒体使用筛查问卷（PMSMU-SQ）

序号	题目内容
1	频繁和长时间使用移动社交网络浏览朋友圈和信息，常使我的眼睛感到干涩、疲劳
2	频繁和长时间使用移动社交网络，常导致睡眠不足和睡眠质量差
3	每天都会无意识地频繁翻阅手机APP（应用程序）软件、查看朋友圈动态等，自己都记不清有多少次

（续　表）

序号	题目内容
4	总是不经意间延长了使用手机移动社交网络的时间而没有觉察
5	频繁和长时间使用移动社交网络浏览朋友圈等,使我深入思考问题的时间比以前少了
6	频繁和长时间使用移动社交网络,使我的记忆力不如以前好了
7	如果一会儿没有在手机上查看微信、微博等,总担心会遗漏或错过什么信息
8	我只要打开手机 APP 软件就不愿意退出来,总想再看一会儿才会满足
9	想要控制使用手机移动社交网络浏览网页的时间、频率和强度,但却总是没什么效果
10	手机是我生活中的一个陪伴者,当寂寞、无聊和情绪不好时,它成了我的精神寄托
11	当使用移动社交网络浏览朋友圈或聊天时间过长而耽误学习或工作时,常会感到后悔和内疚
12	在朋友圈晒图时,都是我认为最好的照片,特别希望别人点赞、关注和评论

（二）评定标准

测验编制过程如下。

第一步,向专家描述安戈夫法的原理、注意事项和具体实施步骤。

（1）请专家在头脑中想象"最低能力被试者"（问题性移动社交媒体使用倾向者）,通常想象具有典型特征的一类群体,以及他们可能的身心反应。

（2）请专家判定这类人群（"最低能力被试者"）在筛查问卷的每个项目上能够做出肯定回答的概率。例如,对题目 G1,假设在 100 人中有 90 人能够做出肯定回答,则肯定回答的概率即为 90%（通常情况下,取值范围会以 10% 的序列递增,取值范围在 0、10%、20%、30%、40%、50%、60%、70%、80%、90%、100% 之间）。

第二步,请专家使用安戈夫法对 1～2 个题目进行评判,评判完成后小组讨论评判过程及结果,经过多次讨论协商使专家能够熟练使用该方法对题目进行主观评判,此过程一般需要 30 分钟左右。

第三步,请专家使用安戈夫法对所有题目依次进行主观评判,评判过程中不允许讨论和协商,每个人单独完成 12 个题目的评判任务。

第四步,研究人员对所有专家的评分进行汇总,并求出每个题目的平均分和整个筛查问卷的平均分,具体计分方法包括如下。

（1）教师专家计分,每个专家对所有题目进行评分,并求平均分（如一位专家对 10 个题目进行评分,各个题目的得分之和/10 即为这一专家的平均分）,所有专家评完分后再求得平均分（如 10 位专家的平均分之和/10 即为所有专家的平均分）,评分过程请专家务必保持评分前后的宽松程度一致。

（2）学生专家计分,同教师专家计分。

（3）确定界定分数,最后求得所有专家的平均分,各题目平均分与题目数量的乘积,使用四舍五入的方法获得是与否的标准界限,即为界定分数。

(4)正式问卷中对题目持肯定回答计 1 分,持否定回答计 0 分。

基于安戈夫法的操作程序确定临界标准,评定对象在筛查评估问卷每个题目上进行选择,肯定作答计 1 分、否定作答计 0 分。PMSMU-SQ 确定临界标准为 8 分,在筛查评估问卷的 12 个题目中,对 8 个及以上题目做出肯定回答,即总分≥8 分可诊断为问题性移动社交媒体使用者。

【测量学指标】

研究者对 PMSMU-SQ 的信效度进行分析,结果显示问卷总分的 Cronbach's α 系数为 0.814,分半信度系数为 0.772。结构效度分析发现,单维的筛查问卷各项拟合指标较好:$\chi^2/df=3.85$,RMSEA＝0.081,CFI＝0.94,GFI＝0.95,NFI＝0.91,IFI＝0.94,AGFI＝0.92。12 个题目构成的筛查问卷各项信度和效度指标均达到基本要求。

【结果分析与应用情况】

1. 统计指标和结果分析　PMSMU-SQ 分析较简单,主要的统计指标是问卷总分,即 12 个单项分的总和,得分≥8 分可诊断为问题性移动社交媒体使用者。

2. 应用评价　为验证 PMSMU-SQ 的有效性,姜永志等(2019)采用筛查评估问卷施测,结果显示正常使用组与问题性使用组在筛查评估问卷各题目上均存在显著差异($t_{min}=11.75,t_{max}=21.30,P<0.01$)。筛查问卷的区分效度分析还发现,正常组检出率为 12.0%,而问题性组检出率高达 91.1%,进一步表明 PMS-MU-SQ 能对问题性移动社交媒体使用者进行有效的评估。

白晓丽等(2019)以 2872 名青少年作为研究对象调查大学生问题性移动社交媒体使用,结果发现有 424 名青少年对 12 个题目持肯定选择超过 8 个,问题性移动社交媒体使用检出率为 14.8%。对检出被试者的进一步分析发现,男生占检出率的 41.5%,女生占 58.5%;初中生占 35.8%,高中生占 30.1%,大学生占 33.9%,其中性别和学段间比较均无显著差异($P>0.05$)。

作为使用安戈夫法开发的问题性移动社交媒体使用筛查问卷,PMSMU-SQ 最大的优势在于其开发编制过程经过专家的多轮评定,以及大样本数据的实际施测,信效度证据较为丰富。目前,国内外相关研究中尚未有更多调查数据为该问卷的各项指标提供参考,其信效度还需要在不同地区和样本数据的广泛施测来为其提供佐证。

(姜永志　张　斌　李笑燃)

参 考 文 献

[1] 白晓丽,姜永志,金童林,等.大学生问题性移动社交网络使用干预及效果评估.中国学校卫

生,2019,(2):253-255.

[2] 姜永志,张斌,李笑燃.基于安戈夫法的青少年问题性移动社交网络使用评估标准.心理科学,2019,42(1):75-81.

[3] 姜永志,白晓丽.青少年问题性移动社交媒体使用的教育引导——基于家庭、学校和社会教育整合视角.教育科学研究,2019,(6):65-70.

附:问题性移动社交媒体使用筛查问卷(PMSMU-SQ)

（姜永志等编制）

指导语:以下是移动社交媒体使用过程中可能存在的现象。请根据自己的实际情况填写,如果你认为比较符合,就在相应的题目选择中画"√";如果你认为不符合自己的情况,就在相应的题目选择中画"×"。答案无对错之分,请认真填答!

题目内容	选择
1. 频繁和长时间使用移动社交网络浏览朋友圈和信息,常使我的眼睛感到干涩、疲劳	
2. 频繁和长时间使用移动社交网络,常导致睡眠不足和睡眠质量差	
3. 每天都会无意识地频繁翻阅手机 APP 软件、查看朋友圈动态等,自己都记不清有多少次	
4. 总是不经意间延长了使用手机移动社交网络的时间而没有觉察	
5. 频繁和长时间使用移动社交网络浏览朋友圈等,使我深入思考问题的时间比以前少了	
6. 频繁和长时间使用移动社交网络,使我的记忆力不如以前好了	
7. 如果一会儿没有在手机上查看微信、微博等,总担心会遗漏或错过什么信息	
8. 我只要打开手机 APP 软件就不愿意退出来,总想再看一会儿才会满足	
9. 想要控制使用手机移动社交网络浏览网页的时间、频率和强度,但却总是没什么效果	
10. 手机是我生活中的一个陪伴者,当寂寞、无聊和情绪不好时,它成了我的精神寄托	
11. 当使用移动社交网络浏览朋友圈或聊天时间过长而耽误学习或工作时,常会感到后悔和内疚	
12. 在朋友圈晒图时,都是我认为最好的照片,特别希望别人点赞、关注和评论	

五、问题性移动社交媒体使用评估问卷(PMSMU-AQ)

【概述】

问题性移动社交媒体使用评估问卷(assessment questionnaire of problematic mobile social media usage,PMSMU-AQ)是由姜永志于 2018 年编制的,可以较广

泛地用于个体的问题性移动社交媒体使用的调查评估,该问卷一般主要用于问题性移动社交媒体使用症状的严重程度评估,与其他类似或相关的调查工具相比,PMSMU-AQ 更着重于个体的生理、心理与行为层面的考察。

【内容及评定标准】

(一)项目内容

PMSMU-AQ 共有 20 个题目,包括黏性增加、生理损伤、错失焦虑、认知失败和负罪感 5 个因子。

(二)评定标准

PMSMU-AQ 采用 1"完全不符合"至 5"完全符合"5 级计分法,得分越高表明个体问题性移动社交媒体使用倾向越严重。其中,因子 S1"黏性增加"(viscosity increase)第 1～5 题,主要涉及青少年使用移动社交媒体的时间、频率和强度,以长时间、高频率和高强度使用为症状指标。因子 S2"生理损伤"(physiological damage)包括第 6～10 题,主要涉及青少年在过度使用移动社交媒体后出现的消极生理反应,如视力下降、视觉疲劳、睡眠不足、躯体疼痛。因子 S3"错失焦虑"(omission anxiety)包括第 11～14 题,主要涉及青少年在使用移动社交媒体过程中,遇到无法及时查看手机时产生的担心错过和遗漏的焦虑心理。因子 S4"认知失败"(cognitive failure)包括第 15～18 题,主要涉及青少年在使用移动社交媒体过程中认知上表现出的消极后果,如记忆减退、思维停滞等。因子 S5"负罪感"(guilt)包括第 19～20 题,主要涉及青少年在长时间使用移动社交媒体,而没有完成预定学习任务时产生的内疚心理。

【测量学指标】

PMSMU-AQ 以 Cronbach's α 系数信度、分半信度和重测信度作为问卷信度的考核指标。信度分析显示,总问卷得分的 Cronbach's α 系数为 0.91,黏性增加、生理损伤、错失焦虑、认知失败和负罪感 5 个因子得分的 Cronbach's α 系数分别为 0.85、0.87、0.77、0.70 和 0.91;总问卷得分的分半信度为 0.82,黏性增加、生理损伤、错失焦虑、认知失败和负罪感 5 个因子得分的分半信度分别为 0.79、0.87、0.78、0.72 和 0.91;时隔 2 个月进行重测,总问卷得分的重测信度为 0.87,黏性增加、生理损伤、错失焦虑、认知失败和负罪感 5 个因子得分的重测信度分别为 0.79、0.92、0.84、0.79 和 0.92。采用验证性因素分析考察量表的结构效度,结果显示拟合较好($\chi^2/df = 3.16$,RMSEA = 0.07,CFI = 0.97,GFI = 0.88,NFI = 0.96,IFI = 0.97),且各项目的因子负荷均大于 0.40。

姜永志等(2020)以 1804 名青少年为研究对象开展问题性移动社交媒体使用研究,研究中问卷各因子间 Cronbach's α 系数介于 0.66～0.90,总问卷 Cronbach's α 系数为 0.88。白晓丽等(2020)以河北、广西、湖北、内蒙古自治区、新疆、甘肃、宁夏自治区等省区 2074 名青少年为研究对象,研究中总问卷的 Cronbach's α 系数为

0.87。现有研究均显示问卷具有良好的信度指标。

有研究者对多个省区进行大样本施测,结果发现女生(2.77±0.79)比男生(2.54±0.78)存在更多的问题性移动社交媒体使用行为($t=7.62, P<0.01$),青少年问题性移动社交媒体使用存在着线性发展模式,即随着年级和学段的升高,问题性使用行为越发凸显($F=57.22, P<0.01$)。

【结果分析与应用情况】

1. 统计指标和结果分析　PMSMU-AQ分析较简单,主要的统计指标是问卷总分和各因子总分,20个题目单项分之和即为问卷总分。问卷总分越高,表明青少年问题性移动社交媒体使用行为倾向越严重;各因子题目单项分之和即为因子分,因子分得分越高,表明具有某种行为倾向越严重。

2. 应用评价　PMSMU-AQ与国内外智能手机成瘾的相关评估工具具有一定的差异,它对智能手机成瘾现象更聚焦于具体的亚型上,主要侧重对基于智能手机的社交媒体使用行为的评估,并且涵盖了生理、心理与行为3个层面,可较为全面地对问题性移动社交媒体使用进行有效评估。该问卷在国内已被初步使用,问卷的信效度指标也得到了以往研究的验证。PMSMU-AQ简单实用,可作为青少年问题性移动社交媒体使用的评估工具。

(姜永志)

参　考　文　献

[1] 白晓丽,姜永志.社会适应能力与青少年社交网络使用的关系:压力知觉与社交网络沉浸的链式中介作用.心理研究,2020,13(3):255-261.

[2] 姜永志.青少年问题性移动社交媒体使用评估问卷编制.心理技术与应用,2018,6(10):613-621.

[3] 姜永志,白晓丽,七十三,等.青少年社交网络使用对社交焦虑的影响:线上积极反馈与自尊的链式中介.中国特殊教育,2019(8):76-81.

[4] 姜永志,白晓丽.青少年自恋人格与问题性社交网络使用的关系:链式中介作用分析.中国特殊教育,2020(1):90-96.

附:问题性移动社交媒体使用评估问卷(PMSMU-AQ)

(姜永志等编制)

指导语:以下是关于移动社交媒体使用过程中可能出现的现象,请你根据自己的实际情况作答。1=完全不符合,2=不太符合,3=不清楚,4=比较符合,5=完全符合,请在相应的选项上画"√"。答案无对错之分,请认真填答!

题目内容	完全不符合	不太符合	不清楚	比较符合	完全符合
1. 每天都会无意识地频繁翻阅手机 APP 软件、查看朋友圈动态等，自己都记不清有多少次	1	2	3	4	5
2. 我总是无意识地拿起手机打开 APP 软件，漫无目的地随便翻看	1	2	3	4	5
3. 总是在不经意间延长了使用手机移动社交网络的时间而没有觉察	1	2	3	4	5
4. 我每天都会花费大量的时间用来查看朋友圈	1	2	3	4	5
5. 我对手机移动社交网络产生了一定的依赖，有时不能控制玩的时间	1	2	3	4	5
6. 频繁和长时间使用移动社交网络浏览朋友圈和信息，常使我的眼睛感到干涩、疲劳	1	2	3	4	5
7. 长时间使用手机查看朋友圈、聊天和浏览信息，保持固定姿势，常使我的颈椎酸痛	1	2	3	4	5
8. 长时间使用手指滑动手机屏幕，常使我的手指肌肉酸痛	1	2	3	4	5
9. 长时间使用手机移动社交网络，使我的视力明显下降	1	2	3	4	5
10. 频繁和长时间使用移动社交网络，常导致睡眠不足和睡眠质量差	1	2	3	4	5
11. 当手机突然联不上网，无法查看社交 APP 软件时，常会感到担心和焦虑	1	2	3	4	5
12. 如果一会儿没有在手机上查看微信、微博等，总担心会遗漏或错过什么信息	1	2	3	4	5
13. 我只要打开手机社交 APP 就不愿意退出来，总想再看一会儿才会满足	1	2	3	4	5
14. 我总是想要控制使用手机移动社交网络浏览网页的时间、频率和强度，但却总是没什么效果	1	2	3	4	5
15. 由于移动社交网络中的信息数量大、更新快，使我没有时间去深入思考这些信息的价值	1	2	3	4	5
16. 频繁和长时间使用移动社交网络浏览朋友圈等，使我深入思考问题的时间比以前少了	1	2	3	4	5
17. 由于手机移动网络的便利，使我很少用脑去记忆，这也导致了我的记忆力越来越不好	1	2	3	4	5

（续　表）

题目内容	完全不符合	不太符合	不清楚	比较符合	完全符合
18. 频繁和长时间使用手机移动社交网络,使我与现实生活中的朋友、家人沟通减少了	1	2	3	4	5
19. 当使用移动社交网络浏览朋友圈或聊天时间过长而耽误学习或工作时,常会使我感到后悔和内疚	1	2	3	4	5
20. 因使用手机社交网络而耽误了做正事,常会使我感到后悔	1	2	3	4	5

六、问题性移动视频游戏使用量表(PMVGS)

【概述】

不同于传统的个人电脑(personal computer,PC)端网络游戏成瘾,问题性移动视频游戏的使用并不是一种成瘾,它是指"用户强烈地依赖于移动视频游戏,并且在很长一段时间中无法中止、反复地玩移动视频游戏的现象"(Sun,2015)。相比于传统形式的网络游戏,移动视频游戏具有的便携性、即时性和可访问性等一系列特性可能会使得用户更容易沉溺其中,产生问题性使用现象。考虑到移动视频游戏使用是一种相对较新的游戏形式,且关于移动视频游戏的过度使用是否是一种真正的成瘾疾病还需进一步探究。因此,我们谨慎地将其界定为"问题性移动视频游戏使用",而非"移动视频游戏成瘾"。

为了评估问题性移动视频游戏使用情况的严重程度,西南大学心理健康中心王金良团队于2019年编制了问题性移动视频游戏使用量表(problematic mobile video gaming scale,PMVGS)。以下介绍的量表参考 Sheng 和 Wang(2019)编制的量表。

【内容及实施方法】

(一)项目和评定标准

PMVGS 共包括 11 个条目,从戒断症状、情绪调节和冲突 3 个维度考察问题性移动视频游戏使用。其中戒断症状维度是指停止玩移动视频游戏时会出现易怒、焦虑和悲伤等一系列戒断反应;情绪调节维度是指用移动视频游戏来回避现实或缓解负性情绪;冲突维度是指即使知道过度使用移动视频游戏可能会产生一系列消极影响(包括失眠、在学习或工作中表现不好、与家人或朋友发生冲突),但仍继续玩游戏。以下是 PMVGS 的具体项目和涉及维度,见表 5-7。

表 5-7　PMVGS 项目及涉及维度

序号	量表中项目原文	所涉维度
2	当你无法玩手机游戏和平板游戏,或玩游戏的时间比平时减少的时候,你会感到焦虑不安	戒断症状
8	当你无法玩游戏或玩游戏的时间比平时减少的时候,你会感到难受	戒断症状
10	当你无法玩手机游戏和平板游戏,或玩游戏的时间比平时减少的时候,你会感到烦躁或生气	戒断症状
11	当你无法玩手机游戏和平板游戏,或玩游戏的时间比平时减少的时候,你会感到有压力	戒断症状
1	你会为了缓解压力而去玩手机游戏或平板游戏	情绪调节
3	你会为了让自己心情好一些而去玩手机游戏或平板游戏	情绪调节
6	你玩手机游戏或平板游戏是为了缓解自己的不良情绪(如无助、焦虑、愧疚)	情绪调节
7	你玩手机游戏或平板游戏是为了逃避那些困扰你的事情	情绪调节
4	你曾经因为玩手机游戏或平板游戏而使得你的学业受到负面影响	冲突
5	你曾经整晚或几乎整晚都在玩手机游戏或平板游戏	冲突
9	你因为玩手机游戏或平板游戏而减少了与家人和朋友相处的时间	冲突

PMVGS 为自评量表,是按过去 1 年中移动视频游戏的使用情况而评定:采用李克特 5 级评分法,从"完全不符合"到"完全符合"分别记为 1~5 分。量表得分越高,表明个体问题性移动视频游戏使用情况越严重。

(二)评定注意事项

表格由评定对象自行填写。在填表前必须让评定对象把填表说明、填表方法及问题内容看明白。文盲或半文盲一般不宜作为评定对象。一般 2~4 分钟可以完成。

评定时应注意以下几点。

(1)评定时间范围。应强调是"过去 1 年",需将这一时间范围十分明确地告诉评定对象。

(2)所使用设备类型。应强调是使用"智能手机"或"平板电脑"等移动便携设备,需将限定的设备类型十分明确地告诉评定对象。

(3)评定过程的独立性和完整性。评定过程中应保证评定对象互不干扰并且完整作答。

【测量学指标】

量表原作者分别以 578 名初中生和 1501 名大学生作为研究对象对 PMVGS 总分的信度进行检验。其中,初中生样本的平均年龄为 15 岁(SD=1.05),男生 328 人(占 56.7%),女生 250 人(占 43.3%);大学生样本平均年龄 19.39 岁(SD=1.21),男生 531 人(占 35.4%),女生 970 人(占 64.6%)。

(1)量表信度。α系数分别为 0.84 和 0.91;奇偶折半信度分别为 0.79 和 0.90。

(2)量表效度。量表原作者对 PMVGS 效度进行检验,以 578 名初中生为样本,发现 PMVGS 与抑郁量表总分、孤独感量表总分、社交焦虑量表总分及花费在移动视频游戏上总时间得分的相关系数分别为 0.31、0.21、0.25 和 0.34($P <$ 0.01),说明此表具有良好的效标关联效度和实证效度。PMVGS 与网络游戏成瘾量表的相关系数为 0.65($P<$0.01),与手机依赖指数量表的相关系数为 0.52($P<$ 0.01),表明 PMVGS 具有良好的聚合效度和区分效度。

【结果分析与应用意义】

1. 统计指标和结果分析 PMVGS 分析较简单,主要的统计指标是总分,即 11 个单项分的总和。量表得分越高,表明个体问题性移动视频游戏使用情况越严重。

2. 应用意义 与传统 PC 端网络游戏成瘾量表相比,PMVGS 主要关注以智能手机、平板电脑等便携移动设备为主的视频游戏的问题性使用情况。PMVGS 简单实用,方便实施和统计,可作为测量问题性移动视频游戏使用程度的工具。因此,PMVGS 具有较大的应用价值。

(王金良 生佳蓉)

参 考 文 献

[1] Sheng JR,Wang JL. Development and psychometric properties of the problematic mobile video gaming scale. Current psychology,2019,40:4623-4634.

[2] Sun Y,Zhao Y,Jia SQ,et al. Understanding the antecedents of Mobile game addiction:The roles of perceived visibility,perceived enjoyment and flow. In proceedings of the 19th Pacific-Asia conference on information systems. Marian Bay sands:Singapore,2015:1-1.

附:问题性移动视频游戏使用量表(PMVGS)

(生佳蓉、王金良等编制)

指导语:以下题目主要在于了解你使用移动游戏的情况,请你仔细阅读下列条目,然后回答这些条目在多大程度上与你符合。请在符合你自己实际情况的选项上画"√"。

序号	题目内容	完全不符合	不太符合	不确定	有点符合	完全符合
1	你为了缓解压力而去玩手机游戏或平板游戏	1	2	3	4	5
2	当你无法玩手机游戏和平板游戏,或者玩游戏的时间比平时减少的时候,你会感到焦虑不安	1	2	3	4	5

（续　表）

序号	题目内容	完全不符合	不太符合	不确定	有点符合	完全符合
3	你为了让自己心情好一些而去玩手机游戏或平板游戏	1	2	3	4	5
4	因为玩手机游戏或平板游戏使你的学业受到负面影响	1	2	3	4	5
5	你曾经整晚或几乎整晚都在玩手机游戏或平板游戏	1	2	3	4	5
6	你玩手机游戏或平板游戏是为了缓解自己的不良情绪（如无助、焦虑、愧疚）	1	2	3	4	5
7	你玩手机游戏或平板游戏是为了逃避那些困扰你的事情	1	2	3	4	5
8	当你无法玩手机游戏和平板游戏，或者玩游戏的时间比平时减少的时候，你会感到难受	1	2	3	4	5
9	你因为玩手机游戏或平板游戏而减少了与家人和朋友相处的时间	1	2	3	4	5
10	当你无法玩手机游戏和平板游戏，或者玩游戏的时间比平时减少的时候，你会感到烦躁或生气	1	2	3	4	5
11	当你无法玩手机游戏和平板游戏，或者玩游戏的时间比平时减少的时候，你会感到有压力	1	2	3	4	5

七、无手机恐惧量表（中文版）（NMP-C）

【概述】

无手机恐惧症（nomophobia）是指个体在无法使用手机或手机不在身边，如当手机电量不足、网络连接不好及在教室上课无法使用手机时，所体验到的焦虑和恐惧情绪（King et al.，2013）。

无手机恐惧量表由美国爱荷华州立大学 Yildirim 和 Correia 于 2015 年编制，原名为无手机恐惧问卷（nomophobia questionnaire，NMP-Q），共包含 20 道题目，其 4 个维度分别为害怕无法获得交流、害怕无法获得信息、害怕失去网络连接和害怕失去便利（Yildirim & Correia，2015）。该问卷一经发表就被翻译成多种语言在多个国家使用（Nawaz et al.，2017；Yildirim et al.，2016），广泛用于评估个体无手机恐惧水平。也有研究者采用该量表探讨与个体无手机恐惧水平相联系的心理因素（Yavuz et al.，2019；Kuscu et al.，2020）。

2020 年，任世秀、古丽给娜和刘拓 3 位研究者将该问卷翻译成中文并使用探索性结构方程模型、项目反应理论等统计方法在国内样本中对其进行了修订，最终得到一份包含 16 道题目的无手机恐惧量表（中文版）（Chinese version of nomophobia questionnaire，NMP-C）。以下介绍的量表参考任世秀等（2020）的中文版NMP-C。

【内容及实施方法】

(一)项目和评定标准

NMP-C 共包括 16 道题目,分别调查 4 项无手机恐惧表现,见表 5-8。

表 5-8　NMP-C 项目及引出表现

序号	量表中项目原文	引出表现
1	如果不能通过我的手机持续浏览信息,我会感到不舒服	害怕无法获得信息
2	当我想要在我手机上查看信息却无法查看时,我会很生气	
3	不能在我的手机上获得信息(如发生的事情、天气等)会让我感到紧张	
4	当我想要使用手机和(或)它的功能却不能使用时,我就会很生气	
5	手机电量用完会让我感到害怕	害怕失去便利
6	如果手机达到了每月的数据流量限制,我会感到恐慌	
7	如果手机没有数据信号或者无法连接到无线网络,我会不停地检查	
8	如果我不能使用我的手机,我会害怕陷入困境	
9	当手机不在身边导致家人和(或)朋友无法联系到我时,我会很担心	害怕失去联系
10	当手机不在身边导致不能接收短信和电话时,我会感到紧张	
11	当手机不在身边导致无法与家人和(或)朋友保持联系时,我会很着急	
12	当手机不在身边导致我不知道是否有人想要联系我时,我会感到很紧张	
13	当手机不在身边导致我与网络脱离时,我会很紧张	害怕失去网络连接
14	当手机不在身边导致我无法获得社交媒体和在线网络更新的信息时,我会感到不舒服	
15	当手机不在身边导致我不能检查网络连接和在线网络更新的通知时,我会感到难受	
16	当手机不在身边导致我无法检查我的社交软件(如 QQ、微信、电子邮件等)信息时,我会感到焦虑	

注:无反向计分题。

NMP-C 为自评量表,按过去 1~2 周内出现相应情况或感觉的频度评定:不足 1 天者为"完全不符合",1~2 天为"大部分不符合",3~5 天为"有点不符合",6~7 天为"不确定",8~10 天为"有点符合",11~12 天为"大部分符合",13~14 天为"完全符合"。所有题目的选项均按照上述顺序依次评为 1、2、3、4、5、6 和 7 分。

(二)评定注意事项

表格由评定对象自行填写。在填表前必须让评定对象把填表说明、填表方法及问题内容看明白。文盲或半文盲一般不宜作为评定对象。如有特殊需要,可由施测人员念给其听,然后在表格中注明,供分析时参考。一般 3~5 分钟可以完成。

评定时应注意强调时间范围是"过去 1~2 周",并将这一时间范围十分明确地告诉评定对象。

【测量学指标】

NMP-C 的信度良好,如任世秀等(2020)对其进行信度检验,最终得到量表总 α 系数为 0.98,4 个维度的 α 系数在 0.79 以上。在其他应用研究中该量表的信度也仍然稳定,如刘拓等(2020)在大学生群体中研究报道其内部一致性系数为 0.94,分半信度为 0.86。同时,NMP-C 的效度也良好,如结构效度的结果为 $\chi^2/df=3.91$、TLI=0.941、CFI=0.952、SRMR=0.04、RMSEA=0.067(任世秀,古丽给娜,刘拓 2020),该结果表明量表结构良好;而其与目前使用最广泛的大学生手机成瘾倾向量表(mobile phone addiction tendency scale,MPATS)的相关系数为 0.63(任世秀,古丽给娜,刘拓 2020),这表明该量表效标效度也良好。

该量表 16 道题目的因子负荷介于 0.47~0.87(任世秀,古丽给娜,刘拓 2020),均大于 0.4 且不存在跨维度现象。此外,该量表在项目反应理论框架下的 α 区分度介于 1.73~4.81,每道题各选项的 β 难度介于 -1.83~2.05,这些都说明量表题目性能良好。

【结果分析与应用情况】

1. 统计指标和结果分析   NMP-C 分析较简单,主要的统计指标为 4 个分维度的总分和整个量表的总分,即 4 个维度的总分及其总和。分维度得分越高,表示个体在该方面的表现越明显;总量表得分越高,表示个体无手机恐惧水平越严重。

2. 应用评价

(1)NMP-C 简单实用,可作为无手机恐惧的评估工具。在一项使用 NMP-C 对 678 名在校大学生的无手机恐惧水平的调查报道中发现,其中只有 2% 的大学生没有无手机恐惧表现,24% 存在轻度的无手机恐惧表现,61% 存在中度的无手机恐惧表现,而重度表现的人数比例竟然高达 13%(古丽给娜 2018)。

(2)一项应用 NMP-C 对天津 675 名大学生的调查报道发现,在该群体中男性和女性的无手机恐惧水平之间有显著差异,其具体为男性(60.64±1.22)显著低于女性(67.52±1.27)(古丽给娜　2018)。而也有研究表明无手机恐惧的水平在男性和女性之间无显著差异(Nawaz et al.,2017)。其主要原因可能在于地区和文化差异,具体结果还有待进一步探讨。

(3)NMP-C 的引入为国内无手机恐惧的相关研究提供了简便有效的工具,将会推动相关研究的开展。

(任世秀　刘　拓)

参 考 文 献

[1] 古丽给娜.无手机恐惧症与大五人格的关系:独处行为的中介作用(学士学位论文).天津师范大学,2018.

[2] 刘拓,古丽给娜,杨莹,等.人格与无手机恐惧的关系:独处行为的中介作用.心理与行为研究,2020,18(2):268-274.

[3] 任世秀,古丽给娜,刘拓.中文版无手机恐惧量表的修订.心理学探新,2020,40(3):247-253.

[4] King AL,Valenca AM,Silva AC,et al. Nomophobia:Dependency on virtual environments or social phobia? Computers in Human Behavior,2013,29(1):140-144.

[5] Kuscu TD,Gumustas F,Arman AR,et al. The relationship between nomophobia and psychiatric symptoms in adolescents. International Journal of Psychiatry in Clinical Practice,2020,1(1):1-4.

[6] Nawaz I,Sultana I,Amjad MJ,et al. Measuring the enormity of nomophobia among youth in Pakistan. Journal of Technology in Behavioral Science,2017,2(3-4):149-155.

[7] Prasad M,Patthi B,Singla A,et al. Nomophobia:A cross-sectional study to assess mobile phone usage among dental students. Journal of clinical and diagnostic research,2017,11(2):34-39.

[8] Yavuz M,Altan B,Bayrak B,et al. The relationships between nomophobia,alexithymia and metacognitive problems in an adolescent population. Turkish Journal of Pediatrics,2019,61(3):345-351.

[9] Yildirim C,Correia AP. Exploring the dimensions of nomophobia:Development and validation of a self-reported questionnaire. Computers in Human Behavior,2015,49:130-137.

[10] Yildirim C,Sumuer E,Adnan M,et al. A growing fear:Prevalence of nomophobia among Turkish college students. Information Development,2016,32(5):1322-1331.

附:无手机恐惧量表(中文版)(NMP-C)

（任世秀、刘拓等编制）

指导语:下面是一些你可能有过或感觉到的情况或想法。请按照过去1~2周内你的实际情况或感觉,在适当的空格内画"√"。

完全不符合:过去1~2周内,出现这类情况不超过1天。

大部分不符合：过去1~2周内，有1~2天有这类情况。

有点不符合：过去1~2周内，有3~5天有这类情况。

不确定：过去1~2周内，有6~7天有这类情况。

有点符合：过去1~2周内，有8~10天有这类情况。

大部分符合：过去1~2周内，有11~12天有这类情况。

完全符合：过去1~2周内，有13~14天有这类情况。

题目内容	完全不符合	大部分不符合	有点不符合	不确定	有点符合	大部分符合	完全符合
1. 如果不能通过我的手机持续浏览信息，我会感到不舒服	□	□	□	□	□	□	□
2. 当我想要在我的手机上查看信息却无法查看时，我会十分生气	□	□	□	□	□	□	□
3. 不能在我的手机上获得信息（如发生的事情、天气等）会让我感到紧张	□	□	□	□	□	□	□
4. 当我想要使用手机和（或）它的功能却不能使用时，我就会很生气	□	□	□	□	□	□	□
5. 手机电量用完会让我感到害怕	□	□	□	□	□	□	□
6. 如果手机达到了每月的数据流量限制，我会感到恐慌	□	□	□	□	□	□	□
7. 如果手机没有数据信号或者无法连接到无线网络，我会不停地检查	□	□	□	□	□	□	□
8. 如果我不能使用我的手机，我会害怕陷入困境	□	□	□	□	□	□	□
9. 当手机不在身边导致家人和（或）朋友无法联系到我时，我会很担心	□	□	□	□	□	□	□
10. 当手机不在身边导致不能接收短信和电话时，我会感到紧张	□	□	□	□	□	□	□
11. 当手机不在身边导致无法与家人和（或）朋友保持联系时，我会很着急	□	□	□	□	□	□	□
12. 当手机不在身边导致我不知道是否有人想要联系我时，我会感到很紧张	□	□	□	□	□	□	□
13. 当手机不在身边导致我与网络脱离时，我会很紧张	□	□	□	□	□	□	□

(续 表)

题目内容	完全不符合	大部分不符合	有点不符合	不确定	有点符合	大部分符合	完全符合
14. 当手机不在身边导致我无法获得社交媒体和在线网络更新的信息时,我会感到不舒服	☐	☐	☐	☐	☐	☐	☐
15. 当手机不在身边导致我不能检查网络连接和在线网络更新的通知时,我会感到难受	☐	☐	☐	☐	☐	☐	☐
16. 当手机不在身边导致我无法检查我的社交软件(如 QQ、微信、电子邮件等)信息时,我会感到焦虑	☐	☐	☐	☐	☐	☐	☐

八、青少年网络成瘾诊断量表

【概述】

网络成瘾(又称上网成瘾、网络依赖)已逐渐被认为是一种医学疾病,是指因过度沉迷网络而破坏个体身心健康,引起严重的学业、家庭等社会问题。其与病理性赌博、物质依赖同属于成瘾行为的一大类疾病。

刘炳伦、郝伟和杨德森(2006)首次将项目反应理论引入精神医学领域而编制成网络成瘾诊断量表(diagnostic scale for internet addiction,IAT)。项目反应理论模型具有样本自由性与结果准确性等优点,避免了经典测验理论存在的样本依赖性与信度不精确等缺陷。

【内容及实施方法】

IAT 属于自评量表,包括网络成瘾症状和网络成瘾诱因 2 个维度,共 17 个条目。采用 5 级评分法,即 1 分＝没有,2 分＝不一定,3 分＝有一点,4 分＝大部分,5 分＝总是。

【测量学指标】

正式样本为山东部分在校学生 1267 例,其中男性 938 例,女性 329 例。平均年龄(19.4±2.3)岁。大学生 757 例,中学生 498 例,小学生 2 例,其他 10 例。开始上网时间中位数为 24.0 个月。

设置划界分数点为 0.6,采用双参数多级计分模型进行项目反应理论(IRT)分析,确定 17 个条目组成量表,信息量为 25.52545,测量误差为 0.1979,小于 0.2;条目区分度介于 1.002 7～1.677 1,条目程度皆从 1～5 级单向递增,均符合项目反应理论要求。

结构效度:样本为山东部分在校学生,回收有效问卷 413 份。采用主成分分析并做正交旋转分析,特征根大于1的因子有2个,共解释70.116％的总方差,其贡献率各为62.944％和7.172％,第1特征值与第2特征值的比值10.701/1.219＝8.78。因子1与各条目相关系数介于0.655～0.879,因子2与各条目相关系数介于0.541～0.769,各条目在相应因子具有中度以上负荷。

　　效标关联效度:根据DSM-Ⅳ物质依赖分类的诊断标准,并参考Goldberg标准作为效标,对151例上网学生进行临床诊断,同时进行量表自评。符合网络成瘾诊断者78例,不符合者73例,进行ROC分析。当划界分位于44.5分时,敏感度为91％,假阳性率(1－特异度)为4.1％;当划界分大于44.5分时,敏感度下降至90％以下;当划界分下降至42.5～44.5分时,敏感度不提高,但假阳性率上升至5.5％～11％。当划界分为44.5分时,效度系数$\kappa=0.854\ 4(Z=57.138,P<0.001)$。

【结果分析与应用情况】

　　网络成瘾症状(因子1):由条目1、2、4、5、6、7、8、9、10、11、12、13、15组成,反映了网络成瘾耐受性、渴求上网冲动、网络成瘾戒断反应及时间控制等临床特征,符合物质依赖的概念。

　　网络成瘾诱因(因子2):由条目3、14、16、17组成,反映了自卑、孤独、抑郁、社交焦虑等心理问题成为上网成瘾的高危因素。

　　17个条目总分大于45分,即表明上网已经成瘾,分数的高低反映了成瘾的严重程度。

　　各项指标检验表明网络成瘾诊断量表是可供使用的诊断工具,但有待深入研究和改善。

(刘炳伦)

参 考 文 献

[1] 刘炳伦,郝伟,杨德森.网络依赖障碍诊断量表初步编制.中国临床心理学杂志,2006,14(3):227-229.

[2] 漆书青,戴海崎,丁树良.现代教育与心理测量学原理.北京:高等教育出版社,2002:79-91.

附:青少年网络成瘾诊断量表

（刘炳伦等编制）

　　指导语:以下是为了你的健康状况而设计的量表,请你认真回答。

　　性别:男＿＿女＿＿。年龄:＿＿岁。职业:大学、高中、初中或其他职业。第一次上网时间:＿＿＿＿年＿＿＿＿月。

　　下列每一道题有5个备选答案,请用"○"或"√"标出你的选择。

题目内容	没有	不一定	有一点	大部分	总是
1. 我上网时间太长或次数太多	1	2	3	4	5
2. 我常不由自主地想起或梦见网上的内容	1	2	3	4	5
3. 我感到平时处处不如别人才上网的	1	2	3	4	5
4. 我上网经常超过 4 小时	1	2	3	4	5
5. 我曾试过少花点时间上网却做不到	1	2	3	4	5
6. 我比以前要增加上网时间才能得到满足	1	2	3	4	5
7. 我平均每周上网时间比前段时间增加了	1	2	3	4	5
8. 我减少上网时间就心烦意乱	1	2	3	4	5
9. 我减少上网时间就手指发抖	1	2	3	4	5
10. 我减少上网时间就不高兴	1	2	3	4	5
11. 我减少上网时间做其他事情就不安心	1	2	3	4	5
12. 我控制不住自己上网的冲动	1	2	3	4	5
13. 我在网上经常忘了时间过了多久	1	2	3	4	5
14. 我是平时朋友比较少才上网的	1	2	3	4	5
15. 我常对别人隐瞒自己上网时间太长	1	2	3	4	5
16. 我是长期心情低落才上网的	1	2	3	4	5
17. 平时与人说话紧张是我上网的原因之一	1	2	3	4	5

九、中学生网络成瘾诊断量表(IADDS)

【概述】

目前多数意见认为网络过度使用属于行为成瘾。行为成瘾是指"不顾不良后果,不停地从事自我毁灭性的行为"。根据网络成瘾的临床特征、不良后果及临床分型,在现有研究基础上将其定义为:由于各种原因导致个体上网失控,强迫性地经常使用网络、沉迷于网络活动难于摆脱,从而损害了个体的心理、躯体或社会功能的一组行为成瘾(昝玲玲,刘炳伦 2008)。处于13～18岁年龄段的中学生是网络成瘾的重灾区,而中学生年龄段又具有独特的心理和语言特点,但是目前诊断标准的建立多以大学生为样本,较少涉及中学生。为此,昝玲玲、刘炳伦、刘兆玺根据项目反应理论编制了中学生网络成瘾诊断量表(internet addiction scale for middle school students,IADDS)。

【内容及评定标准】

IADDS属于自评量表,包括上网渴求与耐受、戒断反应和不良后果 3 个维度,共 13 个条目,按二值计分:0 分为"不是",1 分为"是"。

【测量学指标】

正式样本为山东济南部分中学生 963 例,其中男生 479 例,女生 484 例;初中生 511 例,高中生 452 例;平均年龄(15.0±1.0)岁;平均上网 5.74 年,平均每周上网 3.47 次,每次约 2.84 小时;上网内容以游戏(40.6%)、聊天(22.2%)为主。

采用双参数二值计分模型进行项目反应理论(IRT)分析,确定 13 个条目组成量表,信息量为 26.2575,测量误差为 0.1952,小于 0.2。条目区分度介于 1.2928~2.2859,条目程度介于 0.5907~1.0035。

结构效度:量表在山东部分中学生中施测,回收有效问卷 237 份,其中初中生 102 份,高中生 135 份。男生 143 份,女生 94 份,平均年龄(14.0±1.0)岁。采用主成分分析与正交旋转分析,特征根大于 1 的因子有 3 个,累计方差解释率为 53.674%,其贡献率各为 36.386%、9.522% 和 7.766%,第 1 特征值与第 2 特征值的比值 9.590/1.526=6.2844。因子 1 与各条目的相关系数介于 0.518~0.730;因子 2 与各条目的相关系数介于 0.442~0.734;因子 3 与各条目的相关系数介于 0.549~0.801。

校标关联效度:根据 DSM-Ⅳ 物质依赖分类的诊断标准,并参考 Goldberg 标准作为效标,对 112 例上网中学生进行临床诊断,同时进行量表自评。符合网络成瘾诊断者 59 例,不符合者 53 例,进行操作特征曲线(ROC)分析。划界分由 1.5 分递增至 11.5 分时,敏感度由 1.00% 递减至 0.85%,假阳性率(1-特异度)由 0.528% 递减至 0.000。当划界分=4.5 分时,敏感度为 91.5%,假阳性率为 7.5%;当划界分=5.5 分时,敏感度为 84.7%,假阳性率为 1.9%。因此,取划界分=5 分,此处敏感度为 91.5%,假阳性率为 5.7%,效度系数 $\kappa=0.857(Z=17.86,P<0.001)$。

【结果分析与应用情况】

上网渴求与耐受(因子1):由条目 1、2、9、10、13 组成,反映个体上网渴求、冲动及耐受等问题。

戒断反应(因子2):由条目 3、4、6 组成,反映个体不能上网时的情绪改变。

不良后果(因子3):由条目 5、7、8、11、12 组成,反映长期上网对个体学习、交往、健康等的负面影响。

13 个条目总分大于 5 分,即表明上网已经成瘾,分数的高低反映了成瘾的严重程度。本量表具有良好的结构效度,与预期的结构模型一致,反映了具有与物质依赖类似的临床表现。

该量表条目简明扼要、语言精练,符合中学生的心理及语言特点,操作简便,适用于中学生网络成瘾的临床诊断。各项指标检验表明网络成瘾诊断量表是可供使用的诊断工具,但有待深入研究和改善。

(刘炳伦)

参 考 文 献

[1] 刘炳伦,郝伟,杨德森.IAD 研究现状与问题.国外医学-精神病学分册,2004,31(2): 199-202.

[2] 刘炳伦,郝伟,杨德森.网络依赖障碍诊断量表初步编制.中国临床心理学杂志,2006,14(3):227-229.

[3] 昝玲玲,刘炳伦,刘兆玺.中学生网络成瘾诊断量表的初步编制.中国临床心理学杂志,2008,16(2):123-125.

附:中学生网络成瘾诊断量表(IADDS)

（昝玲玲、刘炳伦等编制）

指导语:以下此表是为了你的健康状况而设计的量表,请用"○"或"√"标出你的选择。

性别:男____女____。年龄:____岁。年级:高中、初中。

第一次上网时间:_____年___月。上网频率:____次/周。上网时间:____小时/次。

题目内容	不是	是
1. 我要花更多的时间上网才会觉得过瘾	0	1
2. 我每次醒来想到的第一件事就是上网	0	1
3. 我下了网就会感到无聊	0	1
4. 不能上网时我就会坐立不安	0	1
5. 我经常请假或逃课去上网	0	1
6. 为了上网我常跟家人吵架	0	1
7. 因为上网我跟大家的来往变少了	0	1
8. 上网使我的学习成绩下滑	0	1
9. 为了上网我经常不按时吃饭	0	1
10. 我经常熬夜上网	0	1
11. 上网使我平时容易走神	0	1
12. 上网使我记性变差了	0	1
13. 我的零用钱差不多都用来上网了	0	1

十、药物成瘾多维心理因素评估量表(MPFSDA)

【概述】

世界卫生组织(WHO)和美国精神病协会(APA)将药物成瘾(drug addiction)定义为一种长期的复发性疾病,具有以下两个主要特点:一是强迫性药物寻求和过量摄入药物的行为模式;二是对限制药物摄入的行为失去控制(杨玲　等,2015;Koob & Moal,2001)。药物成瘾对社会造成了极大的影响,到目前为止,已经有不少学者对导致个体药物成瘾的因素进行了研究。郭蕊和邓树嵩（2017）编制的中文版物质使用风险评估量表测量了 4 个维度：感觉寻求、绝望、焦虑敏感、冲动。Woicik（2009）编制的药物使用风险概况量表（substance use risk profile scale，SURP）发现 4 个人格维度（无望感、焦虑敏感性、冲动性和感觉寻求）与特定的药物使用模式有关。Ogai（2007）基于大麻渴求问卷编制的毒品复吸风险量表包括焦虑、吸毒意向、情绪问题、强迫吸毒、积极期望和消极期望 5 个维度。

　　虽然这些量表的信效度良好，但影响药物成瘾的因素众多，这些量表仅仅只考虑了某几个维度，未能全面地评估影响成瘾行为的因素。李雨欣等（2022）综合了影响成瘾的心理因素，开发出了多维的成瘾心理因素量表，构建一个更为全面的影响成瘾行为的心理因素框架，以便为之后的戒治工作提供科学依据。

【内容及实施方法】

（一）项目和评定标准

　　药物成瘾多维心理因素评估量表（Multidimensional Psychological Factor Scale for Drug Addiction，MPFSDA）为自评量表，由个体心理系统和社会心理系统两部分组成，其中个体心理系统分为个体情绪和个体人格。3 个分量表（个体情绪、个体人格、社会心理）分别包括风险因素和保护因素两方面，共 10 个维度（正负性情绪、冲动性、易分心、延迟满足、责任心、自律性、心理弹性、社会偏见、社会适应、社会支持），包括 52 个题目。其中个体情绪由正负性情绪组成；个体人格由冲动性、易分心、延迟满足、自律性、责任心、心理弹性组成；社会心理由社会偏见、社会适应、社会支持组成。本量表采用 5 级计分法。其中 28 道题目（第 1～8 题、第 29～48 题）为反向计分项目，见表 5-9 和图 5-2。

表 5-9　药物成瘾心理因素评估分量表名称及所属项目

分量表	因素	维度	子维度	项目
个体情绪	风险因素	负性情绪	—	49/50/51/52
	保护因素	正性情绪	—	45/46/47/48
个体人格	风险因素	冲动性	—	17/18/19/20
		易分心	—	21/22/23/24
		延迟满足	—	25/26/27/28
	保护因素	责任心	—	29/30/31/32
		自律性	—	33/34/35/36
		心理弹性	适应生活	37/38/39/40
			应对压力	41/42/43/44

（续 表）

分量表	因素	维度	子维度	项目
社会心理	风险因素	社会偏见	—	13/14/15/16
		消极社会适应	—	9/10/11/12
	保护因素	积极社会适应	—	5/6/7/8
		社会支持	—	1/2/3/4

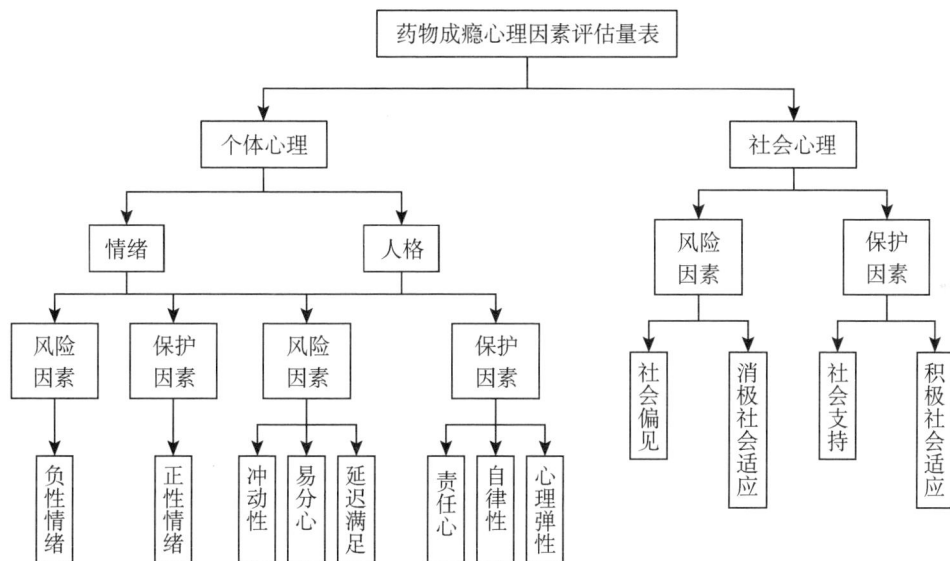

图 5-2 药物成瘾心理因素评估量表理论框架图

(二)评定注意事项

量表由评定对象自行填写。在填写量表前,评定对象必须理解填写说明、填写方法及量表内容。

【测量学指标】

1. 信度 该量表的内部一致性信度为 0.954,分半信度为 0.875,个体认知、个体情绪、个体人格和社会心理的 α 系数分别为 0.822、0.780、0.900、0.890,这表明该量表的内部一致性良好。

2. CFA 结果 CFA 发现各因子拟合指标良好。个体认知模型拟合情况良好(个体情绪:$\chi^2(df)=48.191(19)$,TLI$=0.961$,CFI$=0.942$,RMSEA$=0.071$;个体人格:$\chi^2(df)=571.474(329)$,TLI$=0.945$,CFI$=0.937$,RMSEA$=0.051$;社会心理:$\chi^2(df)=292.319(98)$,TLI$=0.924$,CFI$=0.938$,RMSEA$=0.079$)。说明该量表的结构效度良好。

3. 效度 把吸毒心瘾作为外部校标,结果发现心瘾与所有子维度均呈显著相关。将心瘾总分从低到高进行排列,分为高低两组。对两组数据进行独立样本 T 检验,结果发现高分组和低分组的被试者在所有维度上的得分差异显著,这说明药物成瘾心理因素评估量表的效标效度是良好的。

4. 项目分析 经典测量理论(CTT)的结果显示,所有题目的区分度介于 $0.476\sim0.846$,所有题目的难度系数介于 $0.319\sim0.557$,这说明该量表的整体质量及每个题项的质量均良好,见表5-10。

表5-10 基于 CTT 的项目质量分析

维度	区分度	难度
正负性情绪	$0.575\sim0.724$	$0.330\sim0.557$
心理弹性	$0.595\sim0.779$	$0.398\sim0.483$
社会支持	$0.733\sim0.839$	$0.432\sim0.481$
社会适应	$0.476\sim0.846$	$0.319\sim0.478$
社会偏见	$0.676\sim0.798$	$0.352\sim0.423$
冲动性	$0.672\sim0.743$	$0.468\sim0.544$
易分心	$0.663\sim0.712$	$0.410\sim0.481$
延迟满足	$0.498\sim0.651$	$0.447\sim0.470$
责任心	$0.679\sim0.789$	$0.369\sim0.453$
自律性	$0.683\sim0.731$	$0.441\sim0.504$

量表的52道题在项目反应理论(IRT)框架下的区分度介于 $0.681\sim5.365$,每道题各选项的难度介于 $-1.063\sim3.123$,这表明量表题目性能良好,见表5-11。

表5-11 基于 IRT 的区分度、难度参数

维度	区分度范围 a	难度范围 β_1	β_2	β_3	β_4
社会偏见	$1.613\sim3.004$	$0.197\sim0.571$	$1.136\sim1.669$	$1.809\sim2.241$	$1.768\sim2.133$
冲动性	$1.277\sim1.908$	$-0.540\sim-0.121$	$-0.156\sim0.150$	$0.532\sim1.102$	$1.382\sim1.894$
易分心	$1.372\sim1.764$	$-0.246\sim0.100$	$-0.011\sim0.499$	$0.722\sim1.392$	$1.314\sim2.118$
延迟满足	$0.681\sim1.748$	$-0.338\sim0.758$	$-0.238\sim0.139$	$1.217\sim1.436$	$1.677\sim2.245$
责任心	$1.550\sim3.447$	$-0.678\sim0.065$	$0.308\sim0.929$	$1.223\sim1.668$	$1.608\sim1.846$
自律性	$1.635\sim2.962$	$-1.063\sim-0.691$	$0.129\sim0.562$	$1.082\sim1.405$	$1.810\sim2.546$
心理弹性	$1.066\sim5.365$	$-0.490\sim-0.081$	$-0.294\sim0.590$	$1.208\sim2.151$	$2.096\sim3.123$
正负性情绪	$0.879\sim2.540$	$-1.012\sim0.649$	$-0.521\sim1.213$	$0.950\sim1.683$	$1.647\sim2.272$
社会支持	$2.368\sim5.187$	$-0.552\sim-0.240$	$0.132\sim0.504$	$0.739\sim1.151$	$1.654\sim2.164$
社会适应	$1.049\sim4.570$	$0.003\sim1.218$	$-0.463\sim1.293$	$1.248\sim2.245$	$1.508\sim2.577$

【结果分析与应用情况】

1. 统计指标和结果分析　主要的统计指标为各个子维度的得分和总分,分析简单,结果分析按需将子维度所包含题目得分加总。

2. 应用评价

(1)该量表具有较好的信度和效度,适用于物质滥用者相关心理因素的评估,能为将来戒毒和禁毒相关研究与实践提供更多的信息。

(2)该量表是在 IRT 框架下开发的,其项目参数稳定,但调查人群相对局限,需要扩大研究人群,提高在国内的适用性。

(李雨欣　刘　拓)

参 考 文 献

[1] 李雨欣,张艺馨,冯万庆,等. 毒品成瘾多维心理因素评估量表的初步编制. 现代预防医学杂志,2022,44(18):3390-3395.

[2] 郭蕊,邓树嵩. 中文版物质使用风险评估量表初步修订及信、效度评价. 中国公共卫生,2017,33(5):815-817.

[3] 杨玲,马丽,赵鑫,等. 毒品成瘾者情绪加工及应对方式的特点:基于负性情绪的视角. 心理科学,2015,38(2):482-489.

[4] Koob GF,Moal ML. Drug addiction,dysregulation of reward,and allostasis. Neuropsychopharmacology,2001,24(2):97-129.

[5] Ogai Y,Haraguchi A,Kondo A,et al. Development and validation of the stimulant relapse risk scale for drug abusers in Japan. Drug and Alcohol Dependence,2007,88(2-3):174-181.

[6] Woicik PA,Stewart SH,Pihl RO,et al. The substance use risk profile scale:a scale measuring trait linked to reinforcement-specific substance use profiles. Addictive Behaviors,2009,34(12):1042-1055.

附:药物成瘾多维心理因素评估量表(MPFSDA)

(李雨欣、刘拓等编制)

指导语:答案没有对错之分,请注意每一小部分数字代表的含义不同。

请判断以下描述发生在你身上的频率,并在相应的数字上画"√"。		从不	很少	有时	经常	总是
社会支持	1. 遇到困难时,我有朋友给予帮助	1	2	3	4	5
	2. 我有关系密切、可以得到支持和帮助的朋友	1	2	3	4	5
	3. 我身边的人会给我精神上的支持	1	2	3	4	5
	4. 我有一个和睦的朋友圈	1	2	3	4	5

（续 表）

请判断以下事件在你身上的符合情况，并在相应的数字上画"√"。		完全不符合	有点不符合	不确定	基本符合	完全符合
积极社会适应	5. 戒毒成功后，我会开启一段有意义的生活	1	2	3	4	5
	6. 我对戒毒成功后的生活充满信心	1	2	3	4	5
	7. 戒毒成功后，我会以全新的面貌投入生活	1	2	3	4	5
	8. 我为了戒毒成功以后的生活做了很多的准备	1	2	3	4	5
消极社会适应	9. 我以后不想再和其他人交流	1	2	3	4	5
	10. 我觉得以后肯定会很难找到一份工作	1	2	3	4	5
	11. 戒毒成功后，我就想在家躺着	1	2	3	4	5
	12. 我觉得戒毒成功后再适应社会有很多阻碍	1	2	3	4	5
社会偏见	13. 我觉得没有人会喜欢我	1	2	3	4	5
	14. 别人看我的眼神让我觉得很不舒服	1	2	3	4	5
	15. 我觉得别人都瞧不起我	1	2	3	4	5
	16. 去商场总觉得有人盯着我	1	2	3	4	5
冲动性	17. 我听不进任何人的劝说，尤其是在情绪激动的时候	1	2	3	4	5
	18. 我常常想到什么就做什么，不考虑后果	1	2	3	4	5
	19. 我经常因为自己未能三思后行而惹一身麻烦	1	2	3	4	5
	20. 我是一个冲动的人	1	2	3	4	5
易分心	21. 如果做某些事太难，我会觉得很痛苦或者直接放弃	1	2	3	4	5
	22. 我习惯等明天再做决定	1	2	3	4	5
	23. 我很难集中精力做自己不喜欢的事	1	2	3	4	5
	24. 我觉得自己常常心不在焉	1	2	3	4	5

（续　表）

请判断以下事件在你身上的符合情况,并在相应的数字上画"√"。	完全不符合	有点不符合	不确定	基本符合	完全符合
延迟满足	25. 我会为了达到目的不惜代价	1	2	3	4	5
	26. 如果某件事情做了很久都看不到回报,我就不会继续再做了,即使我知道总会有回报的	1	2	3	4	5
	27. 如果得到一样东西要等很久我就会放弃	1	2	3	4	5
	28. 如果付出努力后没有立即得到回报,这会让我感到失望和愤怒	1	2	3	4	5
责任心	29. 我觉得每个人都需要对自己的人生负责	1	2	3	4	5
	30. 我力求完美地做好一切事务,不论大小	1	2	3	4	5
	31. 我不会轻易地把自己的事情委托给他人	1	2	3	4	5
	32. 我会全力完成自己分内的事	1	2	3	4	5
自律性	33. 我善于计划时间安排要做的事情,以致能够及时完成工作	1	2	3	4	5
	34. 我是一个总是能够将事情办妥和有工作成就感的人	1	2	3	4	5
	35. 我很有自律性	1	2	3	4	5
	36. 我能够按轻重缓急完成任务	1	2	3	4	5

请判断以下事件在你身上的符合程度,并在相应的数字上画"√"。	完全不符合	有点不符合	不确定	基本符合	完全符合
适应生活	37. 我能适应变化	1	2	3	4	5
	38. 我能掌控自己的生活	1	2	3	4	5
	39. 为了实现目标我会努力工作	1	2	3	4	5
	40. 我对取得的成绩感到骄傲	1	2	3	4	5

(续 表)

请判断以下事件在你身上的符合程度,并在相应的数字上打"√"。		完全不符合	有点不符合	不确定	基本符合	完全符合
应对压力	41. 我能做出不寻常的或艰难的决定	1	2	3	4	5
	42. 过去的成功让我有信心面对挑战	1	2	3	4	5
	43. 应对压力使我感到有力量	1	2	3	4	5
	44. 我能实现自己的目标	1	2	3	4	5
请仔细阅读每一道题目,并根据你近1~2周的实际情况在相应的数字上画"√"。		几乎没有	比较少	中等程度	比较多	极其多
正性情绪	45. 我觉得自己对周围的事物是感兴趣的	1	2	3	4	5
	46. 我觉得自己意志坚定	1	2	3	4	5
	47. 我觉得自己是热情的	1	2	3	4	5
	48. 我觉得自己做事时是注意力集中的	1	2	3	4	5
负性情绪	49. 我感到心烦或心神不宁	1	2	3	4	5
	50. 我感到紧张	1	2	3	4	5
	51. 我对外界充满敌意	1	2	3	4	5
	52. 我感到害怕	1	2	3	4	5

注:第1~8题、第29~48题为反向计分题。

十一、成瘾物质渴求与自动化反应量表(中文版)(CAS-S)

【概述】

成瘾物质渴求与自动化反应量表(craving automated scale for substances, CAS-S)是在酒精渴求-自动化量表(craving automated scale for alcohol, CAS-A)(Nakovics et al., 2012;Vollstädt-Klein et al., 2015)的基础上编制的。Vollstädt-Klein 等将 CAS-A 中与酒精渴求有关的问题改为与成瘾物质渴求有关的问题,形成英文版的成瘾物质渴求与自动化反应量表(CAS-S),曾红等(2019)与 Vollstädt-Klein 共同将 CAS-S 译成中文,并检验了该量表在不同物质成瘾者中使用的信效度。

CAS-S 主要用于测量物质成瘾者在相关线索下的行为反应。CAS-S 分为"无意识"(unaware)和"不由自主"(nonvolitional)2 个因子。该量表测量物质成瘾具有较高的信效度(严瑞婷 等,2019),与其他成熟量表相比,可以评估被试者的渴求感和自动化成瘾物质使用行为。

【内容及实施方法】

(一)项目和评定标准

CAS-S 共 15 道问题,分为 2 个因子,旨在测量物质成瘾者的心理渴求和自动化用药行为反应。见表 5-12。

表 5-12 CAS-S 因子及分量表项目

因子	项目
无意识(unaware)	1/2/3/6/7/8/12
不由自主(nonvolitional)	4/5/9/10/11/13/14/15

1. **无意识** 是指在相关线索下,成瘾者还没有意识到自己想用成瘾物质或使用了多少时,就已经在使用了,是相关线索下的一种自动化使用行为,也称习惯性药物使用。样本项目:"我根本意识不到我正在使用成瘾物质"。

2. **不由自主** 是指在相关线索下,如情境不允许使用成瘾物质时,个体呈现出强烈的渴求感状态,即使个体知道使用成瘾物质的危害,仍无法遏制使用药物的欲望及自动化使用的倾向。样本项目:"我控制不了自己总是去想那些我正在使用的成瘾物质"。

中文版 CAS-S 为自评量表,共 15 个条目,每个条目采用 6 级计分法:"不会(0)""几乎不会(1)""偶尔(2)""频繁(3)""非常频繁(4)""总是如此(5)",通过勾选出最恰当的选项以表明每一种情况发生的频率。

(二)评定注意事项

表格由评定对象自行填写。在填写前评定对象会被告知根据最近 7 天的实际情况对每个条目做出选择。问卷最后让评定对象回答最后一次使用成瘾物质的时间。作答结果不会对评定对象产生任何影响。CAS-S 是回顾性问卷,相比于一种状态,它体现的更是一种成瘾的特质。评定对象的年龄及填写时间没有限制,通常需要 5~10 分钟。

【测量学指标】

曾红等(2019)将 CAS-S 翻译为中文,并检验了该量表在中国不同物质成瘾者中($n=400$)使用的信效度,选取 Barratt 冲动量表(BIS-11)和简式 UPPS-P 冲动行为量表(S-UPPS-P)作为效标指标。条目分析结果显示,可以保留所有原 15 个条目;探索性因素分析($n=189$)结果显示,剔除条目 13 后,保留"无意识"和"不由自主"两因子模型;验证性因素分析($n=197$)结果显示,量表的两因子模型结构拟合良好($\chi^2=158.40$,$df=75$,$RMSEA=0.08$,$CFI=0.88$,$TLI=0.86$,$SRMR=0.06$),表明该量表具有良好的结构效度;CAS-S 总分与 BIS-11($n=94$)、S-UPPS-P 得分($n=32$)呈正相关($r=0.40,0.57$,P 均<0.01),表明该量表具有较好的效

标关联效度。此外,CAS-S总分与"无意识"和"不由自主"两因子的同质信度分别为 0.86、0.67、0.86,分半信度为 0.78、0.55、0.79,重测信度($n=32$)为 0.85、0.55、0.77,均在可接受的范围内。而且,量表总分与"无意识"和"不由自主"的相关系数分别为 0.74 和 0.94($P<0.01$),"无意识"和"不由自主"因子的相关系数为 0.45($P<0.01$)。上述结果表明,中文版 CAS-S 具有良好的信效度,可以作为测量物质成瘾者心理渴求感和自动化用药行为的工具。

【结果分析与应用情况】

1. 统计指标和结果分析 CAS-S 的分析较简单,主要的统计指标是各个分量表得分及 15 个项目的总分。得分越高,表明物质成瘾者的自动化物质使用行为越普遍,对成瘾物质的渴求程度越大。

2. 应用评价 相关线索反应包括相关线索下产生的渴求感和自动化药物寻求和使用行为,是成瘾行为的关键表现,也是成瘾程度、治疗结果及复吸危险性的重要标记。CAS-S 的"无意识"和"不由自主"两个维度正是相关线索反应的指标,可以为研究物质成瘾者的相关线索反应提供一种新的工具,而且 CAS-S 题目数量较少,操作简易,便于收集数据。

(曾　红　Vollstädt-Klein Sabbina　严瑞婷　黄海娇)

参 考 文 献

[1] 严瑞婷,王鹏飞,唐文俊,等.成瘾物质渴求与自动化行为反应量表中文版的信效度检验.中国临床心理学杂志,2019,27:530-533+538.

[2] Nakovics H,Vollstädt-Klein S,Leménager T,et al. Entwicklung und Validierung eines Fragebogens zur Erfassung des automatisierten Craving [Craving Automized Scale-Alcohol; CAS-A]. Sucht,2012,58(Suppl 1):115-116.

[3] Vollstädt-Klein S,Leménager T,Jorde A,et al. Development and validation of the craving automated scale for alcohol. Alcoholism, clinical and experimental research, 2015, 39 (2): 333-342.

附:成瘾物质渴求与自动化反应量表(中文版)(CAS-S)

(严瑞婷、曾红等编制)

指导语:请根据你近 1 周内使用成瘾物质的情况来回答以下每项问题,并在最符合你使用成瘾物质行为的选项括号内画"√"。

题目内容	不会	几乎不会	偶尔	频繁	非常频繁	总是如此
1. 我根本觉察不到我正在使用成瘾物质	( )	( )	( )	( )	( )	( )
2. 我会不自觉地去使用成瘾物质	( )	( )	( )	( )	( )	( )
3. 我注意不到自己使用了多少成瘾物质	( )	( )	( )	( )	( )	( )
4. 我控制不了自己想那些我正在使用的成瘾物质	( )	( )	( )	( )	( )	( )
5. 即使我想要克制自己不使用那些成瘾物质,但我还是没办法控制自己	( )	( )	( )	( )	( )	( )
6. 我意识不到自己正在使用那些成瘾物质	( )	( )	( )	( )	( )	( )
7. 我控制不了自己使用那些成瘾物质	( )	( )	( )	( )	( )	( )
8. 只有在用完了那些成瘾物质后,我才会觉察到自己做了什么	( )	( )	( )	( )	( )	( )
9. 我会不假思索地使用那些成瘾物质	( )	( )	( )	( )	( )	( )
10. 即使我不想,但我还是会使用那些成瘾物质	( )	( )	( )	( )	( )	( )
11. 当别人给我提供那些成瘾物质时,我无法抵抗诱惑	( )	( )	( )	( )	( )	( )
12. 我只有事后才会意识到我在使用那些成瘾物质	( )	( )	( )	( )	( )	( )
13. 我感觉自己无法决定是不是使用那些成瘾物质	( )	( )	( )	( )	( )	( )
14. 当我计划使用少量成瘾物质时,但实际使用量比计划得多	( )	( )	( )	( )	( )	( )
15. 我并不渴望使用那些成瘾物质,但我仍然会用	( )	( )	( )	( )	( )	( )
16. 你上次使用那些成瘾物质是几天前	_____天前					

注:每个条目采用6级计分法(0=不会;1=几乎不会;2=偶尔;3=频繁;4=非常频繁;5=总是如此)。

十二、强制戒毒人员戒毒动机量表(DAMQ)

【概述】

研究人员基于自我决定动机理论(self-determination theory,SDT)编制了强制戒毒人员戒毒动机量表(drug abstaining motivation questionnaire,DAMQ),为戒毒工作提供了科学工具。目前国内已有研究者将SDT应用于学习动机(池文韬 等,2020;陶曙红 等,2019)、工作动机(郭功星,程豹,2021)、体育锻炼动机(魏娇娇 等,2020)、教师教学动机(章木林,邓鹏鸣 2020)等方面,但将该理论应用于临床心理方面的研究较少。吕伯霄等（2021）以强制戒毒人员作为被试者，编制了适用于强制戒毒人员的戒毒动机量表，探索戒毒内、外部动机的理论结构，对戒毒动机进行更详细的定位，揭示戒毒内、外部动机变化发展的过程。

【内容及实施方法】

（一）项目和评定标准

DAMQ 共 23 个条目，分为 4 个维度：戒毒认同感、自责内疚、外部压力、求助意愿，见表 5-13。

表 5-13　DAMQ 引出症状及分量表项目

分量表	项目
戒毒认同感（active participation）	2/5/9/13/16/18/21
自责内疚（sense of identity and guilty）	4/8/11
外部压力（external pressure）	7/15/19/20/22/23
求助意愿（help-seeking）	1/3/6/10/12/14

1. 戒毒认同感　主要涉及因认识到戒毒的重要性和价值而参与戒毒的动机。样本项目："坚持戒毒是目前能帮助自己的最好方法"。

2. 自责内疚　主要涉及因体验到外部压力及为了满足社会期许而参与戒毒的动机。样本项目："如果不做些什么来戒毒，我会感到内疚"。

3. 外部压力　主要涉及为了戒毒而主动寻求帮助的意愿。样本项目："戒毒是因为继续吸毒会惹上很多麻烦"。

4. 求助意愿　主要涉及为了缓解自身的羞愧情绪，或是为了增强自我而参与戒毒的动机。样本项目："我打算和家人聊一聊我担心的戒毒问题"。

DAMQ 为自评量表，采用 Likert 5 级评分法：1 为"完全不同意"，2 为"不太同意"，3 为"不确定"，4 为"比较同意"，5 为"完全同意"。通过勾选最恰当的数字来表示被试者戒毒时的主要原因及感受。

（二）评定注意事项

量表由评定对象自行填写。在填写前告知评定对象应根据自己的实际情况填写，并告知回答没有对错之分，同时强调研究的保密性，对评定对象不会产生任何影响。对填写该量表的评定对象没有年龄及填写时间的要求，通常需要 15～20 分钟。

【测量学指标】

采用龚勋（2013）编制的戒毒动机问卷作为效标。该问卷共 30 个项目，分为 6 个维度。对 169 名强制戒毒人员进行自编戒毒动机量表与效标戒毒动机问卷的测量，并进行效标关联效度的检验（同时用于重测信度检验）。戒毒动机量表总表及各个维度(戒毒认同感、自责内疚、外部压力、求助意愿)与效标戒毒动机问卷总表的相关系数分别为 0.71、0.55、0.50、0.65、0.51(P 均<0.01)。

内部一致性信度分析显示,总量表、戒毒认同感、自责内疚、外部压力、求助意愿的 Cronbach's α 系数分别为 0.82、0.708、0.743、0.681、0.694。总量表的重测信度为 0.91,戒毒认同感、自责内疚、外部压力、求助意愿 4 个维度的重测信度分别为 0.84、0.76、0.73 和 0.77。这说明该量表具有良好的信效度。

【结果分析与应用情况】

1. 统计指标和结果分析　本量表能够用于测量和评价强制戒毒人员戒毒动机的情况,并区分出不同自我决定水平的戒毒动机。主要的统计指标是各个分量表得分。得分越高,表明该分量表所代表的动机越高。

2. 应用评价　本量表更多指向与情绪、态度相关的戒毒者内部动机,这与武晓艳等(2008)编制的戒毒动机量表及本文的效标问卷在内容和对象侧重上皆有所不同。因此,相对于成瘾行为本身而言,本量表是对戒毒动机研究的进一步深化和补充,也可为我国强制戒毒机构工作提供更为有针对性和有效的工具。

(吕伯霄　罗晓红　曾　红)

参 考 文 献

[1] 池文韬,桑青松,舒首立.大学生专业内部动机与主观幸福感的关系:专业投入与主观专业成就的中介作用.心理发展与教育,2020,36(4):477-485.

[2] 龚勋.吸毒者自我概念、应对方式与成瘾的关系研究(硕士学位论文).西南大学,2013.

[3] 郭功星,程豹.顾客授权行为对员工职业成长的影响:自我决定理论视角.心理学报,2021,53(2):215-228.

[4] 吕伯霄,何叶光,曾令颂,等.强制戒毒人员戒毒动机量表的编制.中国药物滥用防治杂志,2021,27(2):132-135＋158.

[5] 陶曙红,龙成志,郭丽冰,等.成就动机、自我效能感与自主学习绩效的关系:一个有中介的调节模型.心理研究,2019,12(2):171-178.

[6] 魏娇娇,谢晖,汪晨晨,等.社区老年人基本心理需要满足、自我决定动机与体育锻炼行为的关系.护理研究,2020,34(21):3791-3795.

[7] 武晓艳,曾红,李凌,等.戒毒动机的结构与量表编制.中国药物依赖性杂志,2008,17(6):465-468.

[8] 章木林,邓鹏鸣.自我决定理论视角下大学英语教师教学转型的动机研究.外语学刊,2020,(3):63-68.

附:强制戒毒人员戒毒动机量表(DAMQ)

(吕伯霄、曾红等编制)

指导语:下列是对于戒毒过程中一些观点的描述,请评判这些描述是否符合你戒毒的<u>主要</u>

原因或感受,并在最符合自己实际情况的方格内画"√"。选择答案的原则如下。

完全不同意:这一项描述完全不符合你戒毒的<u>主要原因或感受</u>。

不太同意:这一项描述不太符合你戒毒的<u>主要原因或感受</u>。

不确定:对这一项描述你部分赞同,部分不赞同。

比较同意:这一项描述大致上符合你戒毒的<u>主要原因或感受</u>。

完全同意:这一项描述完全符合你戒毒的<u>主要原因或感受</u>。

我们对你的回答只做统计分析,并**严格保密**,请放心填答。请不要漏答,谢谢你的合作!

题目内容	完全不同意	不太同意	不确定	比较同意	完全同意
1. 我打算和家人聊一聊我担心的戒毒问题	☐	☐	☐	☐	☐
2. 坚持戒毒是目前能帮助自己的最好方法	☐	☐	☐	☐	☐
3. 我打算和朋友聊一聊我担心的戒毒问题	☐	☐	☐	☐	☐
4. 如果不做些什么来戒毒,我会感到内疚	☐	☐	☐	☐	☐
5. 戒毒对我来说是一件很重要的事情	☐	☐	☐	☐	☐
6. 我意识到个人戒毒能力有限,我需要别人的帮助和支持	☐	☐	☐	☐	☐
7. 戒毒是因为继续吸毒会惹上很多麻烦	☐	☐	☐	☐	☐
8. 如果不做些什么来戒毒,我会感到自责	☐	☐	☐	☐	☐
9. 戒了毒我才能更好地生活	☐	☐	☐	☐	☐
10. 在戒毒过程中,我打算多和戒毒专业人员聊一聊	☐	☐	☐	☐	☐
11. 如果不做些什么来戒毒,我会觉得自己很失败	☐	☐	☐	☐	☐
12. 我打算寻找一些帮助,来防止我复吸	☐	☐	☐	☐	☐
13. 现在坚持戒毒,将来一定会对我有益	☐	☐	☐	☐	☐
14. 我打算寻找一些帮助,让我不要重回以前吸毒的生活状态	☐	☐	☐	☐	☐
15. 戒毒是因为不戒就得不到别人的信任	☐	☐	☐	☐	☐
16. 戒毒是我的选择,我要为此负责并坚持到底	☐	☐	☐	☐	☐
17. 戒毒是因为吸毒让我的身体变差	☐	☐	☐	☐	☐
18. 我想在余下的人生中能有一些作为,所以我要戒毒	☐	☐	☐	☐	☐
19. 戒毒是因为吸毒让我失去了工作和生存能力	☐	☐	☐	☐	☐
20. 戒毒是因为吸毒让我的生活出现了很多问题	☐	☐	☐	☐	☐
21. 为了戒毒,我真的想做出一些改变	☐	☐	☐	☐	☐
22. 戒毒是因为总是担心吸毒被抓而太痛苦	☐	☐	☐	☐	☐
23. 戒毒是因为不想让亲戚、朋友疏远我	☐	☐	☐	☐	☐

十三、欺凌参与行为问卷(BPBQ)

【概述】

Salmivalli 等于 1996 年提出了"欺凌参与角色"的概念,根据个体在欺凌事件中所扮演的角色,将个体分为欺凌者、受欺凌者、协同欺凌者(协助或跟随欺凌者参与到欺凌行为中)、煽风点火者(通过煽动性言行强化欺凌行为)、置身事外者(视而不见,或回避欺凌情境)和保护者(设法制止欺凌,保护、安慰受欺凌者),并与之对应编制了参与角色问卷(participant role questionnaire,PRQ)。

之后,Summers 和 Demaray 在 PRQ 的基础上编制了欺凌参与行为问卷(bullying participant behaviors questionnaire,BPBQ)。2014 年,Demaray 等对问卷进行了进一步的修订。与 PRQ 不同的是,BPBQ 是一个自评问卷,测量的是儿童与青少年的欺凌参与行为而非赋予其固定的角色。换而言之,PRQ 将学生分成不同的角色,BPBQ 检验与参与角色相对应的行为。以下介绍的量表参考邱小艳(2020)的中译本。

【内容及实施方法】

(一)项目和评定标准

BPBQ 为自评问卷,主要用于测量 10～14 岁儿童的欺凌参与行为,问卷共 50 个题目,其中包含欺凌者、协同欺凌者、受欺凌者、保护者和置身事外者 5 个分量表,每个分量表各 10 个条目。问卷采用李克特 5 级计分法,要求被试者根据过去 30 天的经历对每个问题进行评定,0 表示"从来没有",4 表示"7 次或更多次",无反向计分题见表 5-14。

表 5-14 BPBQ 分量表及项目

分量表	项目	BPBQ 中文版内部一致性信度	BPBQ 中文版重测信度
欺凌者(bully)	1～10	0.801	0.817
协同欺凌者(assistant)	11～20	0.823	0.797
受欺凌者(victim)	21～30	0.841	0.826
保护者(defender)	31～40	0.874	0.763
置身事外者(outsider)	41～50	0.835	0.735

(二)评定注意事项

量表由评定对象自行填写。在填表前须让评定对象理解并明白填表说明、填表方法和项目内容。文盲或半文盲不宜作为评定对象。完成量表时间一般为 3～5 分钟。

评定时注意事项如下。

（1）评定时间范围。应强调评定的是过去"30 天"的经历，须将这一时间范围十分明确地告知评定对象。

（2）评定年龄范围。应强调由 10～14 岁儿童填写本量表。

（3）根据测评需要，可以将 5 个分量表单独使用。

【测量学指标】

量表原作者对 BPBQ 量表进行了信效度及验证性因素分析，结果显示：量表总分及 5 个分量表的 α 系数介于 0.88（欺凌者）～0.94（保护者和置身事外者）；验证性因素分析结果为 $\chi^2(1145)=2668.89(P<0.001)$，$CFI=0.88$，$RMSEA=0.065$，$SRMR=0.06$，表明量表结构良好。

在国内青少年中的研究发现，BPBQ 各分量表得分的 α 系数介于 0.834（置身事外者）～0.892（欺凌者）。间隔 1 个月后各分量表的重测系数介于 0.797（协同欺凌者）～0.863（保护者），具有良好的内部一致性和稳定性。量表五因子结构良好，验证性因素分析的拟合指数为 $CFI=0.932$、$TLI=0.929$、$RMSEA=0.036$、$SRMR=1.003$。BPBQ 具有良好的效标效度，欺凌者、协助欺凌者分量表得分与道德推脱和特质愤怒的总分呈显著正相关（$r=0.270\sim0.392,P<0.001$），受欺凌者分量表得分与特质愤怒呈显著正相关（$r=0.248,P<0.001$），置身事外者分量表得分与道德推脱呈显著正相关（$r=0.184,P<0.001$）。

【结果分析与应用情况】

1. 统计指标和结果分析　BPBQ 的统计指标为总分或各个因子得分。分析简单，结果分析按需将所有题目或分量表所包含题目得分加总。

2. 应用评价

（1）BPBQ 自评得分的方差分析结果显示（Demaray et al.，2014），男生在欺凌者、协同欺凌者、受欺凌者 3 个分量表的平均得分（$M=4.50$、1.99、7.61）显著高于女生在 3 个分量表上的平均得分（$M=3.07$、0.99、5.70）。其方差分析具体结果分别为 $F(1667)=13.92(P<0.001)$，$F(1667)=11.08(P<0.001)$，$F(1667)=9.63(P<0.01)$；年级中欺凌者得分主效应显著，$F(2667)=3.62(P<0.05)$，事后检验结果表明八年级学生得分（$M=4.46$）显著高于六年级（$M=3.29$）。

（2）BPBQ 量表的五因子能够更直接及全面地考察不同参与角色的欺凌行为。例如，Dorio 和同事（Dorio et al.，2019）利用 BPBQ 量表一次性检验了传统欺凌中的 5 种不同行为，结果发现，在秋季校园气候的感知预测了春季中欺凌者、协同欺凌者、受欺凌者和置身事外者相对应行为的发生，不包括保护者。同时也有单独使用 BPBQ 分量表的研究，例如，Dorio 等（2018）将 BPBQ 中的受欺凌者分量表单独用于探讨同伴伤害与学习投入之间的关系，以及在这种关系中反刍和抑郁症状的间接影响。

（3）有研究进一步验证了 BPBQ 量表的高阶因子（Jenkins & Canivez，2021），

二阶验证性因子分析(CFA)结果证明其存在两个高阶因子。其中一个因子包括欺凌者、协同欺凌者和置身事外者,被命名为亲欺凌者(pro-bully);另一个因子包括受欺凌者和保护者,被命名为亲受欺凌者(pro-victim),并且强调应该考虑到这些角色的非独立性。

(夏方婧 刘 拓)

参 考 文 献

[1] 邱小艳,杨偃成,刘小群,等. 欺凌参与行为问卷在中国大学生群体中的信效度检验. 中国临床心理学杂志,2020,28(2):311-315.

[2] Salmivalli C,Lagerspetz K,Bjorkqvist K,et al. Bullying as a group process:Particiant roles and their relations to social status within the group. Aggressive Behavior,1996,22(1):1-15.

[3] Demaray MK,Summers KH,Jenkins LN,et al. Bullying participant behavior questionnaire (BPBQ):Establishing a reliable and valid measure. Journal of School Violence,2014,15(2):158-188.

[4] Dorio NB,Clark KN,Demaray MK,et al. School climate counts:a longitudinal analysis of school climate and middle school bullying behaviors. International Journal of Bullying Prevention,2019,2(1):1-17.

[5] Dorio NB,Stephanie SF,Demaray MK. School engagement and the role of peer victimization,depressive symptoms,and rumination. The Journal of Early Adolescence,2018,39(7):962-992.

[6] Jenkins LN,Canivez GL. Hierarchical factor structure of the bullying participant behavior questionnaire with a middle school sample. International Journal of School and Educational Psychology,2021,9(1):55-72.

附:欺凌参与行为问卷(BPBQ)

(邱小艳、刘小群等修订)

指导语:在过去的 30 天里,你是否做过以下任何事情,请在相应的频次方格内画"√"。

序号	题目内容	从来没有	1～2次	3～4次	5～6次	7次或更多次
1	我给别人起过绰号	☐	☐	☐	☐	☐
2	我取笑过别的同学	☐	☐	☐	☐	☐
3	我曾故意孤立或冷落某个同学	☐	☐	☐	☐	☐
4	我推过、打过别人,或扇过别人巴掌	☐	☐	☐	☐	☐
5	我对同学撒过谎	☐	☐	☐	☐	☐

（续　表）

序号	题目内容	从来没有	1～2次	3～4次	5～6次	7次或更多次
6	我曾试图让别人不喜欢某个同学	☐	☐	☐	☐	☐
7	我偷过别的同学的东西	☐	☐	☐	☐	☐
8	我朝别的同学扔过东西	☐	☐	☐	☐	☐
9	我说过别人的坏话	☐	☐	☐	☐	☐
10	我在背后议论过别人	☐	☐	☐	☐	☐
11	当有人取笑某个同学时,我也会跟着这么做	☐	☐	☐	☐	☐
12	当有人威胁别的同学时,我也会跟着这么做	☐	☐	☐	☐	☐
13	当有人撞到某个同学时,我也会加入其中	☐	☐	☐	☐	☐
14	当有人被推、被打,或被扇巴掌时,我也取笑过他(她)	☐	☐	☐	☐	☐
15	我取笑过那些被叫绰号的同学	☐	☐	☐	☐	☐
16	当有人损坏某个同学的东西时,我会在一旁看热闹	☐	☐	☐	☐	☐
17	当有人故意绊倒某个同学时,我会看笑话	☐	☐	☐	☐	☐
18	当有人故意将某个同学的书从手中敲落时,我会看笑话	☐	☐	☐	☐	☐
19	当有人掐或戳另一个同学时,我也会参与其中	☐	☐	☐	☐	☐
20	当有人向另一个同学扔东西时,我也会参与其中	☐	☐	☐	☐	☐
21	有人给我起过绰号	☐	☐	☐	☐	☐
22	我被别人取笑过	☐	☐	☐	☐	☐
23	我被别人有意孤立、冷落过	☐	☐	☐	☐	☐
24	我被忽视过	☐	☐	☐	☐	☐
25	我被人推挤过、打过,或被扇过巴掌	☐	☐	☐	☐	☐
26	我被人推挤过	☐	☐	☐	☐	☐
27	有人对我说谎	☐	☐	☐	☐	☐
28	有人试图让别人排挤我	☐	☐	☐	☐	☐
29	我被人威胁过	☐	☐	☐	☐	☐
30	有人强行拿走我的东西	☐	☐	☐	☐	☐
31	当有人被捉弄后,我会尽力和他们做朋友	☐	☐	☐	☐	☐
32	在有人被捉弄后,我会鼓励他们去告诉大人	☐	☐	☐	☐	☐
33	我保护过那些被推挤、被打或被扇巴掌的人	☐	☐	☐	☐	☐
34	我保护过那些东西被强行拿走的人	☐	☐	☐	☐	☐
35	我保护过那些被叫绰号的人	☐	☐	☐	☐	☐
36	如果有人遭到孤立或冷落,我会尽力亲近他们	☐	☐	☐	☐	☐

（续 表）

序号	题目内容	从来没有	1～2次	3～4次	5～6次	7次或更多次
37	当有人故意将某个同学的书从手中敲落时,我会出手相助	☐	☐	☐	☐	☐
38	我帮助过被人故意绊倒的人	☐	☐	☐	☐	☐
39	当我看到有人受到身体伤害时,我会告诉大人	☐	☐	☐	☐	☐
40	我保护过那些被别人有意欺骗的人	☐	☐	☐	☐	☐
41	当某个同学的东西被人拿走或偷走时,我假装没看到	☐	☐	☐	☐	☐
42	当有人散布关于某个同学的谣言时,我假装没听见	☐	☐	☐	☐	☐
43	当我看到有人取笑某个同学时,我视而不见	☐	☐	☐	☐	☐
44	当有人被人故意孤立或冷落时,我假装没注意到	☐	☐	☐	☐	☐
45	当有人破坏或毁掉另一个同学的东西时,我假装没看见	☐	☐	☐	☐	☐
46	当有人被人故意绊倒时,我假装没看见	☐	☐	☐	☐	☐
47	当有人掐或戳另一个同学时,我假装没看见	☐	☐	☐	☐	☐
48	当有人朝某个同学扔东西时,我视而不见	☐	☐	☐	☐	☐
49	当有人欺骗另一个同学时,我假装没看见	☐	☐	☐	☐	☐
50	当有人毁坏某个同学的财产时,我假装没看见	☐	☐	☐	☐	☐

十四、长处和困难问卷(SDQ)

【概述】

长处和困难问卷(strengths and difficulties questionnaire,SDQ)是由美国心理学家 Goodman 于 1997 年根据 DSM-Ⅳ 和 ICD-10 诊断标准而专门设计和编制的,是一个简明的行为筛查问卷。SDQ 分为家长版、教师版和学生版 3 个版本,分别由家长、老师和学生进行评定。

问卷初步编制后在美国、荷兰、德国、英国等国家得到应用,并于 2001 年再次进行修订后被 40 个国家和地区引进和应用。SDQ 常用于评估儿童及青少年的行为和情绪问题,具有良好的信度和效度。

该量表在国内由上海市精神卫生中心杜亚松等(2006)进行了修订,并制定了上海常模。

【内容及实施方法】

SDQ(家长版、教师版和学生版)包括情绪症状、品行问题、多动、同伴交往问题和亲社会行为 5 个因子,共 25 个条目。每个条目按 0～2 的 3 级评分法,即 0 分=不符合,1 分=有点符合,2 分=完全符合,其中第 7、11、14、21 和 25 条目为反向计分题。另外,还有一个附加影响因子,包括"困难对孩子的困扰"和"对孩子造成的社会功能缺陷"2个条目,也按0～2的3级评分法,即0分＝没有,1分＝轻微或颇为,2分＝非常,均为正向计分题。

家长版和教师版分别由家长和老师根据对4～16岁儿童平时的观察,对他(她)近半年的行为、情绪等方面进行评定。学生版由11～16岁儿童自评。

【测量学指标】

1. SDQ 家长版

(1)信度。各条目与问卷总分的相关系数为0.5949,各因子与问卷总分的相关系数为0.784;对45名儿童于6周后进行重测,各因子的重测信度介于0.434～0.787。将SDQ家长版的条目与相应的因子做相关分析,结果显示各条目与相应的因子均呈正相关,除了"偷东西"一项相关系数为0.3120外,其余各条目与其相应因子的相关系数均在0.469以上,最高达0.769,差异具有非常显著的统计学意义($P<0.001$)。

(2)效度。以Conners父母问卷(PSQ)对SDQ进行平行效度分析,在家长填写SDQ的同时也填写PSQ。对PSQ和SDQ的各因子得分进行相关分析,除了亲社会行为与PSQ各因子呈负相关外,其余各因子与PSQ各因子均呈正相关。实证效度是将常模样本与门诊的47例注意缺陷多动障碍(ADHD)患者进行比较,ADHD组中SDQ的情绪症状、品行问题、多动、同伴交往问题、困难总分和亲社会行为因子得分均高于常模组相应因子得分,差异具有非常显著的统计学意义($P<0.001$)。

2. SDQ 教师版

(1)信度。各条目与问卷总分的Cronbach α系数为0.672,各因子与问卷总分的Cronbach α系数为0.758,各条目与相应因子的Cronbach α系数介于0.718～0.800。提示SDQ教师版有较好的内部一致性。6周后的重测信度显示,各因子(情绪症状、品行问题、多动、同伴交往问题、困难总分、亲社会行为和影响因子)的相关系数分别为0.404、0.495、0.640、0.580、0.500、0.520和0.485(P均<0.01)。将SDQ教师版量表的条目与相应的因子做相关分析,结果显示各条目与相应的因子均呈正相关,除了"偷东西"一项相关系数为0.323外,其余各条目与其相应因子的相关系数均在0.5以上,最高达0.910,差异具有非常显著的统计学意义($P<0.001$)。

(2)效度。以Conners教师问卷(TRS)对SDQ进行平行效度分析,在老师填写SDQ的同时也填写TRS。对SDQ和TRS的各因子分进行相关分析,除了SDQ的亲社会行为因子与TRS的各因子呈负相关外,其他因子均呈正相关。实证效度是将常模样本与门诊的47例ADHD患者进行比较,ADHD组中SDQ的情绪症状、品行问题、多动、同伴交往问题、困难总分和亲社会行为因子得分均高于常模组相应因子得分,差异具有非常显著的统计学意义($P<0.001$)。

3. SDQ 学生版

(1)信度。各条目与问卷总分的Cronbach α系数为0.581,各因子与问卷总分的

Cronbach α 系数为 0.790,提示 SDQ 学生版具有较好的内部一致性。6 周后进行重测,总分的相关系数为 0.719,各因子的相关系数介于 0.483~0.743,差异具有非常显著的统计学意义($P<0.001$)。将 SDQ 学生版的条目与相应的因子做相关分析,结果显示各条目与相应的因子均呈正相关,除了"偷东西"一项相关系数为 0.387 外,其余各条目与其相应因子的相关系数均在 0.472 以上,最高达 0.738,差异具有非常显著的统计学意义($P<0.001$)。

(2)效度。将常模样本与门诊的 44 例 ADHD 患者进行比较,ADHD 组中 SDQ 的情绪症状、品行问题、多动、困难总分、影响因子和问卷总分得分均高于常模组相应因子得分,差异具有统计学意义。实证效度以 DSM-IV 诊断标准作为效标,用常模的多动因子第 92 百分位作为划界分时区分正常、ADHD 儿童,SDQ 对 ADHD 儿童的诊断特异度为 92.6%,灵敏度为 52.2%,误诊率为 7.4%,总的诊断符合率为 90.4%。

赵冰等(2013)比较了父母评定和儿童自评结果的一致性,结果发现无论是父亲评定还是母亲评定,与青少年自评结果的相关系数都只达到中等水平($r = 0.27~0.45$),且在大多数维度和总分上儿童自评的得分高于其父母评分。研究者认为这可能是由于研究使用的样本为普通人群,父母并没有观察到儿童的异常行为所致。

【结果分析与应用情况】

SDQ 中 5 个因子的得分反映了儿童是否存在情绪、品行、多动、同伴交往和亲社会行为方面的问题及其严重程度,5 个基本因子的计分键见表 5-15。

困难总分为上述 5 个因子得分之和,综合反映儿童行为问题的总体情况。

此外,根据量表附加的两个问题可以计算出影响因子得分,用于评估行为问题对儿童的学习、生活、人际关系等功能的影响程度。

修订者根据上海常模制定了 SDQ 各版本总分及各因子正常、边缘水平和异常的划界分(表 5-15)。

自 SDQ 被修订并建立了上海常模后,已经在儿童 ADHD 方面得到了应用。

表 5-15 SDQ 不同版本的正常、边缘水平和异常的划界分

因子		正常(分)	边缘水平(分)	异常(分)
情绪症状(3/8/13/16/24)	家长版	0~3	4	5~10
	教师版	0~4	5	6~10
	学生版	0~5	6	7~10

（续　表）

因子		正常(分)	边缘水平(分)	异常(分)
品行问题(5/7/12/18/22)	家长版	0～2	3	4～10
	教师版	0～2	3	4～10
	学生版	0～3	4	5～10
多动(2/10/15/21/25)	家长版	0～5	6	7～10
	教师版	0～5	6	7～10
	学生版	0～5	6	7～10
同伴交往问题(6/11/14/19/23)	家长版	0～2	3	4～10
	教师版	0～3	4	5～10
	学生版	0～3	4～5	6～10
亲社会行为(1/4/9/17/20)	家长版	10～6	5	4～0
	教师版	10～6	5	4～0
	学生版	10～6	5	4～0
影响因子	家长版	0	1	2或2以上
	教师版	0	1	2或2以上
	学生版	0	1	2或2以上
困难总分	家长版	0～13	14～16	17～40
	教师版	0～11	12～15	16～40
	学生版	0～15	16～19	20～40

（杜亚松）

参 考 文 献

［1］寇建华,杜亚松,夏黎明.儿童长处和困难问卷(父母版)上海常模的信度和效度.上海精神医学杂志,2005,17(1):25-28.

［2］寇建华,杜亚松,夏黎明.儿童长处和困难问卷(父母版)在注意缺陷多动障碍中的应用.临床心身疾病杂志,2006,12(5):328-329.

［3］杜亚松,寇建华,王秀玲,等.长处和困难问卷研究.心理科学,2006,29(6):1419-1421.

［4］寇建华,杜亚松,夏黎明.长处和困难问卷(学生版)上海常模的制订.中国健康心理学杂志,2007,15(1):3-5.

［5］赵冰,黄峥,郭菲,等.长处与困难问卷父母评和自评的一致性.中国临床心理学杂志,2013,

21(1):28-31.

[6] Goodman R. Psychometric Properties of the Strengths and Difficulties Questionnaire. J Am Acad Child Adolesc Psychiatry,2001,40(11):1337-1345.

[7] Yasong Du,Jianhua Kou,David Coghill. The validity,reliability and normative scores of the parent,teacher and self report versions of the Strengths and Difficulties Questionnaire in China. Child and Adolescent Psychiatry and Mental Health,2008,2:8.

附:长处和困难问卷(SDQ)

（寇建华、杜亚松等编制）

指导语:请根据你过去6个月内的经验与事实,回答以下问题。请从题目右边的3个选项(不符合、有点符合、完全符合)中勾选出你觉得合适的答案。请不要遗漏任何一题,即使你对某些题目并不是十分确定。

你的名字:_____ 出生日期:_____ 性别:男□/女□

序号	题目内容	不符合	有点符合	完全符合
1	我尝试对别人友善,我关心别人的感受	0	1	2
2	我不能长时间保持安静	0	1	2
3	我经常头痛、肚子痛或身体不舒服	0	1	2
4	我常与他人分享东西(如食物、玩具、笔)	0	1	2
5	我觉得非常愤怒,经常发脾气	0	1	2
6	我经常独处,或独自玩耍	0	1	2
7	我通常依照吩咐做事	2	1	0
8	我经常表现出担忧、心事重重的样子	0	1	2
9	如果有人受伤、难过或不适,我都愿意帮忙	0	1	2
10	我经常坐立不安或感到不耐烦	0	1	2
11	我有一个或几个好朋友	2	1	0
12	我经常与别人争执,我能使别人依我的想法行事	0	1	2
13	我经常不快乐、心情沉重或流泪	0	1	2
14	一般来说,其他与我年龄相近的人都喜欢我	2	1	0
15	我容易分心,我觉得难以集中精神	0	1	2
16	我在新的环境中会感到紧张,我很容易失去自信	0	1	2
17	我会友善地对待比我年少的孩子	0	1	2
18	我常被指责撒谎或不老实	0	1	2

（续　表）

序号	题目内容	不符合	有点符合	完全符合
19	其他小孩或青少年常作弄或欺负我	0	1	2
20	我常自愿帮助别人（如父母、老师、同学）	0	1	2
21	我做事前会先想清楚	2	1	0
22	我会从家里、学校或别处拿取不属于我的东西	0	1	2
23	我与大人相处比与同辈相处更融洽	0	1	2
24	我心中有许多恐惧，我很容易受到惊吓	0	1	2
25	我总能把手头上的事情办妥，我的注意力良好	2	1	0

概括而言，你认为自己在情绪方面、注意力方面、行为方面或和别人相处方面是否有困难？

否　　　　是（有少许困难）　　　　是（有困难）　　　　是（有很大的困难）

如果你在上题的答案为"是"，请回答以下关于这些困难的题目。

这些困难出现多久了？

少于1个月　　　　1～5个月　　　　6～11个月　　　　1年以上

影响因子		没有（0）	轻微或颇为（1）	非常（2）
这些困难是否困扰着你的孩子、学生或自己				
这些困难是否对你的日常生活造成困扰	家庭生活			
	与朋友的关系			
	上课学习			
	课外休闲活动			

十五、简要问题监控量表（BPM）

【概述】

简要问题监控量表（brief problem monitor，BPM）是由 Achenbach 等于 2011 年编制的一个用于测量儿童和青少年情感和行为问题的工具。该量表有父母报告 BPM（BPM-P）、青少年报告 BPM（BPM-Y）和教师报告 BPM（BPM-T）3 种形式，分别由青少年家长、青少年本人和青少年教师进行填写。

BPM 由内化（internalizing，INT）、外化（externalizing，EXT）和注意问题（attention problems，ATT）3 个分量表组成，其中 BPM-P、BPM-Y 和 BPM-T 已在西方文化中得到广泛的应用。研究者对该量表进行了中文版修订，对中国儿童或青少年及他们的家长进行施测，考察了 BPM-P 和 BPM-Y 在中国的适用性。以下介绍的量表参考王孟成团队(Xu et al.,2021)检验的中文版 BPM-Y 和 BPM-P。

【内容及实施方法】

(一)项目和评定标准

BPM-P 和 BPM-Y 均包括 19 道题目,分为 3 个分量表,其中内化和注意问题分量表各包含 6 个题目,外化量表包含 7 个题目,见表 5-16。

表 5-16　BPM-P/BPM-Y 分量表名称及所属项目

分量表	项目
内化(INT)	9/11/12/13/18/19
外化(EXT)	2/6/7/8/15/16/17
注意问题(ATT)	1/3/4/5/10/14

1. 内化　是指向个人内部的问题,如焦虑、抑郁、孤僻、退缩等情绪问题。样本项目:"不开心、伤心或抑郁"。

2. 外化　是指反社会行为,如攻击反抗、违纪越轨等行为问题。样本项目:"在家不听话"。

3. 注意问题　是指个体在注意方面的问题,可用来区分 ADHD 儿童与正常儿童。样本项目:"不能集中注意,不能长时间注意"。

BPM-P 为他评量表,BPM-Y 为自评量表,两量表均需要按照李克特 3 级评分法(0＝不符合;1＝有点符合;2＝非常符合),评定对象按照题目与自身真实情况的符合程度勾选出最恰当的选项。

(二)评定注意事项

量表由评定对象自行填写。在填写量表前,评定对象需充分理解填写说明、填写方法及量表内容。文盲或半文盲一般不宜作为评定对象。如有特殊需要,可由施测人员为其读题施测,同时在施测表格中注明该情况,供分析时参考。

【测量学指标】

1. 验证性因素分析　使用验证性因素分析检验 BPM-Y 和 BPM-P 因子结构的结果如下。

验证性因素分析结果表明,双因子模型拟合情况良好[BPM-Y:$\chi^2(df)=389.598(133)$,CFI＝0.983,TLI＝0.979,RMSEA＝0.039;BPM-P:$\chi^2(df)=506.884(133)$,CFI＝0.945,TLI＝0.929,RMSEA＝0.086]。三因子模型拟合情况也良好[BPM-Y:$\chi^2(df)=673.701(149)$,CFI＝0.966,TLI＝0.961,RMSEA＝0.053;BPM-P:$\chi^2(df)=741.821(149)$,CFI＝0.913,TLI＝0.900,RMSEA＝0.102]。双因子模型的标准化因子负荷结果表明 BPM-Y 和 BPM-P 可用单维模型拟合双因子模型($\omega_H＝0.861,0.851$)。BPM-Y 和 BPM-P 总分

ECV 远高于各分量表的 ECV（BPM-Y＝0.697，INT＝0.094，EXT＝0.053，ATT＝0.155；BPM-P＝0.670，INT＝0.138，EXT＝0.050，ATT＝0.142）；BPM-Y 和 BPM-P 中 EXT 分量表的 ECV（5.3%，5.0%）低于 ATT 分量表（9.4%，13.8%）和 INT 分量表（15.5%，14.2%）的 ECV。这一结果表明 BPM-Y 和 BPM-P 是单维模型。

2. 跨样本测量不变性 对 BPM 的跨样本测量不变性检验结果如下。

在双因子模型中，形态等值（configural invariance）拟合效果很好（BPM-Y/BPM-P：CFI＝0.967，TLI＝0.960，RMSEA＝0.056）。在此基础上，BPM-Y 和 BPM-P 的因子负荷（factor loading）相等从而达到单位等值（metric invariance）（χ^2<0.01，CFI<0.01，RMSEA<0.01）。在尺度等值模型（scalar invariance）、严格等值（strict invariance）和因子方差等值模型（factor variance invariance）中，不同的样本之间的项目负荷、截距、误差方差或因子方差没有显著差异（ΔCFI＝－0.009～0.004，ΔRMSEA＝－0.0005～0.006）。

在三因子模型中，BPM-Y 和 BPM-P 的上述 5 种等值模型均具有跨样本不变性（ΔCFI<0.01，ΔTLI<0.01，ΔRMSEA<0.01）。

3. 信度 BPM-Y 总分和 INT 分量表的 α 系数大于 0.8（MIC＝0.31～0.53），ATT 分量表和 EXT 分量表的 α 系数在 0.73～0.77（MIC＝0.29～0.36）。BPM-P 总分 α 系数为 0.90（MIC＝0.32），ATT 分量表 α 系数为 0.83（MIC＝0.45），EXT 分量表 α 系数为 0.81（MIC＝0.388），INT 分量表 α 系数为 0.80（MIC＝0.40）。

4. 聚合效度与效标 关联效度 BPM 及长处和困难问卷学生自评版（strengths and difficulties questionnaires-student rated version，SDQ-S；Goodman，1997）的相关系数介于－0.38～0.635，反映了良好的聚合效度。

以冷漠无情特质量表（inventory of callous-unemotional traits，ICU；Kimonis et al.，2008）作为效标，考察 BPM-Y 的效标关联效度。结果表明，除了 EXT 分量表（r＝0.045）和 BPM 总分（r＝－0.008）与淡漠（uncaring）分量表相关不显著外，其余分量表之间、总分之间及分量表与总分之间的相关系数均在 0.079～0.47。这表明 BPM-Y 具有良好的效标关联效度。

以儿童问题特质量表（child problematic traits inventory，CPTI；Colins et al.，2013）和社会能力量表父母自评版（social competence scale-parent rated version，SCS-PV；Gouley et al.，2008）作为效标，考察 BPM-P 的效标关联效度。结果表明 EXT 分量表和总分与 CPTI 各分量表和总分的相关在 0.266～0.563，与社会能力（SC）的总分相关系数在－0.406～－0.329；学习适应性测验（ATT）分量表与冷酷无情（CU）、冲动、刺激寻求（INS）和总分的相关系数在 0.444～0.524，与 SC 总分的相关系数为－0.54；INT 分量表与 CPTI 各分量表和总分的相关系数在 0.322～0.563。这表明 BPM-P 具有良好的效标关联效度。

【结果分析与应用情况】

1. 统计指标和结果分析 BPM 分析比较简单,主要的统计指标为各个分量表的得分和总分,结果分析按需将所有题目或分量表所包含题目得分加总。

2. 应用评价

(1)BPM 简单实用,可作为评估儿童或青少年情感和行为问题的工具。BPM 只有不到 20 道题目,评定对象可以在 1～2 分钟内完成作答,在实际施测中比其他量表节省了很多时间。量表原作者及我国学者对青少年本人及其家长的施测都得到了较好的信效度结果。

(2)BPM 具有良好的测量不变性。Penelo 和同事们(2017)对 BPM-P 的跨性别测量不变性进行了考察,结果发现男孩和女孩的 BPM-P 得分差异很小。在对中文修订版 BPM-Y 和 BPM-P 测量不变性进行考察的研究中,得到了中文修订版 BPM-Y 和 BPM-P 具有跨样本测量不变性的结果,说明对作答者来说,中文修订版 BPM-Y 和 BPM-P 的项目含义相同。

(3)中文修订版 BPM-Y 和 BPM-P 还存在一定的局限。首先,中文修订版 BPM-Y 和 BPM-P 考察的被试者选自于精神病理出现概率较低的学生群体和社区群体,因此 BPM 的鉴别能力可能受到了限制。其次,考察 BPM 双因子模型和测量不变性的研究较少,因此需要进一步的研究来检验 BPM 的双因子模型及 BPM 在临床/非临床样本等群体中的测量不变性。最后,在对中文修订版 BPM-Y 和 BPM-P 的信效度进行考察时只收集了横向数据,无法估计重测信度及纵向不变性。因此,在后续研究中可进行纵向研究,对中文修订版 BPM-Y 和 BPM-P 的信效度进行补充。

(张艺馨 刘 拓)

参 考 文 献

[1] Achenbach TM. The classification of children's psychiatric symptoms: A factor-analytic study. Psychological Monographs: General and Applied, 1966, 80(7): 1-37.

[2] Achenbach TM, McConaughy SH, Ivanova M, et al. Manual for the ASEBA Brief Problem Monitor. Burlington: University of Vermont, Research Center for Children, Youth, & Families, 2011.

[3] Goodman R. The strengths and difficulties questionnaire: a research note. Journal of Child Psychology and Psychiatry, 1997, 38: 581-586.

[4] Gouley KK, Brotman LM, Huang KY, et al. Construct validation of the Social Competence Scale in preschool-age Children. Social Development, 2008, 17: 380-398.

[5] Kimonis ER, Frick PJ, Skeem JL, et al. Assessing callous unemotional traits in adolescent offenders: Validation of the Inventory of Callous and Unemotional Traits. International Journal

of Law and Psychiatry,2008,31:241-252.

[6] Penelo E,De la Osa N,Navarro JB,et al. The Brief Problem Monitor-Parent form (BPM-P),
a short version of the Child Behavior Checklist:Psychometric properties in Spanish 6-to 8-
year-old children. Psychological Assessment,2017,29:1309-1320.

[7] Xu W,Wang MC,Zhang X,et al. The Brief Problem Monitor (BPM-Y/BPM-P) Among Chi-
nese Youth:Psychometric Properties and Measurement Invariance. Journal of Psychopathol-
ogy and Behavioral Assessment,2021. https://doi. org/10. 1007/s10862-021-09927-7

附 1:父母报告简要问题监控量表(BPM-P)

（许文兵、王孟成等编制）

说明:下列项目是有关儿童和青少年的一些描述,请根据你孩子近期的表现进行打分。其
中,0 代表不符合,1 代表有点符合,2 代表非常符合。

不符合	有点符合	非常符合	项目内容
0	1	2	1. 就他/她的年龄而言,他们表现得有些幼稚
0	1	2	2. 经常争论
0	1	2	3. 不能完成自己开始的事情
0	1	2	4. 不能集中注意力,不能长时间保持注意
0	1	2	5. 不能静坐、焦躁不安或极度活跃
0	1	2	6. 破坏属于他/她的家人或其他人的物品
0	1	2	7. 在家不听话
0	1	2	8. 在学校不听话
0	1	2	9. 感觉自己毫无价值或自卑
0	1	2	10. 冲动或不加思考地行动
0	1	2	11. 太害怕或焦虑
0	1	2	12. 感到太内疚
0	1	2	13. 忸怩或容易尴尬的
0	1	2	14. 不专心或容易分心的
0	1	2	15. 固执、沉闷或易怒的
0	1	2	16. 发脾气或脾气暴躁
0	1	2	17. 威胁别人
0	1	2	18. 不高兴、伤心或抑郁
0	1	2	19. 忧虑

附 2:青少年报告简要问题监控量表(BPM-Y)

(许文兵、王孟成等编制)

说明:下列项目是有关儿童和青少年的一些描述,请根据你近期的表现进行打分。其中,0代表不符合,1代表有点符合,2代表非常符合。

不符合	有点符合	非常符合	项目内容
0	1	2	1. 就我的年龄而言,我表现得有些幼稚
0	1	2	2. 我经常争论
0	1	2	3. 我不能完成自己开始的事情
0	1	2	4. 我不能集中注意力,不能长时间保持注意
0	1	2	5. 我不能静坐
0	1	2	6. 我破坏其他人的物品
0	1	2	7. 我不听父母话
0	1	2	8. 我在学校不听话
0	1	2	9. 我感觉自己毫无价值或自卑
0	1	2	10. 我没有停下来思考就行动了
0	1	2	11. 我非常害怕或焦虑
0	1	2	12. 我感到非常内疚
0	1	2	13. 我是忸怩或容易尴尬的
0	1	2	14. 我是不专心或容易分心的
0	1	2	15. 我是固执的
0	1	2	16. 我脾气暴躁
0	1	2	17. 我威胁要伤害别人
0	1	2	18. 我不高兴、伤心或抑郁
0	1	2	19. 我担心很多

十六、成人食欲特质问卷(AEBQ)

【概述】

成人食欲特质问卷(adult eating behavior questionnaire,AEBQ)是由英国学者 Hunot 等于 2016 年编制的。AEBQ 编制的基础来自 Wardle 等编制的儿童食欲特质问卷(child eating behavior questionnaire,CEBQ)。儿童食欲特质问卷编制的初衷是为探索人们食欲特质的不同对体重相关问题(如肥胖)造成的影响。因此,AEBQ 编制的目的亦为提供一个探索食欲特质与体重问题关系的有效工具。但不同的是 CEBQ 由父母代为填写,AEBQ 为适应成人样本的特点,虽然保留了原有的因子结构,但是变为自评填写。具体来说,AEBQ 能测量 8 种食欲特质(表

5-17），这些特质被认为与人的体重问题有关。目前，AEBQ 已在多个西方国家用于评价成人的食欲特质及与体重的关系。2021 年何金波（He Jinbo）等将 AEBQ 引进到国内。以下介绍的量表参考何金波（2021）的中译本。

【内容及实施方法】

（一）项目和评定标准

AEBQ 共包括 35 道问题，分别测量 8 项食欲特质，其中包括 4 种获取食物方法特质（如饥饿感、外部食物线索响应、情绪化过量进食和享受食物）和 4 种食物回避特质（如饱腹感响应、挑食、情绪化抑制进食和进食缓慢）。例如，情绪过度进食是指通过吃东西来应对负面情绪，让自己感觉好一点。

表 5-17　AEBQ 项目及调查的食欲特质

序号	量表中症状项目原文	食欲特质
1	我喜爱食物	享受食物
2	我喜欢吃	
3	我期待"用餐时间"的到来	
4	当我恼怒时，我会吃得更多	情绪化过量进食
5	当我担忧时，我会吃得更多	
6	当我心烦意乱时，我会吃得更多	
7	当我焦虑时，我会吃得更多	
8	当我生气时，我会吃得更多	
9	我经常在还没吃某种食物前，就觉得我应该不喜欢吃它	挑食
10	我拒绝吃第一次碰到的新食物	
*11	我喜欢品尝新的食物	
*12	我对品尝以前没有尝过的新食物很感兴趣	
*13	我喜欢多种多样的食物	
14	当我担忧时，我会吃得更少	情绪化抑制进食
15	当我生气时，我会吃得更少	
16	当我心烦意乱时，我会吃得更少	
17	当我恼怒时，我会吃得更少	
18	当我焦虑时，我会吃得更少	
19	当我和一个正在吃饭的人在一起时，我经常感到饥饿	外部食物线索响应
20	如果有选择，大多数时间我都会在吃东西	
21	我总是想着食物	
22	当看到或闻到我喜欢的食物时，我就会想要吃它	

（续　表）

序号	量表中症状项目原文	食欲特质
23	我经常注意到我的肚子"咕咕"叫	饥饿感
24	如果我错过了一餐饭,我会变得烦躁	
25	我经常感到非常饿,以至于我不得不马上要吃些东西	
26	我经常感觉饿	
27	如果我的用餐被耽搁了,我会感到眩晕	
28	我经常是最后一个吃完饭的人	进食缓慢
29	在吃饭的过程中,我吃得越来越慢	
30	我吃得很慢	
*31	我经常会快速吃完饭	
32	在用餐结束时,我的餐盘中经常会剩下食物	饱腹感响应
33	我经常饭还没吃完就饱了	
34	如果我在吃饭前已经吃了零食,我会不想吃饭	
35	我很容易就饱了	

注：* 为反向计分题。

AEBQ 为自评量表,被试者只需按自己的饮食习惯在 1～5 级评分法的李克特量表上进行评定：1 代表非常不同意,2 代表不同意,3 代表中立,4 代表同意,5 代表非常同意。每个题目按上述顺序依次评为 1、2、3、4、5 分。最后将各个分量表的平均分记为被试者该特质的分数。比如某被试者在第 1 道题(我喜爱食物)评分为 3 分,在第 2 道题(我喜欢吃)评分为 4 分,在第 3 道题(我期待"用餐时间"的到来)评分为 5 分,那么该被试者在食欲特质的得分为：$(3+4+5)/3=4$。

（二）评定注意事项

表格由评定对象自行填写。在填表前必须让被试者把填表说明、填表方法及问题内容看明白。文盲或半文盲一般不宜作为评定对象。如有特殊需要,可由评定员念给其听,然后在表格中注明,供分析时参考,一般 10 分钟可以完成。

【测量学指标】

量表原作者对 AEBQ 信度进行了检验,其中 8 个分量表得分的 α 系数在 0.75～0.90(享受食物 α 系数＝0.85、情绪化过量进食 α 系数＝0.90、饱腹感响应 α 系数＝0.76、挑食 α 系数＝0.87、情绪化抑制进食 α 系数＝0.89、外部食物线索响应 α 系数＝0.75、饥饿感 α 系数＝0.75、进食缓慢 α 系数＝0.88)。2 周后的重测信度在 0.73～0.91(0.86、0.73、0.86、0.90、0.89、0.87、0.75、0.91)。另外,原作者还发现食欲特质与被试者的 BMI(身体质量指数)有着显著相关性(如情绪化过量进食与 BMI 的相关系数为 $r=0.26,P<0.001$),这证明了该量表的效度良好。

何金波等在中国大学生群体中报道的 α 系数为 0.76～0.97（享受食物 α 系数＝0.91、情绪化过量进食 α 系数＝0.96、饱腹感响应 α 系数＝0.79、挑食 α 系数＝0.78、情绪化抑制进食 α 系数＝0.97、外部食物线索响应 α 系数＝0.76、饥饿感 α 系数＝0.84、进食缓慢 α 系数＝0.86）。4 周后的重测信度在 0.50～0.70（0.67、0.65、0.70、0.68、0.50、0.74、0.67、0.77）；同时，所测量的食欲特质亦表现出与 BMI 的显著相关性（饱腹感响应与 BMI 的相关系数为 $r＝-0.20$）。

【结果分析】

AEBQ 分析较简单，主要的统计指标是各分量表的平均分，即各分量表各单项分的总和除以量表的题目数。因此，AEBQ 简单实用，可作为食欲特质评估的工具。

（铁必杰　何金波）

参 考 文 献

[1] Hunot C,Fildes A,Croker H. et al. Appetitive traits and relationships with BMI in adults: Development of the Adult Eating Behaviour Questionnaire. Appetite,2016,105:356-363.

[2] Wardle J,Guthrie CA,Sanderson S,et al. Development of the children's eating behaviour questionnaire. Journal of Child Psychology and Psychiatry,2001,42:963-970.

[3] He J,Sun S,Zickgraf HF,et al. Assessing appetitive traits among Chinese young adults using the adult eating behavior questionnaire:Factor structure,gender invariance and latent mean differences,and associations with BMI. Assessment,2021,28:877-889.

附：成人食欲特质问卷（AEBQ）

（何金波等修订）

说明：以下是一些关于人们饮食行为倾向的描述，请对照你的个人情况，在符合你情况的选项中画"√"。

题目内容	非常不同意	不同意	中立	同意	非常同意
1. 我喜爱食物	1	2	3	4	5
2. 我喜欢吃	1	2	3	4	5
3. 我期待"用餐时间"的到来	1	2	3	4	5
4. 当我恼怒时，我会吃得更多	1	2	3	4	5
5. 当我担忧时，我会吃得更多	1	2	3	4	5
6. 当我心烦意乱时，我会吃得更多	1	2	3	4	5

（续　表）

题目内容	非常不同意	不同意	中立	同意	非常同意
7. 当我焦虑时,我会吃得更多	1	2	3	4	5
8. 当我生气时,我会吃得更多	1	2	3	4	5
9. 我经常在还没吃某种食物前,就觉得我应该不喜欢吃它	1	2	3	4	5
10. 我拒绝吃第一次碰到的新食物	1	2	3	4	5
*11. 我喜欢品尝新的食物	1	2	3	4	5
*12. 我对品尝以前没有尝过的新食物很感兴趣	1	2	3	4	5
*13. 我喜欢多种多样的食物	1	2	3	4	5
14. 当我担忧时,我会吃得更少	1	2	3	4	5
15. 当我生气时,我会吃得更少	1	2	3	4	5
16. 当我心烦意乱时,我会吃得更少	1	2	3	4	5
17. 当我恼怒时,我会吃得更少	1	2	3	4	5
18. 当我焦虑时,我会吃得更少	1	2	3	4	5
19. 当我和一个正在吃饭的人在一起时,我经常感到饥饿	1	2	3	4	5
20. 如果有选择,大多数时间我都会在吃东西	1	2	3	4	5
21. 我总是想着食物	1	2	3	4	5
22. 当看到或闻到我喜欢的食物时,我就会想要吃它	1	2	3	4	5
23. 我经常注意到我的肚子"咕咕"叫	1	2	3	4	5
24. 如果我错过了一餐饭,我会变得烦躁	1	2	3	4	5
25. 我经常感到非常饿,以至于我不得不马上要吃些东西	1	2	3	4	5
26. 我经常感觉饿	1	2	3	4	5
27. 如果我的用餐被耽搁了,我会感到眩晕	1	2	3	4	5
28. 我经常是最后一个吃完饭的人	1	2	3	4	5
29. 在吃饭的过程中,我吃得越来越慢	1	2	3	4	5
30. 我吃得很慢	1	2	3	4	5
*31. 我经常会快速吃完饭	1	2	3	4	5
32. 在用餐结束时,我的餐盘中经常会剩下食物	1	2	3	4	5
33. 我经常饭还没吃完就饱了	1	2	3	4	5
34. 如果我在吃饭前已经吃了零食,我会不想吃饭	1	2	3	4	5
35. 我很容易就饱了	1	2	3	4	5

注：*为反向计分题。

十七、进食障碍检查自评问卷(简式版)(EDE-QS)

【概述】

进食障碍检查自评问卷(eating disorder examination questionnaire,EDE-Q)是由美国学者 Fairburn 和 Beglin 于 1994 年编制的,是半结构化访谈问卷 EDE 的自评版本。该问卷被广泛地用于进食障碍评估和流行学调查,用以筛查可能有进食障碍的对象,以便进一步检查确诊。虽然 EDE-Q 被广泛应用,但是越来越多的研究者认为其题目过多(包括 28 个题目)不适宜进行大规模的流行病学调查,而且其评估的是过去 28 天内的核心进食障碍行为,不适宜对进食障碍患者病情的监测。因此,Gideon 等在 EDE-Q 的基础上编制了进食障碍检查自评问卷简式版(short form of the eating disorder examination questionnaire,EDE-QS),通过专家评价和项目反应理论的方法选出 12 个进食障碍的核心症状,并将估计的时间从 28 天改为 7 天来补足 EDE-Q 的缺陷。2020 年何金波(He Jinbo)等将 EDE-QS 引进到国内。以下介绍的量表参考何金波(2020)的中译本。

【内容及实施方法】

(一)项目和评定标准

EDE-QS 共包括 12 道问题,分别调查进食障碍的 12 项症状,见表 5-18。

表 5-18　EDE-QS 项目及引出症状

序号	量表中症状项目原文	引出症状
1	你是否曾为改变体重或体形而试图刻意限制自己的进食量(无论你是否已经成功)	限制进食
2	你是否曾为改变体重或体形而在很长一段时间内(清醒状态下 8 小时或更长)不进食	长时间未进食
3	你是否曾因思考食物、进食或热量等问题而难以将注意力集中于自己感兴趣的事情上(如工作、交谈或读书)	食物专注
4	你是否曾因思考体重或体形的问题而难以将注意力集中于自己感兴趣的事情上(如工作、交谈或读书)	体重专注
5	你是否曾明确地惧怕自己可能会变胖	害怕变胖
6	你是否曾对减肥有强烈的渴望	减肥渴望
7	你是否曾试图让自己通过呕吐或服用泻药的方式来控制自己的体重或体形	极端体重控制
8	你是否曾以"驱使"或"强迫"自己运动的方式来控制自己的体重、体形、体脂含量或燃烧热量	强迫运动

（续　表）

序号	量表中症状项目原文	引出症状
9	当你在进食的时候,你是否曾产生对进食失去控制的感觉	失去控制进食
10	在你对进食失去控制的时间里,其中有多少天你一次性吃了他人认为量特别大的食物	暴食
11	你的体重或体形有多影响你对自己作为一个人的想法或评价	认知损害
12	你对自己的体重或体形有多不满意	身体不满

EDE-QS 为自评量表,按过去 1 周内出现相应情况或感觉的频度进行评定:0天,1～2 天,3～5 天,6～7 天。每个题目按上述顺序依次评为 0、1、2、3 分。如题1:"你是否曾为改变体重或体形而试图刻意限制自己的进食量(无论你是否已经成功)",自评为"6～7 天",应记"3"分。

(二)评定注意事项

表格由评定对象自行填写。在填表前必须让被试者把填表说明、填表方法及问题内容看明白。文盲或半文盲一般不宜作为评定对象。如有特殊需要,可由评定员念给其听,然后在表格中注明,供分析时参考,一般 3～5 分钟可以完成。

评定时应注意以下几点。

(1)评定时间范围应强调是"过去 1 周",需将这一时间范围十分明确地告诉自评者。

(2)如做疗效评定时,EDE-QS 应在开始治疗前(或开始研究前)让自评者评定一次,然后至少应在治疗后(或研究结束时)再让他自评一次,以便通过 EDE-QS 总分的变化来分析自评者症状的变化。至于时间间隔,可由研究者自行安排。

【测量学指标】

量表原作者对 EDE-QS 信度进行检验,具有较高的内部一致性系数($\alpha = 0.91$)和较高的重测信度[组内相关系数(ICC)$=0.93$]。何金波等在中国大学生群体中报道的内部一致性系数为 0.89,间隔四周的重测系数为 0.82。EDE-QS 和进食态度自评问卷(eating attitude test-26,EAT-26)呈显著正相关($r = 0.56, P < 0.01$),和凯斯勒心理困扰量表(kessler psychological distress scale,K10)呈显著正相关($r = 0.44, P < 0.01$)。

【结果分析】

1. 统计指标和结果分析　EDE-QS 分析较简单,主要的统计指标是总分,即12 个单项分的总和。依据 Prnjak 等的研究,总分在 15 分以上有可能有进食障碍。

2. 应用评价　EDE-QS 简单实用,可作为进食障碍严重程度的评估和筛选的工具。

（铁必杰　何金波）

参 考 文 献

［1］ Fairburn CG, Beglin SJ. Assessment of eating disorders: Interview or self-report question-naire? International Journal of Eating Disorders, 1994, 16: 363-370.

［2］ Gideon N, Hawkes N, Mond J, et al. Development and psychometric validation of the EDE-QS, a 12 item short form of the Eating Disorder Examination Questionnaire (EDE-Q). PLOS One, 2016, 11(5): e0152744.

［3］ He J, Sun S, Fan X. Validation of the 12-item Short Form of the Eating Disorder Examina-tion Questionnaire in the Chinese context: confirmatory factor analysis and Rasch analysis. Eating and Weight Disorders-Studies on Anorexia, Bulimia and Obesity, 2020. https://doi. org/10. 1007/s40519-019-00840-3.

［4］ Prnjak K, Mitchison D, Griffiths S, et al. Further development of the 12-item EDE-QS: iden-tifying a cut-off for screening purposes. BMC psychiatry, 2020, 20: 1-7.

附：进食障碍检查自评问卷（简式版）（EDE-QS）

（何金波等修订）

说明：以下是你可能有过或感觉到的一些情况或想法。请按照过去 1 周内你的实际情况或感觉，在适当的格子内画"√"。

在过去1周(7天)内,有多少天有过以下的情况或想法	0 天	1～2 天	3～5 天	6～7 天
1. 你是否曾为改变体重或体形而试图刻意限制自己的进食量(无论你是否已经成功)	0	1	2	3
2. 你是否曾为改变体重或体形而在很长一段时间内(清醒状态下 8 小时或更长)不进食	0	1	2	3
3. 你是否曾因思考食物、进食或热量等问题而难以将注意力集中于自己感兴趣的事情上(如工作、交谈或读书)	0	1	2	3
4. 你是否曾因思考体重或体形的问题而难以将注意力集中于自己感兴趣的事情上(如工作、交谈或读书)	0	1	2	3
5. 你是否曾明确地惧怕自己可能会变胖	0	1	2	3
6. 你是否曾对减肥有强烈的渴望	0	1	2	3
7. 你是否曾试图让自己通过呕吐或服用泻药的方式来控制自己的体重或体形	0	1	2	3
8. 你是否曾以"驱使"或"强迫"自己运动的方式来控制自己的体重、体形、体脂含量或燃烧热量	0	1	2	3

（续　表）

在过去1周(7天)内,有多少天有过以下的情况或想法	0天	1~2天	3~5天	6~7天
9. 当你在进食的时候,你是否曾产生对进食失去控制的感觉	0	1	2	3
10. 在你对进食失去控制的时间里,其中有多少天你一次性吃了他人认为量特别大的食物	0	1	2	3
在过去1周(7天)内,对以下情况或想法的程度	没有	轻度	中度	重度
11. 你的体重或体形有多影响你对自己作为一个人的想法或评价	0	1	2	3
12. 你对自己的体重或体形有多不满意	0	1	2	3

十八、成人挑食问卷(APEQ)

【概述】

由于以往关于挑食的研究主要关注儿童,但是越来越多的研究表明挑食亦可以持续到成年。因此,美国学者 Ellis 等于 2017 年编制了成人挑食问卷(adult picky eating questionnaire,APEQ),用于测量成人的挑食行为。原版 APEQ 共 16 个条目,包括 4 个因子:膳食呈现(meal presentation)、食物种类(food variety)、膳食逃离(meal disengagement)和味觉厌恶(taste aversion)。2019 年何金波(He Jinbo)等将 APEQ 引进到国内。由于原版 APEQ 在测量味觉厌恶因子上只有两个题目,导致不太符合测量学指标。因此,何金波等在引进 APEQ 时添加了 4 道题目进入味觉厌恶因子,这 4 道题目均是在基于对味觉厌恶因子的理解及与原作者讨论后确定的。以下介绍的量表参考何金波(2019)的中译本。

【内容及实施方法】

(一)项目和评定标准

APEQ 共包括 20 道问题,分别调查 4 项挑食特质,具体为膳食呈现(与食物呈现或准备相关的行为和态度)、食物种类(所吃食物的种类和对新食物的态度)、膳食逃离(脱离和避免用餐)和味觉厌恶(拒绝食用具有某些特质的食物)。见表 5-19。

表 5-19　APEQ 项目及调查的食欲特质

序号	量表中症状项目原文	挑食特质
1	我对"食物特定的呈现方式"有一种强烈的偏好	膳食呈现
2	我偏爱带有某种颜色的食物	
3	在看到或吃下某些食物后,我会害怕、哭喊或作呕	

序号	量表中症状项目原文	挑食特质
4	当食物不是以我想要的方式准备或烹饪时，我会感到沮丧或失望	
5	我对我吃的东西很谨慎，以至于我经常对食物产生怀疑并觉得有必要仔细检查这些食物的大部分	
6	我以特定的顺序吃东西	
7	我不会吃我看见别人碰过的食物	
8	在每种食物大类中，我只吃有限的几种	食物种类
9	我平时的饮食类型缺乏多样化	
10	我不喜欢品尝新食物	
11	我吃的食物范围很窄（少于10种不同的食物）	
12	当我和大家共餐时，我经常因为食物的原因而吃得漫不经心或无法融入其中	膳食逃离
13	我经常觉得自己有比吃东西更好的事情可以做	
14	我逃避用餐	
15	我拒绝吃苦的食物，即使它们只是稍微有点苦	味觉厌恶
16	我拒绝吃酸的食物	
17	我偏爱质地硬的、干的或脆的食物	
18	我避免吃粥状、糊状或滑滑的食物	
19	我只喜欢泥状或软软的食物	
20	我只喜欢甜的或咸的，且没有明显其他味道的食物	

APEQ 为自评量表，被试者只需按自己的饮食习惯在 1～5 分的频率量表上进行评定：1（从不），2（极少），3（有时），4（经常），5（总是）。每个题目按上述顺序依次评为 1、2、3、4、5 分。最后将各个分量表的平均分记为被试者该特质的分数。比如某被试在第 12 道题被试为 3 分，在第 13 道题被试为 4 分，在第 14 道题被试为 5 分，那么该被试者在膳食逃离的得分为：(3＋4＋5)/3＝4。最后，挑食特质的总分为 4 个分量表的平均分。

(二)评定注意事项

表格由评定对象自行填写。在填表前必须让被试者把填表说明、填表方法及问题内容看明白。文盲或半文盲一般不宜作为评定对象。如有特殊需要，可由评定员念给其听，然后在表格中注明，供分析时参考，一般 8 分钟可以完成。

【测量学指标】

量表原作者对 APEQ 信度进行检验量表的 α 系数为 0.86，其中 4 个分量表的 α 系数分别为 0.79（膳食呈现）、0.77（食物种类）、0.81（膳食逃离）、0.84（味觉厌恶）。另外，原作者还发现，挑食量表的总分与儿童饮食行为调查问卷挑食分量表

(child eating behavior questionnaire,CEBQ)呈显著正相关($r=0.36,P<0.001$),证明其效标效度。何金波等在中国大学生群体中报道的 α 系数为 0.87,其中 4 个分量表的 α 系数分别为 0.76(膳食呈现)、0.79(食物种类)、0.78(膳食逃离)、0.67(味觉厌恶)。4 周后的重测信度为 0.77,其中 4 个分量表的 α 系数分别为 0.60(膳食呈现)、0.61(食物种类)、0.72(膳食逃离)、0.64(味觉厌恶)。

【结果分析】

APEQ 分析较简单,主要的统计指标是各分量表的平均分及总分。APEQ 简单实用,可作为成人挑食特质评估的工具。

(铁必杰 何金波)

参 考 文 献

[1] Ellis JM,Galloway AT,Webb RM,et al. Measuring adult picky eating:The development of a multidimensional self-report instrument. Psychological Assessment,2017,29(8):955-966.

[2] He J,Ellis JM,Zickgraf HF,et al. Translating,modifying,and validating the Adult Picky Eating Questionnaire for use in China. Eating behaviors,2019,33:78-84.

附:成人挑食问卷(APEQ)

(何金波等修订)

说明:以下是一些关于人们饮食行为倾向的描述。请对照你的个人情况,在符合你的情况的选项上画"√"。

题目内容	从不	极少	有时	经常	总是
1. 我对"食物特定的呈现方式"有一种强烈的偏好	1	2	3	4	5
2. 我偏爱带有某种颜色的食物	1	2	3	4	5
3. 在看到或吃下某些食物后,我会害怕、哭喊或作呕	1	2	3	4	5
4. 当食物不是以我想要的方式准备或烹饪时,我会感到沮丧或失望	1	2	3	4	5
5. 我对我吃的东西很谨慎,以至于我经常对食物产生怀疑并觉得有必要仔细检查这些食物的大部分	1	2	3	4	5
6. 我以特定的顺序吃东西	1	2	3	4	5
7. 我不会吃我看见别人碰过的食物	1	2	3	4	5
8. 在每种食物大类中,我只吃有限的几种	1	2	3	4	5
9. 我平时的饮食类型缺乏多样化	1	2	3	4	5
10. 我不喜欢品尝新食物	1	2	3	4	5
11. 我吃的食物范围很窄(少于 10 种不同的食物)	1	2	3	4	5

(续 表)

题目内容	从不	极少	有时	经常	总是
12. 当我和大家共餐时,我经常因为食物的原因而吃得漫不经心或无法融入其中	1	2	3	4	5
13. 我经常觉得自己有比吃东西更好的事情可以做	1	2	3	4	5
14. 我逃避用餐	1	2	3	4	5
15. 我拒绝吃苦的食物,即使它们只是稍微有点苦	1	2	3	4	5
16. 我拒绝吃酸的食物	1	2	3	4	5
17. 我偏爱质地硬的、干的或脆的食物	1	2	3	4	5
18. 我避免吃粥状、糊状或滑滑的食物	1	2	3	4	5
19. 我只喜欢泥状或软软的食物	1	2	3	4	5
20. 我只喜欢甜的或咸的,且没有明显其他味道的食物	1	2	3	4	5

十九、夜间饮食问卷(NEQ)

【概述】

夜间饮食问卷(night eating questionnaire,NEQ)是由美国学者 Allison 等于 2008 年编制的。NEQ 编制的基础来自 Cerú-Björk 等(1983)对夜间进食综合征的理论。NEQ 作为筛查夜间进食综合征(NES)使用最广泛的自我报告工具,其涵盖了与 NES 相关的核心行为和症状。具体来说,NEQ 包含 4 种行为(表5-20),这些行为被认为与 NES 有关。

目前,NEQ 不仅在西方多个国家得到广泛应用,而且在中国台湾地区也具有良好的信效度。2019 年何金波(He Jinbo)等将 NEQ 引入国内。以下介绍的量表参考何金波(2019)的中译本。

【内容及实施方法】

(一)项目和评定标准

NEQ 共包括 13 个题目,分别调查 4 项行为(早晨厌食、睡前食欲旺盛、情绪/睡眠和夜间饮食)。

表 5-20　NEQ 项目及调查的行为

序号	量表中症状项目原文	行为
*1	你在早上一般感觉有多饿	早晨厌食
2	一天当中,你一般在几点首次进食	
3	在晚饭后到睡觉前的期间,你是否有吃点心的渴望或冲动	睡前食欲旺盛
*4	在晚饭后到睡觉前的期间,你对自身进食状况的掌控程度如何	

序号	量表中症状项目原文	行为
5	你每日晚餐后的进食量占你每日进食总量的多少	
6	你目前(这段时间以来)会感到抑郁、沮丧或情绪低落吗	情绪/睡眠
7	当你感到抑郁时,是在何时心情会较低落 **如果一天当中心情没有变化则画"√"**	
8	你感到入睡或睡眠维持困难的频率如何	
9	除了上厕所,你在半夜至少起床一次的频率如何	夜间饮食
	*********** **若第9题的答案为0分,在此停止作答** ***********	
10	当半夜醒来时,你是否会有吃点心的渴望或冲动	
11	当半夜醒来时,你是否需要进食才能继续睡觉	
12	当半夜起床时,你去吃点心的频率如何	
	*********** **若第12题的答案为0分,在此停止作答** ***********	
*13	当半夜醒来时,你对自己进食的掌控程度如何	

注:*为反向计分题。

NEQ 为自评量表,被试者只需按自己的饮食习惯在 0~4 分的李克特量表上进行评定。每个题目按上述顺序依次评为 0、1、2、3、4 分(没有回答的题目记 0 分)。最后每个项目的分数相加,≥30 分者可能患有 NES。何金波等(2017)对中国大学生群体中患 NES 的情况进行调查,发现其检出率为 2.8%。

(二)评定注意事项

表格由评定对象自行填写。在填表前必须让被试者把填表说明、填表方法及问题内容看明白。文盲或半文盲一般不宜作为评定对象。如有特殊需要,可由评定员念给其听,然后在表格中注明,供分析时参考,一般 5 分钟可以完成。

【测量学指标】

量表原作者通过对 1980 名加拿大成人的 NEQ 信度进行检验,得出 α 系数为 0.70。另外,原作者还发现,NEQ 总分与被试者的进食障碍得分呈显著正相关(其中与限制性进食相关系数为 $r=0.35$,$P<0.01$;饮食关注相关系数为 $r=0.36$,$P<0.01$;身形关注相关系数为 $r=0.27$,$P<0.01$),证明其效标效度。何金波等在中国大学生群体中报道的 α 系数为 0.70,同时所测量的 NEQ 总分亦表现出与进食障碍得分呈显著正相关(其中与暴食症相关系数为 $r=0.35$,$P<0.01$;身体不满意相关系数为 $r=0.09$,$P<0.01$;求瘦倾向相关系数为 $r=0.16$,$P<0.01$)。

【结果分析】

NEQ 分析较简单,主要的统计指标是各项目得分,即各个项目单项得分的总和为 NEQ 的得分,≥30 分者可能患有 NES。NEQ 简单实用,可作为夜间饮食评估的工具。

(铁必杰　何金波)

参 考 文 献

[1] Allison KC,Lundgren JD,O Reardon JP,et al. The night eating questionnaire (neq):psychometric properties of a measure of severity of the night eating syndrome. Eating Behaviors, 2008,9:62-72.

[2] Cerú-Björk C,Andersson I,Rössner S. Night eating and nocturnal eating—two different or similar syndromes among obese patients? International Journal of Obesity, 1983, 25: 365-372.

[3] He J,Ji F,Zhang X,et al. Psychometric properties and gender invariance of the simplified Chinese version of Night Eating Questionnaire in a large sample of mainland Chinese college students. Eating and Weight Disorders-Studies on Anorexia,Bulimia and Obesity,2019,24:57-66.

[4] He J,Huang F,Yan J,et al. Prevalence,demographic correlates,and association with psychological distress of night eating syndrome among Chinese college students. Psychology,health & medicine,2018,23:578-584.

附:夜间饮食问卷(NEQ)

（何金波等修订）

指导语:以下是一些关于人们饮食行为倾向的描述。请对照你的个人情况,在符合你情况的选项上画"√"。

1. 你在早上一般感觉有多饿?	0 完全没有	1 有一点	2 有些	3 中等	4 非常
2. 一天当中,你一般在几点首次进食	0 9:00 前	1 9:00～12:00	2 12:00～15:00	3 15:00～18:00	4 18:00 后
3. 在晚饭后到睡觉前的期间,你是否有吃点心的渴望或冲动	0 完全没有	1 有一点	2 有些	3 非常	4 极度
4. 在晚饭后到睡觉前的期间,你对自身进食状况的掌控程度如何	0 完全无法	1 有一点	2 有些	3 非常	4 完全
5. 你每日晚餐后的进食量占你每日进食总量的多少	0 0 无	1 1%～25% 近 1/4	2 26%～50% 近 1/2	3 51%～75% 超过 1/2	4 76%～100% 几乎全部

（续　表）

6. 你目前（这段时间以来）会感到抑郁、沮丧或情绪低落吗	0 完全没有	1 几乎没有	2 有些	3 非常	4 极度
7. 当你感到抑郁时,是在何时心情会较低落 **如果一天当中心情没有变化则画"√"**	0 一大早	1 近中午	2 下午	3 傍晚	4 晚上/深夜
8. 你感到入睡或睡眠维持困难的频率如何	0 从来没有	1 有时	2 约一半	3 超过一半	4 每晚
9. 除了上厕所,你在半夜至少起床一次的频率如何	0 从来没有	1 每周少于1次	2 每周1次	3 每周超过1次	4 每晚

********** **若第9题的答案为0分,在此停止作答** **********

10. 当半夜醒来时,你是否会有吃点心的渴望或冲动	0 完全没有	1 有一点	2 有些	3 非常	4 极度
11. 当半夜醒来时,你是否需要进食才能继续睡觉	0 完全没有	1 有一点	2 有些	3 非常	4 极度
12. 当半夜起床时,你去吃点心的频率如何	0 从来没有	1 每周少于1次	2 每周1次	3 每周超过1次	4 每晚

********** **若第12题的答案为0分,在此停止作答** **********

13. 当半夜醒来时,你对自己进食的掌控程度如何	0 完全不能	1 有一点	2 有些	3 非常	4 完全

二十、失去控制进食量表（LOCES）及简化版（LOCES-B）

【概述】

失去控制进食量表（loss of control over eating scale，LOCES）及其简化版（LOCES-B）是由美国学者 Latner 等于 2014 年编制的。LOCES 和 LOCES-B 是通过文献回顾、收集和整合进食障碍专家及患有进食和体重障碍患者提供的意见编制而成。LOCES 作为一个可以全面评估失去控制进食（LOCE）问题的有效工具,其涵盖了 LOCE 的核心症状。具体来说,LOCES 含有 LOCE 的 3 项单独因素（13 题）及交叉因素（11 题）（表 5-21）,这些因素与个体的 LOCE 问题有关。LOCES 具有高度的内部一致性与可靠性,是测量 LOCE 的可靠工具。LOCES-B 作为 LOCES 的简化版同样是测量 LOCE 的可靠工具（表 5-22）。目前，LOCES 与 LOCES-B 已在西方多个国家得到了广泛的应用。2018 年何金波等将 LOCES 与 LOCES-B 引进到国内。以下介绍的量表参考何金波（2018）的中译本。

【内容及实施方法】

（一）项目和评定标准

原版 LOCES 共包括 24 道问题，分别调查失去控制进食的 3 个方面（行为方面、认知/分离方面和积极/狂喜方面），包括 11 个交叉加载项目和 13 个单独项目。

表 5-21　LOCES 项目及调查的因素

序号	量表中症状项目原文	因素
1	我感觉已经控制不了自己的进食	行为方面
2	我想停下不吃却停不下来	
3	我会吃到撑得不舒服为止	
4	当我恼怒时，我会吃得更多	
6	尽管我知道那些不好的后果，但我还是会继续吃	
9	进食的时候，我是胡吃海塞的	
21	吃完以后，我发现比我想象得吃的还多	
13	进食的时候，我感到我在从"外面"看自己	认知/分离方面
17	进食的时候，我感觉我没有注意自己到底在吃什么	
20	除了吃，我什么也不会做	
24	吃的时候，我仿佛不真实	
11	我对品尝以前没有尝过的新食物很感兴趣	积极/狂喜方面
12	我喜欢多种多样的食物	
5	反正已经这样了，我还是继续吃吧	交叉加载项
7	对于控制饮食，我感到无助	
8	进食的时候，我感到羞耻	
10	进食的时候，我觉得恶心	
14	我感到对吃的欲望掌控了我	
15	我感到我的进食像一颗从山上滚下来的球，停不下来	
16	我不知道我吃了什么、吃了多少	
18	进食的时候，我感觉我处在自己的小世界里	
19	除了吃，我对其他任何事都无法集中注意力	
22	我感觉比一般人/平时吃得快	
23	对我来说，尽量地吃似乎是唯一重要的事	

表 5-22　LOCES-B 项目

序号	量表中症状项目原文	因素
1	我想停下不吃却停不下来	行为方面
2	反正已经这样了,我还是继续吃吧	交叉加载项
3	尽管我知道那些不好的后果,但我还是会继续吃	行为方面
4	对于控制饮食,我感到无助	交叉加载项
5	我感到对吃的欲望掌控了我	
6	当我生气的时候,我会吃得更少	行为方面
7	除了吃,我什么也不会做	认识/分离方面

　　LOCES 及 LOCES-B 为自评量表,被试者只需根据过去 4 周(28 天)中自己的饮食经历在 1～5 分的李克特量表上进行评定:1(从不),2(很少),3(偶尔),4(经常),5(总是)。每个题目按上述顺序依次评为 1、2、3、4、5 分。最后将每个项目的分数相加,总分越高代表 LOCE 状况越严重,反之亦然。

　　(二)评定注意事项

　　表格由评定对象自行填写。在填表前必须让评定对象把填表说明、填表方法及问题内容看明白。文盲或半文盲一般不宜作为评定对象。如有特殊需要,可由评定员念给其听,然后在表格中注明,供分析时参考。一般 10 分钟可以完成。

　　【测量学指标】

　　量表原作者使用美国大学生样本($n=476$)对 LOCES 与 LOCES-B 信度分别进行检验,α 系数分别为 0.96 和 0.93;2～4 周后的重测信度分别为 0.86 和 0.82。另外,原作者还发现,LOCES 得分与被试者的饮食失调(eating disorder examination-questionnaire version 6,EDE-Q)得分呈显著正相关(行为方面相关系数为 $r=0.67$ $P<0.01$;认知/分离方面相关系数为 $r=0.46, P<0.01$;积极/狂喜方面相关系数为 $r=0.32, P<0.01$)。何金波等在中国大学生群体中报道的 LOCES 与 LOCES-B 的 α 系数分别为 0.92 和 0.92,3 周后的重测信度分别为 0.64 和 0.71。他们还发现 LOCES 得分与被试者的自我控制(chinese version of self-control scale,C-SCS)得分呈显著负相关(行为方面相关系数为 $r=-0.31, P<0.01$;认知/分离方面相关系数为 $r=-0.21, P<0.01$;积极/狂喜方面相关系数为 $r=-0.15, P<0.01$)。

　　【结果分析】

　　LOCES 与 LOCES-B 分析较简单,主要的统计指标是各分量表的得分相加。LOCES 与 LOCES-B 简单实用,可作为 LOCE 评估的工具。

(铁必杰　何金波)

参 考 文 献

[1] Latner JD, Mond JM, Kelly MC, et al. The loss of control over eating scale: development and psychometric evaluation. International Journal of Eating Disorders, 2014, 47: 647-659.

[2] He J, Latner JD, Wu W. Measuring loss of control over eating in a Chinese context: psychometric properties of the full and brief Chinese version of the loss of control over eating scale. Current Psychology, 2021, 40: 665-674.

附1：失去控制进食量表（LOCES）

（何金波等修订）

指导语：在过去的4周（28天）内，你在进食的时候，出现以下行为的频率是多少？请对照你的个人情况，在符合你情况的选项上画"√"。

题目内容	从不	很少	偶尔	经常	总是
1. 我感觉已经控制不了自己的进食	1	2	3	4	5
2. 我想停下不吃却停不下来	1	2	3	4	5
3. 我会吃到撑得不舒服为止	1	2	3	4	5
4. 尽管我已经不饿了，但我也会一直吃	1	2	3	4	5
5. 反正已经这样了，我还是继续吃吧	1	2	3	4	5
6. 尽管我知道那些不好的后果，但我还是会继续吃	1	2	3	4	5
7. 对于控制饮食，我感到无助	1	2	3	4	5
8. 进食的时候，我感到羞耻	1	2	3	4	5
9. 进食的时候，我是胡吃海塞的	1	2	3	4	5
10. 进食的时候，我觉得恶心	1	2	3	4	5
11. 进食的时候，我有一种欣慰感或放松感	1	2	3	4	5
12. 进食的时候，我有一种欣快感/身体上的急促感	1	2	3	4	5
13. 进食的时候，我感到我在从"外面"看自己	1	2	3	4	5
14. 我感到对吃的欲望掌控了我	1	2	3	4	5
15. 我感到我的进食像一颗从山上滚下来的球，停不下来	1	2	3	4	5
16. 我不知道我吃了什么、吃了多少	1	2	3	4	5
17. 进食的时候，我感觉我没有注意自己到底在吃什么	1	2	3	4	5
18. 进食的时候，我感觉我处在自己的小世界里	1	2	3	4	5
19. 除了吃，我对其他任何事都无法集中注意力	1	2	3	4	5

（续　表）

题目内容	从不	很少	偶尔	经常	总是
20. 除了吃,我什么也不会做	1	2	3	4	5
21. 吃完以后,我发现比我想象的吃得还多	1	2	3	4	5
22. 我感觉比一般人/平时吃得快	1	2	3	4	5
23. 对我来说,尽量地吃似乎是唯一重要的事	1	2	3	4	5
24. 吃的时候,我仿佛感觉不真实	1	2	3	4	5

附2:失去控制进食量表(简化版)(LOCES-B)

（何金波等修订）

指导语:在过去的4周(28天)内,你在进食的时候,出现以下行为的频率是多少?请对照你的个人情况,在符合你情况的选项上画"√"。

题目内容	从不	很少	偶尔	经常	总是
1. 我想停下不吃却停不下来	1	2	3	4	5
2. 反正已经这样了,我还是继续吃吧	1	2	3	4	5
3. 尽管我知道那些不好的后果,但我还是会继续吃	1	2	3	4	5
4. 对于控制饮食,我感到无助	1	2	3	4	5
5. 我感到吃的欲望掌控了我	1	2	3	4	5
6. 我感到我的进食像一颗从山上滚下来的球,停不下来	1	2	3	4	5
7. 除了吃,我什么也不会做	1	2	3	4	5

二十一、情绪调节困难量表(DERS)

【概述】

情绪调节是指个体管理和改变自己或他人情绪的过程,如情绪的发生与维持、情绪强度和情绪表达等。研究发现,个体的情绪调节与多方面的心理功能有关,这些心理功能一旦受损,个体在情绪调节上就会出现障碍或失调,这种情绪调节能力的缺失即为情绪调节困难。情绪调节困难是指对情绪的意识、接受和控制等方面的困难,与广泛的适应不良行为有关,如抑郁症、创伤后应激障碍和自残行为等。

Gratz和Roemer认为情绪调节过程包括对情绪的觉知和理解能力、对情绪体验的接受能力、对情绪表达行为的控制能力及灵活选取适当情绪调节策略的能力。为了更深入研究成人情绪调节的不同维度,Gratz和Roemer(2004)开发了情绪调节困难量表(difficulties in emotion regulation scale,DERS),该量表由 6 个维度组成,分别是情绪知觉、情绪理解、情绪反应的接受、情绪冲动的控制、目标指向性行为的激发和情绪调节策略的有效使用。原版 DERS 包含 36 道题目,国内研究者黎坚等(2018)在此基础上将题目按照原版编号编制,删除了 4 道题目,修订为 32 道题目,形成中文版 DERS(表 5-24)。

DERS 被广泛用于评估临床样本的情绪失调,研究表明该量表可以预测酗酒、药物滥用、进食障碍、无故惊恐发作和广泛性焦虑症。目前 DERS 已被翻译成多种语言并被验证其有效性,包括荷兰语、法语、意大利语、葡萄牙语、土耳其语。以下介绍的量表参考黎坚等(2018)的修订本。

【内容及实施方法】

(一)项目和评定标准

DERS 为自评量表,包括 6 个维度,分别是情绪知觉、情绪理解、情绪反应的接受、情绪冲动的控制、目标指向性行为的激发和情绪调节策略的有效使用(表 5-24)。每个维度下包含 4~7 道题目,共 32 道题目,量表采用李克特 5 级计分法(从"1=几乎从不"到"5=几乎总是"),其中 9 道题目(1、2、6、8、17、20、22、24、34)为反向计分题目,通过选出最恰当的选项来表明每种情况与被试者真实情况的符合程度。

表 5-24　DERS 维度及项目(原题目编号)

维度	项目
情绪反应的接受(acceptance)	11/12/21/25/29
目标指向性行为的激发(goals)	13/18/20/26/33
情绪冲动的控制(impulse)	3/14/19/24/27/32
情绪知觉(awareness)	2/6/8/17/34
情绪调节策略的有效使用(strategies)	15/16/22/28/30/31/35
情绪理解(clarity)	1/4/5/9

(二)评定注意事项

量表由评定对象自行填写。在填表前必须让评定对象理解并明白填表说明、填表方法及题目内容。

【测量学指标】

中文版 DERS 的内部一致性信度为 0.90,其中情绪知觉、情绪理解、情绪反应的接受、情绪冲动的控制、目标指向性行为的激发和情绪调节策略的有效使用 6 个维度的 α 系数介于 0.68~0.89。总量表的重测信度为 0.84,6 个维度的重测信度介于 0.58~0.87。

验证性因素分析的结果为:$\chi^2=1164.17(df=445,P<0.05)$,CFI=0.89,

TLI＝0.87,RMSEA＝0.05,SRMR＝0.035,表明该结构良好。

外部效度研究发现,DERS 与负性情绪调节量表(generalized expectancy for negative mood regulation scale,NMR)总分呈显著负相关($r＝-0.54,P<0.01$)。DERS 的各维度得分与 NMR 总分呈显著负相关,相关系数介于$-0.58 \sim -0.22$。DERS 与 90 项症状清单(symptom checklist-90-revised,SCL-90-R)总分呈显著正相关($r＝0.50,P<0.01$)。除了情绪知觉维度,DERS 各维度得分与 SCL-90-R 总分呈显著正相关($r＝0.24 \sim 0.52,P<0.01$)。DERS 总分与 SCL-90-R 各维度也呈显著正相关($r＝0.30 \sim 0.50,P<0.01$)。在两量表各维度之间,除了 DERS 的情绪知觉维度与 SCL-90-R 的其他项目维度(addition),各维度呈显著正相关($r＝0.14 \sim 0.52,P<0.01$)。同时,DERS 各维度与人格特质分数间呈显著正相关($r＝0.22 \sim 0.61,P<0.01$)。

【结果分析与应用情况】

1. 统计指标和结果分析 DERS 分析较为简单,主要的统计指标是各个维度得分及量表总分。分数越高,表明个体越有情绪调节困难的情况。

2. 应用评价 中文版 DERS 具有跨文化适应性,与原版 DERS 具有相似的结构,在中国成人样本中有良好的信度和效度。研究发现,虽然文化背景会影响个体情绪的强度并随之影响个体情绪调节策略,但文化背景并不影响个体情绪调节的难易程度。

通过对中文版 DERS 与 SCL-90-R、NMR 的分析发现,情绪调节困难与个体的心理健康状况有关,有情绪调节困难的个体认为自己无法改变当前的消极情绪。因此,该量表可以为临床工作提供信息和指导,包括对心理病理症状的诊断、评估和针对性的治疗等。

该量表也存在一定的局限性。中文版 DERS 的研究对象主要是大学生和年轻的公司员工,限制了研究结果的推广。该量表采用自我报告,可能会受社会期望效应的影响,未来可以将情绪调节的生理测量纳入研究范围。

（刘歆阳　刘　拓）

参 考 文 献

［1］王力,柳恒超,杜卫,等.情绪调节困难量表在中国人群中的初步测试.中国健康心理学杂志,2007,15(4):336-340.

［2］叶宝娟,方小婷,杨强,等.情绪调节困难对大学生手机成瘾的影响:相貌负面身体自我和社交回避与苦恼的链式中介作用.心理发展与教育,2017,33(2):249-256.

［3］Eisenberg N,Spinrad TL. Emotion-related regulation:Sharpening the definition. Child Development,2004,75:334-339.

［4］Gratz KL,Roemer L. Multidimensional assessment of emotion regulation and dysregulation:

Development, factor structure, and initial validation of the difficulties in emotion regulation scale. Journal of Psychopathology and Behavioral Assessment, 2004, 26:41-54.

[5] Li J, Han ZR, Gao MM, et al. Psychometric properties of the Chinese version of the Difficulties in Emotion Regulation Scale (DERS): Factor structure, reliability, and validity. Psychological Assessment, 2018, 30(5): e1-e9.

附:情绪调节困难量表(中文版)

（黎坚等修订）

指导语:请认真阅读以下每一道题目,尤其注意<u>体会不同题目表述间的差异</u>,并根据自己的实际情况,圈选出这些项目在你身上的发生频率。其中:

1＝几乎从不(0～10%)　　　2＝有时(11%～35%)　　　3＝大概一半时间(36%～65%)

4—大部分时间(66%～90%)　　5＝几乎总是(91%～100%)

序号	题目内容	几乎从不	有时	大概一半时间	大部分时间	几乎总是
1	我清楚自己的感受	1	2	3	4	5
2	我关注自己的感受	1	2	3	4	5
3	我经历过压倒性的情绪并失去掌控	1	2	3	4	5
4	我不知道自己的感受	1	2	3	4	5
5	我难以理解自己的感受	1	2	3	4	5
6	我留意自己的感受	1	2	3	4	5
7	我关心自己的感受	1	2	3	4	5
8	我对自己的感受感到困惑	1	2	3	4	5
9	当我不高兴的时候,我为自己有那样的感受而生气	1	2	3	4	5
10	当我不高兴的时候,我为自己有那样的感受而觉得尴尬	1	2	3	4	5
11	当我不高兴的时候,我难以完成工作	1	2	3	4	5
12	当我不高兴的时候,我会变得失去控制	1	2	3	4	5
13	当我不高兴的时候,我认为我会长时间保持这种状态	1	2	3	4	5
14	当我不高兴的时候,我觉得我会一直很沮丧	1	2	3	4	5
15	当我不高兴的时候,我觉得我的这种感受是有根据且重要的	1	2	3	4	5

(续 表)

序号	题目内容	几乎从不	有时	大概一半时间	大部分时间	几乎总是
16	当我不高兴的时候,我很难集中精力去做其他的事情	1	2	3	4	5
17	当我不高兴的时候,我有一种失控感	1	2	3	4	5
18	当我不高兴的时候,我仍可以将事情完成	1	2	3	4	5
19	当我不高兴的时候,我为自己有这种情绪而感到羞愧	1	2	3	4	5
20	当我不高兴的时候,我知道最终能找到让自己好受一些的方法	1	2	3	4	5
21	当我不高兴的时候,我仍能保持对自己行为的控制	1	2	3	4	5
22	当我不高兴的时候,我会为自己有这样的感受而内疚	1	2	3	4	5
23	当我不高兴的时候,我难以全神贯注	1	2	3	4	5
24	当我不高兴的时候,我难以控制自己的行为	1	2	3	4	5
25	当我不高兴的时候,我觉得无论我做任何事情都不能让自己好受一些	1	2	3	4	5
26	当我不高兴的时候,我会为自己有这样的感受而变得恼怒	1	2	3	4	5
27	当我不高兴的时候,我就开始自我感觉很差	1	2	3	4	5
28	当我不高兴的时候,我觉得我唯一能做的就是沉溺于这种感受	1	2	3	4	5
29	当我不高兴的时候,我会失去对自己行为的控制	1	2	3	4	5
30	当我不高兴的时候,我难以思考其他事情	1	2	3	4	5
31	当我不高兴的时候,我会花时间去弄明白自己真正的感受	1	2	3	4	5
32	当我不高兴的时候,我需要很长一段时间才能感觉好受些	1	2	3	4	5

注:现有版本编号根据原版编号编制,但是删除4个题目。详情请见参考文献[5]。

第 **6** 章

家庭与人际关系量表

一、家庭亲密度和适应性评价量表(第 2 版中文版)(FACESⅡ-CV)

【概述】

在国内外,越来越多的研究和临床实践开始重视家庭因素对个体的影响作用,尤其是精神分裂症患者的家庭。与西方国家相比,中国绝大多数精神病患者和家属生活在一起,与家属接触时间比西方国家多,所以在中国家庭因素对精神疾病的致病作用及患病成员对家庭的影响也会比西方国家大。但在中国治疗精神病的过程中,大多数家庭因素评估通常仅限于了解家族精神病病史,而没有详细了解中国精神病患者家庭结构特点等信息。因此,为了了解精神病患者家庭因素的实质,便于开展以预防和康复为目的的家庭咨询和治疗,一个能够测量出家庭内部结构和功能又方便易行的工具显得很有意义。

"家庭亲密度和适应性评价量表(family adaptability and cohesion evaluation scale,FACES)"第 2 版(FACESⅡ)是由 Olson 等于 1982 年编制的。费立鹏等(1991)对此量表进行了多次修订。量表包括两个分量表:①亲密度(cohesion),即家庭成员之间的情感联系;②适应性(adaptability),即家庭体系随家庭处境和家庭不同发展阶段出现的问题而相应改变的能力。根据 Olson 的家庭"拱极模式"(circumpolar model),用亲密度与适应性两个分量表的分数可将被试者的家庭区分成16 种类型。

【内容及实施方法】

量表共 30 个条目,采用 5 级评分法,即"不是"记 1 分,"偶尔"记 2 分,"有时"记3 分,"经常"记 4 分,"总是"记 5 分。对于每个条目被试者需要回答 2 次,一次是对自己家庭现状的实际感受,另一次是自己所希望的理想家庭状况。按量表原英文版本的做法是要求被试者按目前的实际家庭状况和理想的家庭状况一起回答同一个问题,但对中国的被试者来说这种做法显得十分困难。因此,费立鹏等在第 2 次修订过程中将量表分为实际家庭状况和理想家庭状况两个部分,共 60 个条目。

被试者在亲密度和适应性上的各自实际感受得分减去理想得分,所得差的绝对值为被试者的不满意程度。差异越大,表示被试者不满的程度越大。

【测量学指标】

以下将着重介绍 FACES Ⅱ-CV 第 2 次修订版的信度和效度。

正式样本有 325 人,均来自城市。其中:精神分裂症(根据 DSM-Ⅲ-R 标准诊断)患者 35 人,患者家属 77 人(分别来自 64 个家庭);对照组家庭被试者 122 人(分别来自 119 个家中无精神病或严重躯体疾病患者的家庭);28 人来自有其他精神病或严重躯体疾病患者的家庭;63 名精神卫生工作人员。

结果显示实际和理想亲密度、实际和理想适应性的内部一致性系数分别为 0.85、0.76、0.73、0.68。对 26 名对照组家庭被试者进行平均间隔 39.1 天的第 2 次测量,重测信度分别为 0.84、0.54、0.91 和 0.54。两次不满程度分的重测信度为 0.85 和 0.88。

效标关联效度采用中文版家庭环境量表(family environment scale-cohesion version,FES-CV)的亲密度、情感表达和矛盾性为效标,计算实际和理想亲密度、实际和理想适应性、不满程度与它们的相关系数(表 6-1)。

表 6-1　FACES Ⅱ-CV 与 FES-CV 分量表的相关系数

项目	FES-CV 分量表		
	亲密度	情感表达	矛盾性
亲密度			
实际亲密度	0.68^{***}	0.39^{***}	-0.56^{***}
理想亲密度	0.16^{**}	0.08	-0.07
不满程度	-0.53^{***}	-0.32^{**}	0.54^{***}
适应性			
实际适应性	0.54^{***}	0.47^{***}	-0.47^{***}
理想适应性	0.08	0.10	-0.06
不满程度	-0.47^{***}	-0.35^{***}	0.42^{***}

注:*** $P < 0.001$。

【结果分析与应用情况】

亲密度和适应性分量表分数分别按以下方法计算。

亲密度得分 $= 36 + T_1 + T_5 + T_7 + T_{11} + T_{13} + T_{15} + T_{17} + T_{21} + T_{23} + T_{25} + T_{27} + T_{30} - T_3 - T_9 - T_{19} - T_{29}$

适应性得分 $= 12 + T_2 + T_4 + T_6 + T_8 + T_{10} + T_{12} + T_{14} + T_{16} + T_{18} + T_{20} +$

$T_{22} + T_{26} - T_{24} - T_{28}$

"T_X"表示第 X 题目的得分，比如第 1 个题目（T_1）为 3 分，第 5 个题目（T_5）为 4 分，则为 36＋3＋4……。

根据亲密度与适应性两个分量表的分数可将被试者的家庭区分成 16 种家庭类型。具体分类标准见表 6-2。

表 6-2　16 种家庭类型的分类方法及标准

标准		亲密度			
		松散	自由	亲密	缠结
		$<(\overline{X}-1SD)$ <55.9 分	$\overline{X}\sim(\overline{X}-1SD)$ 63.9～55.9 分	$(\overline{X}+1SD)\sim\overline{X}$ 71.9～63.9 分	$>(\overline{X}+1SD)$ >71.9 分
适应性	$>(\overline{X}+1SD)$ >57.1 分　无规律	极端型	中间型	中间型	极端型
	$(\overline{X}+1SD)\sim\overline{X}$ 57.1～50.9 分　灵活	中间型	平衡型	平衡型	中间型
	$\overline{X}\sim(\overline{X}-1SD)$ 50.9～44.7 分　有规律	中间型	平衡型	平衡型	中间型
	$<(\overline{X}-1SD)$ <44.7 分　僵硬	极端型	中间型	中间型	极端型

注：两个分量表的划界分是从 122 名对照组家庭被试者实际亲密度和实际适应性的平均值及平均值±标准差得来的。表中的具体数字同样为 122 名对照组家庭被试者的实际得分。

然而，这种分类方式是否适用于中国家庭还有待进一步的研究和评价。

FACESⅡ在美国已广泛应用于：对不同的家庭类型进行比较；找出在家庭治疗中需要解决的问题及评价家庭干预的效果。而在国内主要应用于 2000 年以后的精神分裂症患者、抑郁症患者、物品依赖者及大学生群体等的研究中。

（潘素珍）

参 考 文 献

[1] 费立鹏，沈其杰，郑延平，等."家庭亲密度和适应性量表"和"家庭环境量表"的初步评价. 中国心理卫生杂志，1991,5(5):198-202.

[2] 汪向东，王希林，马弘，等. 心理卫生评定量表手册（增订版）：家庭亲密度和适应性量表中文版. 中国心理卫生杂志社，1999:142-149.

附：家庭亲密度和适应性评价量表（第2版中文版）（FACES Ⅱ-CV）

（费立鹏、沈其杰等修订）

说明：本量表由沈其杰、赵靖平、费立鹏等翻译，由邹定辉、周远东、费立鹏修改。

原版本：family adaptability and cohesion scale，second edition（FACES Ⅱ）（1981）；

by David Olson，Joyce Portner and Richard Bell。

家庭目前实际情况部分

指导语：这里共有30个关于家庭关系和活动的问题，该问卷中的家庭是指与你共同食宿的小家庭。请你按照你家庭目前的实际情况作答，请在右栏5个不同的答案中选择一个你认为最适当的答案，并在所选的答案上画"○"。请你不要有顾虑，认真按你自己的意见回答每一个问题，不要参考家庭其他成员的意见。如果你对某一问题不太清楚如何回答时，请你按照估计回答。请你务必回答每一个问题，不要漏项。

题目内容	你家庭目前的实际情况				
1. 在有难处的时候，家庭成员都会尽最大的努力相互支持	不是	偶尔	有时	经常	总是
2. 在我们的家庭中每个成员都可以随便发表自己的意见	不是	偶尔	有时	经常	总是
3. 我们家庭中的成员比较愿意与朋友商讨个人问题而不太愿意与家人商讨	不是	偶尔	有时	经常	总是
4. 每个家庭成员都参与做出重大的家庭决策	不是	偶尔	有时	经常	总是
5. 所有家庭成员聚集在一起进行活动	不是	偶尔	有时	经常	总是
6. 晚辈对长辈的教导可以发表自己的意见	不是	偶尔	有时	经常	总是
7. 在家庭中，有事大家一起做	不是	偶尔	有时	经常	总是
8. 家庭成员一起讨论问题，并对问题的解决感到满意	不是	偶尔	有时	经常	总是
9. 家庭成员与朋友的关系比家庭成员之间的关系更密切	不是	偶尔	有时	经常	总是
10. 在家庭中，我们轮流分担不同的家务	不是	偶尔	有时	经常	总是
11. 家庭成员之间都熟悉每个成员的亲密朋友	不是	偶尔	有时	经常	总是
12. 家庭状况有变化时，家庭平常的生活规律和家规很容易有相应的改变	不是	偶尔	有时	经常	总是
13. 家庭成员自己要做决策时，喜欢与家人一起商量	不是	偶尔	有时	经常	总是
14. 当家庭中出现矛盾时，成员间相互谦让取得妥协	不是	偶尔	有时	经常	总是
15. 在我们的家庭中，娱乐活动都是全家人一起去做的	不是	偶尔	有时	经常	总是
16. 在解决问题时，孩子们的建议都能够被接受	不是	偶尔	有时	经常	总是
17. 家庭成员之间的关系是非常密切的	不是	偶尔	有时	经常	总是

（续　表）

题目内容	你家庭目前的实际情况				
18. 我们家的家教是合理的	不是	偶尔	有时	经常	总是
19. 在我们的家庭中,每个成员都习惯单独活动	不是	偶尔	有时	经常	总是
20. 我们家喜欢用新方法去解决遇到的问题	不是	偶尔	有时	经常	总是
21. 每个家庭成员都能按家庭所做的决定去做事	不是	偶尔	有时	经常	总是
22. 在我们的家庭中,每个成员都能分担家庭义务	不是	偶尔	有时	经常	总是
23. 家庭成员喜欢在一起度过业余时间	不是	偶尔	有时	经常	总是
24. 尽管家里有人有这样的想法,但家庭的生活规律和家规还是难以改变	不是	偶尔	有时	经常	总是
25. 家庭成员都很主动和家里其他人谈自己的心里话	不是	偶尔	有时	经常	总是
26. 在家庭中,每个家庭成员可以随便提出自己的要求	不是	偶尔	有时	经常	总是
27. 在家庭中,每个家庭成员的朋友都会受到极为热情的接待	不是	偶尔	有时	经常	总是
28. 当家庭发生矛盾时,家庭成员会把自己的想法藏在心里	不是	偶尔	有时	经常	总是
29. 在家庭中,我们更愿意分开做事,而不太愿意和全家人一起做	不是	偶尔	有时	经常	总是
30. 家庭成员可以分享彼此的兴趣和爱好	不是	偶尔	有时	经常	总是

理想中的家庭情况部分

　　指导语：以下30个关于家庭关系和活动的问题与前面相同,但这次请你按照你心目中理想的家庭情况即你所希望的家庭情况来回答。回答问题时不要考虑家庭目前的实际情况。

　　注：本量表略去,因条目与前面完全一样,仅将评分栏表头的文字改为"你理想中的家庭情况"。

二、父母教养方式评价量表（EMBU）

【概述】

　　父母教养方式评价量表（egna minnen av barndoms uppfostran,EMBU）是由瑞典 Umea 大学精神医学系的 Carlo Perris 等于1980年编制的用以评价父母教养态度和行为的问卷。EMBU 原文为瑞典文,1993年国内学者岳冬梅等采用澳大利亚 Ross 教授寄来的英文版本作为原量表,对 EMBU 进行了修订。1999年 Arrindell 等从 EMBU 中抽取出46道题目,形成了父母教养方式评价量表（简式版）（short-egna minnen av barndoms uppfostran, S-EMBU)。2010 年国内学者蒋奖等对 S-EMBU 进行了引进与修订。1993 年 Castro 等针对 7～12 岁小学儿童修订了儿童版父母教养方式评价量表(egna minnen av barndoms uppfostran for children, EMBU-C),2018 年国内学者王美芳等对 EMBU-C 进行了引进与修订。这里主要介绍 1993 年的 EMBU 中文版、2010 年的 S-EMBU 中文版及 2018 年的 EMBU-C 中文版。

【内容及实施方法】

EMBU 是一个自评量表,让评定对象通过回忆来评价父母的教养方式。EM-BU 原量表有 81 个条目,涉及父母 15 种教养行为:辱骂、剥夺、惩罚、羞辱、拒绝、过分保护、过分干涉、宽容、情感、行为取向、归罪、鼓励、偏爱同胞、偏爱被试者和非特异性行为。

(一)EMBU 中文版

修订后的量表共 115 个条目。其中父亲教养方式分量表有 6 个维度(情感温暖、理解;惩罚、严厉;过分干涉;偏爱被试者;拒绝、否认;过度保护),共 58 个条目;母亲教养方式分量表有 5 个维度(情感温暖、理解;惩罚、严厉;过分干涉、过度保护;偏爱被试者;拒绝、否认),共 57 个条目。量表采用 4 级评分法,即"从不"记 1 分,"有时"记 2 分,"经常"记 3 分和"总是"记 4 分。

(二)S-EMBU 中文版(S-EMBU-C)

修订后的问卷共 42 个条目,父亲版与母亲版的条目相同,各 21 个,且各有 3 个维度,分别是拒绝维度(6 个条目)、情感温暖维度(7 个条目)和过度保护维度(8 个条目)。问卷采用 4 级评分法,即 1 表示"从不",4 表示"总是",其中第 17 题反向计分题。

(三)EMBU-C 中文版

修订后的问卷共 78 个条目,父亲版与母亲版的条目相同,各 39 题,且各有 4 个维度,分别是情感温暖维度(12 个条目)、焦虑型教养维度(12 个条目)、拒绝维度(9 个条目)和过度保护维度(6 个条目)。问卷采用 4 级评分法,1～4 分分别代表"绝不""很少""经常""总是"。分数越高,表示该条目描述的行为与父亲或母亲对待自己的方式符合程度越高。

【测量学指标】

(一)EMBU 中文版

样本为 390 名高中生和大学生,年龄为 17～23 岁,平均年龄 19.5 岁,其中男生 183 人,女生 207 人。

在结构效度方面,考虑到中、西方的文化差异,根据 390 名被试者的施测结果,对原量表的 81 个条目进行主因素分析,然后经因素旋转确定因素数目和条目的归属与取舍,最后确定父亲版由 6 个主因素,共 58 个条目组成;母亲版由 5 个主因素,共 57 个条目组成。修订后的 EMBU 是多维的,每一主因素代表一个分量表。

对所抽取的主因素分别进行同质性信度、分半信度的测定，并对 65 名被试者在间隔 3 个月后重新施测，以获得重测信度。见表 6-3。

表 6-3　EMBU 中文版各维度的信度

	分量表	Cronbach's α 系数	分半信度	重测信度
父亲版	因子 1. 情感温暖、理解	0.85	0.88	0.63
	因子 2. 惩罚、严厉	0.83	0.76	0.58
	因子 3. 过分干涉	0.46	0.50	0.64
	因子 4. 偏爱被试者	0.85	0.89	0.73
	因子 5. 拒绝、否认	0.70	0.61	0.65
	因子 6. 过度保护	0.59	0.68	0.65
母亲版	因子 1. 情感温暖、理解	0.88	0.91	0.73
	因子 2. 过度保护、过分干涉	0.69	0.69	0.73
	因子 3. 拒绝、否认	0.75	0.77	0.71
	因子 4. 惩罚、严厉	0.80	0.82	0.80
	因子 5. 偏爱被试者	0.84	0.87	0.82

(二)S-EMBU 中文版

样本为 708 名来自北京和福建 3 所高校的本科生，年龄在 17～25 岁，平均年龄 20.25 岁，其中男生 183 人，女生 525 人。

在结构效度方面，根据 564 名被试者的实测结果，对原量表的 23 个条目进行主成分法因素分析，然后经因素旋转确定因素数目和条目的归属与取舍，最后确定了 3 个维度，共 21 个条目：拒绝维度（6 个条目）、情感温暖维度（7 个条目）和过度保护维度（8 个条目）。

对所抽取的诸因素分别进行同质性信度、分半信度的测定，并在 10 周后测得重测信度。见表 6-4。

表 6-4　S-EMBU-C 各维度的信度

	分量表	Cronbach's α 系数	分半信度	重测信度
父亲版	因子 1. 拒绝	0.78	0.84	0.71
	因子 2. 情感温暖	0.82	0.77	0.81
	因子 3. 过度保护	0.74	0.73	0.73
母亲版	因子 1. 拒绝	0.82	0.84	0.76
	因子 2. 情感温暖	0.84	0.80	0.70
	因子 3. 过度保护	0.78	0.77	0.76

(三)EMBU-C 中文版

样本为 1408 名来自山东省两所普通小学 3～6 年级的小学生,其中男生 719 人,女生 637 人(有 52 人未填性别)。

在结构效度方面,根据 608 名被试者的实测结果,对原量表的 40 个条目进行主成分法因素分析,然后经因素旋转确定因素数目和条目的归属与取舍,最后确定了 39 个条目,4 个维度分别是情感温暖维度(12 个条目)、焦虑型教养维度(12 个条目)、拒绝维度(9 个条目)和过度保护维度(6 个条目)。

对所抽取的诸因素进行了同质性信度、分半信度及重测信度分析,其中过度保护维度的信度系数并不高,原因可能是该维度题目数较少。结果见表 6-5。

表 6-5 EMBU-C 中文版各维度的信度

分量表		Cronbach's α 系数	分半信度	重测信度
父亲版	情感温暖	0.86	0.85	0.76
	拒绝	0.79	0.79	0.72
	焦虑型教养	0.86	0.89	0.72
	过度保护	0.51	0.57	0.64
母亲版	情感温暖	0.85	0.84	0.75
	拒绝	0.78	0.77	0.75
	焦虑型教养	0.86	0.89	0.72
	过度保护	0.53	0.57	0.62

【结果分析与应用情况】

(一)EMBU 中文版

各分量表所含条目得分之和则为各分量表的总分,各分量表所包含的条目见表 6-6。

表 6-6 EMBU 中文版的计分键

分量表		包含的条目	条目数
父亲教养方式	因子 1. 情感温暖、理解	2/4/6/7/9/15/20/25/29/30/31/32/33/37/42/44/60/61/66	19
	因子 2. 惩罚、严厉	5/13/17/18/43/49/51/52/53/55/58/62	12
	因子 3. 过分干涉	1/10/11/14/27/36/48/50/56/57	10
	因子 4. 偏爱被试者	3/8/22/64/65	5
	因子 5. 拒绝、否认	21/23/28/34/35/45	6
	因子 6. 过度保护	12/16/39/40/46/59	6

(续　表)

分量表		包含的条目	条目数
母亲教养方式	因子 1. 情感温暖、理解	2/4/6/7/9/15/25/29/30/31/32/33/37/42/44/54/60/61/63	19
	因子 2. 过度保护、过分干涉	1/11/12/14/16/19/24/27/35/36/41/48/50/56/57/59	16
	因子 3. 拒绝、否认	23/26/28/34/38/39/45/47	8
	因子 4. 惩罚、严厉	13/17/43/51/52/53/55/58/62	9
	因子 5. 偏爱被试者	3/8/22/64/65	5

注：①20/50/56 为反向计分题。②父亲教养方式分量表中不含有 19/24/26/38/41/47/54/63，共 8 项；母亲教养方式分量表中不含有 5/10/18/20/21/40/49/66/46，共 9 项。

随着 EMBU 的修订及试用，涌现出了大量的有关父母教养方式的研究。有父母教养方式对子女的心理健康、焦虑、抑郁、自尊、社会化、人格发展、问题行为的产生及道德行为等方面影响的相关研究，也有对影响父母教养方式因素的研究，以及对不同人群父母教养方式差异的比较研究。总之，该问卷在国内获得了广泛的应用，并取得了大量的研究成果。

（二）S-EMBU 中文版

各分量表所含条目得分之和即为各分量表的总分，各分量表所包含的条目见表 6-7。

表 6-7　S-EMBU-C 的计分键

分量表		包含的条目	条目数
父亲版	因子 1. 拒绝	1/4/7/12/14/19	6
	因子 2. 情感温暖	2/6/9/11/13/17/21	7
	因子 3. 过度保护	3/5/8/10/15/16/18/20	8
母亲版	因子 1. 拒绝	1/4/7/12/14/19	6
	因子 2. 情感温暖	2/6/9/11/13/17/21	7
	因子 3. 过度保护	3/5/8/10/15/16/18/20	8

注：15 题为反向计分题。

S-EMBU-C 弥补了 EMBU 中文完整版的不足,表现为:一方面,在保持核心维度的同时,S-EMBU-C 成功缩短了问卷长度,从 115 题减少至 42 题,节省了作答时间;另一方面,父亲版和母亲版的维度、题目的数量和内容完全一致,便于对父母的教养方式进行比较。S-EMBU-C 在国内也被广泛使用。但岳冬梅(1993)和蒋奖(2010)都使用的是大学生被试者自我报告的方式收集数据,因此针对年龄较小的被试者而言,尤其是刚进入学龄期的小学生,以上问卷是否同样具有可信服力尚未可知。李佳佳等(2018)采用 S-EMBU-C 探讨了 8～12 岁儿童的父母教养方式与同伴接纳的关系,研究中把量表分为了积极教养方式与消极教养方式,两个维度的内部一致性系数分别为 0.87、0.85,但未知该量表的因子结构及其他信效度。

(三)EMBU-C 中文版

各分量表所含条目得分之和即为各分量表的总分,各分量表所包含的条目见表 6-8。

表 6-8　EMBU-C 中文版的计分键

分量表		包含的条目	条目数
父亲版	因子1. 情感温暖	2/5/7/10/16/18/23/26/29/30/32/35	12
	因子2. 焦虑型教养	1/6/9/12/17/21/24/25/28/34/36/39	12
	因子3. 拒绝	4/8/13/14/19/22/27/33/38	9
	因子4. 过度保护	3/11/15/20/31/37	6
母亲版	因子1. 情感温暖	2/5/7/10/16/18/23/26/29/30/32/35	12
	因子2. 焦虑型教养	1/6/9/12/17/21/24/25/28/34/36/39	12
	因子3. 拒绝	4/8/13/14/19/22/27/33/38	9
	因子4. 过度保护	3/11/15/20/31/37	6

本量表针对 EMBU 中文完整版和 S-EMBU-C 的不足进行了修订,把原量表中表述不明确容易产生歧义及与中国传统文化不符的条目删除,最终得到了信效度良好的 EMBU-C。相比之前其他版本的 EMBU 量表,该量表通过对小学生被试者施测进行了修订,从而为今后相关研究提供了一份有效的施测工具。

(何靖宜　王孟成)

参 考 文 献

[1] 蒋奖,鲁峥嵘,蒋苾菁,等. 简式父母教养方式问卷中文版的初步修订. 心理发展与教育,2010,26(1):94-99.

［2］李佳佳，张大均，刘广增，等.8～12岁儿童父母教养方式与同伴接纳：心理素质的中介作用.西南大学学报（自然科学版），2018，40（1）：64-70.

［3］王美芳，牛骅，赵晓.儿童版父母教养方式问卷的修订.中国临床心理学杂志，2018，26（1）：6-11.

［4］岳冬梅，李鸣杲，金魁，等.父母教养方式：EMBU的初步修订及其在神经症患者的应用.中国心理卫生杂志，1993，7（3）：97-143.

［5］Arrindell WA，Sanavio E，Aguilar G，et al. The development of a short form of the EMBU：Its appraisal with students in Greece，Guatemala，Hungary and Italy. Personality and individual Differences，1999，27（4）：613-628.

［6］Castro J，Toro J，Van der Ende J，et al. Exploring the feasibility of assessing perceived parental rearing styles in Spanish children with Theembu. International Journal of Social Psychiatry，1993，39（1）：47-57.

［7］Perris C，Jacobsson L，Linndström H，et al. Development of a new inventory for assessing memories of parental rearing behaviour. Acta Psychiatrica Scandinavica，1980，61（4）：265-274.

附1：父母教养方式评价量表（EMBU）
（岳冬梅等修订）

在回答问卷之前，请你认真阅读以下指导语：父母的教养方式对子女的发展和成长是至关重要的。虽然让你确切回忆小时候父母对你说教的每一个细节是很困难的，但我们每个人都对我们成长过程中父母对待我们的方式有着深刻的印象。回答这一问卷，就是请你努力回想小时候留下的这些印象。

该问卷有很多题目，每个题目答案均有1、2、3、4共4个等级。请你分别在最符合你父亲和母亲的等级数字上画"○"。每题只准选一个答案。你父亲和母亲对你的教养方式可能是相同的，也可能是不同的，请你实事求是地分别回答。

如果你小时候父母不全，可以只回答父亲或母亲一栏。如果你是独生子女，相关的题目可以不作答。问卷采用不记名方式，请你如实回答。下面举例说明对每个题目的回答方法。

题目内容		从不	偶尔	经常	总是
1. 你的父母经常打你吗	父亲	1	2	3	4
	母亲	1	2	3	4
2. 你的父母对你亲热吗	父亲	1	2	3	4
	母亲	1	2	3	4

性别：_____　年龄：_____

你与父母一起生活到_____岁

父亲是否健在　　是　　否　　（或在你　　岁时去世）

母亲是否健在　　是　　否　　（或在你　　岁时去世）

父母是否离异　　是　　否　　（或在你　　岁时离异）

父亲文化程度:大学(包括大学以上、大专);中专(包括高中);初中;小学

父亲职业: 工人 农民 知识分子 干部

母亲文化程度:大学(包括大学以上、大专);中专(包括高中);初中;小学

母亲职业: 工人 农民 知识分子 干部

题目内容		从不	有时	经常	总是
1. 我觉得父母干涉我做的任何一件事	父亲	1	2	3	4
	母亲	1	2	3	4
2. 我能通过父母的言谈、表情感受到他们很喜欢我	父亲	1	2	3	4
	母亲	1	2	3	4
3. 与我的兄弟姐妹相比,父母更宠爱我	父亲	1	2	3	4
	母亲	1	2	3	4
4. 我能感受到父母对我的喜爱	父亲	1	2	3	4
	母亲	1	2	3	4
5. 即使是很小的过错,父亲也会惩罚我	父亲	1	2	3	4
6. 父母总是试图潜移默化地影响我,使我成为出类拔萃的人	父亲	1	2	3	4
	母亲	1	2	3	4
7. 我觉得父母允许我在某些方面有独到之处	父亲	1	2	3	4
	母亲	1	2	3	4
8. 父母能让我得到其他兄弟姐妹得不到的东西	父亲	1	2	3	4
	母亲	1	2	3	4
9. 父母对我的惩罚是公平的	父亲	1	2	3	4
	母亲	1	2	3	4
10. 我觉得父亲对我很严厉	父亲	1	2	3	4
11. 父母总是左右我应该穿什么衣服或打扮成什么样子	父亲	1	2	3	4
	母亲	1	2	3	4
12. 父母不允许我做一些其他孩子可以做的事情,因为他们害怕我会出事	父亲	1	2	3	4
	母亲	1	2	3	4
13. 在我小时候,父母曾经当着别人的面打我或训斥我	父亲	1	2	3	4
	母亲	1	2	3	4
14. 父母总是很关心我晚上做什么	父亲	1	2	3	4
	母亲	1	2	3	4
15. 当遇到不顺心的事时,我能感到父母在尽力鼓励我,使我得到安慰	父亲	1	2	3	4
	母亲	1	2	3	4
16. 父母总是过分担心我的健康	父亲	1	2	3	4
	母亲	1	2	3	4
17. 父母对我的惩罚往往超过了我能承受的程度	父亲	1	2	3	4
	母亲	1	2	3	4
18. 如果我在家里不听吩咐,父亲就会很恼火	父亲	1	2	3	4

（续 表）

题目内容		从不	有时	经常	总是
19. 如果我做错了什么事,母亲总是一副伤心的样子使我有一种犯罪感或负疚感	母亲	1	2	3	4
20. 我觉得父亲难以接近	父亲	1	2	3	4
21. 父亲曾在别人面前唠叨一些我说过的话或做过的事,这时我感到很难堪	父亲	1	2	3	4
22. 我觉得父母更喜欢我,而不是我的兄弟姐妹	父亲	1	2	3	4
	母亲	1	2	3	4
23. 在满足我所需要的东西时,父母总是很小气	父亲	1	2	3	4
	母亲	1	2	3	4
24. 母亲常常很在乎我取得的分数	母亲	1	2	3	4
25. 当我面临一项艰难的任务时,我能感受到来自父母的支持	父亲	1	2	3	4
	母亲	1	2	3	4
26. 我在家里往往被母亲当作"替罪羊"或"害群之马"	母亲	1	2	3	4
27. 父母总是挑剔我所喜欢的朋友	父亲	1	2	3	4
	母亲	1	2	3	4
28. 父母总是认为他们的不快是由我引起的	父亲	1	2	3	4
	母亲	1	2	3	4
29. 父母总是试图鼓励我,使我成为佼佼者	父亲	1	2	3	4
	母亲	1	2	3	4
30. 父母总向我表示他们是爱我的	父亲	1	2	3	4
	母亲	1	2	3	4
31. 父母对我很信任,且允许我独自完成某些事	父亲	1	2	3	4
	母亲	1	2	3	4
32. 我觉得父母很尊重我的想法	父亲	1	2	3	4
	母亲	1	2	3	4
33. 我觉得父母很愿意跟我在一起	父亲	1	2	3	4
	母亲	1	2	3	4
34. 我觉得父母对我很小气、吝啬	父亲	1	2	3	4
	母亲	1	2	3	4
35. 父母总是向我说类似这样的话"如果你这样做我会很伤心"	父亲	1	2	3	4
	母亲	1	2	3	4
36. 父母要求我回到家里必须得向他们说明我在外面做了什么事情	父亲	1	2	3	4
	母亲	1	2	3	4
37. 我觉得父母在尽力使我的青春期更有意义和丰富多彩(如给我买很多的书,安排我去夏令营或参加俱乐部)	父亲	1	2	3	4
	母亲	1	2	3	4
38. 母亲经常向我表述类似这样的话"这就是我们为你整日操劳而得到的报答吗"	母亲	1	2	3	4

（续　表）

题目内容		从不	有时	经常	总是
39. 父母常以不能娇惯我为借口而不满足我的要求	父亲	1	2	3	4
	母亲	1	2	3	4
40. 如果不按父亲所期望的去做,就会使我良心不安	父亲	1	2	3	4
41. 我觉得母亲对我的学习成绩、体育活动或类似的事情有较高的要求	母亲	1	2	3	4
42. 当我感到伤心的时候,我可以从父母那里得到安慰	父亲	1	2	3	4
	母亲	1	2	3	4
43. 父母曾无缘无故地惩罚我	父亲	1	2	3	4
	母亲	1	2	3	4
44. 父母允许我做一些我的朋友们可以做的事情	父亲	1	2	3	4
	母亲	1	2	3	4
45. 父母经常对我说他们不喜欢我在家的表现	父亲	1	2	3	4
	母亲	1	2	3	4
46. 每当我吃饭时,父母就劝我或强迫我再多吃一些	父亲	1	2	3	4
	母亲	1	2	3	4
47. 母亲经常当着别人的面批评我既懒惰又无用	母亲	1	2	3	4
48. 父母常常关注我交什么样的朋友	父亲	1	2	3	4
	母亲	1	2	3	4
49. 如果发生什么事情,我常常是兄弟姐妹中唯一受父亲责备的一个	父亲	1	2	3	4
50. 父母能让我顺其自然地发展	父亲	1	2	3	4
	母亲	1	2	3	4
51. 父母经常对我粗俗无礼	父亲	1	2	3	4
	母亲	1	2	3	4
52. 有时甚至为了一件鸡毛蒜皮的小事,父母也会严厉地惩罚我	父亲	1	2	3	4
	母亲	1	2	3	4
53. 父母曾无缘无故地打我	父亲	1	2	3	4
	母亲	1	2	3	4
54. 母亲通常会参与我的业余活动	母亲	1	2	3	4
55. 我经常会挨父母的打	父亲	1	2	3	4
	母亲	1	2	3	4
56. 父母常允许我到我喜欢去的地方,而他们又不会过分担心	父亲	1	2	3	4
	母亲	1	2	3	4
57. 父母对我该做什么、不该做什么都有严格的限制而且决不让步	父亲	1	2	3	4
	母亲	1	2	3	4

（续　表）

题目内容		从不	有时	经常	总是
58. 父母常以一种使我很难堪的方式对待我	父亲	1	2	3	4
	母亲	1	2	3	4
59. 我觉得父母对我可能会出事的担心是夸大的、过分的	父亲	1	2	3	4
	母亲	1	2	3	4
60. 我觉得与父母之间存在一种温暖、体贴和亲热的感觉	父亲	1	2	3	4
	母亲	1	2	3	4
61. 父母能容忍我与他们有不同的见解	父亲	1	2	3	4
	母亲	1	2	3	4
62. 父母常在我不知道原因的情况下对我大发脾气	父亲	1	2	3	4
	母亲	1	2	3	4
63. 当我做的事情取得成功时,我觉得母亲很为我自豪	母亲	1	2	3	4
64. 与我的兄弟姐妹相比,父母常常更偏爱我	父亲	1	2	3	4
	母亲	1	2	3	4
65. 有时即使是错误在我,父母也会把责任归咎于兄弟姐妹	父亲	1	2	3	4
	母亲	1	2	3	4
66. 父亲经常拥抱我	父亲	1	2	3	4

附2:父母教养方式评价量表(简式版)(S-EMBU)

（蒋奖等修订）

题目内容		从不	有时	经常	总是
1. 父母常在我不知道原因的情况下对我大发脾气	父亲	1	2	3	4
	母亲	1	2	3	4
2. 父母常常赞美我	父亲	1	2	3	4
	母亲	1	2	3	4
3. 我希望父母对我正在做的事不要过分担心	父亲	1	2	3	4
	母亲	1	2	3	4
4. 父母对我的惩罚往往超过了我能承受的程度	父亲	1	2	3	4
	母亲	1	2	3	4
5. 父母要求我回到家里必须得向他们说明我在外面做了什么事情	父亲	1	2	3	4
	母亲	1	2	3	4
6. 我觉得父母在尽力使我的青春期更有意义和丰富多彩	父亲	1	2	3	4
	母亲	1	2	3	4
7. 父母经常当着别人的面批评我既懒惰又无用	父亲	1	2	3	4
	母亲	1	2	3	4

题目内容		从不	有时	经常	总是
8. 父母不允许我做一些其他孩子可以做的事情,因为他们害怕我会出事	父亲	1	2	3	4
	母亲	1	2	3	4
9. 父母总是试图鼓励我,使我成为佼佼者	父亲	1	2	3	4
	母亲	1	2	3	4
10. 我觉得父母对我可能会出事的担心是夸大的、过分的	父亲	1	2	3	4
	母亲	1	2	3	4
11. 当遇到不顺心的事时,我能感到父母在尽力鼓励我,使我得到安慰	父亲	1	2	3	4
	母亲	1	2	3	4
12. 我在家里往往被父母当作"替罪羊"或"害群之马"	父亲	1	2	3	4
	母亲	1	2	3	4
13. 我能通过父母的言谈、表情感受到他们很喜欢我	父亲	1	2	3	4
	母亲	1	2	3	4
14. 父母常以一种使我很难堪的方式对待我	父亲	1	2	3	4
	母亲	1	2	3	4
15. 父母常允许我到我喜欢去的地方,而他们又不会过分担心	父亲	1	2	3	4
	母亲	1	2	3	4
16. 我觉得父母干涉我做的任何一件事	父亲	1	2	3	4
	母亲	1	2	3	4
17. 我觉得与父母之间存在一种温暖、体贴和亲热的感觉	父亲	1	2	3	4
	母亲	1	2	3	4
18. 父母对我该做什么、不该做什么都有严格的限制而且决不让步	父亲	1	2	3	4
	母亲	1	2	3	4
19. 即使是很小的过错,父母也会惩罚我	父亲	1	2	3	4
	母亲	1	2	3	4
20. 父母总是左右我应该穿什么衣服或打扮成什么样子	父亲	1	2	3	4
	母亲	1	2	3	4
21. 当我做的事情取得成功时,我觉得父母很为我自豪	父亲	1	2	3	4
	母亲	1	2	3	4

附3：儿童版父母教养方式评价量表(EMBU-C)

（王美芳等修订）

题目内容		决不	很少	经常	总是
1. 爸爸妈妈要求我回家后必须告诉他们我在外面做了什么事情	父亲	1	2	3	4
	母亲	1	2	3	4
2. 当遇到不顺心的事时,我能感到爸爸妈妈在尽力鼓励我,使我得到安慰	父亲	1	2	3	4
	母亲	1	2	3	4

（续　表）

题目内容		决不	很少	经常	总是
3. 爸爸妈妈想让我告诉他们我的秘密	父亲	1	2	3	4
	母亲	1	2	3	4
4. 爸爸妈妈经常对我说他们不喜欢我在家的表现	父亲	1	2	3	4
	母亲	1	2	3	4
5. 无论我是什么样，爸爸妈妈都爱我	父亲	1	2	3	4
	母亲	1	2	3	4
6. 爸爸妈妈常常担心我在放学后做了什么事情	父亲	1	2	3	4
	母亲	1	2	3	4
7. 爸爸妈妈通常会参与我的业余活动	父亲	1	2	3	4
	母亲	1	2	3	4
8. 爸爸妈妈对我不公平	父亲	1	2	3	4
	母亲	1	2	3	4
9. 爸爸妈妈害怕我会出事	父亲	1	2	3	4
	母亲	1	2	3	4
10. 我觉得爸爸妈妈很尊重我的想法	父亲	1	2	3	4
	母亲	1	2	3	4
11. 爸爸妈妈总是左右我应该穿什么衣服或打扮成什么样子	父亲	1	2	3	4
	母亲	1	2	3	4
12. 爸爸妈妈担心我会遇到麻烦	父亲	1	2	3	4
	母亲	1	2	3	4
13. 我做错任何事情都会受到爸爸妈妈的惩罚	父亲	1	2	3	4
	母亲	1	2	3	4
14. 爸爸妈妈曾无缘无故地惩罚我	父亲	1	2	3	4
	母亲	1	2	3	4
15. 爸爸妈妈告诉我放学后应该做什么	父亲	1	2	3	4
	母亲	1	2	3	4
16. 爸爸妈妈很愿意跟我在一起	父亲	1	2	3	4
	母亲	1	2	3	4
17. 爸爸妈妈担心我会做危险的事情	父亲	1	2	3	4
	母亲	1	2	3	4
18. 爸爸妈妈向我表达他们是爱我的	父亲	1	2	3	4
	母亲	1	2	3	4
19. 爸爸妈妈曾当着其他人的面打我或训斥我	父亲	1	2	3	4
	母亲	1	2	3	4
20. 爸爸妈妈对我该做什么、不该做什么都有严格的限制而且决不让步	父亲	1	2	3	4
	母亲	1	2	3	4
21. 爸爸妈妈担心我会犯错误	父亲	1	2	3	4
	母亲	1	2	3	4

（续 表）

题目内容		决不	很少	经常	总是
22. 我会因为爸爸妈妈没有给我想要的东西而对他们感到失望	父亲	1	2	3	4
	母亲	1	2	3	4
23. 爸爸妈妈允许我自己决定想干的事情	父亲	1	2	3	4
	母亲	1	2	3	4
24. 爸爸妈妈在乎我是否守规矩	父亲	1	2	3	4
	母亲	1	2	3	4
25. 当我自己做事时,爸爸妈妈会担心	父亲	1	2	3	4
	母亲	1	2	3	4
26. 我觉得爸爸妈妈对我很小气、吝啬	父亲	1	2	3	4
	母亲	1	2	3	4
27. 我和爸爸妈妈都很爱彼此	父亲	1	2	3	4
	母亲	1	2	3	4
28. 爸爸妈妈不允许我做一些其他孩子可以做的事情,因为他们害怕我会出事	父亲	1	2	3	4
	母亲	1	2	3	4
29. 如果我做了什么傻事,爸爸妈妈会帮我弥补	父亲	1	2	3	4
	母亲	1	2	3	4
30. 爸爸妈妈很细心地照看我	父亲	1	2	3	4
	母亲	1	2	3	4
31. 爸爸妈妈认为无论什么事情,他们都必须替我做出决定	父亲	1	2	3	4
	母亲	1	2	3	4
32. 爸爸妈妈常常赞美我	父亲	1	2	3	4
	母亲	1	2	3	4
33. 我在家里往往被爸爸妈妈当作"替罪羊"或"害群之马"	父亲	1	2	3	4
	母亲	1	2	3	4
34. 爸爸妈妈提醒我任何可能发生的危险	父亲	1	2	3	4
	母亲	1	2	3	4
35. 当我面临一项艰难的任务时,我能感受到来自爸爸妈妈的支持	父亲	1	2	3	4
	母亲	1	2	3	4
36. 当爸爸妈妈不知道我在做什么时,他们会很担心	父亲	1	2	3	4
	母亲	1	2	3	4
37. 爸爸妈妈总是监视我	父亲	1	2	3	4
	母亲	1	2	3	4
38. 爸爸妈妈曾无缘无故地打我	父亲	1	2	3	4
	母亲	1	2	3	4
39. 爸爸妈妈想使我远离任何危险	父亲	1	2	3	4
	母亲	1	2	3	4

三、父亲在位问卷（中文修订版）（FPQ-R）

【概述】

父亲与子女的关系是亲子关系中不可或缺的一个方面,研究发现父亲与子女的关系对于子女的认知发展、人格发展、性别角色的形成等方面都产生了重要的作用。早期,这方面的研究主要关注父亲缺位对儿童心理发展的影响,自 20 世纪 80 年代研究者开始关注父亲参与子女教育对子女成长的影响。自 21 世纪以来,父亲在位(father presence)的研究成为父亲与子女关系研究中的一个新领域。2006 年 Krampe 和 Newton 将"父亲在位"定义为:子女的心理父亲在位,即父亲对子女的心理亲近和可触及。他们从子女的视角和体验出发,在家庭系统的基础上考察父亲与子女的关系,从而提出了父亲在位理论,并建构父亲在位动力学理论模型。该模型为 4 个层层嵌套的同心圆模型,最里层为"子女内心的父亲感知",其外为"子女和父亲的关系",再外一层为"他人对父亲在位的影响",最外层为"子女成长背景中有关父亲的文化信念"。Krampe 和 Newton 认为,父亲在位是子女内心对父亲的感知和体验,无论其家庭结构如何,所有子女都拥有父亲在位。高品质的父亲在位是一种积极的心理状态,有利于子女的心理发展。

2006 年 Krampe 和 Newton 编制了父亲在位问卷(father presence questionnaire,FPQ),用以测量成年子女(18 岁及 18 岁以上)对其父亲的感知和体验。问卷共分为 10 个分量表,包含 103 个条目,10 个分量表又可归为 3 个高阶维度。

2012 年蒲少华、卢宁等引进了该问卷,基于中国文化背景对问卷进行了修订,并在 705 名大学生中考察其信效度,修订后的问卷称为父亲在位问卷(中文修订版)(Chinese revision of father presence questionnaire,FPQ-R)。

【内容及实施方法】

FPQ-R 包含 3 个高阶维度和 8 个分量表,共 96 个条目。

第一个高阶维度:与父亲的关系,包含对父亲的感情(13 个条目)、母亲对父子关系的支持(14 个条目)、父亲参与的感知(14 个条目)、与父亲的身体互动(9 个条目)和父母关系(13 个条目)5 个分量表。

第二个高阶维度:家庭代际关系,包含母亲和外祖父的关系(12 个条目)和父亲与祖父的关系(13 个条目)2 个分量表。

第三个高阶维度:有关父亲的信念,只有父亲影响的概念 1 个分量表(8 个条目)。

问卷中的高阶维度及分量表均按上述顺序排列。

问卷前 7 个分量表的计分方式为:1＝从不,2＝很少,3＝有时候,4＝经常,5＝总是;最后 1 个分量表(父亲影响的概念)采用"1＝很不赞同,2＝不赞同,3＝不确定,4＝赞同,5＝很赞同"的计分方法。

【测量学指标】

抽取广东省某综合大学大一至大三年级各 4 个班共 707 名本科生进行团体施测,其中男生 320 名,女生 372 名,缺失 13 名;大一到大三年级分别为 295 名、191 名、207 名,缺失 14 名;年龄 18~23 岁,平均(19±1)岁。

项目分析:选用项目得分与所在分量表总分的积差相关系数作为项目分析指标,96 个条目得分与所在分量表分的相关系数介于 0.43~0.82。

结构效度:对问卷的八因子模型和高阶三因子模型进行验证性因素分析以评估结构效度。采用极大似然法进行验证性因素分析,将 8 个分量表构成八因子模型,3 个高阶维度构成高阶三因子模型。八因子模型的拟合指数为:$\chi^2/df=3.03$,NFI$=0.92$,NNFI$=0.94$,CFI$=0.94$,RMSEA$=0.05$。三因子高阶模型的拟合指数为:$\chi^2/df=3.27$,NFI$=0.91$,NNFI$=0.93$,CFI$=0.93$,RMSEA$=0.06$。三因子高阶修正模型的拟合指数为:$\chi^2/df=3.08$,NFI$=0.91$,NNFI$=0.93$,CFI$=0.94$,RMSEA$=0.06$。八因子模型、三因子高阶模型及三因子高阶修正模型都满足模型拟合良好的条件。

区分与聚合效度:分析 8 个分量表内部因子间的相关系数以评估区分与聚合效度。3 个高阶维度内各分量表间的相关系数均高于 0.42,其中高阶维度一的 5 个分量表间的相关系数介于 0.44~0.75,高阶维度二的 2 个分量表间的相关系数为 0.42。3 个高阶维度之间各分量表的相关系数介于 0.17~0.45,均≤0.45。

效标关联效度:从总样本中抽取 414 名被试者(男生 202 名,女生 205 名,缺失 7 名)同时施测父母教养方式评价量表父亲版(PBI-F),通过相关分析检验效标关联效度。FPQ-R“与父亲的关系”维度的 5 个分量表得分与 PBI-F 的关爱、鼓励自主因子分及总量表分均呈正相关($r=0.29$~0.66);而该维度中对父亲的感情和父母关系 2 个分量表得分与 PBI-F 的控制因子分呈负相关($r=-0.13$,-0.12)。“家庭代际关系”维度的母亲和外祖父的关系分量表得分与鼓励自主分呈正相关($r=0.10$),与控制因子分呈负相关($r=-0.14$)。“有关父亲的信念”维度的父亲影响的概念分量表得分与 PBI-F 的关爱、鼓励自主因子分及总量表分呈正相关($r=0.17$~0.33)。

内部一致性信度:在总样本中用 Cronbach's α 系数评定问卷的内部一致性信度。FPQ-R 的 3 个高阶维度的 Cronbach's α 系数分别为 0.97、0.93、0.86。8 个分量表的 Cronbach's α 系数介于 0.86~0.93。

重测信度:间隔 4 周后从总样本中抽取 144 名大一被试者进行重测,以检验重测信度(男生 77 名,女生 67 名)。3 个高阶维度的重测信度系数分别是 0.72、0.66、0.59,8 个分量表的重测信度系数介于 0.59~0.80。

【结果分析与应用情况】

问卷的主要统计指标是总分、高阶维度分、分量表分和每个条目分。待自评结束后,先将反向计分条目进行相应处理,然后把相应分量表、维度的各项目得分相加,即可得到分量表分和高阶维度分,最后将3个高阶维度分相加得到总分。得分高反映被试者感知或体验到了高品质的父亲在位。

问卷修订之后,课题组进行了父亲在位对大学生人格、成就动机、性别角色、心理弹性等影响的研究,研究成果如下。

(1)父亲在位各因子与大学生的尽责性、开放性、宜人性、外向性人格维度之间呈正相关,而与神经质之间呈负相关。父亲与祖父的关系、母亲对父子关系的支持对神经质有显著负向预测作用;父母关系、父亲与祖父的关系和父亲影响的概念对尽责性有显著正向预测作用;父母关系、父亲影响的概念对宜人性有显著正向预测作用;与父亲的身体互动、父亲影响的概念对开放性有显著正向预测作用;父亲参与的感知、母亲和外祖父的关系对外向性有显著正向预测作用。

(2)父亲在位各分量表与大学生追求成功的动机呈显著正相关,与避免失败的动机呈显著负相关;父亲与祖父的关系对追求成功的动机有显著的正向预测作用;父亲与祖父的关系、父母关系对避免失败的动机有显著的负向预测作用。

(3)大学生父亲在位与心理弹性之间存在显著相关性,父母关系、父亲与祖父的关系和父亲影响的概念能显著预测大学生的心理弹性;父亲与祖父的关系、父母关系、父亲影响的概念和父亲的身体互动能显著预测大学生心理弹性的坚韧特质;父母关系、父亲与祖父的关系和父亲影响的概念能显著预测大学生心理弹性的力量特质;父母关系和父亲参与的感知能显著预测大学生心理弹性的乐观特质。高品质的父亲在位有利于大学生心理弹性的形成,是大学生心理弹性的保护性因素。

(4)高品质的父亲在位也有利于大学生性别角色的形成和良好的发展。

针对我国留守儿童问题,课题组提出父亲在位理论,为留守儿童教养提供了一个新的视角。依据父亲在位理论,应从系统的角度考察留守儿童的心理父亲在位,"父亲缺位"并不一定造成留守儿童的不良发展,留守儿童的健康发展和成长需要整个教养系统的良性运转,需要父亲、母亲、其他重要家人及社会等各方面的共同参与和共同努力。

(蒲少华　卢　宁)

参 考 文 献

[1] 蒲少华,李臣,卢宁,等.国外"父亲在位"理论研究新进展及启示.深圳大学学报(人文社科版),2011,28(2):141-147.

[2] 蒲少华,卢宁,唐辉,等.父亲在位问卷的初步修订.中国心理卫生杂志,2012,26(2):139-142.

[3] 蒲少华,卢宁,卢彦杰.大学生父亲在位对性别角色发展的影响.深圳大学学报(人文社会科

学版),2012,29(6):81-85.

[4] 蒲少华,李晓华,卢彦杰,等.父亲在位对大学生心理弹性的影响.西华大学学报(哲学社会科学版).2012,31(4):111-114.

[5] 蒲少华,卢宁,贺婧.大学生父亲在位与成就动机的关系.西南师范大学学报(自然科学版).2012,37(6):193-197.

[6] 蒲少华,戴晓阳,卢宁.父亲在位与大学生人格特点的关系.中国临床心理学杂志,2012,20(3):384-386.

[7] 蒲少华,卢宁.父亲在位理论:留守儿童教养新视角.乐山师范学院学报,2012,27(8):120-122.

[8] Krampe EM,Newton RR. The Father Presence Questionnaire:A confirmatory factor analysis of a new measure of the subjective experience of being fathered . Fathering,2006,4(2):159-190.

附:父亲在位问卷(中文修订版)(FPQ-R)

(蒲少华、卢宁等修订)

指导语:这是一份关于父子(女)两代人之间家庭生活关系的问卷,也是个人与其亲缘家庭成员之间关系的问卷。问卷的第一部分是你与亲生父亲感情的描述,请认真阅读每个句子,判断句中的描述符合你与亲生父亲感情的程度,并在最合适你的数字上画"○"。如果你不能完全确定,请不要留白,选择一项最接近你实际感受的答案。

(1=从不　　　　2=很少　　　　3=有时候　　　　4=经常　　　　5=总是)

1. 我和父亲无话不谈　⋯⋯⋯⋯⋯⋯⋯⋯⋯⋯⋯⋯⋯　1　2　3　4　5

2. 童年时每当我和父亲在一起,我都感到温暖和安全　⋯⋯⋯　1　2　3　4　5

3. 我感觉与父亲很亲密　⋯⋯⋯⋯⋯⋯⋯⋯⋯⋯⋯⋯⋯　1　2　3　4　5

4. 对我来说,父亲很重要　⋯⋯⋯⋯⋯⋯⋯⋯⋯⋯⋯⋯　1　2　3　4　5

* 5. 当回忆起过去和父亲在一起的经历时,我很生气　⋯⋯⋯　1　2　3　4　5

6. 我感觉父亲总在我的身后,并支持我的选择和行动　⋯⋯　1　2　3　4　5

* 7. 我对父亲很失望　⋯⋯⋯⋯⋯⋯⋯⋯⋯⋯⋯⋯⋯⋯　1　2　3　4　5

8. 我很尊敬父亲　⋯⋯⋯⋯⋯⋯⋯⋯⋯⋯⋯⋯⋯⋯⋯　1　2　3　4　5

9. 我深受父亲的鼓舞　⋯⋯⋯⋯⋯⋯⋯⋯⋯⋯⋯⋯⋯　1　2　3　4　5

10. 我需要父亲　⋯⋯⋯⋯⋯⋯⋯⋯⋯⋯⋯⋯⋯⋯⋯　1　2　3　4　5

11. 父亲在我的生活中占据了无人可以替代的特殊地位　⋯⋯　1　2　3　4　5

12. 父亲和我都很享受在一起的时光　⋯⋯⋯⋯⋯⋯⋯⋯　1　2　3　4　5

13. 我想成为父亲那样的人　⋯⋯⋯⋯⋯⋯⋯⋯⋯⋯　1　2　3　4　5

在问卷的下面部分,列出了从你有记忆开始到18岁期间"你对亲生父母的体验"程度。请认真阅读以下每个句子,判断句中的描述符合"你对亲生父母的体验"程度,并在最适合你的数字上画圈"○"。如果你不能完全确定,请不要留白,选择一项最接近你实际感受的答案。

(1=从不　　　　2=很少　　　　3=有时候　　　　4=经常　　　　5=总是)

1. 母亲鼓励我与父亲交谈　⋯⋯⋯⋯⋯⋯⋯⋯⋯⋯⋯　1　2　3　4　5

2. 母亲挚爱父亲 ……………………………………………………………… 1　2　3　4　5

3. 母亲尊重父亲对事情的判断 ……………………………………………… 1　2　3　4　5

4. 母亲喜欢父亲和我共同参加活动 ………………………………………… 1　2　3　4　5

*5. 母亲对父亲的评价不高 …………………………………………………… 1　2　3　4　5

6. 母亲喜欢父亲触摸她 ……………………………………………………… 1　2　3　4　5

7. 母亲深爱着父亲 …………………………………………………………… 1　2　3　4　5

*8. 母亲对父亲不满 …………………………………………………………… 1　2　3　4　5

9. 母亲感激父亲为我们所做的一切事情 …………………………………… 1　2　3　4　5

10. 我喜欢母亲谈论父亲的方式 ……………………………………………… 1　2　3　4　5

*11. 母亲认为父亲很愚蠢 ……………………………………………………… 1　2　3　4　5

12. 母亲真正地了解父亲 ……………………………………………………… 1　2　3　4　5

13. 母亲希望我和父亲亲密 …………………………………………………… 1　2　3　4　5

14. 母亲极为敬重父亲 ………………………………………………………… 1　2　3　4　5

　　（1＝从不　　　2＝很少　　　3＝有时候　　　4＝经常　　　5＝总是）

1. 当需要时,父亲会帮助我完成学校的作业 ……………………………… 1　2　3　4　5

2. 父亲帮助我学习新的知识 ………………………………………………… 1　2　3　4　5

3. 父亲参加我学校的典礼 …………………………………………………… 1　2　3　4　5

4. 父亲和我一起参加各种活动和业余爱好 ………………………………… 1　2　3　4　5

5. 父亲出席我参加的体育运动和其他活动 ………………………………… 1　2　3　4　5

6. 当遇到问题时,我会寻求父亲的建议和帮助 …………………………… 1　2　3　4　5

7. 父亲协助我规划未来 ……………………………………………………… 1　2　3　4　5

8. 父亲关心我的安全 ………………………………………………………… 1　2　3　4　5

9. 父亲教我辨别是非 ………………………………………………………… 1　2　3　4　5

10. 和父亲交谈时,他会倾听 ………………………………………………… 1　2　3　4　5

11. 父亲对我说他爱我 ………………………………………………………… 1　2　3　4　5

12. 父亲理解我 ………………………………………………………………… 1　2　3　4　5

13. 父亲鼓励我 ………………………………………………………………… 1　2　3　4　5

*14. 童年时,父亲不太关注我 ………………………………………………… 1　2　3　4　5

　　（1＝从不　　　2＝很少　　　3＝有时候　　　4＝经常　　　5＝总是）

1. 我曾坐在父亲的膝盖上 …………………………………………………… 1　2　3　4　5

2. 父亲曾拥抱和(或)亲吻我 ………………………………………………… 1　2　3　4　5

3. 父亲曾让我坐在他的肩膀上 ……………………………………………… 1　2　3　4　5

4. 当我是婴儿的时候,父亲曾抱着我 ……………………………………… 1　2　3　4　5

5. 父亲会牵着我的手或者用他的手臂抱着我 ……………………………… 1　2　3　4　5

6. 父亲曾抱我上床睡觉 ……………………………………………………… 1　2　3　4　5

7. 当我是婴儿的时候,父亲曾给我换尿布或洗澡 ………………………… 1　2　3　4　5

8. 我喜欢被父亲抱着 ………………………………………………………… 1　2　3　4　5

9. 当我是婴儿的时候,父亲会对着我说话 ……………………………… 1　2　3　4　5

　　下面是对你亲生父母之间的关系,以及他们与各自的原生家庭之间关系的描述。基于你的早期记忆到18岁期间的印象,请认真阅读以下每个句子,判断句中的描述符合你印象的程度,并在最合适的数字上画"○"。如果你不能完全确定,请不要留白,选择一项最接近你实际感受的答案。

(1＝从不　　2＝很少　　3＝有时候　　4＝经常　　5＝总是)

1. 母亲和父亲真正地享受彼此相伴 …………………………	1 2 3 4 5
2. 父母间的关系让我感到愉快 ………………………………	1 2 3 4 5
*3. 当同时和父母待在一起时,我感觉身体绷紧或有其他不适	1 2 3 4 5
4. 父亲和母亲相互支持和帮助 ………………………………	1 2 3 4 5
5. 希望我的婚姻像我父母的婚姻那样 ………………………	1 2 3 4 5
6. 父亲和母亲相互理解 ………………………………………	1 2 3 4 5
7. 父亲和母亲感情亲密 ………………………………………	1 2 3 4 5
*8. 我真不知道父母为什么要结婚 …………………………	1 2 3 4 5
*9. 父亲和(或)母亲不喜欢对方 ……………………………	1 2 3 4 5
10. 父亲和母亲相互坦率和真诚 ……………………………	1 2 3 4 5
11. 父亲倾听母亲讲话 ………………………………………	1 2 3 4 5
*12. 母亲无法忍受父亲 ………………………………………	1 2 3 4 5
13. 父亲感激母亲为我们所做的一切事情 …………………	1 2 3 4 5

(1＝从不　　2＝很少　　3＝有时候　　4＝经常　　5＝总是)

1. 母亲很爱外祖父 ……………………………………………	1 2 3 4 5
2. 当母亲和外祖父在一起时,她感到温暖和安全 …………	1 2 3 4 5
*3. 母亲觉得自己似乎不了解外祖父 ………………………	1 2 3 4 5
*4. 外祖父对母亲的生活有消极的影响 ……………………	1 2 3 4 5
5. 母亲和外祖父都很享受在一起的时光 …………………	1 2 3 4 5
*6. 母亲对外祖父很失望 ……………………………………	1 2 3 4 5
7. 母亲觉得与外祖父之间的关系很亲密 …………………	1 2 3 4 5
*8. 在外祖父身边时,母亲感到紧张和警觉 ………………	1 2 3 4 5
9. 母亲很尊敬外祖父 ………………………………………	1 2 3 4 5
*10. 母亲憎恨外祖父 …………………………………………	1 2 3 4 5
*11. 母亲害怕外祖父 …………………………………………	1 2 3 4 5
12. 当外祖父离去时,母亲想念他 …………………………	1 2 3 4 5

(1＝从不　　2＝很少　　3＝有时候　　4＝经常　　5＝总是)

1. 父亲很爱祖父 ………………………………………………	1 2 3 4 5
2. 和祖父在一起时,父亲感到温暖和安全 …………………	1 2 3 4 5
*3. 父亲觉得自己似乎不了解祖父 …………………………	1 2 3 4 5
4. 父亲和祖父都很享受在一起的时光 ……………………	1 2 3 4 5
5. 父亲觉得与祖父之间很亲密 ……………………………	1 2 3 4 5
*6. 当父亲回忆起过去和祖父在一起的经历时,他很生气	1 2 3 4 5
*7. 祖父对父亲的生活有消极的影响 ………………………	1 2 3 4 5
8. 父亲和祖父无话不谈 ……………………………………	1 2 3 4 5

9. 父亲很尊敬祖父 …………………………………………………	1	2	3	4	5
10. 父亲想成为祖父那样的人 …………………………………	1	2	3	4	5
*11. 父亲憎恨祖父 ……………………………………………………	1	2	3	4	5
12. 祖父在父亲生活中占据了无人可以替代的特殊地位 ……	1	2	3	4	5
13. 父亲和祖父的关系对我的人生影响很大 ……………………	1	2	3	4	5

　　下面部分是对你自己体验的描述，反映了你现在的态度，虽然有些体验可能发生在过去。请认真阅读以下每个句子，判断句中的描述符合你自己体验和信念的程度，并在最合适的数字上画"○"。假如你对某一陈述无法完全确定，请不要留白，选择一项最接近你实际感受的答案。

　　　　（1＝很不赞同　　2＝不赞同　　3＝不确定　　4＝赞同　　5＝很赞同）

1. 女孩需要父亲 ……………………………………………………	1	2	3	4	5
2. 男孩需要父亲 ……………………………………………………	1	2	3	4	5
3. 父亲影响子女与其朋友之间的关系 …………………………	1	2	3	4	5
4. 父亲影响子女的道德观和行为 ………………………………	1	2	3	4	5
5. 父亲影响子女在学校的表现 …………………………………	1	2	3	4	5
6. 父亲影响子女与异性之间的关系 ……………………………	1	2	3	4	5
7. 父亲影响子女的宗教或精神信念或行为 ……………………	1	2	3	4	5
8. 母亲和父亲在子女的生活中同等重要 ………………………	1	2	3	4	5

注：* 为反向计分条目。

四、父亲在位问卷（中文简式版）（FPQ-R-B）

【概述】

　　父亲在位是父子（女）关系研究中的一个新领域。Krampe 和 Newton（2006）从子女的视角和体验出发，在家庭系统观的基础上考察父子（女）关系，从而提出了父亲在位理论，并建构了父亲在位动力学理论模型。父亲在位是指子女的心理父亲在位，即父亲对子女的心理亲近和可触及。父亲在位理论模型为同心圆模型，核心层为"子女内心的父亲"，其外为"子女和父亲的关系"，再外一层为"他人对父亲在位的影响"，最外层为"子女成长背景中有关父亲的文化信念"。父亲在位是子女内在的父亲感知和体验，无论其家庭结构如何，所有子女都拥有父亲在位。高品质的父亲在位是一种积极的心理状态，有利于子女的心理发展。

　　Krampe 和 Newton 于 2006 年编制了父亲在位问卷（FPQ），用于测量成年子女（18 岁及以上）的父亲在位，问卷共 103 个条目，包含 3 个高阶维度，分为 10 个分量表。蒲少华等引进父亲在位问卷并在大学生群体中进行修订，于 2012 年 2 月制定了父亲在位问卷（中文修订版）（FPQ-R）。

　　由于 FPQ-R 条目太多，从实用性出发，蒲少华等于 2012 年 8 月在 FPQ-R 基础上挑选适当条目组成父亲在位问卷（中文简式版）（brief version of chinese revision of father presence questionnaire,FPQ-R-B),并在 705 名大学生中考察其信效度。研究结果表明,FPQ-R-B 具有较好的信效度,适用于我国大学生群体。

【内容及实施方法】

FPQ-R-B 包含 3 个高阶维度,8 个分量表,31 个条目。3 个高阶维度分别是:与父亲的关系、家庭代际关系、有关父亲的信念。8 个分量表分别是:对父亲的感情、母亲对父子关系的支持、父亲参与的感知、与父亲的身体互动、父母关系、母亲和外祖父的关系、父亲与祖父的关系和父亲影响的概念。

第一个高阶维度:与父亲的关系,包含 5 个分量表,19 个条目。其中,对父亲的感情为 4 个条目;母亲对父子关系的支持为 3 个条目;父亲参与的感知为 4 个条目;与父亲的身体互动为 4 个条目;父母关系为 4 个条目。

第二个高阶维度:家庭代际关系,包含 2 个分量表,8 个条目。其中,母亲与外祖父的关系为 4 个条目;父亲与祖父的关系为 4 个条目。

第三个高阶维度:有关父亲的信念,包含 1 个分量表。父亲影响的概念为 4 个条目。

问卷中的高阶维度、分量表及条目均按上述顺序排列。

问卷中的每个条目均采用李克特 5 级计分法:1＝从不,2＝很少,3＝有时候,4＝经常,5＝总是(最后一个分量表采用"1＝很不赞同,2＝不赞同,3＝不确定,4＝赞同,5＝很赞同"的计分方法)。

【测量学指标】

抽取广东省某综合大学大一至大三年级各 4 个班共 707 名本科生进行团体施测,其中男生 320 名,女生 372 名,缺失 13 名;大一到大三年级分别为 295 名、191 名、207 名,缺失 14 名;年龄 18～23 岁,平均(19±1)岁。

简式版的产生:以各分量表总分为标识变量,挑选与标识变量的点二列相关在 0.4 以上的条目,同时该条目在目标维度上的因素负荷大于 0.4,在非目标维度上的因素负荷小于 0.4,并且具有较好的内容效度。如果所选条目不符合上述 4 个标准则被替换直至达标,通过这一过程共选择 31 个条目组成 FPQ-R-B,8 个分量表保持不变。

结构效度:采用主轴法抽取因子(方差最大化旋转),对各条目进行探索性因素分析,简式版 8 因子和高阶 3 因子结构都较清晰,分别可解释总方差变异的 70.72％和 64.99％。

区分效度和聚合效度:FPQ-R-B 各因子与 FPQ-R 对应因子的相关系数均在 0.81 以上。3 个高阶维度内各分量表的相关系数介于 0.32～0.51,3 个高阶维度之间各分量表的相关系数介于 0.11～0.36。具体见表 6-9。

表 6-9　FPQ-R-B 各分量表间的相关系数及与 FPQ-R 对应因子间的相关矩阵（$n=705$）

高阶维度及分量表名称	FLF	MAF	INF	PHF	FMR	MOF	FAF	CFI
维度一：与父亲的关系								
对父亲的感情（FLF）	1							
母亲对父子关系的支持（MAF）	0.51**	1						
父亲参与的感知（INF）	0.40**	0.49**	1					
与父亲的身体互动（PHF）	0.38**	0.47**	0.51**	1				
父母关系（FMR）	0.54**	0.51**	0.44**	0.37**	1			
维度二：家庭代际关系								
母亲与外祖父的关系（MOF）	0.14**	0.26**	0.14**	0.19**	0.24**	1		
父亲与祖父的关系（FAF）	0.26**	0.35**	0.32**	0.31**	0.36**	0.32**	1	
维度三：有关父亲的信念								
父亲影响的概念（CFI）	0.28**	0.33**	0.29**	0.29**	0.26**	0.11**	0.21**	1
FPQ-R	0.92**	0.81**	0.85**	0.90**	0.91**	0.90**	0.93**	0.90**

注：** $P<0.01$。

校标关联效度：除了高阶维度二的 2 个分量表外，其余 6 个分量表与 PBI-F 的关爱因子、鼓励自主因子及总量表呈显著正相关，相关系数介于 0.19～0.49；8 个分量表与 PBI-F 的控制因子之间呈不相关到低负相关。具体见表 6-10。

表 6-10　FPQ-R-B 的 8 个分量表与 PBI-F 各因子及总量表间的相关性（$n=414$）

高阶维度及分量表名称	关爱	鼓励自主	控制	总量表
维度一：与父亲的关系				
对父亲的感情（FLF）	0.47**	0.37**	−0.12*	0.44**
母亲对父子关系的支持（MAF）	0.48**	0.29**	−0.05	0.45**
父亲参与的感知（INF）	0.49**	0.29**	−0.01	0.47**
与父亲的身体互动（PHF）	0.47**	0.28**	0.04	0.48**
父母关系（FMR）	0.41**	0.27**	−0.06	0.38**
维度二：家庭代际关系				
母亲与外祖父的关系（MOF）	0.03	0.10*	−0.16**	−0.01
父亲与祖父的关系（FAF）	0.08	0.09	−0.06	0.07
维度三：有关父亲的信念				
父亲影响的概念（CFI）	0.30**	0.19**	0.01	0.30**

注：* $P<0.05$，** $P<0.01$。

内部一致性信度:3个高阶维度和8个分量表得分的内部一致性Cronbach's α系数都超过0.73。其中3个高阶维度得分的Cronbach's α系数分别为0.91、0.84、0.87;8个分量表得分的Cronbach's α系数介于0.73~0.89。具体见表6-11。

重测信度:间隔4周的重测信度系数介于0.59~0.80。其中3个高阶维度的重测信度系数分别是0.79、0.66、0.53;8个分量表的重测信度系数介于0.53~0.76。具体见表6-11。

表6-11 FPQ-R-B得分及信度分析结果

高阶维度及分量表名称	条目数	$\overline{X} \pm S$	内部一致性系数 ($n=705$)	重测信度 ($n=144$)
维度一:与父亲的关系	19	64.92±14.16	0.91	0.79
对父亲的感情(FLF)	4	17.06±3.42	0.84	0.72
母亲对父子关系的支持(MAF)	3	11.24±2.86	0.77	0.76
父亲参与的感知(INF)	4	10.38±3.52	0.73	0.71
与父亲的身体互动(PHF)	4	11.96±4.31	0.87	0.69
父母关系(FMR)	4	14.28±4.66	0.89	0.68
维度二:家庭代际关系	8	24.74±10.69	0.84	0.66
母亲与外祖父的关系(MOF)	4	15.14±6.31	0.88	0.58
父亲与祖父的关系(FAF)	4	9.60±7.13	0.88	0.66
维度三:有关父亲的信念	4	15.19±3.76	0.87	0.53
父亲影响的概念(CFI)	4	15.19±3.76	0.87	0.53

注:所有相关系数在0.01水平上呈显著相关性。

【结果分析与应用情况】

问卷的主要统计指标是总分、高阶维度分、分量表分和每个条目分。待自评结束后,把相应项目中的各项分数相加,即可得到总分、高阶维度分和分量表分(其中3个项目需反向计分)。得分越高,表明子女越具有高品质的父亲在位。

自FPQ-R-B发表后,获得了较为广泛的应用和较好的社会反响,经知网CNKI检索,截至2021年4月底,共有29位研究者使用该量表进行了相关研究。

(蒲少华)

参 考 文 献

[1] 蒲少华,卢宁,唐辉,等.父亲在位问卷的初步修订.中国心理卫生杂志,2012,26(2):139-142.

[2] 蒲少华,卢彦杰,吴平,等.父亲在位问卷简式版制定及在大学生中的信效度分析.中国临床心理学杂志,2012,20(4):438-441.

[3] Krampe EM,Newton RR. The Father Presence Questionnaire:A confirmatory factor analysis of a new measure of the subjective experience of being fathered. Fathering,2006,4(2):159-190.

附:父亲在位问卷(中文简式版)(FPQ-R-B)

(Krampe 和 Newton 编制)

指导语:这是一份关于父子(女)两代人之间家庭生活关系的问卷,也是个人与其亲缘家庭成员之间关系的问卷。问卷的第一部分是你与亲生父亲感情的描述,请认真阅读以下每个句子,判断句中的描述符合你与亲生父亲感情的程度,并在最合适你的数字上画"○"。如果你不能完全确定,请不要留白,选择一项最接近你实际感受的答案。

(1=从不　　　2=很少　　　3=有时候　　　4=经常　　　5=总是)

1. 对我来说,父亲很重要 ……	1 2 3 4 5
2. 我感觉父亲总在我的身后,并支持我的选择和行动 ……	1 2 3 4 5
3. 我很尊敬父亲 ……	1 2 3 4 5
4. 父亲在我的生活中占据了无人可以替代的特殊地位	1 2 3 4 5

在问卷的下面部分,列出了从你有记忆开始到18岁期间你对亲生父母的体验。请认真阅读以下每个句子,判断句中的描述符合你对亲生父母体验的程度,并在最适合你的数字上画"○"。如果你不能完全确定,请不要留白,选择一项最接近你实际感受的答案。

(1=从不　　　2=很少　　　3=有时候　　　4=经常　　　5=总是)

5. 母亲鼓励我与父亲交谈 ……	1 2 3 4 5
6. 母亲喜欢父亲和我共同参加活动 ……	1 2 3 4 5
7. 母亲希望我和父亲亲密 ……	1 2 3 4 5
8. 当需要时,父亲会帮助我完成学校的作业 ……	1 2 3 4 5
9. 父亲帮助我学习新的知识 ……	1 2 3 4 5
10. 父亲参加我学校的典礼 ……	1 2 3 4 5
11. 父亲和我一起参加各种活动和业余爱好 ……	1 2 3 4 5
12. 我曾坐在父亲的膝盖上 ……	1 2 3 4 5
13. 父亲曾拥抱和(或)亲吻我 ……	1 2 3 4 5
14. 父亲曾让我坐在他的肩膀上 ……	1 2 3 4 5
15. 父亲曾抱我上床睡觉 ……	1 2 3 4 5

下面是对你亲生父母之间的关系,以及他们与各自的原生家庭之间关系的描述。基于你的早期记忆到18岁期间的印象,请认真阅读以下每个句子,判断句中的描述符合你印象的程度,并在最合适的数字上画"○"。如果你不能完全确定,请不要留白,选择一项最接近你实际感受的答案。

(1=从不　　　2=很少　　　3=有时候　　　4=经常　　　5=总是)

16. 父母间的关系让我感到愉快 ……	1 2 3 4 5
17. 父亲和母亲相互支持 ……	1 2 3 4 5

18. 父亲和母亲相互理解 ………………………………………… 1　2　3　4　5

19. 父亲和母亲感情亲密 ………………………………………… 1　2　3　4　5

*20. 母亲对外祖父很失望 ………………………………………… 1　2　3　4　5

21. 母亲很尊敬外祖父 …………………………………………… 1　2　3　4　5

*22. 母亲憎恨外祖父 ……………………………………………… 1　2　3　4　5

*23. 母亲害怕外祖父 ……………………………………………… 1　2　3　4　5

24. 和祖父在一起时,父亲感到温暖和安全 …………………… 1　2　3　4　5

25. 父亲和祖父都很享受在一起的时光 ………………………… 1　2　3　4　5

26. 父亲觉得与祖父之间很亲密 ………………………………… 1　2　3　4　5

27. 祖父在父亲的生活中占据了无人可以替代的特殊地位 …… 1　2　3　4　5

　　下面部分是对你自己体验的描述,反映了你现在的态度,虽然有些体验可能发生在过去。请认真阅读以下每个句子,判断句中的描述符合你自己体验和信念的程度,并在最合适的数字上画"○"。假如你对某一陈述无法完全确定,请不要留白,选择一项最接近你实际感受的答案。

　　(1=很不赞同　　2=不赞同　　3=不确定　　4—赞同　　5—很赞同)

28. 父亲影响子女与其朋友之间的关系 ………………………… 1　2　3　4　5

29. 父亲影响子女的道德观和行为 ……………………………… 1　2　3　4　5

30. 父亲影响子女在学校的表现 ………………………………… 1　2　3　4　5

31. 父亲影响子女与异性之间的关系 …………………………… 1　2　3　4　5

注:*为反向计分条目。

五、父母教养行为问卷(简式版)(APQ-9)

【概述】

　　父母教养行为是指在特定情境下父母与子女互动过程中表现出的具特定模式的行为。它被视为父母教养方式的具体化(Wood et al.,2003)。一直以来,由于父母教养方式在儿童的身心发展中的重要作用,研究者将其视为重要研究对象。大量的实证研究已经证实父母教养方式与儿童的多种心理问题存在关联。例如,Dadds 的研究和 Patterson 等的研究表明,父母一些消极性、惩罚性的教养行为是儿童外化行为的预测指标(Dadds,1995;Patterson,Reid & Dishion,1992)。近来,Waller 等的研究发现,父母的教养行为与儿童包括焦虑、冷酷无情在内的多种异常心理特质相关(Waller et al.,2014)。

　　父母教养行为可以分为积极教养行为(positively parenting practice)和消极教养行为(negative parenting practice)。积极教养行为又包括父母与子女的积极正向的互动,如表扬、鼓励等。相反,消极教养行为代表着父母的一系列和子女的负性的互动,如体罚、监管缺失等。目前,测量父母教养方式的问卷有很多。其中Frick 于 1991 年编制的父母教养行为问卷(alabama parenting questionnaire,

APQ)是较为广泛使用的工具之一（Frick，1991）。APQ 包括 5 个维度，共计 42 个条目。该问卷可由父母（父母版）或子女（儿童版）填写，针对父亲或母亲的积极教养行为和消极教养行为进行测量和评估。APQ 的一大优势在于其测量的教养行为与儿童的行为密切相关。Colder 等的研究证实，由 APQ 测量的父母监管行为和男童的攻击性有关；Hinshaw 等的研究证实，由 APQ 测量的消极监管行为和儿童的社交能力呈负相关（Colder，Lochman & Wells，1997；Hinshaw et al.，2000）。此外，APQ 还被用于 ADHD 的评估中（Wells et al.，2002）。值得一提的是，APQ 的信度结果在实际测量中都处在较好的水平。例如，Winter 等使用 APQ 进行施测，得到的全卷信度结果（Cronbach's α 系数）为 0.81；Zlomke 等报道的 5 个维度得分的 α 系数介于 0.63～0.80（Winters et al.，2014；Zlomke，Bauman & Lamport，2015）。近年来，APQ 开始得到中国心理研究者的关注，赵晓等（2017）检验了 APQ 在中国的适用性，在结果中 APQ 各维度得分的 α 系数介于 0.69～0.78；APQ 维度得分与父母接受-拒绝问卷两维度（接受维度与拒绝维度）得分的相关系数介于−0.34～0.60，均达到统计学意义上的显著性水平（$P < 0.01$）。以上结果表明 APQ 在中国的施测结果信效度良好。

由于 APQ 的适用性广，测量内容丰富，多个国家或地区的研究人员对其进行翻译、修订后广泛使用。然而，过多的条目数量使得 APQ 在与其他问卷配合施测时显得耗时低效。为了减轻被试者负担，使 APQ 适用于重复性的教养行为测量，Elger 等于 2007 年开发了 APQ 的 9 题版本（APQ-9）。APQ-9 仅保留了 APQ 中因子负荷最高的 9 道题目，共 3 个维度，分别测量父母的积极教养（positive parenting）、不一致管教（inconsistent discipline）及监管缺失（poor supervision）3 类教养行为。该问卷是三因子结构，满足每个维度的最低条目数（3 个）。在 Elgar 等的 CFA 结果中，该问卷模型拟合情况非常好（CFI = 0.99，NFI = 0.98，RMR = 0.003），维度得分的 α 系数介于 0.57～0.62。尽管 APQ-9 的信度结果差强人意，但由于高效、测量内容有代表性等特点，它逐渐被应用在各种实证研究中。例如，Ludmer 等使用 APQ-9 作为测量工具之一，探究父母教养方式与父母内化症状和儿童情感障碍的关系；Ludmer 等和 Fleming 等则使用 APQ-9 探究父母教养方式和儿童早期物质滥用的关系（Ludmer et al.，2017；Fleming et al.，2016）。

随着 APQ-9 在各国的使用频率增加，评估该问卷在全球范围内的一般测量效能成为一个具有指导意义的研究方向。为了评估 APQ-9 测量结果的可推广性，Liang 等针对该问卷的信度进行了元分析（Liang et al.，2021）。该研究分析了 32 篇使用 APQ-9 施测的实证研究结果，评估了 APQ-9 得分的平均信度水平，并发现了一系列影响 APQ-9 得分信度变化的因素。研究发现，APQ-9 的积极教养维度得分平均 α 系数为 0.82，不一致管教维度得分平均 α 系数为 0.66，监管缺失维度得分平均α系数为0.70。另外,问卷评分者(谁对父母教养行为做出评定)、实证研究所在国家、问卷所用语言、研究样本类型(如社区儿童父母或临床儿童父母等)等因素均是影响APQ-9维度得分信度变化的因素。该元分析结果说明父母教养行为存在跨文化差异,但APQ-9的条目在一定程度上能够容纳这些差异,测量结果表现出可接受的稳定性与一致性。然而,不一致管教与监管缺失维度得分的信度仅在可接受临界值边缘。该结果说明APQ-9的条目过少,未必能够精准测量不一致管教与监管缺失的教养行为;同时,APQ-9的条目时常要求评分者从第三人称角度去进行父母教养行为评定,评分者在作答这类条目时可能会由于(错误)考虑他人的立场而降低作答精度,从而降低得分信度。总而言之,该研究表明APQ-9是一个相对有效的父母教养行为测量工具,但它的得分信度可通过适当的问卷修改工作得到进一步提升。

【内容及实施方法】

APQ-9采用李克特5级计分法,若被试者是父母或监护人,则要求他们对问卷中列举行为的发生频率做评定。若被试者是儿童,则要求他们对其父母就问卷中列举行为的发生频率做评定。其中,1代表从不发生;2代表几乎没有发生;3代表偶尔发生;4代表经常发生;5代表总是发生。第1、6、7题属于积极教养维度;第2、4、9题属于不一致管教维度;第3、5、8题属于缺失监管维度。维度得分越高,说明该类型的教养方式出现得越频繁、实施的程度越深。

【测量学指标】

样本来自广东一所小学的196名小学生。包括男生100人(51.2%),女生96人(48.8%),全部是小学三年级的学生。平均年龄9.98岁,标准差为0.412岁。该样本中的187人参加了随后的重测,测量间隔在1年左右。

信度结果:本文仅报道3个分量表得分的内部一致性信度系数(Cronbach's α),以便研究者选取适合的分量表进行有针对性的教养行为测量。

基于以上样本所得到的内部一致性系数如下:

儿童对父亲的评定:积极教养得分的α系数为0.93,不一致管教得分的α系数为0.41,缺失监管得分的α系数为0.66;儿童对母亲的评定:积极教养得分的α系数为0.85,不一致管教得分的α系数为0.36,缺失监管得分的α系数为0.44。

间隔1年左右的重测信度系数(r)介于0.47~0.54。所有相关系数均达到统计学意义上的显著性水平($P<0.01$)。

结构效度:CFA结果表明APQ-9为三因子结构,模型拟合质量非常高(CFI=0.99,TLI=0.98,SRMR=0.040)。

【结果分析与应用情况】

父母教养方式长期以来都是研究的热点,APQ是其中一个较为广泛使用的工具,而APQ-9在确保测验精度的情况下缩短了问卷长度、减轻了施测负担。

APQ-9 得以发展和应用,主要原因在于其具有使用方便、信效度结果可以接受、使用方式灵活、跨文化适应性高等诸多优点。然而,相比于国外研究,其不一致管教维度的条目因子负荷较低,这可能是文化差异所致(赵晓,刘莉,孟庆晓 2017;Liang et al.,2021)。由于语言表达的问题,研究者在修订该问卷时容易出现翻译不准确的情况,该问题在第 2、5 题的修订结果中表现得尤为突出。因此,研究者应在进行修订、翻译该问卷的工作时倍加注意。另外,父母教养方式随着子女年龄的增长也会产生较大的变化,呈现不稳定性,所以在施测时应注意儿童的年龄。

(梁靖辉　王孟成)

参 考 文 献

[1] 赵晓,刘莉,孟庆晓,等. Alabama 教养问卷(父母版)中文版的心理测量学分析.青少年学刊,2017(1):32-38,56.

[2] Colder CR, Lochman JE, Wells KC. The moderating effects of children's fear and activity level on relations between parenting practices and childhood symptomatology. Journal of Abnormal Child Psychology,1997,25(3):251-263.

[3] Dadds MR. Families,children,and the development of dysfunction. New York:Sage,1995.

[4] Elgar FJ, Waschbusch DA, Dadds MR, et al. Development and validation of a short form of the alabama parenting questionnaire. Journal of Child & Family Studies,2007,16(2):243-259. doi:10.1007/s10826-006-9082-5.

[5] Fleming CB, Mason WA, Thompson RW, et al. Child and parent report of parenting as predictors of substance use and suspensions from school. Journal of Early Adolescence,2016,36(5):625. doi:10.1177/0272431615574886.

[6] Frick PJ. The Alabama Parenting Questionnaire. Unpublished rating scale,University of Alabama,1991.

[7] Hinshaw SP, Owens EB, Wells KC, et al. Family processes and treatment outcome in the mta:negative/ineffective parenting practices in relation to multimodal treatment. Journal of Abnormal Child Psychology,2000,28(6):555-568.

[8] Ludmer JA, Salsbury D, Suarez J, et al. Accounting for the impact of parent internalizing symptoms on parent training benefits:the role of positive parenting. Behaviour Research & Therapy,2017,97:252-258. doi:10.1016/j.brat.2017.08.012.

[9] Liang J, Shou Y, Wang MC,et al. Alabama Parenting Questionnaire-9:A reliability generalization meta-analysis. Psychological Assessment,2021. doi:10.1037/pas0001031.

[10] Patterson GR, Reid JB, Dishion TJ. A social interactional approach:Antisocial boys. (Vol. 4),Castalia,Eugene,OR:Castalia,1992.

[11] Waller R, Gardner F, Viding E, et al. Bidirectional associations between parental warmth, callous unemotional behavior,and behavior problems in high-risk preschoolers. Journal Of

Abnormal Child Psychology,2014,42(8):1275-1285. doi:10.1007/s10802-014-9871-z.

[12] Wells KC,Epstein JN,Hinshaw SP,et al. Parenting and family stress treatment outcomes in attention deficit hyperactivity disorder(ADHD):An empirical analysis in the MTA study. Journal of Abnormal Child Psychology,2000,28:543-555.

[13] Winters KC,Lee S,Botzet A,et al. One-year outcomes and mediators of a brief intervention for drug abusing adolescents. Psychology of Addictive Behaviors,2014,28(2):464-474. doi:10.1037/a0035041.

[14] Wood JJ,Mcleod BD,Sigman M,et al. Parenting and childhood anxiety:theory,empirical findings,and future directions. Journal of Child Psychology & Psychiatry & Allied Disciplines,2003,44(1):134-151. doi:10.1111/1469-7610.00106.

[15] Zlomke K,Bauman S,Lamport D. Adolescents' perceptions of parenting behavior:validation of the alabama parenting questionnaire adolescent self report. Journal of Child & Family Studies,2015,24(11):1-11.

附:父母教养行为问卷(简式版)(APQ-9)

（Elgar 等编制）

指导语: 此问卷是关于你父母的教养行为,每个题目答案均有1、2、3、4、5共5个等级。请你分别在最符合你父亲和母亲的等级数字上画"○",每题只能选一个答案。父母对你的教养方式可能是相同的,也可能是不同的,请你实事求是地分别回答。

如果你是单亲(离异)家庭,可以只回答父亲或母亲一栏。下面举例说明对每个题目的回答方法。

举例: 我的父母常常陪伴我。如果这个情况经常发生,就请在"4"上画"○"。

从不发生	几乎没有发生	有时发生	经常发生	总是发生
1	2	3	④	5

题目内容		从不发生	几乎没有发生	有时发生	经常发生	总是发生
1. 当我很好地完成一项任务时,父母会告诉我:"你做得很棒(或其他肯定的话)!"	父亲	1	2	3	4	5
	母亲	1	2	3	4	5
2. 父母会威胁要惩罚我,但是事实上并没有那么做	父亲	1	2	3	4	5
	母亲	1	2	3	4	5
3. 我没有让父母知道我将要去哪里	父亲	1	2	3	4	5
	母亲	1	2	3	4	5
4. 做了错事后,我会和父母理论以避免受到惩罚	父亲	1	2	3	4	5
	母亲	1	2	3	4	5
5. 在晚上,过了规定的时间我仍然逗留在外	父亲	1	2	3	4	5
	母亲	1	2	3	4	5

（续　表）

题目内容		从不 发生	几乎没 有发生	有时 发生	经常 发生	总是 发生
6. 当我做得好时父母会称赞我	父亲	1	2	3	4	5
	母亲	1	2	3	4	5
7. 如果我表现得好父母会表扬我	父亲	1	2	3	4	5
	母亲	1	2	3	4	5
8. 父母不知道我和谁一起出去玩耍	父亲	1	2	3	4	5
	母亲	1	2	3	4	5
9. 父母会提前结束对我的惩罚(如惩罚结束的时 间比父母之前说得更早)	父亲	1	2	3	4	5
	母亲	1	2	3	4	5

六、父母教养方式问卷(PBI)

【概述】

父母教养方式是指父母在抚养、教育子女的活动中相对稳定的行为风格，是对父母各种养育行为的特征概括。依恋理论认为，父母关爱(即喜爱、温和、亲近和低控制)是儿童安全依恋关系和正常发展的需要，而父母控制(即干涉、要求服从、过度保护和低关爱)是儿童不安全依恋模式和以后心理功能紊乱的一个来源。为了定义和评估父母教养行为的有效构成，Parker于1979年根据依恋理论编制了父母教养方式问卷(parental bonding instrument，PBI)。众多的研究表明，PBI具有良好的信度，不存在性别差异，并且得分较少受到被试者抑郁水平和生活重大事件的影响；PBI常用于临床患者所受的教养方式对其心理障碍影响的研究，特别是抑郁和焦虑的某些症状表现，其效度也在成人、青少年、抑郁症患者、精神分裂症患者群体中得到广泛的验证。现在PBI已成为在美国、西班牙、日本、中国等国家广泛使用的回顾性自评量表。国内学者杨红君等(2009)对此量表做了修订和心理测量学指标的检验。

【内容及实施方法】

PBI是评估个体对儿童时期(16岁以前)父母教养方式认知的自评量表，分为母亲版(PBI-M)和父亲版(PBI-F)，各有23个条目，分为关爱、鼓励自主和控制3个因子。采用李克特4级计分法，即0代表"非常不符合"，1代表"比较不符合"，2代表"比较符合"，3代表"非常符合"。

【测量学指标】

PBI中文版的修订在849名在校大学生中完成。PBI-M 3个分量表之间的相关系数介于$-0.414\sim0.437$，PBI-F 3个分量表之间的相关系数介于$-0.402\sim0.394$。内部一致性分析显示，PBI-M中母亲关爱、母亲鼓励自主、母亲控制3个分量表的 Cronbach's α 系数/分半信度系数分别为 0.846/0.830,0.806/0.727,0.745/0.661;PBI-F 中父亲关爱、父亲鼓励自主、父亲控制 3 个分量表的 Cronbach's α 系数/分半信度系数分别为 0.858/0.844,0.822/0.748,0.752/0.689。重测相关系数介于 0.746~0.941。

在结构效度方面,探索性因素分析结果显示,父亲版和母亲版均得到三因子,分别命名为关爱、鼓励自主和控制。母亲版累计方差解释率为 46.22%,父亲版累计方差解释率为 49.28%。使用极大似然法进行验证性因素分析,结果基本符合测量学的要求。在三因子模型中,CFA 结果显示:母亲版 $\chi^2/df=2.457$,GFI$=0.898$,AGFI$=0.871$,CFI$=0.900$,NFI$=0.844$,NNFI$=0.844$,RMSEA$=0.059$;父亲版 $\chi^2/df=3.052$,GFI$=0.870$,AGFI$=0.839$,CFI$=0.858$,NFI$=0.805$,NNFI$=0.838$,RMSEA$=0.070$。

将 PBI-M 和 PBI-F 分量表与成人依恋问卷(AAQ)进行相关分析,两个量表的所有分量表之间均有显著相关性,差异具有统计学意义($P<0.05$),相关系数介于$-0.544~0.631$。

【结果分析与应用情况】

1. 母亲版

(1)关爱因子:包括 1、2、4、5、6、11、12、14、15、16、22 共 11 个条目,反映母亲对子女温和、理解、支持。

(2)鼓励自主因子:包括 3、7、13、19、20、23 共 6 个条目,反映母亲鼓励子女独立和自主。

(3)控制因子:包括 8、9、10、17、18、21 共 6 个条目,反映母亲过分干涉子女的成长,严格限制子女的自由。

其中条目 2、4、14、16、18、22 为反向计分题。

2. 父亲版

(1)关爱因子:包括 1、2、4、5、6、11、12、13、15、16、22 共 11 个条目,反映父亲对子女温和、理解、支持。

(2)鼓励自主因子:包括 3、7、14、19、20、23 共 6 个条目,反映父亲鼓励子女独立和自主。

(3)控制因子:包括 8、9、10、17、18、21 共 6 个条目,反映父亲过分干涉子女的成长,严格限制子女的自由。

其中条目 2、4、14、18、22 为反向计分题。

进一步根据关爱和控制因子的得分,以常模均数加减一个标准差为标准,可把父母教养方式分为不同的类型,见表 6-12。

表6-12　父母教养方式的不同类型

权威型:高关爱、高控制	专制型:低关爱、高控制
民主型:高关爱、低控制	放任型:低关爱、低控制

　　母亲版:得分高于29.62分为高关爱,低于19.12分为低关爱;控制得分高于8.64分为高控制,低于1.98分为低控制。

　　父亲版:得分高于27.17分为高关爱,低于15.71分为低关爱;控制得分高于7.62分为高控制,低于1.38分为低控制。

（楚艳民　周世杰）

参 考 文 献

[1] 杨红君,楚艳民,刘利,等.父母养育方式量表(PBI)在中国大学生中的初步修订.中国临床心理学杂志,2009(4):434-436.

[2] Parker G,Tupling H,Brown LB. A Parental Bonding Instrument. British Journal of Medical Psychology,1979,52:1-10.

附:父母教养方式问卷(**PBI**)

　　（Parker 等编制）

　　指导语:以下列出了父母可能存在的各种态度和行为。请回忆在你16岁之前母亲或父亲的表现,在每一栏目最符合的数字上画"√"。其中,0＝非常不符合,1＝比较不符合,2＝比较符合,3＝非常符合。

母亲版题目内容	非常不符合	比较不符合	比较符合	非常符合
1. 用温和友好的语气与我说话	0	1	2	3
2. 没有给我足够的帮助	0	1	2	3
3. 允许我做自己喜欢的事情	0	1	2	3
4. 在情感上显得对我很冷淡	0	1	2	3
5. 了解我的问题与担忧	0	1	2	3
6. 对我很疼爱	0	1	2	3
7. 喜欢让我自己拿主意	0	1	2	3
8. 不想让我长大	0	1	2	3
9. 试图控制我做的每一件事	0	1	2	3
10. 侵犯我的隐私	0	1	2	3
11. 经常对我微笑	0	1	2	3

（续　表）

母亲版题目内容	非常 不符合	比较 不符合	比较 符合	非常 符合
12. 似乎不明白我想要什么	0	1	2	3
13. 让我决定自己的事情	0	1	2	3
14. 让我觉得自己是可有可无的	0	1	2	3
15. 在我心烦意乱的时候可以让我的心情好起来	0	1	2	3
16. 不经常与我交谈	0	1	2	3
17. 试图让我觉得离不开她	0	1	2	3
18. 觉得没有她在身边我就不能照顾好自己	0	1	2	3
19. 给我足够的自由	0	1	2	3
20. 允许我自由外出	0	1	2	3
21. 对我保护过度	0	1	2	3
22. 从不夸奖我	0	1	2	3
23. 允许我随心所欲地选择穿着	0	1	2	3

父亲版题目内容	非常 不符合	比较 不符合	比较 符合	非常 符合
1. 用温和友好的语气与我说话	0	1	2	3
2. 没有给我足够的帮助	0	1	2	3
3. 允许我做自己喜欢的事情	0	1	2	3
4. 在情感上显得对我很冷淡	0	1	2	3
5. 了解我的问题与担忧	0	1	2	3
6. 对我很疼爱	0	1	2	3
7. 喜欢让我自己拿主意	0	1	2	3
8. 不想让我长大	0	1	2	3
9. 试图控制我做的每一件事	0	1	2	3
10. 侵犯我的隐私	0	1	2	3
11. 喜欢与我商量事情	0	1	2	3
12. 经常对我微笑	0	1	2	3
13. 似乎不明白我想要什么	0	1	2	3
14. 让我决定自己的事情	0	1	2	3
15. 在我心烦意乱的时候可以让我心情好起来	0	1	2	3
16. 不经常与我交谈	0	1	2	3
17. 试图让我觉得离不开他	0	1	2	3

（续　表）

父亲版题目内容	非常 不符合	比较 不符合	比较 符合	非常 符合
18. 觉得没有他在身边我就不能照顾好自己	0	1	2	3
19. 给我足够的自由	0	1	2	3
20. 允许我自由外出	0	1	2	3
21. 对我保护过度	0	1	2	3
22. 从不夸奖我	0	1	2	3
23. 允许我随心所欲地选择穿着	0	1	2	3

七、父母共同教养关系感知量表（PPCRS）

【概述】

共同教养（coparenting）是指成人在他们作为父母的角色中相互协作、共同工作的方式（Feinberg，2003）。研究初期，研究者主要通过访谈法和自然观察法对共同教养进行研究。在此基础上，教养者自我报告形式的共同教养问卷才逐渐发展起来。其中以共育者之间的支持性和非支持性维度作为共同教养的结构最为普遍。共同教养支持性和非支持性的二维结构最先出现于早期的观察研究中。Belsky 等（1995）对观察到的教养者和孩子日常生活中的互动事件进行编码与分类，发现共同教养行为大致分为支持和不支持两种类型。支持性共同教养为共育者中的一方通过对孩子说同样的话来明确或含蓄地支持另一方，或者共育者中的一方直接要求另一方在照顾孩子方面给予帮助，并得到了对方的帮助。非支持性共同教养是指当共育者中的一方有意或无意中破坏了另一方对孩子的教养、中断了另一方与孩子的互动、公开批评另一方对孩子的行为，或者直接要求帮助照顾孩子时被忽视或拒绝。

父母共同教养关系感知量表（parent's perceptions of the coparenting relationship scale）由 Stright 和 Bales 于 2003 年基于 Belsky 等的共同教养编码系统和试测而编制，主要用于评估父母对当前共同教养关系质量的看法。和其他共同教养量表相比，共同教养关系感知量表题项少，便于施测，更适用于大范围的普查。以下所介绍的量表基于王孟成等 2021 修订的版本。

【内容及实施方法】

（一）项目和评定标准

父母共同教养关系感知量表共 14 道题目，包括 7 个支持性和 7 个非支持性的项目。见表 6-13。

表 6-13 父母共同教养关系感知量表各题目内容及所属维度

序号	维度	题目内容
1	支持性	在我管教孩子的时候,我的伴侣表示支持我
3		当我的伴侣不认同我对待孩子的方式时,他/她能够平静地和我讨论
7		我的伴侣和我使用相似的育儿技巧
9		当我告诉伴侣关于孩子的事情时,他/她会倾听
12		总的来说,我们在孩子养育方面配合得很好
13		当我试图解决我们的孩子和其他孩子之间的争端时,我的伴侣会帮助我
14		在孩子面前,即使我的伴侣不同意我对待孩子的方式,但他/她仍然支持我
2	非支持性	我的伴侣和我争夺孩子的注意力
4		当我想让伴侣帮忙让孩子睡觉时,他/她忽略了我的求助
5		我的伴侣在孩子面前批评我的教养方式
6		当我吩咐孩子做某事时,我的伴侣会反驳我
8		在我就孩子的问题寻求帮助时,我的伴侣不会帮助我
10		当孩子想要什么时,我说不可以,但我的伴侣说可以
11		我的伴侣使用了我要求他/她不要使用的育儿技巧

父母共同教养关系感知量表为互评量表,按共育者在抚养指定儿童过程中的一般交互情况进行评定,所有题目均按李克特 5 级计分法进行评分(1＝从不,2＝非常少,3＝偶尔,4＝经常,5＝总是)。

(二)评定注意事项

量表由共育者自行填写。在填表前必须让共育者把填表说明、填表方法及问题内容了解清楚。文盲或半文盲一般不宜作为评定对象。如有特殊需要,可由评定员念给共育者听,然后在量表中注明,供分析时参考。一般 5 分钟内即可完成。

评定时应注意以下内容。

(1)本量表为互评量表,即母亲的共同教养评级来源于父亲,父亲的共同教养评级来源于母亲,要求最少有 2 名主要教养者,若此条件不满足,则无须进行共同教养关系的评估。若没有父母或父母没有参与主要养育,则由其他教养者进行互评。

(2)本量表的共同教养评估是针对某个特定儿童的,若家里为非独生的情况,需强调评估的是某个特定的儿童。

(3)将非支持性的题目进行反向计分后,计算 14 个题目的平均分,即为个体共同教养总分。

【测量学指标】

量表原作者对父母共同教养关系感知量表信度进行了检验,父亲版 Cronbach's α 系数为 0.75,母亲版为 0.83。Cook 等(2009)在学龄前儿童父母共同教养中报道的量表支持性内部一致性为 0.73,非支持性为 0.70,父亲版为 0.58,母亲版为 0.77。Fan 和 Chen(2020)在中国学龄前儿童父母中的施测发现量表信度良好，父亲版 α 系数为 0.89，母亲版 α 系数为 0.89。Chen(2019)在中国青少年母亲中的施测发现量表支持性 α 系数为 0.82，非支持性 α 系数为 0.78。王孟成等(2021)在中国小学生家长中的施测发现量表母亲版支持性、非支持性维度的信度系数分别为 0.90 和 0.78，父亲版分别为 0.77 和 0.82。

量表结构效度良好。Ren 和 Xu(2019)在中国学龄前儿童父母中对量表进行了验证性因素分析，报道了各项拟合指标为：WLSMV $\chi^2 = 403.929(P < 0.001)$，TLI$= 0.89$，CFI$= 0.91$，RMSER$= 0.05$，SRMR$= 0.06$。王孟成等(2021)在中国小学生家长群体中进行了类似的分析，发现该量表各项拟合指标为：母亲版，WLSMV $\chi^2 = 403.93$，$df = 76$，RMSEA$= 0.07$，CFI$= 0.94$，TLI$= 0.93$；父亲版，WLSMV $\chi^2 = 352.24$，$df = 76$，RMSEA$= 0.06$，CFI$= 0.94$，TLI$= 0.92$。

【应用情况】

当前，国内外的研究均证明父母共同教养关系感知量表信度良好，也有个别研究证明其具有良好的结构效度，但总体而言，应用较少。

（王孟成）

参 考 文 献

[1] 王孟成,程月乐,杨文登,等.共同教养关系感知量表中文版的信效度检验.中国临床心理学杂志,2022,44:620-635.

[2] Belsky J,Crnic K,Gable S. The determinants of coparenting in families with toddler boys: Spousal differences and daily hassles. Child development,1995,66(3):629-642.

[3] Chen BB. Chinese adolescents' sibling conflicts:Links with maternal involvement in sibling relationships and coparenting. Journal of Research on Adolescence,2019,29(3):752-762.

[4] Cook JC,Schoppe-Sullivan SJ,Buckley CK,et al. Are some children harder to coparent than others? Children's negative emotionality and coparenting relationship quality. Journal of Family Psychology,2009,23(4):606-610.

[5] Fan J,Chen BB. Parenting styles and coparenting in China:The role of parents and children's sibling status. Current Psychology,2020,39(5):1505-1512.

[6] Feinberg ME. The internal structure and ecological context of coparenting:A framework for research and intervention. Parenting:Science and Practice,2003,3(2):95-131.

[7] Ren L,Xu W. Coparenting and Chinese preschoolers' social-emotional development:Child routines as a mediator. Children and Youth Services Review,2019,107:104549.

[8] Stright AD,Bales SS. Coparenting quality:Contributions of child and parent characteristics. Family Relations,2003,52(3):232-240.

附：父母共同教养关系感知量表（PPCRS）

（Stright 和 Bales 编制）

指导语：以下内容是关于你和你的伴侣在家庭中情况的一些描述。请仔细阅读每一句话，同时请回顾你的伴侣在通常情况下是如何做的，与答案中的哪一项最相符，并在该数字上画"○"。请作答每一个题目，不要漏选或者一题多选。答案没有对错之分。

题目内容	从不	非常少	偶尔	经常	总是
1. 在我管教孩子的时候，我的伴侣表示支持我	1	2	3	4	5
2. 我的伴侣和我争夺孩子的注意力	1	2	3	4	5
3. 当我的伴侣不认同我对待孩子的方式时，他/她能够平静地和我讨论	1	2	3	4	5
4. 当我想让伴侣帮忙让孩子睡觉时，他/她忽略了我的求助	1	2	3	4	5
5. 我的伴侣在孩子面前批评我的教养方式	1	2	3	4	5
6. 当我吩咐孩子做某事时，我的伴侣会反驳我	1	2	3	4	5
7. 我的伴侣和我使用相似的育儿技巧	1	2	3	4	5
8. 在我就孩子的问题寻求帮助时，我的伴侣不会帮助我	1	2	3	4	5
9. 当我告诉伴侣关于孩子的事情时，他/她会倾听	1	2	3	4	5
10. 当孩子想要什么时，我说不可以，但我的伴侣说可以	1	2	3	4	5
11. 我的伴侣使用了我要求他/她不要使用的育儿技巧	1	2	3	4	5
12. 总的来说，我们在孩子养育方面配合得很好	1	2	3	4	5
13. 当我试图解决我们的孩子和其他孩子之间的争端时，我的伴侣会帮助我	1	2	3	4	5
14. 在孩子面前，即使我的伴侣不同意我对待孩子的方式，但他/她仍然支持我	1	2	3	4	5

八、父母情绪社会化量表（EAC-12）

【概述】

父母情绪社会化量表（emotions as a child scale，EAC）由 Magai 等于 1996 年编制（儿童版编制于 1997 年），主要用于评估父母的情绪社会化策略。EAC 主要测量父母对愤怒、恐惧和悲伤 3 种负面情绪的社会化策略，且这 3 种负面情绪均分别包括鼓励、惩罚、控制、忽视和夸大 5 种策略。与其他的父母情绪社会化量表相比，EAC 更关注父母对儿童情绪表现的反应，即直接的情绪社会化策略，且基于父母对儿童消极情绪的回应来评估其情绪社会化策略。中文版 EAC 由罗杰等于 2020 年修订完成，每种负面情绪下由原量表的 15 题改为 12 题（EAC-12），是测量中国父母情绪社会化的有效工具，能有效评估中国儿童所感知到的父母情绪社会化策略。

【内容及实施方法】

(一)项目和评定标准

中文版 EAC-12 分为 3 个分量表，共 36 个题目。采用儿童自评方式，主要测量父母对愤怒（anger）、恐惧（fear）、悲伤（sadness）3 种负面情绪的社会化策略，每种负面情绪都包括支持（supportive）和非支持（non-supportive）两种策略（表 6-14）。计分方式采用李克特 5 级计分法（1＝从不，2＝非常少，3＝偶尔，4＝经常，5＝总是）。例如愤怒分量表中的题目 1：“当我感到愤怒时，父母/抚养者会告诉我不要害怕”，自评为“总是”时，记作“5”。

表 6-14　EAC-12 维度及项目

因子	项目
支持策略（supportive strategy）	1/2/4/5/8/9/12
非支持策略（non-supportive strategy）	3/6/7/10/11

(二)评定注意事项

中文版 EAC-12 主要采用儿童自评方式，具体表现从孩子的角度回答。例如会问孩子“当你愤怒/害怕/难过时，你的母亲/父亲做了什么？”中文版 EAC-12 在施测时由儿童自行填写。在填表前必须让儿童理解并明白填表说明、填表方法及项目内容。

【测量学指标】

在国内的研究中，基于探索性因子分析使得每个分量表（愤怒、恐惧、悲伤）下由原来的 15 题改为 12 题，分为支持性策略（7 题）和非支持性策略（5 题）；验证性因素分析结果显示，3 个分量表的两因子模型拟合数据均良好（CFI 和 TLI 均＞0.90，RMSEA＜0.08）；多组验证性因素分析表明，中文版 EAC-12 3 个分量表的得分在不同性别的儿童中满足测量不变性。3 个分量表中的支持和不一致两个因子得分的 α 系数分别为 0.87 和 0.79、0.90 和 0.74、0.92 和 0.73。效标效度显示，EAC-12 中支持因子得分与亲子关系量表（child-parent relationship scale-15，CPRS-15）中的亲子冲突因子（悲伤分量表除外）和父母宽松监管因子得分呈负相关（$r＝-0.15\sim-0.10,P＜0.05$）；非支持因子得分与亲子亲密度（悲伤分量表除外）、亲子冲突因子（恐惧分量表除外）及父母积极养育因子得分呈显著负相关（$r＝-0.25\sim-0.13,P＜0.01$）。

【结果分析与应用情况】

1. 统计指标和结果分析　中文版 EAC-12 的统计指标为支持策略或非支持策略的因子得分,结果分析时按需将因子所包含题目得分加总。

2. 应用评价　中文版 EAC-12 在我国 9～12 岁学龄儿童中具有较好的心理测量学属性,可作为一个简单而有效的测量工具来评估中国儿童所感知到的父母情绪社会化策略。未来的研究工作需要进一步扩大调查样本以建立参考性常模资料。

（廉宇煊　罗　杰）

参 考 文 献

〔1〕 Luo J,Wang MC,Gao Y,et al. Factor structure and construct validity of the Emotions as a Child Scale (EAC) in Chinese children. Psychological Assessment,2020,32(1):85-97.

〔2〕 Magai CM. Emotions as a child self-rating scale. Long Island University,1996.

〔3〕 Magai C,O'Neal CR. Emotions as a child (child version). Unpublished manuscript,Long Island University,1997.

附:父母情绪社会化量表(EAC-12)

（Magai 编制）

指导语:下面是当你生气或害怕或难过时,父母或抚养者(比如和爷爷奶奶一块儿长大,爷爷奶奶就是抚养者)可能采取的一些措施。请根据每种措施出现的频率在相应的数字上画"○"。请仔细阅读每个题目,并尽可能诚实地回答。

当我感到愤怒时,父母/抚养者会	从不	非常少	偶尔	经常	总是
1. 告诉我不要愤怒	1	2	3	4	5
2. 帮我缓解这个问题	1	2	3	4	5
3. 变得十分生气	1	2	3	4	5
4. 询问让我愤怒的原因	1	2	3	4	5
5. 告诉我不要担心	1	2	3	4	5
6. 表现出非常愤怒的情绪	1	2	3	4	5
7. 让我知道她/他不允许我有这种情绪	1	2	3	4	5
8. 告诉我振作起来	1	2	3	4	5
9. 密切关注我	1	2	3	4	5
10. 变得十分烦躁	1	2	3	4	5
11. 不会给予关注	1	2	3	4	5
12. 安慰我	1	2	3	4	5

（续　表）

当我感到害怕时,父母/抚养者会	从不	非常少	偶尔	经常	总是
1. 告诉我不要害怕	1	2	3	4	5
2. 帮我缓解这个问题	1	2	3	4	5
3. 变得十分害怕	1	2	3	4	5
4. 询问让我害怕的原因	1	2	3	4	5
5. 告诉我不要担心	1	2	3	4	5
6. 表现出非常害怕的情绪	1	2	3	4	5
7. 让我知道她/他不允许我有这种情绪	1	2	3	4	5
8. 告诉我振作起来	1	2	3	4	5
9. 密切关注我	1	2	3	4	5
10. 变得十分烦躁	1	2	3	4	5
11. 不会给予关注	1	2	3	4	5
12. 安慰我	1	2	3	4	5

当我感到难过时,父母/抚养者会	从不	非常少	偶尔	经常	总是
1. 告诉我不要难过	1	2	3	4	5
2. 帮我缓解这个问题	1	2	3	4	5
3. 变得十分难过	1	2	3	4	5
4. 询问让我难过的原因	1	2	3	4	5
5. 告诉我不要担心	1	2	3	4	5
6. 表现出非常难过的情绪	1	2	3	4	5
7. 让我知道她/他不允许我有这种情绪	1	2	3	4	5
8. 告诉我振作起来	1	2	3	4	5
9. 密切关注我	1	2	3	4	5
10. 变得十分烦躁	1	2	3	4	5
11. 不会给予关注	1	2	3	4	5
12. 安慰我	1	2	3	4	5

九、父母教养与家庭适应量表(PAFAS)

【概述】

采用和实施有根据的教养干预可以降低高得离谱的儿童虐待率,减少儿童的行为与情绪问题。同时,实施教养干预还可以培养父母的教养技能,增强父母的效能感。因此,制定更多适用于世界各地的教养干预项目变得越来越重要,同时定期去评估这些干预项目所带来的结果也是有必要的,因为不能假定不同的从业人员在不同环境或文化背景下实施相同的干预措施时都一定能取得积极的结果。因此,在这个过程中,需要有可靠的、便于使用的及容易获得的结果衡量标准。许多教养干预项目的开发人员建议使用具体的父母或教师报告的测量方法来监测教养干预的效果。也有研究表明教养技能的改变、家庭关系和父母情绪调节都是教养干预的首要指标,为此,澳洲心理学家 Sanders 等于 2014 年编制了父母教养与家庭适应量表(parenting and family adjustment scales,PAFAS)。

PAFAS 主要应用于临床常规评估及监测教养干预效果。该量表覆盖了父母教养和家庭适应中的 5 个维度,而这些维度可能是造成孩子情绪和行为问题的风险因素,包括:①父母教养行为(parenting practices),是指父母为了促进儿童的积极亲社会行为而采取的教养方式与行为;②亲子关系(parent-child relationship),是指亲子间相互温暖的水平及父母对与孩子关系的满意程度;③父母情绪调节(parental emotional adjustment),是指父母体验到的压力、抑郁和焦虑水平;④家庭关系(family relationships),是指支持性、无压力的家庭环境水平;⑤日常教养中的父母合作(parental teamwork in daily parenting),是指父母中任意一方从伴侣身上得到的支持。修订后的 PAFAS 中文版为评估教养干预和家庭服务效果提供了一个可靠的工具,同时也填补了关于教养干预的公共卫生监测的缺口。PAFAS 原量表具有良好的测量学特性,采取父母报告的方式,并且简短易施行。以下介绍的量表参考 Guo、Morawska 和 Filus(2017)的中译本。

【内容及实施方法】

PAFAS 是一个父母报告量表,原量表有 30 个条目,分为父母教养和家庭适应两个分量表。修订后的 PAFAS 有 26 个条目,其中父母教养分量表有 15 个条目和 4 个维度,分别是父母一致性(parental consistency)(3 个条目)、强制教养(coercive parenting)(4 个条目)、正面鼓励(positive encouragement)(3 个条目)和亲子关系(parent-child relationship)(5 个条目)。家庭适应分量表有 11 个条目和 3 个维度,分别是父母调节(parental adjustment)(4 个条目)、家庭关系(family relationships)(4 个条目)和父母合作(parental teamwork)(3 个条目)。量表采用 4 级计分法,从 0("完全不符合")到 3("非常符合")。总分越高,代表父母教养和家庭适应功能失衡的水平越高。

【测量学指标】

(一)PAFAS 原量表

样本为 920 名父母(研究一共 347 人;研究二共 573 人),研究一的平均年龄为(39.49±5.98)岁,295 人(85%)为母亲,52 人(15%)为父亲;研究二的平均年龄为(38.00±6.31)岁,539 人(93.9%)为母亲,34 人(6.1%)为父亲。被试儿童的年龄为 2～12 岁,研究一中儿童的平均年龄为(7.34±2.80)岁,研究二为(6.00±3.10)岁。

原量表的验证性因素分析结果显示拟合均良好（父母教养分量表：$\chi^2 =$ 285.54，$df = 127$，CFI = 0.908，RMSEA = 0.047；家庭适应分量表：$\chi^2 = 138.04$，$df = 50$，CFI = 0.960，RMSEA = 0.055）。

对各维度进行同质性信度测定，结果见表 6-15。

表 6-15 PAFAS 的计分键及信度

分量表		包含的条目	条目数	同质性信度
父母教养	因子 1. 父母一致性	1/3/4/11/12	5	0.70
	因子 2. 强制教养	5/7/9/10/13	5	0.78
	因子 3. 正面鼓励	2/6/8	3	0.75
	因子 4. 亲子关系	14/15/16/17/18	5	0.85
家庭适应	因子 1. 父母调节	19/20/21/22/23	5	0.87
	因子 2. 家庭关系	24/25/26/27	4	0.84
	因子 3. 父母合作	28/29/30	3	0.85

注：存在反向计分题。

（二）PAFAS 中文版

样本为 650 名在上小学或幼儿园儿童的父母，平均年龄（36.06±4.72）岁。466 人（71.7%）为母亲，136 人（20.9%）为父亲。被试儿童的年龄为 2～12 岁，平均（7.25±2.80）岁。

经过验证性因素分析，删除了第 3、11、13、19 条目后，PAFAS 的拟合均良好（父母教养分量表：$\chi^2 = 245.01$，$df = 84$，RMSEA = 0.055，CFI = 0.917；家庭适应分量表：$\chi^2 = 158.33$，$df = 40$，RMSEA = 0.069，CFI = 0.912）。

对各维度进行同质性信度测定，结果见表 6-16。

表 6-16 PAFAS 中文版的计分键及信度

分量表		包含的条目	条目数	同质性信度
父母教养	因子 1. 父母一致性	1/3/10	3	0.50
	因子 2. 强制教养	4/6/8/9	4	0.70
	因子 3. 正面鼓励	2/5/7	3	0.75
	因子 4. 亲子关系	11/12/13/14/15	5	0.82

（续　表）

分量表		包含的条目	条目数	同质性信度
家庭适应	因子1. 父母调节	16/17/18/19	4	0.78
	因子2. 家庭关系	20/21/22/23	4	0.77
	因子3. 父母合作	24/25/26	3	0.73

注:存在反向计分题。

【结果分析与应用情况】

PAFAS具有良好的信效度及因子结构。但目前而言应用仍相对较少,且修订过程存在以下3个方面的局限性。第一,参与研究的被试父母均来自城市,结果能否推广到农村地区的家庭尚不确定。未来研究应进一步检验中国不同地区的父母教养及家庭适应水平的测量学特性。第二,修订研究中没有包含临床个案,因此不能确定PAFAS能否区分中国父母中的功能失衡的教养和常规教养,未来应考虑研究临床个案的测量学特性。第三,父母教养分量表中父母一致性维度的同质性信度较低,需要更多的研究来检验这一维度在中国背景下的适用性。

（何靖宜　王孟成）

参 考 文 献

[1] Guo M,Morawska A,Filus A. Validation of the parenting and family adjustment scales to measure parenting skills and family adjustment in Chinese parents. Measurement and Evaluation in Counseling and Development,2017,50(3):139-154.

[2] Sanders MR,Morawska A,Haslam DM,et al. Parenting and Family Adjustment Scales (PAFAS):validation of a brief parent-report measure for use in assessment of parenting skills and family relationships. Child Psychiatry & Human Development,2014,45(3):255-272.

附:父母教养与家庭适应量表(PAFAS)

（Sanders 等编制）

指导语:请阅读以下每一句话,并从中选择能如实说明你在过去4周情况的数字。答案不存在对错之分,请不要在每句话上花费过多时间。计分方式如下。

0＝完全不符合;

1＝有点符合,或者有时候符合我;

2＝很符合,或者很多时候符合我;

3＝非常符合,或者大多数时候符合我。

题目内容	如实描述你的情况			
	0	1	2	3
	完全 不符合	有点符合 （有时候）	很符合 （很多时候）	非常符合 （大多数时候）
1. 如果孩子不按照我的要求去做，我会放弃并自己把事情做好	0	1	2	3
2. 我会为孩子的良好行为提供奖励或安排有趣的活动	0	1	2	3
3. 孩子行为不当时，我会施加某种威胁（如关闭电视，但并不付诸行动	0	1	2	3
4. 孩子行为不当时，我会对他/她大声喊叫或发怒	0	1	2	3
5. 孩子行为良好时，我会夸奖他/她	0	1	2	3
6. 孩子行为不当时，我会设法让孩子感到难过（如内疚、羞愧），从而给他/她一个教训	0	1	2	3
7. 孩子行为良好时，我会给予关注，如拥抱、眨眼睛、微笑和亲吻	0	1	2	3
8. 孩子行为不当时，我会打他/她（如打屁股）	0	1	2	3
9. 我和孩子争论他/她的行为和态度	0	1	2	3
10. 孩子生气或烦躁时，我给他/她想要的东西	0	1	2	3
11. 我和孩子聊天/说话	0	1	2	3
12. 我喜欢给孩子以拥抱、亲吻和搂抱	0	1	2	3
13. 我为孩子感到骄傲	0	1	2	3
14. 我喜欢和孩子待在一起	0	1	2	3
15. 我和孩子关系良好	0	1	2	3
16. 我感到快乐	0	1	2	3
17. 我感到悲伤或压抑	0	1	2	3
18. 我对生活感到满意	0	1	2	3
19. 我能应付抚养孩子过程中出现的负面情绪	0	1	2	3
20. 我们的家庭成员相互帮助和支持	0	1	2	3
21. 我们的家庭成员相处良好	0	1	2	3

（续　表）

题目内容	如实描述你的情况			
	0	1	2	3
	完全 不符合	有点符合 （有时候）	很符合 （很多时候）	非常符合 （大多数时候）
22. 我们的家庭成员会打架或争吵	0	1	2	3
23. 我们的家庭成员相互指责或贬低	0	1	2	3
如果你处于夫妻关系中，请回答以下 3 个问题				
24. 在父母教养上，我和配偶像团队一样 合作	0	1	2	3
25. 在父母教养上，我不赞同我的配偶	0	1	2	3
26. 我和配偶的关系良好	0	1	2	3

十、教养中的人际正念量表（中文版）（IM-P-C）

【概述】

教养中的人际正念量表（interpersonal mindfulness in parenting scale，IM-P）的原始版本由 Duncan 等（2009）编制。其由 5 个维度组成，包括全神贯注的倾听（listening with full attention）、对自己和孩子的不评判接纳（nonjudgmental acceptance of self and child）、对自己和孩子的情绪觉察（emotional awareness of self and child）、在亲子关系中的自我调节（self-regulation in the parenting relationship）和对自己和孩子的悲悯（compassion for self and child）。

教养中的人际正念量表（中文版）（IM-P-C）根据中国父母教养情况对原量表进行了修订（Pan et al. ,2019）。IM-P-C 共有 24 道题目，由 4 个维度组成，包括全神贯注的互动（interacting with full attention）、悲悯与接纳（compassion and acceptance）、教养中的自我调节（self-regulation in parenting）和对孩子的情绪觉察（emotional awareness of child）。该量表采用 5 级计分法（从 1"从不这样"到 5"总是这样"）。对正向和反向题目进行计分后，分数越高则代表正念教养水平越高。

【内容及实施方法】

（一）项目和评定标准

IM-P-C 共包括 24 道题目，分别测量了正念教养的 4 个维度。见表 6-17。

表 6-17　IM-P-C 题目及代表维度

序号	题目内容	维度
1	当我对孩子感到很心烦时,我会注意到自己的感受,然后再做出行动	教养中的自我调节
2	我能注意到孩子的情绪波动是如何影响到我自己的情绪的	教养中的自我调节
3	我会认真聆听孩子的想法,即使有时我并不同意他们	悲悯与接纳
4	我能意识到自己的情绪是如何影响到我对待孩子的方式的	教养中的自我调节
5	我会让孩子表达他/她的感受,即使有时这会让我感到不舒服	悲悯与接纳
6	当我对孩子感到很心烦时,我会冷静下来告诉他/她我的感受	教养中的自我调节
7	我能够接受孩子正在慢慢变独立	悲悯与接纳
8	我比较容易知道孩子的感受	对孩子情绪的觉察
9	当我的孩子处于比较艰难的时期时,我会尽量给予他/她所需要的照顾和爱护	悲悯与接纳
10	当我作为父母试图完成某些事情却不见成效时,我能够接受这个结果并继续努力	悲悯与接纳
11	在与我的孩子相处出现困难时,我会先缓一缓,而不是立刻做出反应	教养中的自我调节
12	我比较容易发现孩子在为某件事感到担忧	对孩子情绪的觉察
13	当我的孩子感到沮丧时,我对他/她很友善	悲悯与接纳
14	当我的孩子做了令我心烦的事时,我会尽量稳定好自己的情绪	教养中的自我调节
15	我会尽量去理解孩子的观点,即便有时他/她的观点在我看来根本说不通	悲悯与接纳
16	即使我的孩子不说出来,我也能够知道他/她现在的感受	对孩子情绪的觉察
17	当孩子处于比较困难的时期时,我会理解孩子,并尽量对他/她耐心一些	悲悯与接纳
*18	我发现我在听孩子说话时会同时忙着自己的事情	全神贯注的互动
*19	我跟孩子一起玩的时候经常心不在焉	全神贯注的互动
*20	我要在事后才能意识到我的感受影响了我教导孩子	全神贯注的互动
*21	我在和孩子一起做事时容易走神和分心	全神贯注的互动
*22	当孩子犯错时,我会不开心到做出事后会后悔的言行	全神贯注的互动
*23	我经常突然意识到自己在忙着想别的事情而没有听到孩子在说什么	全神贯注的互动
*24	和孩子在一起时,我难以把注意力放在孩子身上	全神贯注的互动

注:*反向计分题;问卷版权归原版权所有者。

IM-P-C为自评量表,由父母中的一方按照目前和孩子的互动情况进行填写:1="从不这样",2="不常这样",3="有时这样",4="经常这样",5="总是这样"。第1～17题为正向计分题,按照上述顺序依次记为1、2、3、4、5分。第18～24题为反向计分题,依次记为5、4、3、2、1分。如第18题:"我发现我在听孩子说话时会同时忙着自己的事情",自评为"从不这样",应记"5"分。对正向和反向题目进行计分后,分数越高则代表正念教养水平越高。

(二)评定注意事项

表格由评定对象自行填写。在填表前必须让评定对象把填表说明、填表方法及问题内容看明白。文盲或半文盲一般不宜作为评定对象。如有特殊需要,可由评定员念给其听,然后在表格中注明,供分析时参考。一般5～7分钟可以完成。

【测量学指标】

原始版本的IM-P总量表和各分量表具有较好的信度(总量表的 α 系数为0.92,分量表的 α 系数介于0.64～0.82)和效度(Beer,Ward & Moar,2013)。

中国修订版的IM-P-C总量表得分的 α 系数为0.88,分量表得分的 α 系数介于0.73～0.83,间隔2周的重测信度为0.89(Pan et al.,2019)。

IM-P-C具有良好的聚合效度(Pan et al.,2019)。IM-P-C与教养压力量表(parenting stress index-short form,PSI-SF)中的教养痛苦分量表的相关系数为 -0.57 ;与教养量表(parenting scale,PS)中的过度反应分量表和教养温暖分量表的相关系数分别为 -0.68 和 0.73 ;与抑郁-焦虑-应激量表(depression anxiety stress scales,DASS21)中的焦虑分量表和抑郁分量表的相关系数分别为 -0.46 和 -0.51 ;与生活满意度量表(satisfaction with life scale,SWLS)的相关系数为 0.41 ;与正念注意觉知量表(mindful attention awareness scale,MASS)的相关系数为 0.54 。

IM-P-C具有较好的跨性别测量等价性,对父亲和母亲均适用(Pan et al.,2019)。

【结果分析与应用情况】

1. 统计指标和结果分析　IM-P-C的分析一般针对总分进行。每个维度计算获得维度分,汇总后得到总分。总分越高,代表正念教养水平越高。

2. 应用评价　IM-P-C在中国母亲群体中应用时,总量表得分的 α 系数为0.89,分量表得分的 α 系数介于0.73～0.86(Yang,Deng & Wang,2021)。

IM-P-C还在中国自闭症儿童的父母中得到了进一步验证(Pan et al.,2019)。总量表的 α 系数为0.89。聚合效度良好,IM-P-C与PSI-SF中的教养痛苦分量表的相关为 -0.35 ,与PS中的教养温暖分量表的相关系数为0.75,与MASS的相关系数为0.39。

以上应用情况表明,IM-P-C测量的四因子结构符合中国文化背景下对正念教养的理解。

(潘俊豪　梁意颖　周　晖　王雨吟)

参 考 文 献

[1] Beer M,Ward L,Moar K. The relationship between mindful parenting and distress in parents of children with an autism spectrum disorder. Mindfulness,2013,4(2):102-112.

[2] Duncan LG,Coatsworth JD,Greenberg MT. A model of mindful parenting:implications for parent-child relationships and prevention research. Clinical Child and Family Psychology Review,2009,12(3):255-270.

[3] Pan J,Liang Y,Zhou H,et al. Mindful parenting assessed in Mainland China:Psychometric properties of the Chinese version of the Interpersonal Mindfulness in Parenting Scale. Mindfulness,2019,10(8):1629-1641.

[4] Yang W,Deng J,Wang Y,et al. The Association Between Mindful Parenting and Adolescent Internalizing and Externalizing Problems:The Role of Mother-Child Communication. Child Psychiatry & Human Development,2021:1-10.

附:教养中的人际正念量表(中文版)(IM-P-C)

（Duncan 等编制）

指导语：下面是一些父母与孩子在日常互动中的描述,请根据你目前和孩子的互动情况对下列陈述进行判断,并根据与实际情况的符合程度做出选择,圈出（选择）适当的数字（1＝"从不这样",2＝"不常这样",3＝"有时这样",4＝"经常这样",5＝"总是这样"）,数字越大代表越符合你的情况。

序号	题目内容	从不这样	不常这样	有时这样	经常这样	总是这样
1	当我对孩子感到很心烦时,我会注意到自己的感受,然后再做出行动	1	2	3	4	5
2	我能注意到孩子的情绪波动是如何影响到我自己的情绪的	1	2	3	4	5
3	我会认真聆听孩子的想法,即使有时我并不同意他们	1	2	3	4	5
4	我能意识到自己的情绪是如何影响到我对待孩子的方式的	1	2	3	4	5
5	我会让孩子表达他/她的感受,即使有时这会让我感到不舒服	1	2	3	4	5
6	当我对孩子感到很心烦时,我会冷静下来告诉他/她我的感受	1	2	3	4	5
7	我能够接受孩子正在慢慢变独立	1	2	3	4	5

（续　表）

序号	题目内容	从不这样	不常这样	有时这样	经常这样	总是这样
8	我比较容易知道孩子的感受	1	2	3	4	5
9	当我的孩子处于比较艰难的时期时,我会尽量给予他/她所需要的照顾和爱护	1	2	3	4	5
10	当我作为父母试图完成某些事情却不见成效时,我能够接受这个结果并继续努力	1	2	3	4	5
11	在与我的孩子相处出现困难时,我会先缓一缓,而不是立刻做出反应	1	2	3	4	5
12	我比较容易发现孩子在为某件事感到担忧	1	2	3	4	5
13	当我的孩子感到沮丧时,我对他/她很友善	1	2	3	4	5
14	当我的孩子做了令我心烦的事时,我会尽量稳定好自己的情绪	1	2	3	4	5
15	我会尽量去理解孩子的观点,即便有时他/她的观点在我看来根本说不通	1	2	3	4	5
16	即使我的孩子不说出来,我也能够知道他/她现在的感受	1	2	3	4	5
17	当孩子处于比较困难的时期时,我会理解孩子并尽量对他/她耐心一些	1	2	3	4	5
*18	我发现我在听孩子说话时会同时忙着自己的事情	1	2	3	4	5
*19	我跟孩子一起玩的时候经常心不在焉	1	2	3	4	5
*20	我要在事后才能意识到我的感受影响了我教导孩子	1	2	3	4	5
*21	我在和孩子一起做事时容易走神和分心	1	2	3	4	5
*22	当孩子犯错时,我会不开心到做出事后会后悔的言行	1	2	3	4	5
*23	我经常突然意识到自己在忙着想别的事情而没有听到孩子在说什么	1	2	3	4	5
*24	和孩子在一起时,我难以把注意力放在孩子身上	1	2	3	4	5

注:*为反向计分题。

十一、独处行为量表(SBS)

【概述】

独处是人类常见的一种行为,但引起这种行为的动机可能不尽相同。人格心理学家 Burger 对独处的人有过这样的描述:"也许他是个内向的人,独处只是他的天性;也许他有社交恐惧,因此在可能的时候他会选择逃避社会接触以减轻焦虑;也许他是个孤独型的人,由于缺乏一些基本的社会技巧,与人交往和发展人际关系存在困难所以选择了独处。"马斯洛的理论则提供了另外一种解释,很可能他不是一个内向者,没有社会性焦虑,也不是一个孤独型的人,这种独处的偏好既反映了他的成长和发展,同时也为其成长和发展做出了贡献。

由此可见,外显行为表现为"独处"的个体其内在的动机可能存在着很大的差异。戴晓阳、陈小莉等(2011)总结了前人有关独处的研究及相关的理论,认为独处是一种内在的人格特征,它是个体在意识清晰的状态下,处于一种与他人没有信息和情感交流的状态。并且,在此基础上他们提出了积极独处(positive solitude)这一概念——积极独处是一种人格特征,是指个体在拥有良好的人际交往的同时,也喜欢为自己保留一些时间独处的行为倾向。积极独处代表了马斯洛所提出的自我实现者的独处心理特征。

他们认为独处行为至少可以包括4种由不同原因或动机所导致的行为类型,它们分别是积极独处、孤僻(seclusiveness)、社交回避(social avoidance)和孤独(loneliness)。这些独处行为对于个体的心理学意义显然是不同的,积极独处对于个体的心理发展具有积极的作用,而后三者多数时候可能反映了个体心理特征的消极方面。

【内容及实施方法】

SBS包括积极独处、孤僻、社交回避和孤独4个独立分量表,用于测量和评估不同独处行为的内在动机和需要,其操作性定义如下。

积极独处是一种人格特征或心理品质,是指个体在拥有良好的人际交往的同时也喜欢为自己保留一些时间独处。通常这类人选择"独处"时伴有一些积极的目标或情感体验,比如独处的时间能帮助个体更好地利用时间、自我反省、提高工作效率、激发创造力等。个体的"独处行为"通常是在一定条件下的主动选择,并且伴有积极的情感体验。

孤僻也是一种人格特征或心理品质,明显具有这种特征的个体常不能与他人保持正常的关系,倾向于离群索居。通常他们喜欢独自一人待着,他们的独处行为既可能是个体主动选择,也可能是被动的。但他们的"独处行为"常不具有明确的目的,也不一定伴有积极的情感体验。

社交回避是指个体害怕或恐惧社交的场合,社交焦虑是导致社交回避的原因,为了暂时减轻这种焦虑而选择回避进入社交情境,他们宁可自己独自待着。个体选择独处常常是被动的,其体验是消极的。

孤独是一种主观的感受。Perlman和Peplau认为,孤独感是指个体在社会关系网络不足时的不快乐体验,包括社会关系在数量上的不足和质量上的低下。这类人并非主动选择独处,独处对其来说是一种消极的心理体验。

SBS共有34个条目,采用李克特5级评分法(1＝非常不同意,2＝有些不同意,3＝不确定,4＝有些同意,5＝非常同意)。

【测量学指标】

学生样本包括大学生和高中生两个样本。大学生样本来自深圳某大学的本科生和研究生,根据男女性别、专业及年级平衡等要求进行整班集体施测,当场回收问卷。其中男生 289 人,女生 240 人,性别不详 5 人。普通高中生样本来自深圳市某中学,年龄 14~18 岁,其中男生 114 人,女生 138 人;高一年级 99 人,高二年级 72 人,高三年级 81 人。整班集体施测,当场回收问卷。

项目分析结果表明 SBS 绝大部分条目的鉴别指数在 0.3 以上,仅两个条目介于 0.25~0.30,平均鉴别指数为 0.413;题目总的净相关系数平均为 0.522。

内部一致性采用 Cronbach's α 系数方法分别对大学生和高中生两个样本进行评价,4 个分量表的内部一致性系数均在 0.75 以上。另外,对 30 名大学生间隔 4 周进行重测,重测信度系数介于 0.654(积极独处)~0.760(社交回避)。

效度研究包括结构效度研究和实证效度研究。

1. 结构效度　用探索性因素分析方法对大学生样本进行探索性因素分析,采用主轴因子法抽取因子,因考虑到因子之间存在相关,采用 Promax 斜交旋转法对初始因子进行转轴。特征值大于 1 的因子有 5 个,但碎石图结果表明在第 4 个因子处形成明显的拐点,因此抽取 4 个因子是比较适合的。结果显示,4 个因子累计可以解释总体变异率的 44.25%。除了 3 个条目的因子负荷在 0.3 水平外,其余条目的因子负荷均介于 0.4~0.7,条目没有跨因子负荷的现象。

另外,采用验证性因素分析方法对高中生样本进行分析,结果显示:$\chi^2 = 918.0$,$df = 521$,卡方自由度比为 1.79,RMSEA = 0.055,NFI = 0.87,NNFI = 0.93,CFI = 0.94,结果表明 SBS 的结构在高中生中具有较好的稳定性。

对心理学系 42 名本科生同时还实施了社交回避及苦恼量表和 UCLA 孤独量表(UCLA loneliness scale,University of California at Los Angeles)。SBS 中的孤僻分量表与社交回避/社交苦恼分量表呈低度正相关(0.318/0.368);社交回避分量表与社交回避/社交苦恼分量表的相关系数分别为 0.577 和 0.821;孤独分量表则与社交苦恼分量表的相关系数为 0.348,与 UCLA 孤独量表的相关系数为 0.526。积极独处与以上两个量表的相关性均不显著。

采用 SBS 和简易自我实现量表对 278 名大学生进行实测,结果显示积极独处与自我实现总分呈正相关($r = 0.36$);而其他 3 个分量表与自我实现总分均呈负相关($r = -0.335 \sim -0.431$)。

2. 实证效度　研究一采用高层管理人员、优秀学生和普通学生间的比较。高层管理人员样本包括 55 名企业、研究所、医院、大中学校和公务员系统的管理人员;优秀学生样本来自某大学获得高等级奖励的学生;普通学生样本从前面 534 名大学生样本中经过二次随机抽样获得。结果显示:高层管理人员在积极独处分量表的得分显著高于优秀大学生组,后者又显著高于普通学生组;在孤僻分量表上的得分则恰恰相反；而在社交回避和孤独分量表的得分上，高层管理人员组均显著高于优秀学生组和普通学生组。

　　研究二采用精神分裂症患者和与其相配的普通正常人群间的比较。患者样本为55名深圳市某精神病医院被确诊为精神分裂症的患者，年龄20～55岁，其中男性31名，女性24名。患者入组标准符合中国精神疾病分类诊断标准（CCMD-3）对精神分裂症的诊断标准，且均处于康复期，具备一定的自知力，能够在工作人员的指导下自主完成量表。正常人群样本来自深圳市某工厂中抽取的55名研究对象，其年龄分布范围也是从20～55岁，性别比例与患者组相等。

　　结果显示：普通人群在积极独处维度的得分高于患者组，而患者在孤僻和孤独两个维度上的得分均高于普通人群，且差异均达到显著水平。

【结果分析与应用情况】

　　首先将第5和29题反向计分，然后计算出4个分量表各自的得分。

　　积极独处分量表包括1、9、10、12、18、19、20、30、31、32共10题；

　　孤僻分量表包括3、4、11、13、14、16、17、24、25共9题；

　　社交回避分量表包括2、5、6、27、28、29、34共7题；

　　孤独分量表包括6、7、8、15、21、22、23、33共8题。

　　大学生样本（$n=534$）各分量表的平均值±标准差分别为：积极独处（39.27±6.02）分，孤僻（16.86±6.39）分，社交回避（18.74±5.23）分，孤独（21.59±6.42）分。

　　戴晓阳和刘佳培（2012）研究了高中生的依恋类型与独处行为的关系，他们发现安全依恋型学生表现为积极独处得分较高，而其他3个独处分量表的得分均较低；冷漠型（轻视型）依恋者在孤僻分量表上得分最高；害怕型依恋者在社交回避分量表的得分最高；专注型依恋者在孤独分量表得分最高，而在积极独处分量表得分最低。

　　鲍莉和戴晓阳（2012）采用逐步回归的方法研究了积极独处对学生高考成绩的影响，结果显示积极独处得分对高考语文、数学和英语成绩都有正向预测作用，社交回避对数学成绩也有正向预测作用，而孤僻对英语成绩有负向预测作用。

　　　　　　　　　　　　　　　　　　　　　　（陈小莉　戴晓阳　鲍　莉）

参 考 文 献

［1］伯格.人格心理学.6版.陈会昌,译.北京:中国轻工业出版社,2004:233-254.

［2］戴晓阳,陈小莉,余洁琼.积极独处及其心理学意义.中国临床心理学杂志,2011,19(6):830-833.

［3］陈小莉,戴晓阳.独处行为量表的编制.中国临床心理学杂志,2012,20(1):1-4.

［4］戴晓阳,刘佳培.高中依恋类型与独处行为的关系.中国临床心理学杂志,2012,20(2):222-224.

［5］鲍莉,戴晓阳.积极独处对学生高考成绩的影响.中国临床心理学杂志,2012,20(4):562-566.

附：独处行为量表(SBS)

（陈小莉、戴晓阳编制）

性别:男/女　　　年级:大一/大二/大三/大四/研一/研二/研三

专业:文/理/工　　独生子女:是/否　婚恋状况:单身/稳定的恋爱关系/已婚

指导语:下列是对人们一些感受的描述,请在最符合你情况的答案上画"○"。例如,"独自一人工作或学习时我觉得自己的创造力更高",如果你认为非常符合你的情况,请在"5"上画"○";如果这完全不符合你的情况,请在"1"上画"○"。

1＝非常不同意　　2＝有些不同意　　3＝不确定　　　4＝有些同意　　5＝非常同意

1. 一个人工作或学习时我觉得自己的创造力更高 ……………………	1 2 3 4 5
2. 即使在非正式的聚会上,我也常感到拘束 ………………………	1 2 3 4 5
3. 我比较喜欢一个人行动,而不太喜欢与家人或朋友一起活动 ……	1 2 3 4 5
4. 我喜欢自己独自待着,而不太喜欢与其他人交流 ………………	1 2 3 4 5
*5. 即使在一群陌生人中,我也很放松 ……………………………	1 2 3 4 5
6. 当没人陪伴我时,我会觉得孤单 ………………………………	1 2 3 4 5
7. 即使很小的事情,我也希望有人与我一起去做 …………………	1 2 3 4 5
8. 当家人或恋人不在身边时,我会觉得没有安全感 ………………	1 2 3 4 5
9. 一个人时我觉得自己的工作效率更高 …………………………	1 2 3 4 5
10. 我觉得独处的时光是有价值的 ………………………………	1 2 3 4 5
11. 我宁可一个人也不愿意与别人有接触 ………………………	1 2 3 4 5
12. 独自一人时我可以更好地总结以往的经验 …………………	1 2 3 4 5
13. 我喜欢独自待着,对其他人没有什么兴趣 …………………	1 2 3 4 5
14. 我觉得别人的事情与我没有什么关系 ………………………	1 2 3 4 5
15. 当朋友或恋人不花时间陪我时,我会感到寂寞 ……………	1 2 3 4 5
16. 我宁可独自工作也不愿与其他人一块工作 …………………	1 2 3 4 5
17. 我喜欢独来独往,对于拥有亲密朋友没有什么兴趣 ………	1 2 3 4 5
18. 比起人多的场合,一个人时我的精力更容易集中 …………	1 2 3 4 5
19. 一个人时我可以做自己真正感兴趣的事情 …………………	1 2 3 4 5
20. 我希望每天都能有一些时间不受打扰来思考事情 …………	1 2 3 4 5
21. 如果在我需要的时候,却没人在我身边,我会感到沮丧 ……	1 2 3 4 5
22. 我觉得自己有点过分依赖别人 ………………………………	1 2 3 4 5
23. 我时常担心被朋友或恋人抛弃 ………………………………	1 2 3 4 5
24. 我觉得自己的兴趣、想法与周围的人不一样,所以经常独来独往 ……	1 2 3 4 5
25. 我觉得没有人值得我信赖 ……………………………………	1 2 3 4 5
26. 与一群不认识的人在一起时,我通常感到不自在 …………	1 2 3 4 5
27. 当与不太熟悉的人谈话时,我会感到紧张 …………………	1 2 3 4 5
28. 我常常觉得自己在社交场合不够自信 ………………………	1 2 3 4 5
*29. 在社交场合中,我很少感到焦虑 ……………………………	1 2 3 4 5

30. 我认为独处时的思考能帮助自己内心的成长 ……………………………	1 2 3 4 5
31. 独自待着时,我可以更好地整理繁杂的思绪 ………………………	1 2 3 4 5
32. 我有时喜欢一个人静静地看书、思考 ………………………………	1 2 3 4 5
33. 一个人时我常常会感到寂寞 …………………………………………	1 2 3 4 5
34. 有很多人的场合我会感到不安 ………………………………………	1 2 3 4 5

注：* 为反向计分题。

十二、独处行为量表（简式版）（SBS-S）

【概述】

独处（solitude）是个体情感发展成熟的一个重要标志,真正的独处不仅是身体上与他人的分离,更是一种意识上的分离（Larson,1990）。以往的研究表明独处行为对个体的发展存在两种影响：一种是消极的影响,即长时间的独处会导致个体的抑郁和较差的社交适应能力；另一种是积极的影响,即适当的独处有助于个体发现自我、在独处中成长（Lu et al.,2021）。这表明个体的独处行为可能是一种高度复杂的现象,故对其进行准确的区分和测量是非常重要的。

早期测量独处的问卷主要有：独处量表（aloneness scale；Bond,1990）、儿童独处能力量表（ability to be alone questionnaire for young children；Berlin,1990）、独处偏好量表（preference for solitude scale；Burger,1995；陈晓,2012）、独处能力量表（capacity to be alone scale；Larson,1990）等,但是这些问卷只能从得分上判断个体独处能力的高低,却不能区分个体的独处行为。Nicol（2005）综合了前人的研究,提出了用自我决定理论来划分独处行为,同时开发出了独处动机量表（motivation for solitude scale）。陈小莉、戴晓阳和鲍莉等（2012）在 Nicol 的基础上,从个体内在动机的角度对独处行为进行了更细致的区分,并开发出了更为成熟的独处行为量表（solitude behavior scale,SBS）,后来也成为最常用的独处行为的测量工具之一（刘拓　等,2020；Lu et al.,2021）。

SBS 由以下 4 个分量表组成。

（1）积极独处（positive solitude,PS）。积极独处是一种人格特征或心理品质,是指个体在拥有良好的人际交往的同时也喜欢为自己保留一些时间独处。

（2）孤僻（eccentricity,E）。孤僻也是一种人格特征或心理品质,具有这种特征的个体常常不能与他人保持正常的关系,倾向于离群索居。

（3）社交回避（social avoidance,SA）。社交回避是指个体害怕社交的场合,为了减轻社交焦虑而选择回避进入社交情境的行为。

（4）孤独（loneliness,L）。孤独是一种主观的感受,是指个体的社会关系网络低于其期望时所产生的不舒适的感觉。

陈小莉等（2012）开发的 SBS 量表共包含 34 个题目,其中 PS 维度下有 10 个题目,E 维度下有 9 个题目,SA 维度下有 7 个题目,L 维度下有 8 个题目。

　　尽管原版 SBS 能够从动机层面对个体的独处行为进行区分,但是由于原版量表题目较多,而且它的开发是基于经典测量理论框架,难以用于大规模的施测和识别测量信息较低的题目。因此,刘拓等(2021)在不改变原量表理论结构的基础上,采用了探索性结构方程模型和项目反应模型对 SBS 进行了简化,修订出了 SBS 简式版(SBS-S)。下面将对 SBS-S 的内容和测量学指标进行详细的介绍。

【内容及实施方法】

(一)项目和评定标准

　　SBS-S 为自评问卷,共 16 个题目,其中包含积极独处(PS)、孤僻(E)、社交回避(SA)和孤独(L)4 个分量表,每个分量表包含 4 个条目。问卷采用李克特 5 级计分法,各项目均按 1～5 分评分,分别表示"非常不同意""有些不同意""不确定""有些同意"或"非常同意"。见表 6-18。

表 6-18　SBS-S 分量表及项目

分量表	项目
积极独处(PS)	1～4
孤僻(E)	5～8
社交回避(SA)	9～12
孤独(L)	13～16

(二)评定注意事项

　　量表由评定对象自行填写。在填表前必须让评定对象理解并明白填表说明、填表方法和项目内容。文盲或半文盲不宜作为评定对象,完成量表的时间一般为 3～5 分钟。还应注意本量表适用于正常人群和精神病患者。必须答齐全部题目,否则无效。

【测量学指标】

　　SBS-S 具有良好的测量学指标。刘拓等(2021)采用发放纸质问卷的方式对天津和山东两所高校的大学生施测,共收集到 2484 份有效数据。另外,采用 SBS-S 对 100 名在校大学生进行了间隔 2 个月的重测。SBS-S 量表有良好的信度,总量表的 α 系数为 0.81,PS、E、SA、L 这 4 个分量表的 α 系数分别为 0.81、0.85、0.82、0.75。时隔 2 个月对 100 名大学生进行重测,4 个分量表的重测信度均在 0.60 以上,表明使用 SBS-S 量表测量个体的独处行为具有良好的信度和跨时间测量的稳定性。

　　此外,SBS-S 的结构效度良好。验证性因素分析的结果表明,该量表的因子模型拟合良好($\chi^2/df = 4.74$,TLI $= 0.92$,CFI $= 0.94$,SRMR $= 0.05$,RMSEA $= 0.06$)。利用大五人格的外向性分量表、社会支持量表及自尊量表对 SBS-S 进行外部效度分析,结果表明 PS 维度与外向性、自尊呈正相关,E 维度与社会支持、自尊呈负相关,SA 维度与外向性、社会支持及自尊呈负相关,而 L 维度与外向性、自尊呈负相关,且上述相关性均具有统计学意义。

【结果分析与应用情况】

1. 统计指标和结果分析　SBS-S 量表的 16 道题目均无反向计分题,所有题目分数相加的总和可以反映个体独处行为的严重程度,各个分量表中题目分数的加和反映了各维度的总分。量表的总分越高,反映个体的独处水平越高,分量表的总分也是如此。其中,PS 维度反映了独处行为的积极的一面,而 E、SA 和 L 维度反映了个体独处行为的消极的一面。

2. 应用评价

(1)SBS 的编制本身就是在大量研究的基础上形成的,有成熟的理论基础和维度结构,对其进行简化是为了使用更少的题目进行更精确的测量。

(2)SBS-S 有助于测量个体的积极独处、孤僻、社交回避和孤独。在未来,该量表也可用于心理咨询、心理治疗、科学研究等多个方面,以区分个体的不同独处行为。

(3)由于 SBS-S 的施测对象均为大学生,因此 SBS-S 在不同人群中的实际应用情况还有待更多的研究和讨论。

(芦旭蓉　刘　拓)

参 考 文 献

[1] 罗杰,芦旭蓉,刘拓. 简版独处行为量表的修订及信效度分析. 中华行为医学与脑科学杂志,2022,31(2):174-179.

[2] 陈小莉,戴晓阳,鲍莉,等. 独处行为量表的编制. 中国临床心理学杂志,2012,20(1):1-4.

[3] 陈晓,宋欢庆,黄昕. 中文版《独处偏好量表》的信效度检验. 中国健康心理学杂志,2012,20(2):153-156.

[4] 刘拓,古丽给娜,杨莹,等. 人格与无手机恐惧的关系:独处行为的中介作用. 心理与行为研究,2020,18(2):268-274.

[5] Berlin LJ. Infant mother attachment,loneliness,and the ability to be alone in early childhood (Master's thesis). Pennsylvania State University,1990.

[6] Bond DL. Loneliness and solitude:Some influences of object relations on the experience of being alone (Master's thesis). Boston University,1990.

[7] Burger JM. Individual Differences in Preference for Solitude. Journal of Research in Personality,1995,29(1):85-108.

[8] Larson RW. The solitary side of life:An examination of the time people spend alone from childhood to old age. Developmental Review,1990,10(2):155-183.

[9] Lu XR,Liu T,Liu X,et al. Nomophobia and Relationships with Latent Classes of Solitude.

Bulletin of the Menninger Clinic, online. 2021.

[10] Nicol CC. Self-determined motivation for solitude and relationship：Scale development and validation（Master's thesis）. Southern Illinois University at Carbondale, 2005.

附：独处行为量表(简式版)(SBS-S)

（罗杰、芦旭蓉、刘拓编制）

指导语：下面共有 16 个题目，请仔细阅读每个题目，从 5 个数字中选择一个最符合你的答案，在相应的数字上画"√"。其中 1＝非常不同意，2＝有些不同意，3＝不确定，4＝有些同意，5＝非常同意。

序号	题目内容	非常不同意	有些不同意	不确定	有些同意	非常同意
1	一个人时我可以做自己真正感兴趣的事情	1	2	3	4	5
2	我认为独处时的思考能帮助自己内心的成长	1	2	3	4	5
3	独自待着时我可以更好地整理繁杂的思绪	1	2	3	4	5
4	我有时喜欢一个人静静地看书、思考	1	2	3	4	5
5	我喜欢独自待着，对其他人没有什么兴趣	1	2	3	4	5
6	我觉得别人的事情与我没有什么关系	1	2	3	4	5
7	我宁可独自工作也不愿与其他人一块工作	1	2	3	4	5
8	我喜欢独来独往，对于拥有亲密朋友没有什么兴趣	1	2	3	4	5
9	与一群不认识的人在一起时，我通常感到不自在	1	2	3	4	5
10	当与不太熟悉的人谈话时，我会感到紧张	1	2	3	4	5
11	我常常觉得自己在社交场合不够自信	1	2	3	4	5
12	有很多人的场合我会感到不安	1	2	3	4	5
13	当没人陪伴我时，我会觉得孤单	1	2	3	4	5
14	我觉得自己有点过分依赖别人	1	2	3	4	5
15	我时常担心被朋友或恋人抛弃	1	2	3	4	5
16	一个人时我常常会感到寂寞	1	2	3	4	5

十三、成人依恋量表(修订版)(AAS)

【概述】

成人依恋是指成人对其童年早期依恋经验的回忆和再现，以及当前对童年依恋经验的评价。成人人际关系发展完善与否和早期依恋经验有关，童年的依恋经验会在成长的过程中形成个体内部独有的心理工作模式或心理表征，如果在成长

过程中亲子互动关系没有改变,它会影响到成年后亲密关系的建立、人际社会功能的表达及人格功能和人格特质的形成。

与婴儿依恋研究相比,成人依恋的研究相对困难和滞后。另外,成人依恋与儿童依恋不同,成人依恋行为系统中依恋双方是交互作用的,即不像儿童依恋关系中有明确的依恋者(照顾者)和接受照顾者之分,因此成人依恋的交互作用更增加了成人依恋测量的难度。

成人依恋量表(adult attachment scale,AAS)由 Collins 和 Read 于 1990 年在 Hazan 和 Shaver(1987)及 Levy 和 Davis(1988)分类测量的基础上开发出来,1996 年 Collins 对其加以修订。目前 AAS 已成为重要的成人依恋的测量工具,特别是对成人亲密关系、伴侣关系的评定。英文版成人依恋量表(AAS 修订版)由 2 名本专业博士翻译,然后由具有英语专业背景的临床心理学博士及在美国工作的华人教师回译,最后由国内专家审核、讨论定稿。为了适应中国人的习惯及使之本土化,吴薇莉在 2004 年对其进行了修订。

【内容及实施方法】

该量表是 1 个自评量表,包括 3 个分量表,分别是亲近、依赖和焦虑分量表。每个分量表由 6 个条目组成,共 18 个条目。采用 5 级评分法,从"1＝完全不符合"到"5＝完全符合"。

【测量学指标】

非临床样本为四川省西华大学本科学生 70 人,西华大学职工 40 人,其中男性 35 人,女性 75 人。年龄为 20～82 岁,平均年龄 33 岁。文化程度从小学到研究生。临床样本来自四川大学华西医院心理卫生中心神经症病房患者,共 89 人,其中男性 32 人,女性 57 人。年龄为 18～68 岁,平均年龄 36 岁。文化程度从小学到研究生。

(1)条目分析。量表中除了条目 16 的题目总相关系数为 0.384 外,其余条目的题目总相关系数均在 0.5 以上。各条目鉴别度均在 0.5 以上。

(2)信度研究。分量表的内部一致性信度(Cronbach's α 系数)为:亲近＝0.7187、依赖＝0.6202、焦虑＝0.7848。对 32 名大学生(男生 23 名,女生 9 名)间隔 4 周进行了重测,重测信度为:焦虑分量表 $r＝0.193$,亲近和依赖分量表 r 均为 0.741。

(3)效度研究。采用探索性因素分析方法来检验 AAS 的结构效度,主成分分析提取 3 个因子,这 3 个因子能解释累计方差率的 48.3%,采用斜交旋转,各条目的载荷除了焦虑的第 6 个条目(第 15 题)、亲近的第 6 个条目(第 17 题)和依赖的第 5 个条目(第 16 题)外,其余均在 0.4 以上。总体来看,结果支持 AAS 原量表将成人依恋分为 3 个因子的理论构想。

非临床样本与临床样本的比较结果显示,患者组在亲近依赖、亲近、焦虑 3 个指标的均数与正常对照组相比,差异均有统计学意义。依赖量表在两组间比较差异没有统计学意义(表6-19)。

表6-19 临床样本与非临床样本的均数比较($M \pm SD$)

指标	非临床样本	临床样本	T	P
亲近	3.63 ± 0.704	3.31 ± 0.650	-3.255	0.001***
依赖	3.15 ± 0.698	3.09 ± 0.534	-0.678	4.99
焦虑	2.48 ± 0.817	2.98 ± 0.805	4.315	0.000***
亲近依赖	3.39 ± 0.559	3.20 ± 0.460	-2.55	0.011*

【结果分析与应用情况】

1. 计算分量表分 本量表有 7 个条目为反向计分题,它们分别是第 2、7、8、13、16、17 和 18 题,使用者在评分时需进行反向计分转换。

先计算 3 个分量表中 6 个条目的平均分数,并将亲近和依赖合并产生一个亲近依赖复合维度。

(1)亲近分量表包括第 1、6、8、12、13 和 17 题共 6 个条目,主要测量个体对接近和亲密感到舒适的程度。

(2)依赖分量表包括第 2、5、7、14、16 和 18 题共 6 个条目,主要测量个体感到当需要帮助时能有效依赖他人的程度。

(3)焦虑分量表包括第 3、4、9、10、11 和 15 题共 6 个条目,主要测量个体担心被抛弃或不被喜爱的程度。

(4)亲近依赖复合维度计算方法:亲近依赖均分=(亲近分量表总分+依赖分量表总分)÷12。

2. 依恋类型的划分 AAS 量表主要用于评估成人的依恋类型,比较个体在亲近依赖复合维度和焦虑分量表的平均分,可以将被试者分为安全型、先占型、拒绝型和恐惧型。具体划分方法如下。

安全型:亲近依赖均分>3 分,且焦虑均分<3 分;

先占型:亲近依赖均分>3 分,且焦虑均分>3 分;

拒绝型:亲近依赖均分<3 分,且焦虑均分<3 分;

恐惧型:亲近依赖均分<3 分,且焦虑均分>3 分。

(吴薇莉 刘协和)

参 考 文 献

[1] 吴薇莉,张伟,刘协和.成人依恋量表(AAS-1996 修订版)在中国的信度和效度.四川大学学报(医学版),2004;35(4):536-538.

[2] 吴薇莉,刘协和.成人依恋类型影响社交焦虑障碍发生的回归分析.西南师范大学学报(人文社会科学版),2006;32(5):18-23.

[3] Piant RC,Egeland B,Adam EK. Adult attachment classification and self-reported psychiatric symptomology as assessed by the Minnesota Mutiphasic Personality Inventory-2. Journal of Consulting and Clinical Psychology,1996,64(2):273-281.

[4] Hazan C,Shaver P. Romantic love conceptualized as an attachment process. Journal of Personality and Social Psychology,1987,52:511-524.

[5] Levy MB,Davis KE. Lovestyles and attachment styles compared:Their relations to each other and to various relationship characteristics. Journal of social and Personal Relationships,1988,5(4):439-471.

[6] Collins NL,Read SJ. Adult attachment,working models,and relationship quality in dating couples. Journal of personality and social psychology,1990,58(4):644-663.

附:成人依恋量表(修订版)

(Collins 编制)

姓名:_____性别:____年龄:____文化程度:____婚姻:____职业:_____

指导语:请阅读下列语句,并衡量你对情感关系的感受程度。请考虑你的所有关系(过去的和现在的),并回答有关你在这些关系中的通常感受。如果你从来没有卷入过任何情感关系中,请按你认为的情感关系来回答。请在每个题目右边的栏目中选择一个与你的感受一致的数字。

题目内容	完全不符合	较不符合	不能确定	较符合	完全符合
1. 我发现与人亲近比较容易	1	2	3	4	5
*2. 我发现要我去依赖别人很困难	1	2	3	4	5
3. 我时常担心爱人并不真心爱我	1	2	3	4	5
4. 我发现别人并不愿像我希望的那样亲近我	1	2	3	4	5
5. 能依赖别人让我感到很舒服	1	2	3	4	5
6. 我不在乎别人太亲近我	1	2	3	4	5
*7. 我发现当我需要别人帮助时,没人会帮我	1	2	3	4	5
*8. 和别人亲近使我感到有些不舒服	1	2	3	4	5
9. 我时常担心爱人不想和我待在一起	1	2	3	4	5
10. 当我对别人表达我的情感时,我害怕他们与我的感觉会不一样	1	2	3	4	5
11. 我时常怀疑爱人是否真正关心我	1	2	3	4	5
12. 我对与别人建立亲密的关系感到很舒服	1	2	3	4	5
*13. 当有人在情感上太亲近我时,我感到不舒服	1	2	3	4	5
14. 我知道当我需要别人帮助时,总有人会帮我	1	2	3	4	5

（续　表）

题目内容	完全不符合	较不符合	不能确定	较符合	完全符合
15. 我想与人亲近,但又担心自己会受到伤害	1	2	3	4	5
*16. 我发现我很难完全信赖别人	1	2	3	4	5
*17. 爱人想要我在情感上更亲近一些,这常使我感到不舒服	1	2	3	4	5
*18. 我不能肯定:在我需要时,是否总能找得到可以依赖的人	1	2	3	4	5

注:* 为反向计分题。

十四、分离体验量表(第 2 版)(DES-Ⅱ)

【概述】

Janet(1889)提出了分离的概念,他指出在许多精神障碍中,一些观念和认知过程可从意识的主流中分离出来,转变为神经症性症状,但通过催眠可把这些观念和过程重新整合,恢复正常状态。意识分离主要是不同意识成分整合的障碍,是催眠现象和各种癔症发生的基础。近 20 年来的研究发现,分离是多重人格障碍(MPD)、创伤后应激障碍(PTSD)和有童年期虐待史等许多精神病患者发病的一个重要的过程。

Carlson 和 Putnam 博士于 1986 年编制了分离体验量表(dissociative experiences scale,DES),用于筛查成年分离障碍患者,广泛用于研究和临床。量表的基本假设是分离时从正常分离体验到病理分离体验之间连续谱,前者包括所谓的“高速路催眠”、白日梦或在读书时被书中内容深深地吸引,后者可能涉及人格解体、现实解体或遗忘。DES 是一个简短的自评量表,用于评定分离体验在个体日常生活中的发生频率,是确定有分离体验的临床工具,也是对其进行量化的研究工具,它有利于确定分离对多种精神障碍的作用,同时是分离障碍或有明显分离成分的障碍(如 PTSD)的一个筛查工具,但不是诊断工具。DES 的划界分只表示分离体验的程度,不作为分离障碍诊断的指标。

【内容及实施方法】

DES 共有 28 个条目,源于与 DSM-Ⅲ分离障碍患者的会谈及专家对其进行的诊断和治疗,内容包括记忆、个人身份、觉察和认知方面受损的体验,涉及遗忘、人格解体、现实解体、专注和想象性卷入(imaginative involvement),没有纳入情绪分离或冲动的体验,这是为了不与情感障碍的情绪改变和冲动发生重叠。每个条目按照“0、5%、10%、15%……100%”进行评分,0 代表“从来没有发生在你的身上”,100%代表“这总是发生在你的身上”。将每个项目得分(10%计 10 分,15%计 15

分,以此类推)相加后除以28,得到量表总分,分数越高表示分离水平越高。DES所使用的语言和所描述的体验适合于18岁以上成人,不适合儿童和青少年。

为了计分更加简便,DES第2版(DES-Ⅱ),把条目评分的间隔由5%改为10%,即每个条目按照"0,10%,20%,30%……100%",同时仍然保持量化的精确度,其他内容与DES完全一致。研究发现DES与DES-Ⅱ的评分结果非常相似。国内方新博士和盛晓春博士把德文版的DES-Ⅱ翻译成中文并进行回译,钱铭怡教授对其进行了审校。

【测量学指标】

(一)国外关于DES及DES-Ⅱ的信度和效度研究

1. 信度　很多研究者在临床和非临床人群中对DES进行了广泛的研究,如Bernstein等(1986)、Pitblado等(1991)的研究显示其分半信度分别为0.83和0.93,Frischholz等(1990)的结果显示DES的α系数为0.95。上述3个研究在间隔4~8周所测到的重测信度介于0.79~0.96。

2. 效度

(1)结构效度。Carlson等(1991)在精神病患者和非临床个体($n=1574$)中对DES进行了因子分析研究,并发现了3个主要因子,可以解释项目分数总变异率的49%。第一个因子被认为是反映了遗忘性分离,包括第3、4、5、6、8、10、25和26项;第二个因子被认为是代表了专注和想象性的参与,包括第2、14、15、16、17、18、20、22和23项;第三个因子由人格解体和现实解体的体验组成,包括第7、11、12、13、27和28项。这些因子似乎反映了内聚和相对独立的结构。这个基本因子结构得到了Schwartz等(1991)的验证性因素分析研究结果的证明。Carlson等(1991)在非临床个体中进行的因子分析的结果稍微有点不同,得到的3个因子可以解释40%的变异率。最大的分数变异归功负荷专注和改变能力(changeability)因子的项目,它解释了18%的变异率,包括第12、14、15、16、17、18、20、22、23和24项。第二个因子由现实解体和人格解体的条目组成,包括第3、4、7、11、12、13和28项,解释了13%的变异率。第三个因子是遗忘体验,只有3个条目(第5、6和8项),解释了9%的变异率。

一些研究者和临床学家运用上述发现制定了测定分离成分的分量表,发现分量表对于诊断[如区分MPD和非典型性解离障碍(DDNOS)]有临床实用性。但近来的统计分析指出,来自类似上面所描述的因子分析研究的分量表可能不能真正测量他们所认为的分离成分。Waller(1996)对Carlson等(1991)的因子分析资料进行了再分析,并且控制了项目的偏倚。他发现,偏倚控制后只出现了一个总的分离因子,这个总体因子存在于DES条目的所有项目中。上述发现的3个因子似乎反映了个体认可的特定项目的频率。因此,"专注"因子可能是一个"高度认可频率"因子,"现实解体和人格解体"因子可能是一个"中度认可频率"的因子,"遗忘性分离"因子可能是"低认可频率"因子。所以,DES 项目的内容似乎被体验的频繁或稀少所混淆。

(2)效标效度。Frischholz 等(1991)报道 DES 与感知改变量表(perceptual alteration scale)之间的 Pearson 相关系数是 0.52,Nadon 等(1991)报道的系数是 0.82。Frischholz 等(1991)还把 DES 得分与测量跟分离有关的测量工具联系起来,包括 TAS(tellegen absorption scale)和 AIS(ambiguity intolerance scale)。在一个大学生样本中,他们发现 DES 总分与 TAS 和 AIS 的相关系数分别为 0.39 和 0.42,呈中等相关。Frischholz 等认为,这些辐合效度水平支持 DES 是一种有效的分离测量工具。不同的研究发现,DES 分数与催眠感受性测量工具之间有较低的相关性(Frischholz,1992)。

(二)DES-Ⅱ中文版的信度与效度

在四川成都 6 所高校精神健康的 155 名本科生中,对 DES-Ⅱ中文版进行了信度与效度分析,其中女生 108 名(69.7%),男生 47 名(30.3%)。年龄为 18~23 岁,平均年龄(20.60±1.09)岁。

(1)信度。各条目与量表总分具有中高度相关性,Pearson 相关系数介于 0.420~0.735($P < 0.001$)。量表的内部一致性(Cronbach's α 系数)为 0.93,Spearman-Brown 分半信度为 0.88,这表示量表具有较好的同质性信度和分半信度,量表项目的内部一致性较好,量表项目分布均匀。对 38 例样本间隔 6 周进行了重测,重测信度为 0.84($P < 0.001$),提示评定结果稳定、可靠。

(2)结构效度。采用主成分分析法进行探索性因素分析,得到 7 个因子,可以解释总变异率的 64.79%,前 3 个因子能解释总变异率的 48.01%,用 Kaiser 正态最大方差法对因子负荷矩阵进行旋转后,提取的前 3 个因子能解释总方差变异率的 32.16%。选择因子负荷在 0.40 以上的项目进行分析。第一因子主要反映了专注与想象性参与,包括第 5、14、15、17、18 和 24 项。第二因子主要反映了遗忘性分离,包括第 1、2、3 和 4 项,第三因子主要反映了人格解体和现实解体,包括第 8、9、11、13、19 和 10 项。本研究的发现与国外的非临床人群中的发现有一定的相似处,3 个因子的意义与国外研究比较类似,但也有一些差异。例如,发现 2 个与遗忘有关的项目在第一因子(专注)的负荷较高,1 个反映遗忘的项目在第三因子(人格解体和现实解体)上有较高的负荷。其原因可能与本研究是正常大学生人群有关,因为样本的同质性高,对量表的效度评价有一定的影响。此外,这种差异也可能与文化差异有关。值得一提的是,3 个因子的意义在理论上具有一定的联系,当个体对某件事非常专注之时,就意味着他容易与周围的环境发生脱离,对周围发生的事就可能遗忘。这种联系也可能是导致本研究中反映遗忘的项目进入反映专注因子中的一个原因。

(3)研究者还评价了 DES-Ⅱ的聚合效度。控制了性别因素之后,DES-Ⅱ总分与催眠感受性(斯坦福团体催眠感受性量表 C 式总分)的偏相关系数是 0.24($P < 0.05$),DES-Ⅱ与 Tellegen 专注量表呈正相关($r = 0.32, P = 0.000$)。

（4）实证效度研究发现，PTSD、DDNOS、MPD及进食障碍（ED）患者的DES量表得分很高，而普通成人的得分很低。另外，符合DSM-Ⅲ分离障碍的个体比其他组别的个体的DES得分更高。

以上研究结果提示，DES-Ⅱ中文版具有良好的信度和效度。

【DES的划界分及DES的临床运用】

1. 计分方法　条目分数计算：被试者对每个条目自评百分比，即自评每个条目的得分，如被试者选择30%记30分，选择100%则记100分。总分计算：将28个条目得分相加，然后除以28就得到总分。

2. 划界分及意义　总分30分是划分高、低分离性的划界分。当个体的DES总分等于或高于30分时，可视为筛查阳性，需要用分离障碍的结构式访谈来确诊被试者是否存在分离性障碍。

【DES在研究中的运用】

DES可以用于以下目的的研究。

（1）确定多种精神病学诊断样本的分离水平，如PTSD、ED、边缘型人格障碍（BPD）患者。

（2）测量非临床人群的分离水平，如普通人群、大学生和青少年。

（3）在非分离障碍诊断的患者中筛查分离患者，在某一个特定的非分离样本中确定高分离个体。

（4）研究普通人群、精神病患者和医学样本的分离与特殊临床特征之间的关系，这些临床特征包括自杀性、自我攻击、躯体化、慢性骨盆疼痛、经前期综合征、癫痫、攻击性和超常体验。

（5）研究分离与童年期体验（如性虐待和躯体虐待）之间的关系。

（6）研究分离水平与生物学过程之间的关系。一项研究发现，在一个ED样本中，DES分数与脑脊髓液高香草酸之间存在显著正相关，与脑脊髓液的β-内啡肽之间存在显著负相关。

总之，DES被证明是一种有效的测量和研究分离的工具，目前正广泛用于研究多种人群的分离率、筛查高分离性的个体、研究分离与其他变量之间的关系等。

（方　莉）

参　考　文　献

[1] 方莉,刘协和.分离体验量表Ⅱ的信度和效度检测.中国临床康复,2006,10(42):1-4.

[2] 方莉,刘协和.斯坦福团体催眠感受性量表的信度与效度分析.中国临床康复,2003,8(25):2822-2825.

[3] Carlson EB,Putnam FW. Manual for the Dissociative Experiences Scale. Sidran Foundation (unpublished data),1993.

［4］ Carlson EB,Putnam FW,Ross CA,et al. Validity of the Dissociative Experience Scale in screening for multiple personality disorder:A multicenter study. Am J Psychiatry,1993,150 (7):1030-1036.

［5］ Carlson EB,Putnam FW,Ross CA,et al. Factor analysis of the Dissociative Experiences Scale:A multicenter study. //Braun BG,Carlson EB. Proceedings of the Eighth International Conference on Multiple Personality and Dissociative States. Chicago:Rush Presbyterian,1991.

［6］ Bernstein EM,Putnam FW. Development,reliability,and validity of a dissociation scale. Journal of Nervous and Mental Disease,1986,174:727-735.

［7］ Pitblado CB,Sanders B. Reliability and short-term stability of scores on the Dissociative Experiences Scale. In Proceedings of the Eighth International Conference on Multiple Personality and Dissociative States. Chicago:Rush-Presbyterian,1991:179.

［8］ Frischholz EJ,Braun BG,Sachs RG,et al. The dissociative experiences scale:Further replication and validation. Dissociation,1990,3:151-153.

［9］ Waller N,Putnam FW,Carlson EB. Types of dissociation and dissociative types:A taxometric analysis of dissociative experiences. Psychological methods,1996,1(3):300-321.

［10］ Frischholz E,Braun BG,Sachs RG,et al. Construct validity of the Dissociative experiences scale (DES):I. The relationship between the DES and other self-report measures of DES. Dissociation:Progress in the Dissociative Disorders,1991,4(4):185-188.

附:分离体验量表(第2版)(DES-Ⅱ)

（Carlson 和 Putnam 编制）

性别:_____　年龄:_____　受教育程度:_____　职业:_____　编号:_____

其他:_____　(DSM-IV,CCMD-3)评估者:_____　填表日期:_____

指导语:本问卷包含 28 个与你在日常生活中可能出现的体验有关的问题,我们想通过问卷了解你出现这些体验的频率。重要的一点是,在出现这些体验时,请确认你当时没有受酒精或毒品的影响。在回答这些问题时,请思考以下每个问题与你的情况相符合的程度,然后在符合你目前情况的百分比上画"○"(完全不符合为 0,完全符合为 100%)。

1. 有些人有这样的体验,他们在骑自行车(或开车)时突然意识到,怎么自己一点儿也想不起来在整个或部分行驶过程中发生了什么。

0　10%　20%　30%　40%　50%　60%　70%　80%　90%　100%

2. 有些人有这样的体验,他们在听某人说话时突然意识到,自己对刚才所谈内容的全部或者部分好像什么也没听见。

0　10%　20%　30%　40%　50%　60%　70%　80%　90%　100%

3. 有些人有这样的体验,他们突然发现自己到了某个地方,却不知道是怎么来的。

0　10%　20%　30%　40%　50%　60%　70%　80%　90%　100%

4. 有些人有这样的体验,他们注意到自己身上所穿的衣服,却想不起来自己是怎么穿上的。

0　10%　20%　30%　40%　50%　60%　70%　80%　90%　100%

5. 有些人有这样的体验,他们在自己的东西中发现了新的物品,可是这个物品是怎么来的,却回忆不起来。

0　10%　20%　30%　40%　50%　60%　70%　80%　90%　100%

6. 有些人有这样的体验,他们并不认识的人朝他们走来,他们却用另外的名字向这些人打招呼或者自称认识这些人。

0　10%　20%　30%　40%　50%　60%　70%　80%　90%　100%

7. 有些人有时有这样的感觉,觉得自己像是站在自己旁边,或者看着自己正在干着什么;有时他们也会由此产生一种正在看着一个陌生人的印象。

0　10%　20%　30%　40%　50%　60%　70%　80%　90%　100%

8. 有些人被说成是,他们认不出自己的朋友或家人了。

0　10%　20%　30%　40%　50%　60%　70%　80%　90%　100%

9. 有些人不记得他们生活中的重要事件了(如婚礼或者毕业典礼)。

0　10%　20%　30%　40%　50%　60%　70%　80%　90%　100%

10. 有些人感觉自己肯定没有撒谎,但别人却责备他们在撒谎。

0　10%　20%　30%　40%　50%　60%　70%　80%　90%　100%

11. 有些人在照镜子的时候认不出自己了。

0　10%　20%　30%　40%　50%　60%　70%　80%　90%　100%

12. 有些人有这样的体验,他们觉得周围的其他人、物和世界不真实。

0　10%　20%　30%　40%　50%　60%　70%　80%　90%　100%

13. 有些人有这样的感觉,就好像他们的身体不属于他们自己了。

0　10%　20%　30%　40%　50%　60%　70%　80%　90%　100%

14. 有些人在回忆一件早先经历过的事情时会产生很强烈的体验,就好像再次经历了这一生活事件似的。

0　10%　20%　30%　40%　50%　60%　70%　80%　90%　100%

15. 有些人有时分不清,有些事情是自己真的经历过,还是自己做的梦。

0　10%　20%　30%　40%　50%　60%　70%　80%　90%　100%

16. 有些人有时感觉一个自己熟悉的地方变得陌生和不熟悉了。

0　10%　20%　30%　40%　50%　60%　70%　80%　90%　100%

17. 有些人有这样的体验,当他们看电影太投入时,就感觉不到周围其他事物的存在了。

0　10%　20%　30%　40%　50%　60%　70%　80%　90%　100%

18. 有些人在幻想和做白日梦的时候感觉特别强烈,以至于觉得那些就像是真的一样。

0　10%　20%　30%　40%　50%　60%　70%　80%　90%　100%

19. 有些人有这样的体验,他们有时候感觉不到疼痛。

0　10%　20%　30%　40%　50%　60%　70%　80%　90%　100%

20. 有些人有时就呆呆地坐在那里,既没想任何事情,也感觉不到时间的流逝。

0　10%　20%　30%　40%　50%　60%　70%　80%　90%　100%

21. 有些人在独处时会出声跟自己说话。

0　10%　20%　30%　40%　50%　60%　70%　80%　90%　100%

22. 有些人发现,他们在不同场合的举止差别很大,以至于感觉自己就像两个人一样。

0　10%　20%　30%　40%　50%　60%　70%　80%　90%　100%

23. 有些人有这样的体验,一些平时感到困难的事情却在特定的情景下能够轻松、自如地完成(如运动、工作、应对公众场合)。

0　10%　20%　30%　40%　50%　60%　70%　80%　90%　100%

24. 有些人有时记不清某件事情是他们已经做了、还是他们只是想过要去做(如把一封信投入信箱或者只是想着要投)。

0　10%　20%　30%　40%　50%　60%　70%　80%　90%　100%

25. 有些人会从自己身边的一些现象上发现,自己一定是做了些什么,但对此自己却一点儿印象也没有。

0　10%　20%　30%　40%　50%　60%　70%　80%　90%　100%

26. 有些人有时候在自己的物品中发现小纸片、图画或者笔记,这些肯定出自自己的手笔,但却怎么也想不起来自己是怎么完成的。

0　10%　20%　30%　40%　50%　60%　70%　80%　90%　100%

27. 有些人有时听到自己头脑中有一个声音,这个声音会指示他们应该做什么,或者对自己刚做过的事情加以评论。

0　10%　20%　30%　40%　50%　60%　70%　80%　90%　100%

28. 有些人有时感觉自己好像是透过一层雾在感知着这个世界,所以其他人或物好像离自己很远或者不太清晰。

0　10%　20%　30%　40%　50%　60%　70%　80%　90%　100%

十五、人际信任量表(ITS)

【概述】

人际信任是个体将他人的言词、承诺及口头或书面的陈述认为可靠的一种概括化的期望(Rotter,1967)。高信任者可能较少撒谎、作弊或偷窃,他们可能会更多地给他人第二次机会及尊重他人的正当权利。高信任者可能较少出现不快乐、与他人发生冲突或者环境适应不良,他们通常更讨人喜欢,并且不论是高信任者还是低信任者都愿把他们当作朋友(Rotter,1977)。

人际信任量表(interpersonal trust scale,ITS)由 Rotter 和 Julian 于 1967 年编制。该量表用于测查被试者对他人的行为、承诺或(口头和书面)陈述的可靠性。

【内容及实施方法】

ITS 的内容包括各种处境下的人际信任,涉及不同社会角色(包括父母、推销员、审判员、一般人群、政治人物及新闻媒体从业者),共 25 个条目,采用李克特 5 级自评式量表,从"完全同意"到"完全不同意"分别评定为 1~5 分。量表总分从 25 (信任程度最低)到 125 分(信任程度最高),测验时间为 10~15 分钟。

【测量学指标】

ITS 的分半信度为 0.76,其中男性为 0.77,女性为 0.75。平均间隔 7 个月的重测信度为 $0.56(P<0.01,n=24)$,而间隔 3 个月的重测信度为 $0.68(n=42)$。

有关结构效度的研究提示,该量表得分反映出了受测者的部分人口学特征(家庭背景、社会经济地位、宗教信仰等),但量表得分没有性别差异(Rotter,1967)。

因子分析发现该量表有 2 个因子,分别是特殊信任因子(对同伴或其他家庭成员的信任)和普遍信任因子(对无直接关系者的信任)。也有研究证实量表有 3 个因子,分别是政治信任、父辈信任和对陌生人的信任。

由于选择项目时避免了与其他量表显著相关的条目,故量表的区分效度较好。大量研究(包括实验室研究、问卷调查、自我报告及同伴评定等)证实了 ITS 可以较好地测查被试者人际信任水平。

【结果分析与应用情况】

本量表共有 13 个条目为反向计分题,分别是第 1、2、3、4、5、7、9、10、11、13、15、19 和 24 题。如反向计分得 1 分则记 5 分,如得 5 分则记 1 分,以此类推。所有 25 个条目得分之和即为该量表的总分,反映了被试者人际信任的总体状况,得分越高者代表人际信任度越高。

政治信任因子反映个体对政坛和媒体之可靠性的信任;父辈信任因子测查对于对自身有利的权威者个体所感知到的信赖感;对陌生人的信任因子测量对自身可能接触到的陌生人的信任程度(Wright & Tedeschi,1975)。

(雷　辉)

参 考 文 献

[1] Rotter JB. A new scale for the measurement of interpersonal trust. Journal of Personality, 1967,35(4):651-665.

[2] Wright TL,Tedeschi RG. Factor analysis of the Interpersonal Trust Scale. Journal of Consulting and Clinical Psychology,1975,43(4):470-477.

[3] Rotter JB. Interpersonal trust,trustworthiness and gullibility. Presidential address presented at the meeting of the Eastern Psychological Association,Boston,1977.

附:人际信任量表(ITS)

（Rotter 编制）

指导语:请使用以下标准表明你对下列陈述同意或不同意的程度。其中,1＝完全同意,2＝部分同意,3＝同意与不同意相等,4＝部分不同意,5＝完全不同意。

1. 在我们这个社会,虚伪的现象越来越多了
2. 与陌生人打交道时,你最好小心,除非他们拿出可以证明其值得信任的依据
3. 除非我们吸引更多的人进入政界,否则这个国家的前途将十分黯淡
4. 阻止多数人触犯法律的是恐惧、社会廉耻或惩罚,而不是良心
5. 考试时老师不到场监考可能会导致更多的人作弊

（续　表）

6. 通常父母在遵守诺言方面是可以信赖的

7. 联合国永远也不会成为维持世界和平的有效力量

8. 法院是我们都能受到公正对待的场所

9. 如果得知公众听到和看到的新闻有多少已被歪曲，多数人会感到震惊的

10. 不管人们怎样表述，最好还是认为多数人主要关心其自身的幸福

11. 尽管在报纸、收音机和电视节目中均可以看到新闻，但我们还是很难获得关于公共事件的客观报道

12. 未来似乎很有希望

13. 如果能够真正了解到国际上正在发生的政治事件，那么公众有理由比现在更加担心

14. 多数获选官员在竞选中的承诺是诚恳的

15. 许多重大的全国性体育比赛均受到某种形式的操纵和利用

16. 多数专家有关其知识局限性的表述是可信的

17. 多数父母关于实施惩罚的威胁是可信的

18. 多数人如果说出自己的打算就一定会去实现

19. 在这个竞争的年代，如果不保持警惕别人就可能占你的便宜

20. 多数理想主义者是诚恳的，并会按照他们自己所宣扬的信条行事

21. 多数推销人员在描述他们的产品时是诚实的

22. 多数学生即使在有把握不会被发现的情况下也不会作弊

23. 多数维修人员即使认为你不懂其专业知识也不会多收费

24. 对保险公司的控告有相当一部分是假的

25. 多数人会诚实地回答民意测验中的问题

十六、社交回避与苦恼量表（SAD）

【概述】

社交回避是指回避社会交往的倾向，是一种行为表现；社交苦恼是当事人身处其境时的苦恼感受，是一种情感反应。

社交回避与苦恼量表（social avoidance and distress scale，SAD）由 Watson 和 Friend 等在 1969 年编制，其中文修订版本由马宏完成，量表内容包括社交回避及社交苦恼两个部分。作者在建立量表时，非常注重其概念，指出社交回避的反面不是社会参与而是不回避，且将主观上的苦恼和行为上的回避均包括在内。

【内容及实施方法】

SAD 是一个自评量表，包含 28 个条目，可进一步分为回避及苦恼两个分量表。其中 14 个条目用于评定社会回避，14 个条目用于评定社交苦恼。采取"是-否"方式进行评分，得分范围为 0～28 分，大学生的平均值是 9.1 分，其标准差为 8.0 分（Watson & Friend，1969），其分布相当偏倚，得分的众数为 0。因此，许多研

究人员采用 5 级评分法。

【测量学指标】

使用"是-否"评分制时,条目-总分的平均相关系数是 0.77;使用 5 级评分法时,Cronbach's 的 α 系数接近 0.90。采取"是-否"评分制得到社交回避分量表和社交苦恼分量表的信度系数分别为 0.85 及 0.87。两表之间的相关系数男性为 0.54,女性为 0.71,间隔 4 个月的重测相关信度为 0.68。

在效度方面,SAD 量表的得分与其他社交焦虑及羞怯测量得分的相关性非常高,相关系数均在 0.75 以上。有研究报道,在 SAD 量表得分较高的人,在实际交往中的焦虑程度也高,反之亦然。因子分析的结果证实了关于回避与苦恼分量表的结构,但也提示总分偏重于反映社交回避这个方面。

彭纯子等(2003)对来自湖南某些高校的 598 名大学生和湖南某些中学的 256 名中学生施测以验证其信效度,结果表明在其内部一致性信度中,苦恼分量表与总分的相关系数为 0.90,回避分量表与总分的相关系数为 0.91,两个分量表之间的相关系数为 0.65。总量表的 Cronbach's α 系数为 0.85,回避与苦恼分量表的Cronbach's α 系数分别为 0.77 和 0.73。间隔 2 周后对 32 名大学生进行重测,重测信度为 0.76。验证性因素分析表明,量表的结构拟合较好,量表与相同或相近性质的量表之间有较高的相关性,而与相异结构量表之间的相关性相对低。SAD 与测量相同特质的交往焦虑(IAS)、结构相近的焦虑(SAS)和惧怕否定(FNE)的相关性都达到了统计学意义上的显著水平,而与抑郁(SDS)的相关性不显著,表明其具有较好的相容效度与区分效度。

【结果分析与应用情况】

回避分量表:包括 2、4、8、9、13、17、18、19、21、22、24、25、26、27 共 14 个条目,反映被试者回避社会交往的倾向。

苦恼分量表:包括 1、3、5、6、7、10、11、12、14、15、16、20、23、28 共 14 个条目,反映被试者对社交产生的苦恼感受。

反向计分条目:包括 1、3、4、6、7、9、12、15、17、19、22、25、27、28 共 14 个条目。

尽管 SAD 由两个分量表组成,大多数研究人员仍愿意直接采用量表中的所有条目计算总分。对希望同时评估社交回避及苦恼这两个方面的研究者来说,分别计算两个分量表的得分能够提供更多的信息。

林雄标等(1997)对 50 例社交恐怖症(其中男性 38 例,女性 12 例)和 65 例正常人进行 SAD 施测,结果显示患者的 SAD 总分为(20.92±4.27)分,苦恼分量表为(11.38±25)分,回避分量表为(9.54±2.61)分,显著高于对照组的(8.03±4.64)分、(3.92±3.1)分、(4.14±2.62)分,表明该量表在同时测量社交恐怖症患者的社交焦虑和回避行为时不失为一个方便的工具。

（崔汉卿）

参 考 文 献

[1] 汪向东.心理卫生评定量表手册.中国心理卫生杂志(增订版).北京:中国心理卫生杂志社,
1999:241-244.
[2] 林雄标,胡赤怡.社交恐怖症的临床与认知特点.上海精神医学,1997,9(2):87-90.
[3] 彭纯子,范晓玲,李罗初.社交回避与苦恼量表在学生群体中的信效度研究.中国临床心理
学杂志,2003,11(4):279-281.

附:社交回避与苦恼量表(SAD)

（Watson 等编制）

指导语:请在以下能够准确表达你反应的条目答案上画"○"。

*1. 即使在不熟悉的社交场合里,我仍然感到放松	是	否
2. 我尽量避免迫使自己参加交际应酬的情形	是	否
*3. 我同陌生人在一起时很容易放松	是	否
*4. 我并不特别想回避人群	是	否
5. 我通常发现社交场合令我心烦意乱	是	否
*6. 在社交场合我通常感觉平静及舒适	是	否
*7. 在同异性交谈时,我通常感觉放松	是	否
8. 我尽量避免与人家讲话,除非特别熟悉	是	否
*9. 如果有同新人相处的机会,我会把握住的	是	否
10. 在非正式的聚会上如有异性参加,我通常觉得焦虑和紧张	是	否
11. 我通常与人们在一起时感到焦虑,除非与他们特别熟悉	是	否
*12. 我与一群人在一起时通常感到很放松	是	否
13. 我经常想离开人群	是	否
14. 在置身于不认识的人群中时,我通常感到不自在	是	否
*15. 在初次遇到某些人时,我通常是放松的	是	否
16. 被介绍给别人使我感到紧张和焦虑	是	否
*17. 尽管满房间都是陌生人,我可能还是会进去的	是	否
18. 我会避免走进去加入一大群人的中间	是	否
*19. 当上司想同我谈话时,我很高兴与其谈话	是	否
20. 当与一群人在一起时,我通常感觉忐忑不安	是	否
21. 我喜欢避开人群	是	否
*22. 在晚上或社交聚会上与人们交谈对我来说不成问题	是	否
23. 在一大群人中间,我极少能感到自在	是	否

（续　表）

24. 我经常想出一些借口以回避社交活动	是	否
*25. 我有时充当为人们相互介绍的角色	是	否
26. 我尽力避开正式的社交场合	是	否
*27. 不管是什么社交活动,我一般是能参加就参加	是	否
*28. 我发现同他人在一起时放松很容易	是	否

注:*为反向计分题。

十七、UCLA孤独量表(UCLA-LS)

【概述】

孤独是指个体对自己社会交往数量多少和质量好坏的主观感受。当一个人的社会关系网络令他满意的程度低于他的期望时,孤独感便产生了。孤独感作为一种主观感受,与客观的社会孤独感(与社会隔离)在内涵上是不同的,它是一种困扰人类的普遍心理现象。

国外用于评定个体孤独感的问卷有很多,其中 Russell 等编制的 UCLA 孤独量表(UCLA-LS)影响较大,共有 3 个版本,分别是 1978 年的第 1 版、1980 年的第 2 版和 1996 年的第 3 版。该量表的后两个版本均有中译本,但只有第 2 个版本有较为细致的心理测量学特性报告,第 3 版的信效度资料只零星地见于相关研究中。考虑到该量表在孤独感研究领域的重要性,下面将第 2 和第 3 两个版本放在一起介绍。

【内容及实施方法】

这两个版本均含有 20 个关于孤独感体验频率的条目,第 2 版的中文修订版共有 18 个条目(其中保留了原量表的 16 个条目和 2 个新加入的条目)。采用 4 级评分法,针对每个条目所涉及的主观体验进行评分,其中 1 表示"从来没有",2 表示"很少有",3 表示"有时有",4 表示"一直有"。

【测量学指标】

(1)项目区分度(题总相关)。王登峰(1995)在 600 名大学生研究中报道的第 2 个版本的题总相关系数介于 $0.55 \sim 0.72(P < 0.01)$。

(2)信度。第 2 版的内部一致性 α 系数为 0.9,分半信度(奇偶分半)为 0.852,校正后为 0.93(王登峰,1995)。余苗梓等(2007)在 482 名大学生研究中报道的内部一致性 α 系数为 0.85。

(3)聚合与区分效度。两个版本与症状自评量表(SCL-90)及各因子的相关系数介于 $0.27 \sim 0.54$,见表 6-20。

表 6-20 两个版本的 UCLA-LS 与 SCL-90 的相关系数

项目	第 2 版($n=322$)	第 3 版($n=549$)
人际敏感(SCL-90)	0.51***	0.50***
偏执(SCL-90)	0.46***	0.46***
恐怖(SCL-90)	0.43***	0.30**
抑郁(SCL-90)	0.43***	0.48***
精神病(SCL-90)	0.38***	0.40***
强迫(SCL-90)	0.38***	0.39**
焦虑(SCL-90)	0.36***	0.32**
敌对(SCL-90)	0.33***	0.20*
躯体化(SCL-90)	0.29***	0.27**
SCL-90 总分	—	0.47***

注:* $P<0.05$,** $P<0.01$,*** $P<0.001$。

　　UCLA-LS 第 2 版与状态-特质焦虑量表的状态焦虑分量表的相关系数为 0.49($P<0.001$),与特质焦虑分量表的相关系数为 0.54($P<0.001$);与罗特内外控量表的相关系数为 0.38($P<0.001$)。UCLA-LS 第 3 版与 EPQ 的神经质因子的相关系数为 0.43($P<0.01$),与内外向因子的相关系数为-0.28($P<0.05$),而与精神病因子的相关系数为 0.22($P<0.05$)。

　　(4)结构效度。针对 UCLA-LS 第 2 版的探索性因素分析发现,删除 6 个条目后为单因子结构,各条目的共同度介于 0.32~0.53,因素负荷介于 0.56~0.73,18 个条目累计解释总方差达 42.3%。

【结果分析与应用情况】

　　第 3 版中需要反向计分的条目是:1、5、6、9、10、15、16、19、20。将 20 道题目得分相加得到总分,总分越高说明个体的孤独体验越强烈。

　　第 2 版本中需要反向计分的条目是:1、4、5、6、8、9、14、15、16、18。

　　UCLA-LS 孤独量是该领域研究中使用频率最多的量表之一,但有关中文版心理测量学特性的研究却并不完备,在今后的使用中应注意考察其信效度。

(王孟成)

参 考 文 献

[1] 王登峰.Russell 孤独量表信度与效度研究.中国临床心理学杂志,1995,3 (1):23-25.

[2] 李传银.549 名大学生孤独心理及相关因素分析.中国行为医学科学,2000,9(6):429-430,435.

[3] 刘平.UCLA 孤独量表//汪向东.心理卫生评定量表手册.中国心理卫生杂志(增刊),1999:

284-287.

[4] Russell DW. UCLA Loneliness Scale（Version 3）：Reliability，Validity and Factor Structure. Journal of Personality Assessment，1996，66（1）：20-40.

附1：UCLA 孤独量表（第3版）（UCLA-LS-3）

（Russell 编制）

指导语：下列是人们有时会出现的一些感受。对于以下每一项描述，请指出你具有那种感觉的频度，并选择最符合你情况的答案。举例如下：

你常感到幸福吗？

如你从未感到幸福，应回答"从不"；如一直感到幸福，应回答"一直"，以此类推。

其中，1＝从不，2＝很少，3＝有时，4＝一直。

题目内容	从不	很少	有时	一直
*1. 你常感到与周围人的关系和谐吗	1	2	3	4
2. 你常感到缺少伙伴吗	1	2	3	4
3. 你常感到没人可以信赖吗	1	2	3	4
4. 你常感到寂寞吗	1	2	3	4
*5. 你常感到属于朋友们中的一员吗	1	2	3	4
*6. 你常感到与周围的人有许多共同点吗	1	2	3	4
7. 你常感到与任何人都不亲密吗	1	2	3	4
8. 你常感到你的兴趣和想法与周围人不一样吗	1	2	3	4
*9. 你常感到想要与人来往、结交朋友吗	1	2	3	4
*10. 你常感到与人亲近吗	1	2	3	4
11. 你常感到被人冷落吗	1	2	3	4
12. 你常感到你与别人来往毫无意义吗	1	2	3	4
13. 你常感到没有人了解你吗	1	2	3	4
14. 你常感到与别人隔开了吗	1	2	3	4
*15. 你常感到当你愿意时就能找到伙伴吗	1	2	3	4
*16. 你常感到有人真正了解你吗	1	2	3	4
17. 你常感到羞怯吗	1	2	3	4
18. 你常感到有人围着你，但并不关心你吗	1	2	3	4
*19. 你常感到有人愿意与你交谈吗	1	2	3	4
*20. 你常感到有人值得你信赖吗	1	2	3	4

注：*为反向计分题。

附2：UCLA 孤独量表(第 2 版)(UCLA-LS-2)

（Russell 等编制）

指导语：下列是人们有时会出现的一些感受。对于以下每一项描述，请指出你具有那种感觉的频度，并选择最符合你情况的答案。举例如下：

你常感到幸福吗？

如你从未感到幸福，应回答"从不"；如一直感到幸福，应回答"一直"，以此类推。

其中，1＝从不，2＝很少，3＝有时，4＝一直。

题目内容	从不	很少	有时	一直
*1. 我感觉自己和周围人的相处很和谐	1	2	3	4
2. 我感觉自己缺少友情	1	2	3	4
3. 我的周围没有我可以寻求帮助的人	1	2	3	4
*4. 我不感到寂寞	1	2	3	4
*5. 我觉得自己是同伴中的一员	1	2	3	4
*6. 我觉得我和周围的人有许多共同之处	1	2	3	4
7. 我的情趣不能被周围人所共享	1	2	3	4
*8. 我是一个容易与人交往的人	1	2	3	4
*9. 周围有让我感到亲近的人	1	2	3	4
10. 我有被别人遗忘的感觉	1	2	3	4
11. 我觉得我和周围人关系淡漠	1	2	3	4
12. 我感觉没有人能真正理解我	1	2	3	4
13. 我觉得自己很孤立	1	2	3	4
*14. 需要时，我能找到人陪伴我	1	2	3	4
*15. 我能找到谈心的人	1	2	3	4
*16. 在我周围有我能寻求帮助的人	1	2	3	4
17. 我感觉自己与周围的人缺少共同语言	1	2	3	4
*18. 我觉得有人关心我	1	2	3	4

注：*为反向计分题。

第 7 章

积极心理相关量表

一、积极心理资本问卷(PPQ)

【概述】

积极心理资本(positive psychological capital)是一种在积极心理学和积极组织行为框架下的概念,简称心理资本(PsyCap)。Luthans 等(2004)将心理资本定义为:"个体在成长和发展过程中表现出来的一种积极心理状态"。它包括 4 个核心成分:自我效能(self-efficacy)、乐观(optimism)、韧性(resiliency)和希望(hope)。心理资本的概念一提出,便得到了管理学与心理学领域的研究探讨,许多研究发现积极心理资本与工作绩效、员工表现等存在紧密关系。

目前最常用的测量心理资本的工具有:Parker 开发的自我效能量表,Scheier 和 Carver 开发的乐观量表,Wagnild 和 Young 开发的乐观量表,Snyder 开发的状态希望和特质希望量表,以及 Luthans 开发的心理资本问卷(PCQ)。但这些量表都缺乏充分的效度证据,而且部分量表项目较多不利于实践应用。因此,张阔等(2010)为解决已有量表的不足,开发出了更具一般性、适用范围更广的积极心理资本问卷(PPQ)。

【内容及实施方法】

(一)项目和评定标准

PPQ 共有 26 个题目,包括自我效能、韧性、希望和乐观 4 个因子,其中自我效能和韧性因子分别有 7 个条目,希望和乐观分别有 6 个条目,见表 7-1。问卷采用 5 级计分法。

表 7-1 PPQ 子问卷名称及所属项目

子问卷	项目
自我效能	1/3/5/7/9/11/13
韧性	2/4/6/8/10/12/14
希望	15/17/19/21/23/25
乐观	16/18/20/22/24/26

(二)评定注意事项

问卷由评定对象自行填写。在填写前必须让评定对象理解问卷的问题内容、作答含义及作答方式。一般 2～5 分钟可以完成。

【测量学指标】

PPQ 的信效度检验显示:4 个子问卷的 α 系数分别为 0.86、0.83、0.80、0.76,总问卷的 α 系数为 0.90。各项目在其所属维度上的因子负荷介于 0.44～0.87,显示了良好的测量学特性。26 个项目的区分度介于 0.61～0.80,均比较理想。通过验证性因素分析发现 PPQ 的 4 因子模型及其高阶因子模型拟合较好($\chi^2 = 481.28$,IFI$=0.94$,CFI$=0.94$,RMSEA$=0.049$),说明该问卷的结构效度良好。另外,子问卷得分的相关系数介于 0.25～0.56,显示出了合理的区分效度。最后,以 Rosenberg 自尊量表(SES)、Bradburn 情感量表(AS)、Judge 核心自我评价量表(CSES)和症状自评量表(SCL-90)的若干分量表(焦虑、抑郁、偏执、人际敏感)作为效标问卷,计算心理资本及其子成分同效标的相关,结果显示大部分相关度较高,具有良好的实证效度。

【结果分析与应用情况】

1. 统计指标和结果分析 PPQ 主要的统计指标为 3 个子问卷的总分及总问卷的总分。总分越高,表明个体具有越好的积极心态与积极情感。

2. 应用评价

(1)PPQ 具有良好的信度和效度指标,并且其构念的合理性也得到了探索性因子分析和验证性因素分析结果的支持。PPQ 实施起来简单实用,可作为积极心理资本的评估工具。

(2)PPQ 的开发从以心理健康水平作为效标出发,突破了以往多以组织行为学视角进行研究的局限,验证了心理资本对心理健康有积极的促进作用,扩充了此领域的研究深度。

(何靖宜 张 阔)

参 考 文 献

[1] 张阔,张赛,董颖红.积极心理资本:测量及其与心理健康的关系.心理与行为研究,2010:8

(1):58-64.

[2] Luthans F,Luthans KW,Luthans BC. Positive psychological capital：Beyond human and social capital. Business Horizons,2004,47：45-50.

附：积极心理资本问卷（PPQ）

（张阔等修订）

题目内容	很不符合	不太符合	不能确定	有点符合	非常符合
1. 很多人欣赏我的才干	1	2	3	4	5
2. 我不爱生气	1	2	3	4	5
3. 我的见解和能力超过一般人	1	2	3	4	5
4. 遇到挫折时,我能很快地恢复过来	1	2	3	4	5
5. 我对自己的能力很有信心	1	2	3	4	5
6. 生活中的不愉快,我很少在意	1	2	3	4	5
7. 我总是能出色地完成任务	1	2	3	4	5
8. 糟糕的经历会让我郁闷很久	1	2	3	4	5
9. 面对困难时,我会很冷静地寻求解决的方法	1	2	3	4	5
10. 我觉得自己活得很累	1	2	3	4	5
11. 我乐于承担困难和有挑战性的工作	1	2	3	4	5
12. 不顺心的时候,我容易垂头丧气	1	2	3	4	5
13. 身处逆境时,我会积极尝试不同的策略	1	2	3	4	5
14. 压力大的时候,我会吃不好、睡不着	1	2	3	4	5
15. 我积极地学习和工作,以实现自己的理想	1	2	3	4	5
16. 情况不确定时,我总是预期会有很好的结果	1	2	3	4	5
17. 我正在为实现自己的目标而努力	1	2	3	4	5
18. 我总是看到事物好的一面	1	2	3	4	5
19. 我充满信心地追求自己的目标	1	2	3	4	5
20. 我觉得社会上好人还是占绝大多数	1	2	3	4	5
21. 对自己的学习和生活,我有一定的规划	1	2	3	4	5
22. 大多数的时候,我都是意气风发的	1	2	3	4	5
23. 我很清楚自己想要什么样的生活	1	2	3	4	5
24. 我觉得生活是美好的	1	2	3	4	5
25. 我也不知道自己的生活目标是什么	1	2	3	4	5
26. 我觉得前途充满希望	1	2	3	4	5

二、纽芬兰纪念大学幸福度量表(MUNSH)

【概述】

多数研究者认为主观幸福感主要有以下 3 个方面的内容:①认知评价,对生活质量的整体评估,即生活满意感;②正性情感,包括诸如愉快、高兴、觉得生活有意义、精神饱满等情感体验;③负性情感,包括忧虑、抑郁、悲伤、孤独、厌烦、难受等情感体验。

有关老年人主观幸福感的研究尚不够充分。目前对老年人主观幸福感的研究大多只针对幸福感的某单个方面,容易出现不一致的结果;较少研究个性对老年幸福感的影响;对影响因素间相互关系的分析也比较欠缺。

纽芬兰纪念大学幸福度量表(memorial university of newfoundland scale of happiness,MUNSH)是由 Kozma 和 Stones 于 20 世纪 80 年代初将情感平衡量表(affect balance scale,ABS)、生活满意指数 Z(life satisfaction index-Z)和费城老年中心量表(Philadelphia geriatric center scale)综合修改成的一个新量表,专用于老年群体。全量表包括 24 个条目,按情感与认知成分分为 4 个部分:正性情感(PA)有 5 项,负性情感(NA)有 5 项,正性体验(PE)有 7 项,负性体验(NE)有 7 项。在 Kozma 和 Stones 的研究中,其效度(非结构效度)和交叉效度比单个其他测验对“自觉幸福”(a-vowed happiness)的预测性更好,重测信度也在可接受的范围内。

MUNSH 在我国有周建初和杨彦春两种译本,没有可靠的国内信效度资料。刘仁刚、龚耀先(2000)参照这两种译本,对该量表做了修订,并发现了老年人主观幸福感的多种影响因素。

【内容及实施方法】

MUNSH 是一个现状自评量表,修订后的 MUNSH 只包括正性因子和负性因子两个维度,共 24 个条目。采用 3 级评分法,即“是”计 2 分,“不一定”计 1 分,“否”计 0 分。总分等于正性因子分减去负性因子分。

【测量学指标】

所用样本为男性年龄不小于 60 岁、女性不小于 55 岁的老年城市居民,包括某医院退休职工、某工厂退休职工、某老干部活动中心学员、某老年大学学员、某医院精神科门诊患者或住院患者的父亲或母亲、某医院老年科高干病房住院患者、某医院内科住院患者的家属,共 346 人。

(1)内部一致性分析表明,全量表具有很好的内部一致性:一致性系数(Chronbach's α)为 0.8664;删除任一条目后的总均分非常接近,最高分 — 最低分=33.8152 — 32.8006=1.0144,与条目分的均值相差不到 2%;删除任一条目也不能使总分的方差改变很多,最高方差 — 最低方差=84.0234 — 74.8793=9.1441,只有最低方差的 12.21%;删除任一条目均不能使 α 系数增加很多,增加最多的是第 22 条,增加量为 0.8720 — 0.8664=0.0056;除了第 1、19、22 项外,各条目与其余条目的负相关系数均超过 0.297。正性因子和负性因子的 α 系数均大于 0.8，条目 1 对正性因子及条目 19 和 22 对负性因子的内部一致性有轻度影响。

（2）重测相关。取 30 例 1 周后重测，全量表重测相关系数为 0.7577，正性因子为 0.7366，负性因子为 0.7761（P 均<0.001）。

（3）因素分析。旋转后的因素 1 和因素 2 基本上代表了正性因子和负性因子，唯有第 1 条目的位置不符，它在因素 2（负性因子）上的负荷比在因素 1 上的负荷大。

（4）多元相关分析。总分与艾森克个性问卷的外向性、婚姻质量、兴趣及收入呈显著正相关，与艾森克个性问卷的神经质呈显著负相关；正性因子与艾森克个性问卷的外向性、婚姻质量及兴趣呈显著正相关，与艾森克个性问卷的神经质和为子女操心呈显著负相关；负性因子与艾森克个性问卷的神经质和退休应激呈显著正相关，与艾森克个性问卷的外向性、兴趣和受教育程度呈显著负相关。其中，相关性最为显著的是艾森克个性问卷的外向性和神经质。以上结果均说明 MUNSH 具有一定的效度。

（5）关于条目 1、19、22。在我们的信效度分析中，无论从整体还是从各个条目，量表的质量是满意的。但相比之下，第 1、19、22 条目却有些不尽人意。我们认为可能的原因如下。①问题的针对性不强。第 1 条目"非常满意"可能会使研究对象觉得难以回答，因为被试者已经明确地感到他对某些事物是满意的，而另一些是不满意的，所以对这一笼统的提问只好随意作答或根据其他倾向性作答（如猜测测验目的等）。第 3 条目也是有关满意感的问题，但因该条目的内容比较具体，故没有出现像第 1 条目这样的质量差别。②问题与预想的内容有差异。第 19 条目"想要换个住处"可能不太适合于我国老年人，即使是现有住所引起了心理不适，他们也倾向于住在现在的地方。第 22 条目"大多数时候，生活是艰苦的"，对我国很多老年人来讲，"艰苦"是一种德行，艰苦朴素是优良传统之一，他们认为"生活是艰苦的"并不能反映情感的负性方面。因此，以上这些问题在使用 MUNSH 时应加以注意。

【结果分析与应用情况】

正性因子分量表包括 1、2、3、4、10、11、12、14、15、20、21、23、24 共 13 个条目，负性因子分量表包括 5、6、7、8、9、13、16、17、18、19、22 共 11 个条目。

341 例研究样本的统计结果显示，正性因子得分的均数±标准差为（15.85±5.97）分，得分范围为 2～24 分；负性因子的均数±标准差为（5.32±5.10）分，得分范围为 0～22 分；总分的均数±标准差为（10.53±9.23）分，得分范围为 18～24 分。从笔者试用的情况来看，该量表能够较好地反映老年人的主观幸福感或生活满意感。汪文新等（2005）运用杨彦春等的译本，发现量表的内部一致性和重测信度均可，但因子的结构效度差，并且部分条目存在这样或那样的问题，这与笔者在修订过程遇到的情形相似。因此，笔者认为修订后的译本较优。

（刘仁刚）

参 考 文 献

[1] 刘仁刚,龚耀先.老年人主观幸福感概述.中国临床心理学杂志,1998,6(3):191-194.

[2] 刘仁刚,龚耀先.老年人主观幸福感及其影响因素的研究.中国临床心理学杂志,2000,8(2):73-78.

[3] 汪文新,毛宗福,李贝,等.纽芬兰纪念大学幸福度量表在农村五保老人幸福度调查的信度和效度.中国老年学杂志,2005,25(11):1330-1332.

[4] Kozma A,Stones MJ. The measurement of happiness:Development of the Memorial University of Newfoundland Scale of Happiness(MUNSH). Journal of Gerontology,1980,35(6):906-912.

附:纽芬兰纪念大学幸福度量表(MUNSH)(3 种中译本)

（Kozma 和 Stone 编制）

笔者的修订版以及与原文和国内两种译本的比较				
	原文	周建初译本	杨彦春译本	笔者的修订版	
指导语	We would like to ask you some questions about how things have been going. Please answer "yes" if a statement is true for you and "no" if it does not apply to you. In the past months have you been feeling:	我们想问一些关于你的日子过得怎样的问题,请回答"是",如果不符合你的情况,请回答"否"。最近几个月里,你感到:	我们想问一些关于你的日子过得怎么样的问题。如果符合你的情况,请回答"是",如果不符合你的情况,答"否"。最近几个月里,你感到:	我们想问一些关于你的日子过得怎么样的问题。请根据你的情况选择回答,请尽量不要回答"不一定"。在最近一段时间里,你是否感到:	
1	On top of the world? (PA)	对一切都感到满意?	满意到极点?	非常满意?（＋）	是 否 不一定
2	In high spirits? (PA)	心情很愉快?	情绪很好?	精神饱满?（＋）	是 否 不一定
3	Particularly content with your life? (PA)	对你的生活特别满意?	对你的生活特别满意?	对生活特别满意?（＋）	是 否 不一定
4	Lucky? (PA)	运气好?	很走运?	运气好?（＋）	是 否 不一定
5	Bored? (NA)	烦恼?	烦恼?	厌烦?（一）	是 否 不一定

（续　表）

	原文	周建初译本	杨彦春译本	笔者的修订版	
6	Very lonely or remote from other people? (NA)	非常孤独或与人疏远？	非常孤独或与人疏远？	孤独或与人疏远？（一）	是　否 不一定
7	Depressed or very Un-happy? (NA)	忧虑或很不愉快？	忧虑或非常不愉快？	忧虑或很不愉快？（一）	是　否 不一定
8	Flustered because you didn't know what was expected of you? (NA)	因为不知道会发生什么情况，所以较担心？	担心，因为不知道将会发生什么情况？	担心会有什么事情发生？（一）	是　否 不一定
9	Bitter about the way your life has turned out? (NA)	感到你的生活处境变得辛酸？	感到你的生活处境变得艰苦？	生活越来越艰难？（一）	是　否 不一定
10	Generally satisfied with the way your life has turned out? (PA)	一般说来，生活处境变得使你感到满意？	一般说来，生活处境变得使你感到满意？	生活变得让人满意？（＋）	是　否 不一定
	The next 14 questions have to do with more general life experiences.	下面 14 个问题是一般的生活体验：			
11	This is the dreariest time of my life. (NE)	这是我一生中最难受的时期。	现在是我一生中最难受的时期。	现在是我一生中最难受的时期。（一）	是　否 不一定
12	I am just as happy as when I was younger. (PE)	我像年轻时一样高兴。	我像年轻时一样高兴。	我像年轻时一样高兴。（＋）	是　否 不一定
13	Most of the things I do are boring or monoton-ous. (NE)	我所做的大多数事情都令人讨厌或单调。	我所做的大多数事情都令人厌烦或单调。	你做的大多数事情都单调乏味。（一）	是　否 不一定
14	The things I do are as interesting to me as they ever were. (PE)	我做的事像以前一样使我感兴趣。	我做的事像以前一样使我感兴趣。	你做的大多数事情和以前一样有趣。（＋）	是　否 不一定

(续 表)

	原文	周建初译本	杨彦春译本	笔者的修订版	
15	As I look back on my life I am fairly well satisfied. (PE)	当我回顾我的一生时,我感到很满意。	当我回顾我的一生时,我感到相当满意。	回顾过去时,感到满意。(+)	是 否 不一定
16	Things are getting worse as I get older. (NE)	随着年龄的增长,一切事情更加糟糕。	随着年龄的增长,一切事情更加糟糕。	年龄越大,事情越糟。(一)	是 否 不一定
17	How much do you feel lonely? (NE)	你感到孤独的程度如何?	你感到孤独的程度如何?	孤独感日益加重。(一)	是 否 不一定
18	Little things bother me more this year. (NE)	今年一些事情使我很烦恼。	今年一些事情使我烦恼。	一些小事使你很烦恼。(一)	是 否 不一定
19	If you could live where you wanted, where would you live? (PE)	如果有可能到你想的地方去住,你愿意住在哪里?	如果你能到你想住的地方去住,你愿意到那儿去住吗?	想要换个住处。(一)	是 否 不一定
20	I sometimes feel that life isn't worth living. (NE)	有时我感到活着没意思。	有时我感到活着没意思。	人生是值得的。(+)	是 否 不一定
21	I am as happy now as I was when I was younger. (PE)	我现在像我年轻时一样幸福。	我现在像我年轻时一样高兴。	像年轻时一样幸福。(+)	是 否 不一定
22	Life is hard for me most of the time. (NE)	大多数时候,我感到生活是艰苦的。	大多数时候,我感到生活是艰苦的。	大多数时候,生活是艰苦的。(一)	是 否 不一定
23	How satisfied are you with your life today? (PE)	你对自己当前的生活感到满意吗?	你对你当前的生活满意吗?	对如今的生活感到满意。(+)	是 否 不一定
24	My health is the same or better than most people's my age. (PE)	我的健康和同龄人比,与他们相同或甚至还好些。	我的健康情况和同龄人比,与他们相同甚至还好些。	健康状况和同龄人差不多,甚至还好些。(+)	是 否 不一定

（续　表）

原文	周建初译本	杨彦春译本	笔者的修订版
Scoring：Yes ＝ 2；Don't Know ＝ 1；No ＝ 0. *Item*19：Present Location ＝ 2；Other Location ＝ 0. *Item*23：Satisfied ＝ 2；Not Satisfied ＝ 0. MUNSH Total ＝ PA － NA＋PE－NE	计分方法：对每一项回答"是"计2分，答"不知道"记1分，答"否"记0分。第19项答"现在住处"记2分，"别的住处"记0分。第23项答"满意"记2分，"不满意"记0分。总分 ＝ PA － NA＋PE－NE	评分：对每个项目回答"是"，记2分，答"不知道"记1分，答"否"记0分。第19项答"现在住地"，记2分，"别的住地"，记0分。第23项答"满意"记2分，"不满意"记0分。总分 ＝ PA － NA＋PE－NE	评分：答"是"计2分，"否"计0分，"不一定"计1分。正性因子＝正性条目之和，负性因子＝负性条目之和，总分＝正性因子－负性因子

三、人际反应指针量表（中文版）（IRI-C）

【概述】

共情（empathy）通常被定义为体验和理解他人情绪的能力，其在人们的社交生活和情绪交流中扮演着非常重要的角色（Villadangos et al.，2016）。共情能力对共情者和被共情者的心理和行为都有很大的影响。随着相应的测量工具不断发展，使得共情一直以来都是心理学研究领域的热门话题，而 Davis（1983）开发的人际反应指针量表（interpersonal reactivity index，IRI）成为最常用的共情的测量工具之一。

IRI 由 4 个分量表组成，分别是：①观点采纳（perspective taking，PT），是指从其他人的角度看问题的能力；②共情关心（empathic concern，EC），是指以他人为中心的同情和关心的感觉；③想象力（fantasy，FS），是指对电影和书中人物角色充满想象力的倾向；④个人痛苦（personal distress，PD），是指在一个紧张的人际关系环境中，个体以自我为中心的焦虑不安的感觉。IRI 从共情的认知与情感两个方面进行了考察，而且这 4 个因子不仅测量了共情产生的结果也测量了其产生的过程。原版 IRI 共包含 28 个项目，而中国台湾学者詹志禹（1987）在此基础上将原量表的 28 个项目修订为 22 个项目，形成了人际反应指针量表（中文版）（Chinese version of the interpersonal reactivity index，IRI-C）。张凤凤等（2010）采用 IRI-C 对正常人和精神分裂症患者进行测试以检验其信效度。

尽管 IRI 是一个四维度的量表，但是许多研究者经常根据不同的共情定义和结构灵活地使用 IRI 分数。目前已知存在多种 IRI 评分方式,但是大多数的评分方式的合理性还没有被证实。为了解决这一问题,有研究者对这些已知的评分方式进行了详细的总结和评估,以挑选出最佳的 IRI 测量模型(Wang et al.,2020)。下面将对 IRI-C 量表及其最佳的测量模型进行详细的介绍。

【内容及实施方法】

(一)项目和评定标准

IRI-C 为自评量表,共有 22 个题目,其中包含观点采纳(PT)、共情关心(EC)、想象力(FS)和个人痛苦(PD)4 个分量表,每个分量表包含 4～5 个条目。量表采用李克特 5 级评分法,各项目评分均为 0～4 分,分别表示"不恰当""有一点恰当""还算恰当""恰当""很恰当"。见表 7-2。

表 7-2 IRI-C 分量表及项目

分量表	项目
观点采纳(PT)	1～5
共情关心(EC)	6～11
想象力(FS)	12～17
个人痛苦(PD)	18～22

(二)评定注意事项

量表由评定对象自行填写。在填表前必须让评定对象理解并明白填表说明、填表方法及项目内容。文盲或半文盲不宜作为评定对象,完成量表的时间一般为 3～5 分钟。

评定时应注意以下内容。

(1)同其他自评量表一样,需要让评定对象看明白指导语及有关问题。

(2)量表由评定对象自行填写,可进行个体测试,也可用于团体测试。

(3)一般来说,本量表适用于正常人群和精神病患者。

(4)必须答齐全部题目,否则无效。

(5)IRI-C 在不同的实证研究中有不同的测评方式,应当验证模型的有效性。

【测量学指标】

Wang 等(2020)对已经存在的 IRI-C 测量模型进行了评估和验证。首先是量表的信度检验。量表总分及 4 个分量表得分的 α 系数介于 0.68～0.78,4 个维度的得分与量表总分呈显著正相关($r=0.51～0.74$,$P<0.001$),除了 PD 维度与 PT 维度之间没有显著的相关性以外,其余维度之间均呈显著正相关($r=0.11～0.32$,$P<0.05$)。

其次，验证最佳的 IRI-C 测量模型。尽管 IRI-C 是四因子结构，但是也有研究者在实证研究中对其采用了三因子、两因子等结构。为了验证最佳的结构模型，Wang 等（2020）采用了传统的模型拟合指标（验证性因素分析）、基于等效性测验的 RMSEA$_t$ 指标及 3 种基于模型可靠性的指标（ω_H、ω_S、ω_{HS}/ω_S）对 12 个模型（6 种因子模型，每个因子模型对应着 1 个高阶因子模型和 1 个 Bi-factor 模型）进行了验证，结果表明一个两因子的 Bi-factor 模型拟合最佳，该两因子模型以 PT 作为认知共情因子、以 EC 作为情感共情因子，且以 PT＋EC 作为共情的总分。验证性因素的结果为：$\chi^2/df = 2.21$，CFI$= 0.96$，NNFI$= 0.93$，SRMR$= 0.03$，RMSEA$= 0.048$，AIC$= 11908.78$，BIC$= 12097.03$，表明该结构良好。基于等效性测验的结果为 RMSEA$_t = 0.063$（< 0.08），这表明接受该模型后识别错误不会超过 0.063，并且犯一类错误的概率也不会超过 0.05。基于模型可靠性的结果为 $\omega_H = 0.51$（$P > 0.50$），表明计算 PT＋EC 的总分是有意义的；PT 和 EC 两个维度的 ω_S 值分别是 0.74 和 0.71（P 均 > 0.50），两个维度的 ω_{HS} 分别是 0.68 和 0.42，因此 PT 和 EC 两个维度的 ω_{HS}/ω_S 分别是 0.68 和 0.42（仅 PT 维度 > 0.50），这表明单独将 PT 维度作为认知共情是有意义的，而 EC 维度的 ω_{HS}/ω_S 值较低，表明控制一般因子的方差后，EC 维度对局部因子提供的独特信息较少。故该模型以 PT＋EC 的总和为共情总分，以 PT 维度得分为认知共情得分。

最后，对验证后的结构进行校标关联效度检验。将亲社会倾向量表（PTM）和 Buss-Perry 攻击行为问卷（BPAQ）作为效标效度，对 PT 维度、一般共情因子（PT＋EC）、亲社会倾向总分、攻击行为总分做相关分析，结果表明一般共情因子和 PT 与亲社会倾向呈显著正相关（$r = 0.42, 0.24, P < 0.001$），与攻击行为呈显著负相关（$r = -0.17, -0.15, P < 0.001$），说明该结构的外部效度良好。

【结果分析与应用情况】

1. 统计指标和结果分析　IRI-C 是一个多维度量表，因此需要统计 4 个分量表的得分和总量表得分。将第 1～5 项得分相加即为 PT 维度的得分，将第 6～11 项得分相加即为 EC 维度得分，将第 12～17 项得分相加即为 FS 维度的得分，将第 18～22 项得分相加即为 PD 维度的得分，把所有 22 个项目的得分加起来即为总量表分数。分数越高，表示个体的共情能力越强。Wang 等（2020）对 IRI-C 的结构进行了进一步的探索，发现了拟合较好的双因子 Bi-factor 模型，以 PT 作为认知共情因子，且以 PT＋EC 作为共情的总分。

2. 应用评价

(1)IRI-C 能够从认知共情和情感共情的角度出发，更加全面地评估个体的共情能力，并且该量表具有较好的跨时间、跨样本的稳定性。

(2)在 Wang 等的研究中，大多数常见的 IRI-C 测量模型拟合情况均不好，这可能表明基于这些模型的评分方式在统计上是不合理的,这一结果也证实了一些研究关于 IRI-C 量表测量合理性的担心。以 EC 为情感共情,以 PT 为认知共情的 Bi-factor 模型表现良好,但是需要注意,基于模型可靠性的指标 ω_{HS}/ω_S,EC 维度下分数对局部因子的贡献率并不高,这可能有以下两点原因。①尽管 EC 通常被认为是一个单一的结构,但根据其项目的含义,它可能包含两种心理结构——同情和温柔。前者是指在特殊困难情景下对他人给予帮助的渴望,后者更强调对弱势群体的关怀。②量表题目顺序的干扰。完成 IRI-C 量表时,因为认知共情的题目在前,作答时已经使被试者处于一种特殊情景中,因此很难再使用情感共情的题目纯粹地测量个体的情感共情。

(3)使用 PT+EC 的总分为共情总分,以 PT 为认知共情的方法仍然存在一定的局限性,应当注意。第一,这种评分模型在理论意义上是可行的,但是这种方式会使 IRI-C 量表中的共情的定义变得宽泛,因为一般共情因子是 PT 和 EC 维度得分的总和。第二,研究中采用的是学生样本,因此,有必要使用更多的样本和更多的不同版本的 IRI-C 量表来验证本研究的可复制性和正确性。第三,由于问卷长度的原因,本研究并未对社会期望进行检验。考虑到共情的测量可能对社会期望敏感,未来 IRI-C 的心理测量学研究应该更好地将社会期望作为协变量。第四,模型的评估基于特定的临界值,因为不同临界点的选择可能会改变研究的结果。例如,如果分别选择 0.05 和 0.95 作为 RMSEA 和 NNFI 的可接受水平,则本研究中的所有模型都将被拒绝。

(芦旭蓉 刘 拓)

参 考 文 献

[1] 詹志禹. 年级、性别角色、人情取向与同理心的关系. 中国台湾:台湾政治大学教育研究所,1987.

[2] 张凤凤,董毅,汪凯,等. 中文版人际反应指针量表(IRI-C)的信度及效度研究. 中国临床心理学杂志,2010,18(2):155-157.

[3] Davis MH. Measuring individual differences in empathy:evidence for a multidimensional approach. J Pers Soc Psychol,1983,44(1):113-126.

[4] Villadangos M,Errasti J,Amigo I,et al. Characteristics of empathy in young people measured by the spanish validation of the basic empathy scale. Psicothema,2016,28(3):323-329.

[5] Wang Y,Li Y,Xiao W,et al. Investigation on the rationality of the extant ways of scoring the interpersonal reactivity index based on confirmatory factor analysis. Frontiers in Psychology,2020.

附：人际反应指针量表（中文版）（IRI-C）

（Davis 编制）

指导语：下面共有 22 个题目，请仔细阅读每个题目，并从 0～4 的 5 个数字中选择一个最符合你的答案，在相应的数字上画"√"。其中，0＝不恰当，1＝有一点恰当，2＝还算恰当，3＝恰当，4＝很恰当。

序号	题目内容	不恰当	有一点恰当	还算恰当	恰当	很恰当
1	在做决定前，我试着从争论中去看每个人的立场	0	1	2	3	4
2	有时我会想象从我朋友的观点来看事情的样子，以便更了解他们	0	1	2	3	4
3	我相信每个问题都有两面观，所以我尝试着从不同的观点来看问题	0	1	2	3	4
4	当我对一个人生气时，我通常会尝试着去想一下他的立场	0	1	2	3	4
5	在批评别人前我会试着去想象：假如我处在他的情况，我的感受如何	0	1	2	3	4
6	对于那些比我不幸的人，我经常有心软和关怀的感觉	0	1	2	3	4
7	有时候当其他人有困难或问题时，我并不会为他们感到难过	0	1	2	3	4
8	当我看到有人被别人利用时，我有点想要保护他们的感觉	0	1	2	3	4
9	其他人的不幸通常会给我带来很大的困扰	0	1	2	3	4
10	当我看到有人受到不公平的对待时，我有时并不感到非常同情他们	0	1	2	3	4
11	我认为自己是一个心肠相当软的人	0	1	2	3	4
12	我的确会投入到小说人物中的情感世界	0	1	2	3	4
13	在看电影或看戏时，我通常是旁观者，而且不经常全心投入	0	1	2	3	4
14	对我来说，全心地投入一本好书或一部好电影中是少有的事	0	1	2	3	4
15	看完戏或电影之后，我觉得自己好像是剧中的某一个角色	0	1	2	3	4

（续 表）

序号	题目内容	不恰当	有一点恰当	还算恰当	恰当	很恰当
16	当我欣赏一部好电影时,我很容易站在某个主角的立场去感受其心情	0	1	2	3	4
17	当我阅读一篇引人入胜的故事或小说时,我想象着:如果故事中的事件发生在我身上,我会感觉如何	0	1	2	3	4
18	在紧急状况中,我会感到担忧、害怕且难以平静	0	1	2	3	4
19	当我处于一个情绪非常激动的情况中时,我往往感到无依无靠,不知如何是好	0	1	2	3	4
20	处在紧张情绪的状况中,我会感到惊慌和害怕	0	1	2	3	4
21	在紧张状况中,我会紧张到几乎无法控制自己	0	1	2	3	4
22	当我看到有人发生意外而急需帮助时,我会紧张到几乎崩溃	0	1	2	3	4

四、儿童共情问卷（EmQue）

【概述】

儿童共情问卷(EmQue)是由 Rieffe 等于 2010 年根据 Hoffman 和 de Weal 等的共情理论专门针对年幼儿童编制的,包括情绪感染(情绪共情)、情感关注(认知共情)和亲社会行为 3 个共情层次。情绪感染(情绪共情)是指年幼儿童关注他人的情绪、目睹他人处于痛苦状态时,可能会导致类似的情绪反应,比如一个孩子的哭声可能会在其他孩子身上引起相同反应。情感关注(认知共情)是指儿童会把自己的注意力放在他人的情感表现上,且在自身较少痛苦的情绪状态下发展出关注他人情感的能力,即自己对另一个孩子的痛苦反应可能会转化为对该孩子的关心。Hoffman 认为,当儿童对他人的情感表现越来越敏感时就会开始做出亲社会行为,如帮助、分享和安慰。该量表能较为系统和全面地测量年幼儿童的共情发展水平,便捷且有效。以下介绍的量表参考颜志强等(2019)的中译本。

【内容及实施方法】

(一)项目和评定标准

EmQue 共包括 20 个题目,分别测量了 3 个维度,其中第 1～7 条目属于情绪感染维度,第 8～14 条目属于情感关注的维度,第 15～20 条目属于亲社会行为维度,见表 7-3。通过计算每个维度的总分及总量表的得分来得到 EmQue 的结果,无反向计分题。

表 7-3　EmQue 项目内容及维度

序号	量表中项目内容	维度
1	当其他孩子哭泣的时候,我的孩子也会变得不安	情绪感染
2	当其他孩子受伤的时候,我的孩子也需要安慰	情绪感染
3	当其他孩子摔伤的时候,很快我的孩子也会假装摔伤	情绪感染
4	当其他孩子变得不安的时候,我的孩子也需要安慰	情绪感染
5	当其他孩子感到害怕的时候,我的孩子也会变得肢体僵硬或开始哭泣	情绪感染
6	当其他孩子在争辩的时候,我的孩子会变得不安	情绪感染
7	当其他孩子哭泣的时候,我的孩子会转移目光看别处	情绪感染
8	当我的孩子看见其他孩子笑的时候,他/她也会开始笑	情感关注
9	当大人对其他孩子生气的时候,我的孩子会密切注视	情感关注
10	当别的孩子笑的时候,我的孩子会看是怎么回事	情感关注
11	当大人笑的时候,我的孩子会试着靠近他/她	情感关注
12	当其他孩子哭泣的时候,我的孩子会看是怎么回事	情感关注
13	当其他孩子生气的时候,我的孩子会停止自己的游戏并注视	情感关注
14	当其他孩子发生争吵的时候,我的孩子会想知道发生了什么	情感关注
15	当我说明我要安静一会儿时,我的孩子会努力不打扰我	亲社会行为
16	当其他孩子开始哭泣的时候,我的孩子会试图安慰他/她	亲社会行为
17	当其他孩子变得不安的时候,我的孩子会试图使他/她高兴起来	亲社会行为
18	当我表明想自己做些事时(如读书),我的孩子会让我独自待一会儿	亲社会行为
19	当两个孩子吵架的时候,我的孩子会试图阻止他们	亲社会行为
20	当其他孩子感到害怕的时候,我的孩子会试图帮助他/她	亲社会行为

EmQue 为他评量表,根据问卷条目所描述的情况与儿童真实情况的符合程度进行打分:1 表示"从不",2 表示"很少",3 表示"有时",4 表示"经常",5 表示"总是"。

（二）评定注意事项

表格由评定对象的父母填写。在填表前必须让他/她把填表说明、填表方法及问题内容看明白。一般 5～7 分钟可以完成。

应强调评定时间范围是"最近",并将这一时间范围十分明确地告诉填写问卷者。

【测量学指标】

量表原作者对 EmQue 得分的信度进行了检验,情绪感染、情感关注和亲社会行为的 α 系数分别为 0.58、0.71 和 0.80。一项研究应用 EmQue 对北京市某幼儿园的学前期儿童进行测量（颜志强　等,2019）,共选取 3 个学前期儿童样本。其中,样本 1($n_1 = 204$)平均年龄为(64.67 ± 9.44)个月,男孩 110 人,女孩 94 人;样本 2($n_2 = 46$)是样本 1 中儿童在 2 周后的再测样本,年龄为(61.67 ± 7.73)个月,男孩为 20 人,女孩为 26 人,用于进行重测信度分析;样本 3($n_3 = 45$)平均年龄为(59.74 ± 2.99)个月,男孩 22 人,女孩 23 人,用于进行效标效度分析。颜志强等报道的总分内部一致性 α 系数分别为 0.76 和 0.80,样本 1 中 3 个维度的 α 系数分别为 0.67、0.72 和 0.77,样本 2 中 3 个维度的 α 系数分别为 0.79、0.61 和 0.74,间隔 2 周的重测系数为 0.93($n_2 = 46$)。EmQue 的内部一致性系数和重测信度系数均在 0.6 以上,具有良好的内部一致性和跨时间稳定性。

CFA 结果表明模型拟合指数较好($CFI = 0.90$,$TLI = 0.89$,$RMSEA = 0.05$,$SRMR = 0.07$),且性别在 EmQue 各个维度上都不存在显著差异。为考察该量表是否对男孩和女孩都适用,研究者进行了多组验证性因素分析,结果发现男生样本和女生样本的模型拟合结果具有形态等值、弱等值、强等值和严格等值性特点($\Delta CFI = 0.01$),说明 EmQue 问卷在男女性别间等同,其因素结构在不同性别之间具有恒等性。进一步进行独立样本 t 检验的结果显示,该问卷的各个维度均不存在显著的性别差异($t_{情绪感染} = 1.10$,$t_{情感关注} = 0.07$,$t_{亲社会行为} = 0.86$),这和已有的元分析结果相一致。效标效度结果显示,EmQue 的情绪关注、亲社会行为与认知共情任务结果的相关系数分别为 0.38 和 0.44。由共情故事任务所测得的认知共情即儿童对他人情绪的关注,与 EmQue 的情感关注和亲社会行为维度呈显著正相关,这也与前人的研究结果一致。因此,EmQue 能够可靠、有效地测量儿童的共情发展水平。

【结果分析与应用情况】

1. 统计指标和结果分析 EmQue 分析较简单,主要的统计指标是总分,即 20 个单项分的总和及 3 个维度各自的总分。

2. 应用评价 EmQue 具有较好的信效度,可作为测量中国学前期儿童共情的一般工具。

然而,EmQue 仍然存在一定的局限性:① EmQue 受限于研究被试群体,且仅限于父母报告这一种形式,可能对结果有一定影响;② EmQue 相关研究仅探讨了横断面的 EmQue 效度及其测量等值性,未对其纵向测量等值性进行考察;③EmQue 相关研究的验证性因素分析参数指标位于已有研究者推荐的临界值,其结果虽然能接受但仍有待后来者重复和检验。因此,用作儿童共情研究工具时,可考虑从多方面收集数据,或进一步考虑纵向追踪的研究进行分析。

(甘杰仪　王孟成)

参 考 文 献

[1] 颜志强,刘月,裴萌,等.儿童共情问卷的修订及信效度检验.心理技术与应用,2019,7(9):514-522.

[2] Rieffe C,Ketelaar L,Wiefferink CH. Assessing empathy in young children:Construction and validation of an Empathy Questionnaire(EmQue). Personality and Individual Differences, 2010,49(5):362-367.

附:儿童共情问卷(EmQue)

（Rieffe 等编制）

所在班级:＿＿＿＿＿＿

儿童姓名:＿＿＿＿＿＿ 性别:＿＿＿＿＿ 出生日期:＿＿＿＿＿年＿＿月＿＿日

联系电话:＿＿＿＿＿＿＿＿＿＿ 邮箱:＿＿＿＿＿＿＿＿＿＿＿＿＿

指导语:家长你好! 请你根据孩子最近的行为表现对以下题目进行选择,请答完所有题目, 非常感谢你的配合!

题目内容	从不	很少	有时	经常	总是
1. 当其他孩子哭泣的时候,我的孩子也会变得不安(EC)	1	2	3	4	5
2. 当其他孩子受伤的时候,我的孩子也需要安慰(EC)	1	2	3	4	5
3. 当其他孩子摔伤的时候,很快我的孩子也会假装摔伤 (EC)	1	2	3	4	5
4. 当其他孩子变得不安的时候,我的孩子也需要安慰(EC)	1	2	3	4	5
5. 当其他孩子感到害怕的时候,我的孩子也会变得肢体僵 硬或开始哭泣(EC)	1	2	3	4	5
6. 当其他孩子在争辩的时候,我的孩子会变得不安(EC)	1	2	3	4	5
7. 当其他孩子哭泣的时候,我的孩子会转移目光看别处 (EC)	1	2	3	4	5
8. 当我的孩子看见其他孩子笑的时候,他/她也会开始笑 (AOF)	1	2	3	4	5
9. 当大人对其他孩子生气的时候,我的孩子会密切注视 (AOF)	1	2	3	4	5
10. 当别的孩子笑的时候,我的孩子会看是怎么回事 (AOF)	1	2	3	4	5
11. 当大人笑的时候,我的孩子会试着靠近他/她(AOF)	1	2	3	4	5
12. 当其他孩子哭泣的时候,我的孩子会看是怎么回事 (AOF)	1	2	3	4	5
13. 当其他孩子生气的时候,我的孩子会停止自己的游戏 并注视(AOF)	1	2	3	4	5
14. 当其他孩子发生争吵的时候,我的孩子会想知道发生 了什么(AOF)	1	2	3	4	5

（续　表）

题目内容	从不	很少	有时	经常	总是
15. 当我说明我要安静一会儿时,我的孩子会努力不打扰我(PA)	1	2	3	4	5
16. 当其他孩子开始哭泣的时候,我的孩子会试图安慰他/她(PA)	1	2	3	4	5
17. 当其他孩子变得不安的时候,我的孩子会试图使他/她高兴起来(PA)	1	2	3	4	5
18. 当我表明想自己做些事时(如读书),我的孩子会让我独自待一会儿(PA)	1	2	3	4	5
19. 当两个孩子吵架的时候,我的孩子会试图阻止他们(PA)	1	2	3	4	5
20. 当其他孩子感到害怕的时候,我的孩子会试图帮助他/她(PA)	1	2	3	4	5

五、个人优势量表(中文版)(PSI-C)

【概述】

优势是积极心理学中的一个重要概念,是指反映在个体的情感和适应行为等方面的积极特质,识别这些积极特质是促进、认可和增强个人优势发展所需的第一步(张鑫 等,2020)。教育者和心理学家改变了之前过度关注学生缺点的想法,逐渐认识到探索个人优势对儿童和青少年成长的积极作用。通过评估青少年的个人优势,可以帮助他们用更积极的视角看待自己、发掘个人潜力,并能更准确地认识自己,这对青少年的心理健康和未来发展起到了重要作用。

目前国内常使用的评估青少年优势的量表主要有:中国中小学生积极心理品质量表(官群,孟万金,Keller,2009)、中文长处问卷(Chinese virtues questionnaire,CVQ-96;张永红 等,2014)和修订后的优势行动价值问卷(VIA-youth;刘旭 等,2016)。虽然这些量表的信效度良好,能较全面地评估测量个体的优势,但是在实际应用中由于其题目数量较多、答题时间较长、操作过程较为烦琐,易导致青少年的不耐烦情绪,从而影响被试者答题的准确性(张鑫 等,2020)。因此,张鑫等将题目数量较少、信效度良好的个人优势量表引入为中文版,并重新进行修订。

个人优势量表(personal strengths inventory,PSI)由 Liau 等于 2011 年编制,该量表用于评估青少年在适应学习与社会人际优势能力,显示了较好的信效度。该量表包括 5 个维度:情绪觉察(emotional awareness,EA)、情绪调节(emotional regulation,ER)、目标设置(goal setting,GS)、社交能力(social competence,SC)和共情能力(empathy,EM)。其中,EA 是指个体关注和区分一个人各种情感和情绪的能力；ER 是指个体使用自我调节策略来应对痛苦情绪的能力；GS 是指个体为了达到目标进而组织和执行个人行动的能力；SC 是指个体在不同环境中完成社交任务的能力。PSI 中文版（PSI-C）由原量表的 22 个题目改为 21 个题目，并更改了一些题目的所属维度。以下介绍的量表参考张鑫等（2020）修订的 PSI-C。

【内容及实施方法】

(一)项目和评定标准

PSI-C 共 21 个题目，包含 5 个维度：情绪觉察、情绪调节、目标设置、社交能力和共情能力。

该量表测量青少年在情绪觉察（5 项）、情绪调节（3 项）、目标设置（4 项）、社交能力（6 项）和共情能力（3 项）5 个维度上的个人优势水平。量表采用李克特 5 级评分法（1＝从不符合；2＝很少符合；3＝有时符合；4＝经常符合，5＝总是符合），分维度上的得分越高，代表该维度上的个人优势水平越高。见表 7-4。

表 7-4 PSI-C 分量表及项目

维度	项目
情绪觉察（EA）	1/4/7/11/15
情绪调节（ER）	5/12/13
目标设置（GS）	2/6/8/17
社交能力（SC）	3/9/10/14/16/19
共情能力（EM）	18/20/21

(二)评定注意事项

量表由评定对象自行填写。评定对象必须为青少年群体，在填写本量表前应征求评定对象家长的同意，并向评定对象解释研究目的，由其自愿填写。

【测量学指标】

PSI-C 的内部一致性信度为 0.87，情绪觉察、情绪调节、目标设置、社交能力与共情能力 5 个维度的 Cronbach's α 系数分别为 0.72、0.71、0.65、0.73 和 0.74。总量表的重测信度为 0.80，情绪觉察、情绪调节、目标设置、社交能力与共情能力 5 个维度的重测信度分别为 0.69、0.56、0.71、0.66 和 0.58（P 均＜0.01）。

验证性因素分析结果为：$\chi^2＝618.15$（$df＝184，P＜0.01$），CFI＝0.88，TLI＝0.87，RMSEA＝0.06，证明本量表结构良好。Pearson 相关分析显示，量表总分及 5 个维度得分与学习投入各维度得分均呈显著正相关。除了共情能力，量表总分及其他维度均与抑郁呈显著负相关。

【结果分析与应用情况】

1. 统计指标和结果分析　PSI-C 量表分析较为简单，主要的统计指标是各个分维度得分及量表总分。得分越高,表明个体的优势水平越高。分维度的得分意义与此相同。

2. 应用评价

(1)修订后的 PSI-C 具有良好的信效度,该量表可用于评估我国青少年的个人优势水平。教育工作者和心理卫生专业人员也可借助该量表快速评估学生优势情况,挖掘学生的潜力,帮助青少年实现各方面积极发展。

(2)Liau 等于 2012 年在 PSI 的基础上修订了简式版的 PSI-Ⅱ,其目的之一是验证 PSI 维度结构的准确性。结果显示,$\chi^2 = 1480(df = 179, P < 0.01)$,CFI $= 0.94$,TLI $= 0.93$,RMSEA $= 0.04$,SRMR $= 0.035$,证明了 PSI 五维度结构的有效性。

(3)本量表在应用时仍存在一些不足。首先,本量表的适用群体仅限于青少年群体,不适用于儿童、大学生等其他群体,对年龄有较大的限制。目前修订本量表所选取的被试者是来自安徽省的初高中学生,在未来的研究样本选取上应覆盖其他省区并扩大年龄范围,增强样本代表性,从而增加本量表的普适性。其次,不同国家被试者群体对此量表题目的理解具有一定的文化差异性,这就导致一些题目的维度划分可能会有所改变。最后,在提供效度证据时没有考察 PSI-C 与国内已有的优势量表之间的相关性,在未来研究中可综合比较不同的优势量表,为 PSI-C 的效度提供更多的支持。

(魏琬淑 刘 拓)

参 考 文 献

[1] 官群,孟万金,John Keller. 中国中小学生积极心理品质量表编制报告. 中国特殊教育,2009,106(4):70-76.

[2] 刘旭,吕艳红,马秋萍,等. 儿童青少年优秀品质的基本特点与模式. 心理与行为研究,2016,14(2):167-176.

[3] 张鑫,赵必华,郭俊俏,等. 个人优势量表中文版修订及信效度检验. 心理研究,2020,13(2):130-136.

[4] 张永红,段文杰,唐小晴,等. 中文长处问卷在青少年群体中应用的信效度. 中国临床心理学杂志,2014,22(3):470-474.

[5] Liau AK,Chow D,Tan TK,et al. Development and validation of the personal strengths inventory using exploratory and confirmatory factor analyses. Journal of Psychoeducational Assessment,2011,29(1):14-26.

[6] Liau AK,Tan TK,Li D,et al. Factorial invariance of the personal strengths inventory-2 for children and adolescents across school level and gender. European Journal of Psychology of Education,2012,27(4):451-465.

附：个人优势量表（中文版）（PSI-C）

（Liau 等编制）

　　指导语：想一想你自己，以下描述和你的生活实际相符的程度如何？答案没有对错之分，请在最适合的数字上画"○"。

题目内容	从不符合	很少符合	有时符合	经常符合	总是符合
1. 当我生气时，我能意识到	1	2	3	4	5
2. 我设定了目标并计划如何实现这些目标	1	2	3	4	5
3. 无论社会情境如何，我都能够适应	1	2	3	4	5
4. 我能通过身体的反应来察觉我正体验到的情绪	1	2	3	4	5
5. 当我生气时我可以使自己冷静下来	1	2	3	4	5
6. 我对成功抱有很高的期望和标准	1	2	3	4	5
7. 当我的心情改变时，我能辨别出来	1	2	3	4	5
8. 当我失败时，我觉得很容易再尝试一次	1	2	3	4	5
9. 我和其他人相处得很好	1	2	3	4	5
10. 我对我做事情的能力感觉良好	1	2	3	4	5
11. 我知道什么能让我开心	1	2	3	4	5
12. 我能控制自己的愤怒	1	2	3	4	5
13. 我知道如何应对压力	1	2	3	4	5
14. 我很容易交朋友	1	2	3	4	5
15. 我能意识到自己的感受	1	2	3	4	5
16. 我知道如何处理发生的问题	1	2	3	4	5
17. 我能从失败中学习到新的策略	1	2	3	4	5
18. 当我看到有人受到不公平对待时，我对他们感到同情	1	2	3	4	5
19. 我在集体中表现不错	1	2	3	4	5
20. 当人们遇到问题时，我会为他们感到难过	1	2	3	4	5
21. 看到有人在集体中受到忽视，会让我很难过	1	2	3	4	5

六、毅力问卷（简式版）（Grit-S）

【概述】

　　毅力（grit）这一概念最早由美国心理学家 Angela Duckworth 提出，指的是人们对长远目标的热爱与坚持。Duckworth 在 Hough（2002）提出的毅力是一个复合特质构想的基础上，提出了毅力的两因素结构说，她将毅力的成分分为努力和兴趣两个方面,即毅力是由对某一目标的稳定的兴趣及持续的努力构成的。

原版的毅力问卷(grit scale)是由美国心理学家 Angela Duckworth 编制的,共有 27 个条目,但问卷的信效度没有得到严格检验。随后研究人员进行修订、删减,确定了一个包含 12 个条目的符合两因素结构模型的毅力自陈问卷(Grit-O),但问卷的模型拟合度并不理想,且问卷未对两个因素的预测效度进行研究。为此,Duckworth(2009)对 Grit-O 进行了改进,确定了涵盖两个因素(兴趣稳定性和努力持续性)共 8 个条目的简式版毅力问卷(short grit scale,Grit-S)。为了弥补自评问卷常受被试者假性行为影响(如期望效应)的缺点,Duckworth 等设计了他评 Grit-S,该问卷是 Grit-S 的第三人称版。

【内容及实施方法】

(一)项目和评定标准

Grit-S 共包括 8 个条目,分别调查 2 项毅力品质。见表 7-5。

表 7-5　Grit-S 引出症状及分量表项目

分量表	项目
努力持续性(perseverance of effort)	2/4/7/8
兴趣稳定性(consistency of interest)	1/3/5/6

以上为量表所测量的两个维度,符合毅力的两因子模型。

Grit-S 分为自评量表和他评量表两个版本,填写问卷时应以大多数人(不仅仅是被试者熟悉的人)为参照标准进行思考。量表由 8 个条目构成,使用李克特 5 级评分法(1=完全符合,2=比较符合,3=不确定,4=比较不符合,5=完全不符合),所有题目的选项按照上述顺序依次评为 1、2、3、4、5 分,其中第 1、3、5、6 题为反向计分题。

(二)评定注意事项

自评问卷由评定对象自行填写,施测时应注意强调问卷内容的填写应"以大多数人(不仅仅是自己所熟悉的人)为参照标准",并将这一标准十分明确地告诉自评者。他评问卷由评定对象的亲友进行填写。在填写问卷前需要确认填写者能够理解填表说明、填表方法和问卷内容。文盲或半文盲一般不宜作为评定对象。如有特殊需要,可由施测人员读题施测,同时在施测表格中注明,供分析时参考。

【测量学指标】

问卷原作者在 2006 年 10 月至 2007 年 7 月通过在线收集的 1554 名 25 岁以上被试者的数据,对 Grit-S 信度进行检验(Duckworth,Quinn,2009),结果显示问卷总 α 系数为 0.82,兴趣稳定性和努力持续性因子的内部一致性 α 系数分别为 0.77 和 0.70;他评问卷的内部一致性 α 系数分别为 0.84、0.83 和 0.83。总分间隔

1年的重测系数为0.68。毅力问卷他评版得分与自评版得分存在中等程度的正相关($r=0.45\sim0.47$, $P<0.001$)，表明毅力在主观和他人评估上具有一致性，是真实可靠的。在对中国广东39家保险公司招聘的2363名保险代理员工的施测中，得出各维度的α系数总分分别为0.85、0.7、0.75(Zhong et al.,2018)。Grit-S量表结构效度良好($\chi^2=188.52$, $P<0.001$, RMSEA=0.98, RMSEA90%CI=$0.066\sim0.086$, CFI=0.96)，其模型拟合指数优于Grit-O，其与Grit-O的相关系数为0.96(Duckworth,Quinn,2009)。

【结果分析与应用情况】

1. 统计指标和结果分析　Grit-S分析较简单，主要的统计指标是量表的总分和2个分维度的得分。量表总分越高，表明被试者的毅力水平越高，分维度的得分意义与此相同。

2. 应用评价

(1)Grit-S简单实用，可作为直接评估毅力水平的测量工具。在对2363名中国保险从业人员的调查中发现，毅力分数与包括心理健康和工作表现在内的外部变量显著相关，从而说明Grit-S可以作为评估中国员工毅力品质的一个有价值的工具。

(2)一项应用Grit-S对美国2005年全国拼字比赛的决赛选手进行的追踪调查研究发现，毅力在预测选手是否进入下一轮比赛上比其他变量更有优势，毅力得分高的选手周末学习时间也更长，之前比赛的成绩也更好（Duckworth,Quinn,2009）。此外，有研究显示，在参加美国陆军特种部队课程的677名学员中，有毅力的人更可能坚持完成整个课程，在控制了体能和智力因素后，毅力可以有效预测参加该选拔学员的通过与否。在职业领域中，前人收集了714名销售代表的毅力水平(Grit-S)，研究结果表明有毅力的销售代表更可能长期坚持在他们的工作岗位，但需要注意的是，毅力的预测效应只有在控制了大五人格责任心分量表得分和人口学变量后才显著(Eskreis-Winkler,et al.,2014)。

(3)Grit-S的引入为国内相关研究提供了评估毅力水平的测量工具，从而可以探究毅力水平与其他因素之间的关系，尤其是在成就的预测方面具有很重要的作用；同时，也可以探求培养毅力的方法，干预和指导被试者在某一领域取得更好的成绩。

（段优优　刘　拓）

参 考 文 献

[1] Zhong C,Wang MC,Shou Y,et al. Assessing construct validity of the Grit-S in Chinese employees. PloS one,2018,13(12):e0209319.

[2] Duckworth AL,Peterson C,Matthews MD,et al. Grit:Perseverance and passion for long-term goals. Journal of Personality and Social Psychology,2007,92(6):1087-1101.

[3] Hough LM,Ones DS. The structure,measurement,validity,and use of personality variables

in industrial, work, and organizational psychology. handbook of industrial, work and organizational psychology, 2001, 1:233-277.

[4] Duckworth AL, Quinn PD. Development and validation of the Short Grit Scale (Grit-S). Journal of Personality and Social Psychology, 2009, 91(2):166-174.

[5] Duckworth AL, Quinn PD. Positive predictors of teacher effectiveness. Journal of Positive Psychology, 2009, 19:540-547.

[6] Duckworth AL, Kirby TA, Tsukayama E, et al. Deliberate practice spells success why grittier competitors triumph at the national spelling bee. Social Psychological and Personality Science, 2011, 2(2):174-181.

[7] Eskreis-Winkler L, Duckworth AL, Shulman E, et al. The grit effect:Predicting retention in the military, the workplace, school and marriage. Frontiers in Personality Science and Individual Differences, 2014, 36:1-12.

附:毅力问卷(简式版)(Grit-S)

（Duckworth 和 Quinn 编制）

指导语:请你依照以下题目符合自己想法的程度,在符合你实际情况的数字上画"○"。

序号	题目内容	完全不符合	比较符合	不确定	比较不符合	完全不符合
*1	新的计划和想法有时候会让我无法专心于现有的计划	1	2	3	4	5
2	挫折不会使我气馁	1	2	3	4	5
*3	当我着迷于某个计划一阵子后,就会失去兴趣	1	2	3	4	5
4	我是个努力工作的人	1	2	3	4	5
*5	我时常立下一个目标,但一阵子过后又改追求别的目标	1	2	3	4	5
*6	我很难把我的注意力集中在需要好几个月才能完成的计划上	1	2	3	4	5
7	无论什么事情,我开了头就要完成它	1	2	3	4	5
8	我很勤劳(我不轻言放弃)	1	2	3	4	5

注:*为反向计分题。

七、大学生坚韧人格评定量表(CSFPAS)

【概述】

坚韧人格被认为是集认知、行为、情感为一体的一种积极向上的人格特质,具有该特质的个体,经常能够看到事物积极的方面,保持一种积极投入、乐观进取、坚毅不拔的认知和情感状态,面对艰苦或不利的情况,表现出较强的预见和控制能力,将困难看成是一种挑战,是促使个人成长的机会。大量研究证明,坚韧人格是一种可以阻抗应激的积极人格资源。

自1979年以Kobasa为代表的研究者提出坚韧人格概念以来,坚韧人格研究工具不断得到发展,国外研究者已利用这些工具进行了大量的实证研究。为了在国内开展坚韧人格实证研究,卢国华和梁宝勇于2008年编制了大学生坚韧人格评定量表(college student fortitude personality assessment scale,CSFPAS),该量表的编制以国外坚韧人格理论为基础,结合中国人对坚韧的理解,最终确立了中国人坚韧人格的结构,它包含4个维度,即韧性、投入、控制和挑战。

【内容及实施方法】

本量表是一个自评量表,包括韧性、投入、控制和挑战4个维度,共27个条目。采用4级评分方法,即"完全符合"记4分,"符合"记3分,"有点符合"记2分,"完全不符合"记1分。

【测量学指标】

正式样本为山东某大学本科生400名,其中文理科、男女性别和年级构成比大致相当。各条目因子载荷均在0.40以上。

控制、投入、挑战和韧性4个分量表的内部一致性(α系数)分别为0.785、0.747、0.784和0.802,全量表为0.91。对86例样本间隔2周后进行重测,控制、投入、挑战、韧性和全量表的重测信度分别为0.91、0.89、0.92、0.91、0.92(P均<0.01)。

结构效度方面,选取初测样本($n=262$)采用主成分分析方法对数据进行探索性因素分析,并以最大变异法转轴。结果显示,删除因子载荷小于0.4及与其他题目相关较高的项目,保留特征值均大于1的4个因子,量表保留了27个项目,共解释了总变异率的46.45%。运用Lisrel 8.70对正式实施测样本($n=400$)进行验证性因素分析,RMSEA为0.059,NFI、NNFI和CFI都在0.9以上,进一步说明该四因子模型的稳定性。编制者对400名大学生同时施测王登峰的中国大学生人格量表(CCSPS)中坚韧分量表和卡特尔16种个性因素问卷(16PF)中有恒性、稳定性和敢为性3个分量表,结果显示,除了坚韧人格的投入维度与16PF的稳定性和敢为性相关不显著以外,其余各维度分、总分与CCSPS坚韧分量表和16PF的有恒性、稳定性、敢为性得分均呈显著正相关($P<0.05$)。另外,研究发现坚韧人格各因子分、总分与SCL-90的总分呈显著负相关($P<0.05$)。

【结果分析与应用情况】

韧性维度由1、5、12、13、19、23共6个项目组成,主要反映个体在追求目标时坚定执着,在困难面前乐观进取、坚忍不拔的特点。

控制维度由8、14、15、20、21、22、26、27共8个项目构成,主要反映个体主动把控和影响所经历事件的特点。

投入维度由 6、7、9、11、16、17 共 6 个项目组成,主要反映个体投入或专注于其所参与活动的特点。

挑战维度由 2、3、4、10、18、24、25 共 7 个项目组成,主要反映个体能否将变化看成是一种挑战,并从中汲取成长力量的特点。

所有 27 个条目得分之和即为该量表的总分,反映了被试者人格坚韧性程度。由于该量表刚完成编制工作,实际应用效果尚有待进一步研究。

(卢国华 梁宝勇)

参 考 文 献

[1] 王登峰.《中国大学生人格量表》的编制. 心理与行为研究,2005,3(2):88-94.

[2] 卢国华,梁宝勇. 坚韧人格量表的编制. 心理与行为研究. 2008,6(2):103-106.

[3] 卢国华,梁宝勇. 大学生坚韧人格、心理应激与心理症状的关系. 中国行为医学科学,2008,17(8):737-739.

[4] Maddi SR,Richard H. The personality construct of hardiness,III:Relationships with repression,innovativeness,authoritarianism,and performance. Journal of Personality,2006,74(2):575-597.

附:大学生坚韧人格评定量表(CSFPAS)

(卢国华、梁宝勇编制)

指导语:你好!下面是一些描述人们兴趣和态度的句子,请仔细阅读,然后根据每个句子的内容与你自己的实际情况相符合的程度,在相应数字上画"√"。答案无对错之分,请根据你的真实情况填写,我们承诺对你的资料严格保密。请你在答题之前先填写以下资料:

①姓名:_____ ②学院:_____ ③年级:_____ ④性别:男□ 女□

题目内容	完全不符合	有点符合	符合	完全符合
1. 打破常规会激发我去学习	1	2	3	4
2. 当有人对我发火时,我会设法使其镇静下来	1	2	3	4
3. 对工作我总会投入极大热情	1	2	3	4
4. 对于决定要做的事,我不怕任何困难	1	2	3	4
5. 工作和学习会带给我乐趣	1	2	3	4
6. 即使很简单的事情我也会做得很投入	1	2	3	4
7. 即使在不顺利的情况下,我仍能保持精神振奋	1	2	3	4
8. 忙碌的生活节奏使我感到充实	1	2	3	4

(续　表)

题目内容	完全不符合	有点符合	符合	完全符合
9. 每当出现问题时,我会尽力找到其根源	1	2	3	4
10. 面对不利的处境,我会设法扭转局面	1	2	3	4
11. 面对来自他人的批评,我会保持冷静	1	2	3	4
12. 能够积极努力地做事情确实令我兴奋	1	2	3	4
13. 如果目标已确定,即使遇到障碍我也不会轻言放弃	1	2	3	4
14. 生活工作中的变化常常令我感到振奋	1	2	3	4
15. 我不会轻易放弃自己的理想和追求	1	2	3	4
16. 我常常把生活中遇到的困难看成是一种挑战而不是威胁	1	2	3	4
17. 我更喜欢担负重要的工作	1	2	3	4
18. 我几乎每天都期待着投入工作/学习	1	2	3	4
19. 我宁愿做那些富有挑战性和变化的工作	1	2	3	4
20. 我喜欢尝试新鲜刺激的事物	1	2	3	4
21. 我愿意放弃安定的生活以获得面对重大挑战的机会	1	2	3	4
22. 我总能通过自己的努力实现目标	1	2	3	4
23. 无论遇到多么复杂的问题,我总能很快理清思路	1	2	3	4
24. 遇到困难时,我总会想方设法寻找解决的办法	1	2	3	4
25. 在我生命中,迎接新情景是一项重要的事	1	2	3	4
26. 只要努力,任何困难都可以克服	1	2	3	4
27. 只要有意义,再艰难的事情我也能坚持做下去	1	2	3	4

八、情绪调节自我效能感量表(SRESE)

【概述】

情绪调节自我效能感量表(scale of regulatory emotional self-efficacy,SRESE)最初由心理学家 Caprara 于 2008 年编制,量表为二阶三因子模型:表达积极情绪自我效能感、管理消极情绪自我效能感(管理生气/愤怒情绪自我效能感、管理沮丧/痛苦情绪自我效能感),共有 12 个条目。2013 年王玉洁等将 SRESE 进行翻译和修订,并认为情绪调节自我效能感不仅体现在快乐、愤怒、痛苦等基本情绪上,还应该包括自豪、内疚等自我意识情绪,因此在原量表基础上增加了两个分量表(表达自豪情绪自我效能感、管理内疚/羞耻情绪自我效能感),最终形成了二阶五因子模型。修订后的情绪调节自我效能感量表共 17 个条目,主要测查个体对能否有效调节自身情绪状态的一种自信程度,包括两大类:表达积极情绪自我效能感(perceived self-efficacy in expressing positive affect,POS)和管理消极情绪自我效能感(perceived self-efficacy in managing negative affect，NEG)。后者是指在逆境或挫折中能够调节消极情绪(包括生气、愤怒、失望、泄气等)的能力感;前者是指个体有能力体验或表达积极情绪,如高兴、热情和自豪等,能够对成功或快乐的事情做出相应的反应。

【内容及实施方法】

(一)项目和评定标准

SRESE 共包括 2 个高阶因子和 5 个因素:表达积极情绪自我效能感(表达快乐/兴奋情绪自我效能感、表达自豪情绪自我效能感)和管理消极情绪自我效能感(管理生气/愤怒情绪自我效能感、管理沮丧/痛苦情绪自我效能感和管理内疚/羞耻情绪自我效能感),共 17 个条目。见表 7-6。

表 7-6　SRESE 项目及其因子

序号	一级因子	二级因子	量表中项目原文
1		表达快乐/兴奋情绪自我效能感(HAP)	令人高兴的事情发生时,我会表达自己的愉悦之情
2			参加聚会时我会尽情表达自己的快乐
3	表达积极情绪自我效能感		面对感兴趣的人或物时,我会积极表达自己的兴奋之情
4		表达自豪情绪自我效能感(GLO)	当运动员为国争光时,我会感到非常荣耀
5			预期目标实现时,我会对自己感到满意
6			我会为自己的成功雀跃
7		管理生气/愤怒情绪自我效能感(ANG)	受到父母或其他重要人物斥责时,我能够控制自己的消极情绪
8			当别人故意找我麻烦时,我能够避免恼火
9			碰到败兴的事情后,我能够很快摆脱恼怒的情绪
10			当我生气时,我能避免勃然大怒
11	管理消极情绪自我效能感	管理沮丧/痛苦情绪自我效能感(DES)	孤独时我能够让自己远离沮丧
12			面对尖锐的批评时,我能够不气馁
13			未获应得的赞赏时,我能够减轻心中的失落感
14			面对困难时,我能够不气馁
15		管理内疚/羞耻情绪自我效能感(COM)	感到内疚时,我能够让自己不受其影响
16			因能力不足未能实现目标,我能尽量避免消极体验
17			感到羞耻时,我能够积极地自我调节

SRESE为自评量表,评定对象需要根据题目中所描述的情况与自身实际情况的符合程度进行打分,量表采用李克特5级评分法(1="非常不符合",2="不符合",3="一般",4="有点符合",5="非常符合")。

(二)评定注意事项

本量表为自评量表,需要由评定对象自行完成。在施测前,施测人员需要宣读指导语,使评定对象理解量表的填写方法。评定对象应具有一定的识字水平,且能准确理解量表题目内容。如有特殊需要,可由施测人员将题目内容读给评定对象听,并在施测后备注清楚,供分析时参考。

【测量学指标】

王玉洁等(2013)在中学生群体中报道的总量表的内部一致性信度为0.864,分半信度为0.740;HAP、GLO、ANG、DES和COM 5个分量表的内部一致性信度依次为0.772、0.762、0.653、0.769和0.669。此外,情绪调节自我效能感与自尊($r=0.494,P<0.001$)和一般自我效能感($r=0.585,P<0.001$)呈非常显著的正相关。以上结果表明修订后的SRESE具有良好的信度和效度水平。

【结果分析与应用情况】

1. 统计指标和结果分析　SRESE的计分较简单,主要统计指标是总分,即17个单项分的总和。得分越高,表明情绪调节的自信程度越高。

2. 应用评价　SRESE简单实用,可作为测量个体表达积极情绪和管理消极情绪的自信程度的工具。窦凯等(2013)再次在广州青少年群体中验证量表的信效度,结果表明量表二阶五因子模型结构稳定,信度良好。后续,王玉洁等(2020)、彭福燕等(2019)、曹杏田等(2018)研究人员在中国其他省市的青少年人群中也验证了量表具有良好的信度($\alpha=0.83\sim0.90$)。因此,SRESE是一款具有良好信效度、符合心理测量学指标、可在中国青少年人群中使用的有效测量工具。

（窦　凯）

参　考　文　献

[1] 王玉洁,窦凯,刘毅.青少年情绪调节自我效能感量表的修订.广州大学学报(社会科学版),2013,12(1):41-46.

[2] 窦凯,聂衍刚,王玉洁,等.青少年情绪调节自我效能感与主观幸福感:情绪调节方式的中介作用.心理科学,2013,36(1):139-144.

[3] 窦凯,聂衍刚,王玉洁,等.青少年情绪调节自我效能感与心理健康的关系.中国学校卫生,2012,33(10):1195-1200.

[4] 王玉洁,窦凯,聂衍刚.同伴疏离与青少年社交焦虑:情绪调节效能感的中介效应.教育导刊,2020,(7):39-43.

[5] 彭福燕,赵智昕,李旻臻,等.有恋爱经历大学生亲密关系暴力行为与情绪调节自我效能感的相关性.中国学校卫生,2019,40(11):1657-1661.

[6] 曹杏田,张丽华.青少年情绪调节自我效能感和自我控制在自尊与攻击性的关系中的链式中介作用.中国心理卫生杂志,2018,32(7):574-579.

[7] Caprara GV,Di Giunta L,Eisenberg N,et al. Assessing regulatory emotional self-efficacy in three countries. Psychological assessment,2008,20:227-237.

附:情绪调节自我效能感量表(SRESE)

（Caprara 等编制）

指导语:以下是 17 种表述,请根据其与自己符合的程度,在相应的方格中画"√"。其中,1="非常不符合";2="不符合";3="一般";4="有点符合";5="非常符合"。

	1	2	3	4	5
1. 令人高兴的事情发生时,我会表达自己的愉悦之情	□	□	□	□	□
2. 参加聚会时我会尽情表达自己的快乐	□	□	□	□	□
3. 面对感兴趣的人或物时,我会积极表达自己的兴奋之情	□	□	□	□	□
4. 当运动员为国争光时,我会感到非常荣耀	□	□	□	□	□
5. 预期目标实现时,我会对自己感到满意	□	□	□	□	□
6. 我会为自己的成功雀跃	□	□	□	□	□
7. 受到父母或其他重要人物斥责时,我能够控制自己的消极情绪	□	□	□	□	□
8. 当别人故意找我麻烦时,我能够避免恼火	□	□	□	□	□
9. 碰到败兴的事情后,我能够很快摆脱恼怒的情绪	□	□	□	□	□
10. 当我生气时,我能避免勃然大怒	□	□	□	□	□
11. 孤独时我能够让自己远离沮丧	□	□	□	□	□
12. 面对尖锐的批评时,我能够不气馁	□	□	□	□	□
13. 未获应得的赞赏时,我能够减轻心中的失落感	□	□	□	□	□
14. 面对困难时,我能够不气馁	□	□	□	□	□
15. 感到内疚时,我能够让自己不受其影响	□	□	□	□	□
16. 因能力不足未能实现目标,我能尽量避免消极体验	□	□	□	□	□
17. 感到羞耻时,我能够积极地自我调节	□	□	□	□	□

九、活动中的享乐和实现动机量表(修订版)(HEMA-R)

【概述】

活动中的享乐和实现动机量表(hedonic and eudaimonic motives for activities,HEMA)由加拿大渥太华大学心理学院的 Huta 于 2010 年编制,共有 9 个项目,用于探究个体在追求幸福过程中的动机作用。2016年的修订版(HEMA-R)中加入了1个新项目,变为10个项目,进一步完善了该量表,可更全面地探究个体在追求幸福感中的动机。以下介绍的量表参考孔风(2021)的中译本。

【内容及实施方法】

(一)项目和评定标准

HEMA-R共包括10个项目,分别调查2种动机,具体见表7-7。

表7-7 HEMA-R项目

序号	量表中项目原文
1	寻求放松
2	寻求发展技能,学习或深入了解事物
3	寻求做你相信的事
4	寻求快乐
5	追求卓越或个人理想
6	寻求享受
7	寻求轻松
8	寻求发挥自己最好的水平
9	寻求乐趣
10	寻求为他人或周围世界做贡献

HEMA-R为自评量表,按评定对象对自己在活动过程中的意图进行评定,采用7级点评分法,即1代表根本没有,7代表经常(变化趋势为从无到有,程度由弱到强)。本量表无反向计分题,包括2个维度,即享乐动机和实现动机。其中,第1、4、6、7、9题为享乐动机维度,第2、3、5、8、10题为实现动机维度。

(二)评定注意事项

表格由评定对象自行填写。在填表前必须让评定对象把填表说明、填表方法及问题内容看明白。文盲或半文盲一般不宜作为评定对象。如有特殊需要,可由施测人员念给其听,然后在表格中注明,供分析时参考。一般3~5分钟可以完成。

评定时应强调根据自己参加活动时的切身感受和意图如实填写。

【测量学指标】

量表原作者对HEMA-R的信度进行了检验,结果显示2个维度的α系数分别是0.82和0.85。该量表在不同语言版本中均具有良好的信效度,孔风等(2021)在中国大学生群体中报道的Cronbach's α系数分别为0.903、0.901;Omega系数分别为0.905、0.902。

【结果分析与应用情况】

1. 统计指标和结果分析　HEMA-R分析较简单,主要的统计指标是2个维度的总分,即实现动机和享乐动机的分数。维度分越高,代表个体在活动过程中更倾向于该动机的驱使。

2. 应用评价

(1)HEMA-R用法简单,可以初步探究个体追求幸福感中的动机机制。

(2)已有研究指出,不同的动机对幸福感的影响存在差异。实现动机与社会幸福感($r=0.422$)和实现论幸福感($r=0.482$)的相关系数显著高于享乐动机($r=0.249,r=0.250$)。

(3)幸福动机可能与个体的成瘾行为存在一定的关系,且不同的动机与成瘾行为之间的关系并不一致。如享乐动机与智能手机成瘾存在显著的正相关($r=0.148$),而实现动机与智能手机成瘾存在显著的负相关($r=-0.164$),也就是说享乐动机高的个体可能更容易陷入成瘾行为当中,从而给自己带来更愉悦和积极的情绪。

(孔 风)

参 考 文 献

[1] Huta V,Ryan RM. Pursuing Pleasure or Virtue:The Differential and Overlapping Well-Being Benefits of Hedonic and Eudaimonic Motives. Journal of Happiness Study,2010,11:735-762.

[2] Li W,Zhang L,Jia N,et al. Validation of the Hedonic and Eudaimonic Motives for Activities-Revised Scale in Chinese Adults. International Journal of Environmental Research and Public Health,2021,18:3959.

附:活动中的享乐和实现动机量表(修订版)(HEMA-R)

(Huta 和 Ryan 编制)

指导语:你好! 不管你是否真正达成了目标,请评价你通常在多大程度上会使用以下每种意图参与你的活动,并在题后恰当的数字上画"√"。其中,1 代表根本没有,7 代表经常(变化趋势由无到有,程度由弱到强)。

题目内容	根本没有	大部分没有	比较没有	基本有	比较有	大部分有	经常
1. 寻求放松	1	2	3	4	5	6	7
2. 寻求发展技能,学习或深入了解事物	1	2	3	4	5	6	7
3. 寻求做你相信的事	1	2	3	4	5	6	7

（续　表）

题目内容	根本没有	大部分没有	比较没有	基本有	比较有	大部分有	经常
4. 寻求快乐	1	2	3	4	5	6	7
5. 追求卓越或个人理想	1	2	3	4	5	6	7
6. 寻求享受	1	2	3	4	5	6	7
7. 寻求轻松	1	2	3	4	5	6	7
8. 寻求发挥自己最好的水平	1	2	3	4	5	6	7
9. 寻求乐趣	1	2	3	4	5	6	7
10. 寻求为他人或周围世界做贡献	1	2	3	4	5	6	7

十、考陶尔德情绪控制量表（CECS）

【概述】

考陶尔德情绪控制量表（courtauld emotional control scale，CECS）由伦敦国王学院医学院的 Watson 和 Greer 于 1983 年编制，用于评估临床患者自我报告对负性情绪进行有意识控制的程度。现今在临床人群和正常人群中都得到了广泛应用，是测量个体情绪抑制倾向的经典工具。以下介绍的量表参考李玲艳（2013）的中译本。

【内容及实施方法】

（一）项目和评定标准

CECS 共包括 21 个题目，分别调查个体在经历愤怒、焦虑和抑郁 3 种负性情绪时进行情绪控制的程度。CECS 为自评量表，按个体日常对某些感受和情绪的行为反应频度评定：1＝几乎从不，2＝偶尔，3＝大多时候，4＝几乎总是。标有"＊"的第 4、12、15、18 和 19 题为反向计分题，即评分顺序为 4、3、2、1 分。如第 4 题："我说出自己的感受"，自评为"几乎从不这样反应"，应记"4"分。

（二）评定注意事项

评定对象需要具有一定的文字理解能力。评定前告知评定对象应把填表说明、填表方法及问题内容看明白后再自行填表。一般 5 分钟左右可以完成。

评定时应注意以下内容。

（1）评定时间范围一般没有特别限定，告知评定对象按照日常一贯的反应进行填写。

（2）评定的情境需要进行区分：要让评定对象理解，相应的题目评定的是在特定情境下的反应。

【测量学指标】

量表原作者对 CECS 的信度进行了检验,结果显示 3 个分量表的 α 系数分别为 0.86(愤怒抑制)、0.88(焦虑抑制)、0.88(抑郁抑制);间隔 3～4 周全量表的重测信度为 0.95,3 个分量表的重测信度分别为 0.86(愤怒抑制)、0.84(焦虑抑制)、0.89(抑郁抑制)。Ho 等(2004)在中国香港乳腺癌群体中报道的全量表的 α 系数为 0.92,3 个分量表的 α 系数分别为 0.74(愤怒抑制)、0.80(焦虑抑制)、0.84(抑郁抑制)。李玲艳等(2013)在中国大陆乳腺癌群体中报道的全量表的 α 系数为 0.96,3 个分量表的 α 系数分别为 0.89(愤怒抑制),0.91(焦虑抑制),0.92(抑郁抑制);间隔 3 周总分的重测信度为 0.82。CECS 得分与 C 型行为特征量表情绪控制分量表评分的相关系数为 0.57。

【结果分析与应用情况】

1. 统计指标和结果分析　CECS 可以使用总分,即 21 个单项分的总和,也可以使用分量表分,即相应的分维度下 7 个条目得分之和。总分越高,说明被试者情绪抑制的倾向越明显;在某个分量表上得分越高,说明该个体在面临这种负性情绪时越倾向于对其进行抑制。

2. 应用评价　CECS 使用简单,可作为个体对负性情绪不良行为反应的辅助测量工具。针对 434 例乳腺癌患者与 511 名健康女性的两组评定结果显示,乳腺癌患者在总量表及各分量表上均有更高的得分,表明 CECS 具有良好的实证效度。在控制受试年龄、受教育年限对 CECS 量表得分的影响后,农村地区患者在 CECS 总分与各分量表上的得分均高于城市患者,表明农村地区患者由于其生活在相对比较保守的环境中,可能受中国传统文化的影响更大,对情绪含蓄而不表达,揭示了 CECS 具有一定的区分效度。使用 CECS 与 C 型行为特征量表对 378 例乳腺癌患者同时进行评定,CECS 得分与 C 型行为特征量表的愤怒内向、愤怒外向及情绪控制 3 个分量表的得分显著相关。

(李玲艳)

参 考 文 献

[1] 李玲艳,朱熊兆,陈干农,等.考陶尔德情绪控制量表中文版的信度、效度分析.中国临床心理学杂志,2013,21(2):206-208.

[2] Watson M,Greer S. Development of a questionnaire measure of emotional control. Journal of Psychosomatic Research,1983,27(4):299-305.

[3] Ho TH,Chan LW,Ho MY. Emotional control in Chinese female cancer survivors. Psycho-oncology,2004,13:808-817.

附：考陶尔德情绪控制量表（CECS）

（Watson 和 Greer 编制）

指导语：下面列举了一些人们对某些感受和情绪的反应。请阅读每一个句子，找出最符合你一般反应的情况，并在相应的数字上画"○"。其中，1 表示"几乎从不"，2 表示"偶尔"，3 表示"大多时候"，4 表示"几乎总是"。

题目内容	几乎从不	偶尔	大多时候	几乎总是
当我感到愤怒或非常烦恼时				
1. 我保持沉默	1	2	3	4
2. 我拒绝争吵或说任何话	1	2	3	4
3. 我把它压在心里	1	2	3	4
*4. 我说出自己的感受	1	2	3	4
5. 我避免发脾气	1	2	3	4
6. 我压制自己的感受	1	2	3	4
7. 我隐藏自己的恼怒	1	2	3	4
当我感到不快乐、难过或忧伤时				
8. 我拒绝说任何与之有关的话	1	2	3	4
9. 我隐藏自己的不快乐	1	2	3	4
10. 我装作满不在乎	1	2	3	4
11. 我保持沉默	1	2	3	4
*12. 我让其他人知道我的感受	1	2	3	4
13. 我压制自己的感受	1	2	3	4
14. 我把它压在心里	1	2	3	4
当我感到害怕、担心或忧虑时				
*15. 我让其他人知道我的感受	1	2	3	4
16. 我保持沉默	1	2	3	4
17. 我拒绝说任何与之有关的话	1	2	3	4
*18. 我告诉别人与之有关的一切	1	2	3	4
*19. 我说出自己的感受	1	2	3	4
20. 我把它压在心里	1	2	3	4
21. 我压制自己的感受	1	2	3	4

注：* 为反向计分题。

十一、Piers-Harris 儿童自我意识量表(PHCSS)

【概述】

自我意识(self-concept)又称自我概念,是指个体对自己行为、能力或价值观的感觉、态度和评价,也反映了对自己在环境和社会中所处的地位的认识。儿童从婴儿期起自我意识就开始萌芽,至青春期渐趋成熟,良好的自我意识是个体实现社会化、完善人格特征的重要保证。如果在发育过程中受内外因素的影响,使儿童的自我意识出现不良倾向,则会对儿童的行为、学习、人际关系和社会能力造成不良影响,甚至影响儿童健全人格的发展。

Piers-Harris 儿童自我意识量表(Piers-harris children's self-concept scale,PHCSS)是由美国心理学家 Piers 及 Harris 于 1969 年编制、1974 年修订的儿童自评量表,主要用于评价儿童自我意识状况。PHCSS 可用于临床问题儿童的自我评价及科研,也可作为筛查工具用于调查。该量表在国外应用较为广泛,信度与效度较好。苏林雁等于 1994 年在湖南省取样制定了湖南常模,在此收集应用经验的基础上,又与全国 20 个单位协作共采样 1370 例,于 2002 年制定了全国城市儿童常模。

【内容及实施方法】

PHCSS 是一个自评量表,适用于 8~16 岁的儿童和青少年。PHCSS 包括行为、智力与学校情况、躯体外貌、焦虑、合群、幸福与满足 6 个分量表,并计算总分。量表共有 80 个是否选择型测试题,各条目的标准答案如下(计 1 分)。

1. 否	11. 否	21. 是	31. 否	41. 是	51. 是	61. 否	71. 否
2. 是	12. 是	22. 否	32. 否	42. 是	52. 是	62. 否	72. 是
3. 否	13. 否	23. 是	33. 是	43. 否	53. 否	63. 是	73. 否
4. 否	14. 否	24. 否	34. 否	44. 否	54. 否	64. 否	74. 否
5. 是	15. 是	25. 否	35. 是	45. 否	55. 否	65. 否	75. 否
6. 否	16. 是	26. 否	36. 否	46. 是	56. 否	66. 否	76. 是
7. 否	17. 否	27. 否	37. 否	47. 否	57. 是	67. 否	77. 否
8. 否	18. 否	28. 否	38. 否	48. 是	58. 否	68. 否	78. 否
9. 是	19. 是	29. 否	39. 否	49. 是	59. 否	69. 否	79. 否
10. 否	20. 否	30. 是	40. 否	50. 否	60. 是	70. 是	80. 是

【测量学指标】

1. 样本情况 样本取自全国 20 个大中城市,包括北京、上海、天津 3 个直辖市,以及东北(吉林、辽宁),华中(河南、山西、陕西),西北(甘肃、新疆),中南(湖北、湖南、江西、广东),西南(四川),华南(浙江、山东、福建)6 个行政区,并收集了 46 例少数民族(维吾尔族)样本。在每市抽取小学三年级至初中三年级学生,每个年

级 10 名(男生 5 名,女生 5 名),共 1400 例,实际获得有效样本 1260 例。其中男生
675 名,女生 585 名,年龄 8~17 岁,平均 11.87±2.37 岁,组成全国常模。

2. 信度

(1)因子内部一致性。各分量表的内部一致性(Cronbach's α 系数)分别为:行
为 0.661、智力与学校情况 0.684、躯体外貌 0.699、焦虑 0.618、合群 0.467、幸福与
满足 0.468;全量表为 0.858。

(2)重测信度。间隔半个月、3 个月的重测信度见表 7-8。

表 7-8　PHCSS 重测信度(r)

时间	行为	智力与学校情况	躯体外貌	焦虑	合群	幸福与满足	总分
间隔半个月	0.930	0.809	0.597	0.885	0.926	0.719	0.936
间隔 3 个月	0.649	0.432	0.649	0.623	0.478	0.456	0.695

注:P 均<0.01。

(3)项目与总分的一致性。76 个项目与总分的相关系数 $r=0.078\sim0.467$($P<$
0.01),第 18 项与总分的相关系数 $r=0.059$($P<0.05$)。第 31 项(在学校我是一个幻
想家)、第 39 项(我喜欢按自己的方式做事)、第 43 项(我希望自己与众不同)与总分
不相关($r=0.022\sim0.031$,$P>0.05$)。这 3 个项目与儿童自我意识缺乏相关性可能
与文化赞许性有关。我国传统文化强调服从多于强调独立,父母在教育子女时,不鼓
励自行其是、与众不同,也不鼓励幻想,这可能正是相关性不高的原因。

3. 效度

(1)对问题儿童的鉴别作用。将常模样本与行为障碍组(包括儿童多动症、品
行障碍)99 例及情绪障碍组 37 例的各分量表及总分进行方差分析,结果见表 7-9。
常模组各分量表及总分均高于两问题组,行为障碍组行为分量表得分低于情绪障
碍组,情绪障碍组焦虑、合群、幸福与满足得分低于行为障碍组。智力与学校情况、
躯体外貌及总分两异常组之间差异无显著性。量表的总分及分量表对儿童行为及
情绪问题有鉴别作用。

(2)平行效度。PHCSS 与 Conners 父母问卷(PSQ)的相关分析发现,PHCSS
与 PSQ 的各分量表及总分呈负相关($r=0.051\sim0.378$,$P<0.001\sim0.01$),其中
PHCSS 行为分量表与 PSQ 的品行问题、学习问题、焦虑、多动指数,以及 PHCSS
总分与 PSQ 的学习问题、多动指数、总分的相关系数约大于 0.3。PHCSS 与 Con-
ners 教师量表(TRS)的相关分析发现,PHCSS 与 TRS 的各分量表及总分呈负相
关($r=0.090\sim0.353$,$P<0.001\sim0.01$),其中 PHCSS 行为分量表与 TRS 的多
动、注意缺陷-被动、多动指数及总分的相关系数大于 0.3,说明父母、教师对儿童行
为的观察与儿童自己的评价是一致的。

表 7-9 常模组与行为障碍组和情绪障碍组的 PHCSS 得分比较

分量表	常模组 (n=1698)	行为障碍组 (n=99)	情绪障碍组 (n=37)	F	组间比较
	M±SD	M±SD	M±SD		
行为	12.41±2.55	9.01±3.30	10.40±3.17	87.477***	1>3>2
智力与学校情况	10.89±3.18	8.37±3.05	8.81±3.90	35.751***	1>2,3
躯体外貌	7.98±2.85	6.66±2.84	6.22±3.46	16.095***	1>2,3
焦虑	9.31±2.54	8.06±3.36	6.35±3.13	33.063***	1>2>3
合群	8.79±1.93	7.35±2.70	6.46±2.78	47.034***	1>2>3
幸福与满足	7.60±1.62	6.64±2.33	5.62±1.98	39.150***	1>2>3
总分	56.44±9.82	46.10±11.97	42.67±15.27	78.721***	1>2,3

注:1=常模组,2=行为障碍组,3=情绪障碍组;*** $P<0.001$。

与学习成绩的相关分析:抽取 187 例长沙市小学生期末语文与数学考试总成绩与 PHCSS 进行相关分析,发现学习成绩与行为($r=0.625$)、焦虑($r=0.584$)及总分($r=0.598$)呈显著相关($P<0.01$),与智力与学校情况呈相关($r=0.172,P<0.05$)。

(3)对异常儿童的区分能力。以 ICD-10 诊断标准为效标,检验以 PHCSS 总分第 30 百分位作为划界分时对异常儿童进行诊断,其灵敏度为 70%,特异度为 72%,诊断一致性为 0.63。以行为分量表第 30 百分位作为划界分时对行为障碍组的诊断,其灵敏度为 77%,特异度为 79%,诊断一致性为 0.66。以焦虑分量表第 30 百分位作为划界分时对情绪障碍组的诊断,灵敏度为 64%,特异度为 76%,诊断一致性为 0.61。说明分量表对异常儿童有较好的区分能力。以总分小于第 30 百分位作为划界分,既可用作临床辅助诊断,也可作为筛查工具用于流行病学调查。

【结果分析与应用情况】

1. 各分量表组成

(1)行为。包括 12、13、14、21、22、25、34、35、38、45、48、56、59、62、78、80 共 16 个条目,反映被试者在行为方面的自我评价,得分高表示被试者认为自己行为适当。

(2)智力与学校情况。包括 5、7、9、12、16、17、21、26、27、30、31、33、42、49、53、66、70 共 17 个条目,反映被试者对自己的智力和学习能力的自我评价,得分高表示被试者对自己的智力和学习满意。

(3)躯体外貌。包括 5、8、15、29、33、41、49、54、57、60、63、69、73 共 13 个条目,反映被试者对自己的躯体状况和外貌的自我评价,得分高表示被试者对自己的躯体状况和外貌满意。

(4)焦虑。包括 4、6、7、8、10、20、28、37、39、40、43、50、74、79 共 14 个条目,反映被试者对自己焦虑情绪的自我评价,得分高表示被试者认为自己情绪好、不焦虑。

(5)合群。包括 1、3、6、11、40、46、49、51、58、65、69、77 共 12 个条目,反映被试者对自己人际关系的自我评价,得分高表示被试者对自己的人际关系满意。

(6)幸福与满足。包括 2、8、36、39、43、50、52、60、67、80 共 10 个条目,反映被试者对自己生活满意度的自我评价,得分高表示被试者感到自己幸福、对自己的各方面感到满足。

2. 总分　将 1~80 个条目的得分相加,总分高低反映了被试者自我意识水平的高低。

3. 划界分的制定　划界分下界为各分量表及总分第 30 百分位,低于第 30 百分位为自我意识水平偏低。研究发现,儿童行为障碍(注意缺陷多动障碍、对立违抗障碍)、情绪障碍及患有躯体疾病的儿童都有自我意识水平的下降。自我意识水平低可以作为儿童心理问题严重程度的一个标志,提示需要进行积极干预。

原量表规定高于第 70 百分位为自我意识水平过强,提示对挫折的耐受能力不足。笔者采用大于第 70 百分位作为划界分上界时灵敏度仅为 6%,究其原因,可能与我国异常儿童未显示 PHCSS 得分有关。相反,许多在学校表现优秀的学生及学生干部的 PHCSS 得分较高,可能反映了这类儿童对自己要求高,至于是否对挫折的耐受能力不足尚有待进一步研究。因此,暂时不推荐使用第 70 百分位作为自我意识水平过高的划界分。各年龄组划界分见表 7-10。

表 7-10　PHCSS 各年龄组划界分

分量表	8~12 岁(男)	13~16 岁(男)	8~12 岁(女)	13~16 岁(女)
行为	11	11	12	12
智力与学校情况	9	9	9	9
躯体外貌	6	7	6	7
焦虑	8	8	8	8
合群	7	8	8	9
幸福与满足	7	7	7	7
总分	50	52	52	53

PHCSS 在国内广泛用于儿童注意缺陷多动障碍、对立违抗障碍、焦虑障碍及患有躯体疾病、单纯性肥胖,以及研究不同群体(中学生、农村、寄宿生)自我意识的工具。

(苏林雁)

参 考 文 献

［1］苏林雁,万国斌,杨志伟,等.Piers-Harris 儿童自我意识量表在湖南的修订.中国临床心理学杂志,1994,2(1):14-18.

［2］苏林雁,罗学荣,张纪水,等.儿童自我意识量表的中国城市常模.中国心理卫生杂志,2002,16(1):31-34.

［3］Piers EV,Harris DB.Piers-Harris Children's Self-concept scale revised manual.Western Psychological Services.Los Augelels,1977.

附：Piers-Harris 儿童自我意识量表(PHCSS)

（Piers 和 Harris 编制）

指导语：下面有 80 个问题,是了解你是如何看待自己的。请你判断哪些问题符合你的实际情况,而哪些问题不符合你的实际情况。如果你认为某一个问题符合或基本符合你的实际情况,就在"是"内画"√",如果不符合或基本不符合你的实际情况,就在"否"内画"√"。对于每一个问题你只能作一种回答,并且每个问题都要作答。请注意,这里要回答的是你实际上认为你怎样,而不是回答你认为你应该怎样。填表时请不要在表上进行涂改。

题目内容	是	否
1. 我的同学嘲弄我		
2. 我是一个幸福的人		
3. 我很难交朋友		
4. 我经常悲伤		
5. 我聪明		
6. 我害羞		
7. 当老师找我时,我感到紧张		
8. 我的容貌使我烦恼		
9. 长大后我将成为一个重要的人物		
10. 当学校要考试时,我就烦恼		
11. 我和别人合不来		
12. 在学校里我表现得很好		
13. 当某件事做错了常常是我的过错		
14. 我给家里带来麻烦		
15. 我是强壮的		
16. 我常常有好的主意		
17. 我在家里是重要的一员		

（续　表）

题目内容	是	否
18. 我常常想按自己的想法办事		
19. 我善于做手工劳动		
20. 我易于泄气		
21. 我的学校作业做得很好		
22. 我干过许多坏事		
23. 我很会画画		
24. 在音乐方面我还不错		
25. 我在家里表现不好		
26. 我完成学校作业很慢		
27. 在班上我是一个重要的人		
28. 我容易紧张		
29. 我有一双漂亮的眼睛		
30. 在全班同学面前讲话我可以讲得很好		
31. 在学校我是一个幻想家		
32. 我常常捉弄我的兄弟姐妹		
33. 我的朋友喜欢我的主意		
34. 我常常遇到麻烦		
35. 在家里我很听话		
36. 我运气很好		
37. 我常常很担忧		
38. 我的父母对我期望过高		
39. 我喜欢按自己的方式做事		
40. 我觉得自己做事丢三落四		
41. 我的头发很好		
42. 在学校我自愿做一些事		
43. 我希望自己与众不同		
44. 我晚上睡得很好		
45. 我讨厌学校		
46. 在游戏活动中我是最后被选入的成员之一		
47. 我常常生病		
48. 我常常对别人很小气		

（续　表）

题目内容	是	否
49. 在学校里同学们认为我有好的主意		
50. 我不快乐		
51. 我有许多朋友		
52. 我很快乐		
53. 对大多数事情我不发表意见		
54. 我长得很漂亮		
55. 我精力充沛		
56. 我常常打架		
57. 我与男孩子合得来		
58. 别人常常捉弄我		
59. 我的家人对我很失望		
60. 我有一张令人愉快的脸		
61. 当我要做什么事时总觉得不顺心		
62. 在家里我常常被捉弄		
63. 在游戏和体育活动中我是一个带头人		
64. 我很笨拙		
65. 在游戏和体育活动中我只看不参加		
66. 我常常忘记我所学的东西		
67. 我容易与别人相处		
68. 我容易发脾气		
69. 我与女孩子合得来		
70. 我喜欢阅读		
71. 我宁愿独自干事,也不愿与许多人一起做事情		
72. 我喜欢我的兄弟姐妹		
73. 我的身材很好		
74. 我常常害怕		
75. 我总是摔坏或打破东西		
76. 我能得到别人的信任		
77. 我与众不同		
78. 我常常有一些坏的想法		
79. 我容易哭喊、大叫		
80. 我是一个好人		

十二、Rosenberg 自尊量表(RSES)

【概述】

自尊(self-esteem)是指个体对自身的一种积极或消极的态度(Rosenberg,1965)。自尊之所以成为心理学、社会学等学科经久不衰的研究课题源于其对个体乃至人类的生存和发展的重要意义。在 Greenberger(1986,2004,2009)的恐怖管理理论(terror management theory)中更是将自尊视为人类进化中处理压力和恐惧的普遍缓冲器。大量的实证研究发现,自尊与许多心理变量存在关联,并对未来的心理健康和行为具有预测作用。最近的一项追踪研究发现,自尊可能是导致抑郁的原因(Orth,Robins & Roberts,2008)。以往的研究发现,不同自尊水平的个体有着不同的心理特点和功能。高自尊水平者有着许多良好的心理功能,相反,低自尊水平者则与抑郁、焦虑和物质滥用等不良情绪和行为相关。

一般来说,自尊可以分为整体自尊和领域自尊,前者是个体对自己整体的认知评价,后者是指个体在特定的领域内对自己的认知评价,如学业自尊就是指个体在学业方面对自己的认知评价。用于测量整体自尊的量表有很多,其中 Rosenberg于 1965 年编制的自尊量表(RSES)绝对是测量整体自尊的经典之作。该量表由 10个条目组成,用于测量单一维度的整体自尊水平,其中 5 个条目为正向表述,5 个条目为负向表述。

该量表一直被认为是单维度结构,但有研究发现其包含正性自尊和负性自尊2 个因子。然而,方法学角度的研究则一致认为这种两因子结构并非量表内容所致,而是因为方法效应的影响。Greenberger 等(2003)将 RSES 的文字表达方式变换成全正性表达或全负性表达方式后,测试结果呈现单因子结构,而原量表正、负性表达各占一半的测试结果则显示出两因子结构。Tomás 和 Oliver(1999)在MTMM 框架下通过 CFA 发现,存在方法效应的模型比不存在方法效应的模型拟合得更好。针对中文版 RSES 的研究也发现其有 2 个维度(杨烨,王登峰 2007),但最近一项针对中文版 RSES 因子结构的深入研究发现,与国外研究结果一致,这种两因子结构也是由方法效应造成的(王孟成 等,2010)。

【内容及实施方法】

RSES 采用李克特 4 级评分法,即 1 代表"很不符合",2 代表"不符合",3 代表"符合",4 代表"非常符合"。第 3、5、8、9、10 题为反向计分题。得分越高,表明被试者的自尊水平越高。

【测量学指标】

本文所报道的内部一致性系数是来自广东一所中学的 545 名初中生样本,其中男生 227 人(41.7%),女生 318 人(58.3%)。初一 186 人,初二 181 人,初三 178人。年龄 11～18 岁,平均(15.4±1.2)岁。

(1)信度。由于 1993 年的 RSES 中译本在第 8 题的翻译上存在错误,所以以往报道的内部一致性系数要么没有考虑第 8 题的情况而仅报道 10 个条目的内部一致性(余益兵,邹泓,曲可佳 2008);要么只报道除第 8 题以外的 9 个条目的内部一致性(杨娟,张庆林 2009)。基于上述样本所得到的内部一致性(α系数)为 0.783,间隔 2 个月的重测相关系数为 0.51～0.75,平均 0.72。

(2)结构效度。在控制了方法效应(项目表述效应)后为单因子结构(王孟成 等,2010)。

(3)实证效度。熊承清等(2008)在大学生群体中发现,RSES 得高分的个体趋向于采取"问题解决"和"求助"的应对方式,而得分低者则趋向于采取"压抑""逃避"和"退缩"的应对方式。谢虹等(2001)在高中生群体中发现低自尊水平者(低于平均数 1 个标准差)在 SCL-90 的所有 9 个因子上的得分比高自尊水平者高,且差异达统计学显著水平($P < 0.001$)。

【结果分析与应用情况】

自尊一直是心理学研究不衰的热点之一,而 RSES 又是这一研究领域使用最广泛的工具。这主要归功于 RSES 使用方便、信效度良好、跨文化适应性高等诸多优点。然而,在国内的研究中一直存在着第 8 题的"困惑"(王萍 等,1998;田录梅 2006),直到最近这个问题才得到初步解决(申自力,蔡太生 2008),但翻译问题仍有改进之处,相比而言本文所推荐的中译本更好。

(王孟成 戴晓阳)

参 考 文 献

[1] 王孟成,戴晓阳,蔡炳光,等.项目表述方法对中文 Rosenberg 自尊量表因子结构的影响.心理学探新,2010,30(3):63-68

[2] 余益兵,邹泓,曲可佳.中学生反应风格的特点及其在人格与自尊关系中的效应.中国临床心理学杂志,2008,16(5):454-456.

[3] 王萍,高华,许家玉,等.自尊量表信度效度研究.山东精神医学,1998,11(4):22,31-32.

[4] 田录梅.Rosenberg(1965)自尊量表中文版的美中不足.心理学探新,2006,26(2):88-91.

[5] 申自力,蔡太生.Rosenberg 自尊量表中文版条目 8 的处理.中国心理卫生杂志,2008,22(9):661-663.

[6] 杨烨,王登峰.Rosenberg 自尊量表因素结构的再验证.中国心理卫生杂志,2007,21(9):603-605.

[7] Rosenberg M. Society and the adolescent self-image. Princeton,NJ: Princeton University Press,1965.

[8] Greenberger E,Chuansheng C,Dmitrieva J. Farruggia. Item-wording and the dimensionality of the Rosenberg Self-Esteem Scale:do they matter? Personality and Individual Differences,2003,35:1241-1254.

[9] Orth U, Robins RW, Roberts BW. Low self-esteem prospectively predicts depression in adolescence and young adulthood. Journal of personality and social psychology, 2008, 95(3): 695-708.

[10] Tomas JM, Oliver A. Rosenberg's self-esteem scale: Two factors or method effects. Structural Equation Modeling: A Multidisciplinary Journal, 1999, 6(1): 84-98.

附:Rosenberg 自尊量表(RSES)

（Rosenberg 编制）

指导语:下面是一些关于我们对自己看法的句子,请根据你的真实情况在相应的数字上画"○"。其中,1 代表"很不符合";2 代表"不符合";3 代表"符合";4 代表"非常符合"。

题目内容	很不符合	不符合	符合	非常符合
1. 我感到自己是一个有价值的人,至少与其他人在同一水平上	1	2	3	4
2. 我感到自己有许多好的品质	1	2	3	4
*3. 归根到底,我倾向于觉得自己是一个失败者	1	2	3	4
4. 我能像大多数人一样把事情做好	1	2	3	4
*5. 我感到自己值得自豪的地方不多	1	2	3	4
6. 我对自己持肯定态度	1	2	3	4
7. 总的来说,我对自己是满意的	1	2	3	4
*8. 我要是能看得起自己就好了	1	2	3	4
*9. 我确实时常感到自己毫无用处	1	2	3	4
*10. 我时常认为自己一无是处	1	2	3	4

注:*为反向计分题。

第 **8** 章

学习与工作相关量表

一、大学生一般学业情绪调查问卷

【概述】

学业情绪是德国教育心理学家 Pekrun 于 2002 年提出的一个新概念,它是指在教学与学习过程中,与学生学业活动相关的各种情绪体验。学生的学习,尤其是大学生的学习,不仅是一种积累知识、经验和增长技能、培养能力的过程,更是一种创造性的学习过程。而教育应该以人为本,根据学生的心理需求,使学生怀着希望去学习,让学生在愉快中学习,主动探索并进一步激发他们学习的兴趣与热情,从而避免枯燥乏味,并进而厌烦学习的情绪产生。

大学生一般学业情绪调查问卷(questionnaire of general academic mood of college students)由马惠霞于 2008 年编制,该问卷以 Pekrun 等的学业情绪理论为基础,包括学生在学业活动中最常体验到的 10 种情绪(兴趣、愉快、自豪、希望、放松、气愤、焦虑、羞愧、失望、厌烦),即学业情绪。本问卷所概括的情境包括了大学生学业活动的各个领域,所编制项目都是一般性的,而不是情境特异性的(如考试、课堂、课程等),因此命名为一般学业情绪问卷。

【内容及实施方法】

该问卷属于自评量表,包括兴趣、愉快、自豪、希望、放松、气愤、焦虑、羞愧、失望、厌烦 10 个分测验,共 88 个条目。采用李克特 5 级评分法,即"完全符合"记 5 分,"比较符合"记 4 分,"不肯定"记 3 分,"不太符合"记 2 分,"完全不符合"记 1 分。

【测量学指标】

取样人群为某师范大学大二年级学生 323 人,其中男生 70 人,女生 253 人。年龄为 18~21 岁。专业包括中文、数学和城市环境管理 3 个专业。重测样本 58 人,效标样本 249 人。

该问卷及各分测验的 α 系数介于 0.641～0.887，重测信度介于 0.563～0.866。

结构效度方面用探索性因素分析的方法进行考察。结果显示，经正交旋转后，有 4 个因素的特征值大于 1，可累计方差解释率为 82.202％。问卷中的 10 个分测验分属于 4 个因素：第一个因素包括羞愧、焦虑、气愤，参照 Pekrun 等的分类，可命名为消极高唤醒维度；第二个因素包括兴趣、愉快、希望，可命名为积极高唤醒维度；第三个因素包括失望和厌烦，可命名为消极低唤醒维度；第四个因素包括自豪和放松，可命名为积极低唤醒维度。

从问卷各分测验的相关性来看问卷的结构效度。结果显示，除了失望和焦虑、厌烦两个分测验之间的相关较高外（$P<0.01$），其余均为中低度相关（$P<0.01$）。

在效标效度方面，以陈文锋、张建新修订的积极/消极情感量表和方晓义、沃建中编制的中国大学生适应量表为效标进行考察。结果显示，该问卷各分测验与积极/消极情感量表、中国大学生适应量表的总分呈中度相关（$P<0.01$）。其中，积极情绪分测验与情感量表的积极情感维度呈正相关（$P<0.01$），消极情绪分测验与消极情感维度呈正相关（$P<0.01$）。与中国大学生适应量表总分的相关中，积极情绪分测验与适应总分呈正相关（$P<0.01$），消极情绪分测验与适应总分呈负相关（$P<0.01$）。

【结果分析与应用情况】

1. **焦虑分测验**　包括 1、11、21、31、41、51、59、67、72、77、81、83、85、87、88 共 15 个项目，主要反映大学生在面对学业问题时，出现的可能无法实现学业目标或者造成可能的学业失败情况所产生的强烈持久的紧张、担心、不安等的负性情绪。

2. **厌烦分测验**　包括 2、12、22、32、42、52、60、68、73、78、82、84、86 共 13 个项目，主要反映大学生对学业过程中的某些活动失去兴趣或感到疲劳而不愿意继续从事时产生的一种烦躁的负性情绪。

3. **放松分测验**　包括 3、13、23、33、43、53、61、69、74、79 共 10 个项目，主要反映指大学生对自己的学习活动有良好的评价时或学习过程中的痛苦、紧张、负担等得到减轻、缓解、宽慰时产生的一种满足、平静、正性的情绪。

4. **失望分测验**　包括 4、14、24、34、44、54、62、70、75、80 共 10 个项目，主要反映大学生对自己的学习活动中的表现不满意，或者对学业成就没有肯定预期时产生的一种无助、沮丧、缺乏信心的负性情绪。

5. **自豪分测验**　包括 5、15、25、35、45、55、63、71、76 共 9 个项目，主要反映大学生对学习活动中自我思想、行为、感觉的良好状态以及对学业成就认可、满意时表现出来的一种正性情绪。

6. **羞愧分测验**　包括 6、16、26、36、46、56、64 共 7 个项目，主要反映大学生对自己学习过程中的失误或学业失败等的解释所诱发的一种尴尬的、与痛苦相联系的负性情绪。

7. **愉快分测验**　包括1、17、27、37、47、57、65共7个项目,主要反映大学生对自己的学习活动状态感到舒适、幸福,并想保持这种状态时产生的一种正性情绪。

8. **希望分测验**　包括8、18、28、38、48、58、66共7个项目,主要反映大学生对自己的学习活动及学业成就抱有良好愿望时产生的一种预期性的、自信的正性情绪。

9. **气愤分测验**　包括9、19、29、39、49共5个项目,主要反映大学生在学习活动中遇到挫折或者被迫去参与不愿意做的学业活动时产生的一种负性情绪。

10. **兴趣分测验**　包括10、20、30、40、50共5个项目,主要反映大学生对学业活动表现出肯定的,并积极思考、探索和追求的态度和情绪。在此重视的是感受到的情绪。

由于该问卷刚完成编制工作,实际应用效果尚有待后续研究进一步评估。表8-1是323名大学二年级学生在问卷各维度上的平均数和标准差。

表8-1　323名大学二年级学生在问卷各维度上的平均数和标准差

分量表	焦虑	厌烦	放松	失望	自豪	羞愧	愉快	希望	气愤	兴趣
M	41.34	29.19	32.69	22.91	32.04	22.59	26.77	28.78	14.18	16.74
SD	10.19	7.99	5.60	6.29	4.69	4.76	3.59	3.41	3.42	3.19

（马惠霞）

参 考 文 献

[1] 马惠霞. 大学生一般学业情绪问卷的编制. 中国临床心理学杂志,2008,16(6):594-596,593.

[2] Pekrun R,Thomas G,Wolfram T,et al. Academic emotions in students' self-regulated learning and achievement:A program of qualitative and quantitative research. Educational Psychologist,2002,37(2):91-105.

附:大学生一般学业情绪调查问卷

（马惠霞编制）

指导语:这是一份关于大学生学业情绪的问卷。下面是一些在学习活动中可能会出现的情绪体验。请你对照每一个项目,在最符合自己实际情况的数字上画"√"。本问卷的目的是科学研究,请据实填写。答案无对错之分,请你认真作答。谢谢你的支持与合作!

在答题前请先填写以下资料。

①姓名:＿＿＿＿　②学院:＿＿＿＿＿　③年级:＿＿＿＿　④性别:男□　女□

题目内容	完全不符合	不太符合	不肯定	比较符合	完全符合
1. 临近考试我总是很紧张	①	②	③	④	⑤
2. 我一学习就想睡觉	①	②	③	④	⑤
3. 我总能安心学习	①	②	③	④	⑤
4. 有的课程越学越觉得学不好，我感到很无助	①	②	③	④	⑤
5. 学习让我感到充实，我很自豪	①	②	③	④	⑤
6. 我觉得自己学习不好对不起家人和老师	①	②	③	④	⑤
7. 学习让我快乐	①	②	③	④	⑤
8. 我相信自己的学习会更好	①	②	③	④	⑤
9. 我很生气别人说我比他学习差	①	②	③	④	⑤
10. 我觉得学习很有趣	①	②	③	④	⑤
11. 有些课程如基础课记忆内容太多，我学不好，很焦虑	①	②	③	④	⑤
12. 我在学习时容易心浮气躁	①	②	③	④	⑤
13. 我能轻松地完成学习任务	①	②	③	④	⑤
14. 我对学习缺乏信心	①	②	③	④	⑤
15. 我觉得学习上我不比别人差	①	②	③	④	⑤
16. 当有些课程能学好而没学好时，我感到对不起自己	①	②	③	④	⑤
17. 有时完成一个作业我会很高兴	①	②	③	④	⑤
18. 我希望自己学得更好一些	①	②	③	④	⑤
19. 学习中经常受到挫折令我气愤	①	②	③	④	⑤
20. 我学习时总能集中注意力	①	②	③	④	⑤
21. 我的学习成绩上不去，我很着急	①	②	③	④	⑤
22. 学习时我容易心烦	①	②	③	④	⑤
23. 学习时我心情平静	①	②	③	④	⑤
24. 我一学习就情绪低落	①	②	③	④	⑤
25. 常能轻松地完成学习任务让我自豪	①	②	③	④	⑤
26. 我没能考上好大学感到很愧疚	①	②	③	④	⑤
27. 我学习时很高兴	①	②	③	④	⑤
28. 我希望能够实现自己的学习目标	①	②	③	④	⑤
29. 我会因听不懂课而恼火	①	②	③	④	⑤
30. 我总能专注于学习	①	②	③	④	⑤
31. 学习使我苦恼	①	②	③	④	⑤
32. 我憎恨学习	①	②	③	④	⑤

（续　表）

题目内容	完全不符合	不太符合	不肯定	比较符合	完全符合
33. 我能轻松地面对考试	①	②	③	④	⑤
34. 我对学习感到无能为力	①	②	③	④	⑤
35. 我对自己的学习成绩很满意	①	②	③	④	⑤
36. 有时我会为自己的成绩不如别人而感到羞愧	①	②	③	④	⑤
37. 做作业时我很高兴能把题目都做对	①	②	③	④	⑤
38. 我觉得学习很有用	①	②	③	④	⑤
39. 学习时受到他人干扰我会很气愤	①	②	③	④	⑤
40. 我对学习的每一个新内容都有好奇心	①	②	③	④	⑤
41. 语言类课程如大学英语学不好,我很焦虑	①	②	③	④	⑤
42. 我觉得学习枯燥乏味	①	②	③	④	⑤
43. 我能心平气和地对待我的成绩	①	②	③	④	⑤
44. 我对学习感到力不从心	①	②	③	④	⑤
45. 学习让我丰富了自己的知识、增长了技能,我很自豪	①	②	③	④	⑤
46. 有时我会因为成绩差而觉得在别人面前抬不起头	①	②	③	④	⑤
47. 我总是愉快地学习	①	②	③	④	⑤
48. 我对学习充满信心	①	②	③	④	⑤
49. 我会为老师不提问我而生气	①	②	③	④	⑤
50. 我对每一个新的学习领域都有探索欲望	①	②	③	④	⑤
51. 有时我会因为学习成绩不好而很痛苦	①	②	③	④	⑤
52. 我学习时经常头昏脑涨	①	②	③	④	⑤
53. 我做作业的时候心情很放松	①	②	③	④	⑤
54. 我在学习中常受到挫折	①	②	③	④	⑤
55. 学习上我经常受到别人的夸奖和赞扬	①	②	③	④	⑤
56. 有时我会为自己的成绩不如别人而感到难过	①	②	③	④	⑤
57. 我学习热情很高	①	②	③	④	⑤
58. 我对自己的前途充满希望	①	②	③	④	⑤
59. 不理解学习内容时我会苦恼	①	②	③	④	⑤
60. 学习任务重时让我心烦	①	②	③	④	⑤
61. 我的学习成绩一直很稳定,我感到轻松自在	①	②	③	④	⑤
62. 有时学习会让我产生沮丧感	①	②	③	④	⑤
63. 学习中我经常觉得自己很聪明	①	②	③	④	⑤

(续　表)

题目内容	完全不符合	不太符合	不肯定	比较符合	完全符合
64. 有时遇到应是自己专业知识能够解决的问题而我不能解决时,我会很尴尬	①	②	③	④	⑤
65. 有时学习会给我带来惊喜	①	②	③	④	⑤
66. 别人的鼓励使我对学习充满希望	①	②	③	④	⑤
67. 我对学习感到焦虑	①	②	③	④	⑤
68. 我觉得学习是一件难事	①	②	③	④	⑤
69. 我能轻松自如地应付学习	①	②	③	④	⑤
70. 我对自己的前途悲观失望	①	②	③	④	⑤
71. 学习上我比别人进步快	①	②	③	④	⑤
72. 我很困惑为什么我总是学不好	①	②	③	④	⑤
73. 学习对我来说是负担	①	②	③	④	⑤
74. 我对自己的学习现状有满足感	①	②	③	④	⑤
75. 有时我觉得自己学习不好是因为我很笨	①	②	③	④	⑤
76. 由于取得了好成绩,我感到自豪	①	②	③	④	⑤
77. 专业课学习太难,我不知该怎么办	①	②	③	④	⑤
78. 我对学习没兴趣	①	②	③	④	⑤
79. 上课时我一般比较放松	①	②	③	④	⑤
80. 尽管我很努力但成绩还是没起色	①	②	③	④	⑤
81. 我担心自己学习不好	①	②	③	④	⑤
82. 我厌倦学习	①	②	③	④	⑤
83. 我为自己学习不好而发愁	①	②	③	④	⑤
84. 我讨厌学习	①	②	③	④	⑤
85. 有些学习内容如数学、方法类课程太枯燥,我学不好,很焦虑	①	②	③	④	⑤
86. 我觉得学习是一件苦事	①	②	③	④	⑤
87. 我担心自己比别的同学成绩差	①	②	③	④	⑤
88. 尽管我很努力,还是学得不好,不知该怎么办	①	②	③	④	⑤

二、学业动机量表(AMS)

【概述】

自我决定理论(self-determination theory,SDT)是由美国心理学家 Deci 和

Ryan 于 1985 年提出的一个动机理论。自我决定理论把动机看作一个从无动机、外部动机到内部动机的连续体。研究者也对外部动机(Deci & Ryan,1985)和内部动机(Vallerand et al.,1989)进行了进一步的区分,其中外部动机可以分为外部调节(external regulation)、内摄调节(introjected regulation,EMIN)和认同调节(indentified regulation,EMID),内部动机可以分为学习型内部动机(intrinsic motivation to know)、完成型内部动机(intrinsic motivation to accomplish)和体验刺激型内部动机(intrinsic motivation to experience stimulation)。

基于自我决定理论,Vallerand 等编制了学业动机量表(academic motivation scale,AMS),AMS 由 1 个无动机分量表、3 个外部动机分量表和 3 个内部动机分量表组成,分别测量上述 7 种动机。AMS 已经成功应用于西方文化的教育情境中。Zhang 等(2016)对该量表中文版进行了修订,并对中国普通高中和职业高中学生进行施测,考察了该量表在中国的适用性。以下介绍的量表参考 Zhang 等(2016)的修订本。

【内容及实施方法】

(一)项目和评定标准

AMS 共包括 28 个题目,分为 7 个分量表,每个分量表均包含 4 个题目。见表 8-2。

表 8-2 AMS 分量表名称及所属项目

分量表	项目
无动机	5/12/19/26
外部调节	1/8/15/22
内摄调节	7/14/21/28
认同调节	3/10/17/24
学习型内部动机	2/9/16/23
完成型内部动机	6/13/20/27
体验刺激型内部动机	4/11/18/25

1. **无动机** 是指个体认为行为是由不受自己控制的力量造成的。样本项目:"老实说,我不知道,我真的觉得我在学校是浪费时间。"

2. **外部调节** 是指行为受到奖励、约束等外部手段的调节。样本项目:"因为只有获得高中学历,我以后才会找到高薪工作。"

3. **内摄调节** 是指个体开始对其行为的原因进行内化。样本项目:"为了证明我是一个聪明的人。"

4. **认同调节** 是指个体认识到行为对自己的价值及行为是自主做出的选择,

内化的外部动机就转化成了认同调节。项目样本："因为我认为高中教育将帮助我更好地为我所选择的职业做好准备。"

5. **学习型内部动机**　是指个体为了体验到在学习、探索或者试图理解新事物时的快乐和满足而参与活动。样本项目："因为我在学习新事物的同时体验到快乐和满足。"

6. **完成型内部动机**　是指个体为了体验到完成或者创造某些事物时的快乐和满足而参与活动。样本项目："为了我在学习中超越自我而体验到的快乐。"

7. **体验刺激型内部动机**　是指个体为了体验到在活动中获得的刺激感（如感官愉悦、审美体验等）而参与活动。样本项目："因为我真的喜欢去上学。"

AMS 为自评量表，采用李克特 7 级评分法，评定对象按照题目与自身真实情况的符合程度勾选出最恰当的选项。

（二）评定注意事项

量表由评定对象自行填写。在填写量表前，评定对象须充分理解填写说明、填写方法及量表内容。文盲或半文盲一般不宜作为评定对象。如有特殊需要，可由施测人员为其读题施测，同时在施测表格中注明该情况，供分析时参考。

【测量学指标】

Zhang 等通过使用验证性因素分析检验了 AMS 的因子结构。验证性因素分析结果表明，在普通高中和职业高中学生中，七因子模型拟合情况最佳（$\chi^2/df = 3.27$，CFI $= 0.913$，RMSEA $= 0.051$；$\chi^2/df = 1.86$，CFI $= 0.932$，RMSEA $= 0.045$）。

量表原作者对 AMS 信度进行了检验，各维度 α 系数介于 $0.60 \sim 0.86$；在 Zhang 等对中国高中生群体的施测中，各维度 α 系数介于 $0.75 \sim 0.86$，2 个月后的重测信度介于 $0.57 \sim 0.81$。

Zhang 等以学习动机策略问卷（motivated strategies for learning questionnaire，MSLQ；Pintrich，et al.，1993）的外部动机和内部动机分量表作为效标，考察 AMS 的效标关联效度。无动机与内部动机呈负相关（$r_t = -0.33$，$r_v = -0.37$），且高于其与外部动机的相关程度（$r_t = -0.06$，$r_v = -0.23$）；3 个内部动机分量表与内部动机呈正相关（$r_t = 0.49 \sim 0.57$，$r_v = 0.56 \sim 0.62$），且高于其与外部动机的相关程度（$r_t = 0.13 \sim 0.26$，$r_v = 0.41 \sim 0.44$）；外部调节与外部动机呈正相关（$r_t = 0.46$，$r_v = 0.47$），且高于其与内部动机的相关程度（$r_t = 0.06$，$r_v = 0.34$）；在普通高中样本中内摄调节与外部动机呈正相关（$r_t = 0.47$），且高于其与内部动机的相关程度（$r_t = 0.33$），在职业高中样本中内摄调节与外部动机（$r_v = 0.52$）、内部动机（$r_v = 0.58$）均呈正相关，且相关程度相同；认同调节与内部动机呈正相关（$r_t = 0.34$，$r_v = 0.54$），且高于其与外部动机的相关程度（$r_t = 0.29$，$r_v = 0.44$）。

【结果分析与应用情况】

1. 统计指标和结果分析　AMS 分析比较简单,主要的统计指标为各个分量表的得分。无动机分量表得分越高,表明评定对象的动机水平越低;其余 6 个分量表得分越高,表明评定对象的动机水平越高。

2. 应用评价

(1)AMS 简单实用,可作为学生学业动机的评估工具。量表原作者及国人对学生的施测都得到了较好的信效度结果。

(2)在一份应用中文版 AMS 对 882 名普通高中学生和 419 名职业高中学生的调查报道中发现,与职业高中学生相比,普通高中学生内部动机和认同调节动机水平更高,无动机和外部调节动机水平更低(Zhang et al.,2016)。这可能是由于职业高中学生需要从学校获得工作技能来谋生,故其更看重掌握知识技能后的收益而非知识技能本身(Creten,Lens & Simons,1998)。此外,由于认同调节动机分量表测量的是内化的外部动机(Vallerand et al.,1992),因此,传统高中学生的认同调节动机水平更高。在未来的教育实践中,教师可以通过在学生表现进步时给予适当的强化、让学生自行制定学习目标等方法提高职业学校学生的内部动机(罗丽芳　2013)。

(3)中文版 AMS 的编制为国内学业动机相关研究起到了极大的推动作用。有了适用于国内人群的测量工具,便能准确地评估学生的学业动机水平,并能很好地根据测评结果有针对性地采取有助于提升学生学业动机的干预措施。

(张艺馨　刘　拓)

参 考 文 献

[1] 罗丽芳.内部动机与外部动机的关系及其对学校教育的启示.宁波大学学报(教育科学版),2013,35(1):42-46.

[2] Creten H,Lens W,Simons J. The role of perceived instrumentality in student motivation. Paper presented at the Sixth Workshop on Achievement and Task Motivation. Thessaloniki:Greece,1998.

[3] Deci EL,Ryan RM. The General Causality Orientations Scale:Self-determination in personality. Journal of Research in Personality,1985,19:109-134.

[4] Pintrich PR,Smith DA,García T,et al. Reliability and predictive validity of the Motivated Strategies for Learning Questionnaire (MSLQ). Educational and psychological measurement,1993,53:801-813.

[5] Vallerand RJ,Blais MR,Briere NM,et al. Construction and validation of the Motivation Toward Education Scale. Canadian Journal of Behavioural Science Revue Canadienne,1989,21:323-349.

[6] Yu HJ. Empirical study on reasons of students selecting secondary vocational schools. Voca-

tional and Technical Education,2010,32(620):40-43.

[7] Zhang B,Li YM,Li J,et al. The Revision and Validation of the Academic Motivation Scale in China. Journal of Psychoeducational Assessment,2016,34:15-27.

附：学业动机量表（AMS）

（Valleran 等编制）

指导语：下面是一些关于"你为什么要上学？"这个问题的回答，请仔细阅读回答后，选出该回答与你真实想法的符合程度。

回答	完全不符合	大部分不符合	比较不符合	基本符合	比较符合	大部分符合	完全符合
1. 因为只有高中学历，我以后才会找到高薪工作	1	2	3	4	5	6	7
2. 因为我在学习新事物的同时体验到快乐和满足	1	2	3	4	5	6	7
3. 因为我认为高中教育将帮助我更好地为我所选择的职业做好准备	1	2	3	4	5	6	7
4. 因为我真的喜欢去上学	1	2	3	4	5	6	7
5. 老实说，我不知道，我真的觉得我在学校是浪费时间	1	2	3	4	5	6	7
6. 为了我在学习中超越自我而体验到的快乐	1	2	3	4	5	6	7
7. 为了证明我有能力完成高中学业	1	2	3	4	5	6	7
8. 为了以后获得更有声望的工作	1	2	3	4	5	6	7
9. 为了当我发现前所未有的新事物时我体验到的快乐	1	2	3	4	5	6	7
10. 因为最终它将使我能进入我喜欢的领域就业	1	2	3	4	5	6	7
11. 因为对我来说，学校是有趣的	1	2	3	4	5	6	7
12. 我曾经有充分的理由去上学，但是，现在我想知道我是否应该继续	1	2	3	4	5	6	7
13. 为了在我的个人成就中超越自我而体验到的快乐	1	2	3	4	5	6	7
14. 因为当我在学校获得成功时，我感到这很重要	1	2	3	4	5	6	7
15. 因为我希望以后能够拥有"美好生活"	1	2	3	4	5	6	7

（续　表）

回答	完全不符合	大部分不符合	比较不符合	基本符合	比较符合	大部分符合	完全符合
16. 为了当拓展吸引我的学科知识时,我体验到的快乐感	1	2	3	4	5	6	7
17. 因为这将帮助我在职业定位方面做出更好的选择	1	2	3	4	5	6	7
18. 为了当我完全被某些作者所写的东西吸引时,我体验到的快乐感	1	2	3	4	5	6	7
19. 坦白说,我不明白我为什么上学,我不在乎	1	2	3	4	5	6	7
20. 为了当我完成艰难的学术活动时,体验到的满足感	1	2	3	4	5	6	7
21. 为了证明我是一个聪明的人	1	2	3	4	5	6	7
22. 为了以后有更好的薪水	1	2	3	4	5	6	7
23. 因为学习让我能够学会很多我感兴趣的事情	1	2	3	4	5	6	7
24. 因为我相信高中教育将会提高我作为工人的能力	1	2	3	4	5	6	7
25. 为了我在阅读各种有趣主题时所体验到的"高级"感觉	1	2	3	4	5	6	7
26. 我不知道,我不明白我在学校做什么	1	2	3	4	5	6	7
27. 因为高中让我在学习追求卓越的过程中体验到了个人的满足感	1	2	3	4	5	6	7
28. 因为我想证明自己能够在学习上获得成功	1	2	3	4	5	6	7

三、青少年学习倦怠量表（ALBI）

【概述】

学习倦怠的概念是从工作倦怠引申而来的,是一种发生于正常人身上的持续的、负性的、与学习相关的心理状态。这种状态表现为:①精力耗损、情感耗竭;②对与学习有关的活动的热忱逐渐消失,对学业持负面态度;③个体在学业方面体会不到成就感或者没有效能感。多数研究者认为学习倦怠包括身心耗竭、学业疏离和低成就感3个维度。研究发现学习倦怠与焦虑、抑郁等症状存在相关性。

青少年学习倦怠量表（adolescent learning burnout inventory,ALBI）由吴艳和

戴晓阳于 2007 年编制,该量表以 Maslach 工作倦怠问卷为基础,可对青少年的学习倦怠情况进行评估。评估内容涉及个体身心耗竭、对学业的态度及学习低成就感等几方面的情况。

【内容及实施方法】

本量表是一个自评量表,包括身心耗竭、学业疏离和低成就感 3 个维度,共 16 个条目。采用李克特 5 级评分法,即"非常符合"记 5 分,"有点符合"记 4 分,"不太确定"记 3 分,"不太符合"记 2 分,"很不符合"记 1 分。部分条目为反向计分题。

【测量学指标】

正式样本是从黑龙江、江西、湖南、广东 4 省的初中、高中各年级抽取 3 个重点班与 3 个非重点班,大学生为广东省的高校学生。其中初一 408 人,初二 333 人,初三 282 人,高一 417 人,高二 378 人,高三 398 人,大一 83 人,大三 49 人,大四 125 人,各年级男女比例相当。

(1)项目分析。对 16 个问卷项目进行高低分组独立样本差异显著性 t 检验。统计检验结果表明,ALBI 的 16 个项目均达到显著性水平($P<0.01$),表明这些项目具有较高的区分能力;各项目与总分之间的相关系数介于 0.41~0.66。

(2)信度。初中生、高中生、大学生 3 个群体在学习倦怠的 3 个维度及倦怠总分上的内部一致性信度系数介于 0.689~0.858,对湖南涟源市某中学初一 90 人进行重测,重测间隔时间为 1 个月,重测信度系数介于 0.606~0.732。

(3)结构效度方面。采用探索性因素分析对初中生进行结构分析。球形检验结果表明可以进行因素分析。用主成分分析法抽取因子,用方差极大正交旋转法对初始因子进行转轴。结果显示特征根大于 1 的因素有 3 个,累计解释总体变异率的 53.67%,各项目在相应因素上的负荷介于 0.483~0.834。将通过探索性因子分析方法从初中样本中得到的学习倦怠三因素结构在高中生和大学生样本中进行验证。通过竞争模型的比较,证明三因子模型在这些样本中是最理想的。问卷各因子之间的相关系数介于 0.284~0.502,而各因子与总分之间的相关系数介于 0.685~0.833。

(4)用 Schaufeli 等修订的 Maslach 倦怠量表学生版(MBI-SS)作为效标,总倦怠的相关系数为 0.847,各个维度的相关系数介于 0.55~0.79;ALBI 各维度与 SCL-90 中躯体化、抑郁、焦虑之间的相关性都达到了显著水平。以上说明 ALBI 有较好的效标效度。

【结果分析与应用情况】

1. **身心耗竭分量表**　包括 2、5、8、12 共 4 个项目,主要反映了个体在学习后的感受,以及由于学习而导致的耗竭、疲劳状况。

2. **学业疏离分量表**　包括 3、6、9、10、13 共 5 个项目,主要反映了个体对学习的一种负面的态度。

3. 低成就感分量表　包括 1、4、7、11、14、15、16 共 7 个项目,主要反映了个体在学习方面比较低的个人成就感。

反向计分条目为 1、4、7、14、15、16 共 6 个项目。

所有 16 个条目得分之和即为该量表的总分,反映了被试者学习倦怠的总体状况。由于该量表刚完成编制工作,实际应用效果尚有待后续研究的进一步评估。

(吴　艳)

参 考 文 献

[1] 吴艳,戴晓阳,张锦.初中生学习倦怠问卷的初步编制.中国临床心理学杂志,2007,15(2):118-120.

附:青少年学习倦怠量表(ALBI)

（吴艳、戴晓阳编制）

指导语:

亲爱的同学:为了更好地了解大家有关学习方面的情况,我们真诚地邀请你协助我们完成以下问卷。本问卷内容将作保密处理,请放心如实地填写。所有答案无对错之分,我们期待你真实的回答。请不要有遗漏,谢谢合作!

(1)请在与你的实际情况相符合的方格内画“√”

(2)对每个问题都请作答,不要有遗漏,也不必费时间去想。如果不太清楚,请合理推测后作答,每题只选一项。

题目内容	非常符合	有点符合	不太确定	不太符合	很不符合
1. 我能够精力充沛地投入学习	□	□	□	□	□
2. 我最近感到心里很空,不知道该干什么	□	□	□	□	□
3. 我学习太差了,真想放弃	□	□	□	□	□
4. 我能够经常达到自己的目标	□	□	□	□	□
5. 一天的学习结束后,我感觉到疲劳至极	□	□	□	□	□
6. 我觉得自己反正不懂,学不学都无所谓	□	□	□	□	□
7. 当学习时,我忘记了周围的一切	□	□	□	□	□
8. 最近一段时间,我常常感到筋疲力尽	□	□	□	□	□
9. 在学习方面,我体会不到成就感	□	□	□	□	□
10. 我觉得学习对我没有意义	□	□	□	□	□
11. 我能够很好地应付考试	□	□	□	□	□
12. 在学校,我经常感到筋疲力尽	□	□	□	□	□

（续　表）

题目内容	非常符合	有点符合	不太确定	不太符合	很不符合
13. 我抱着玩世不恭的态度学习	□	□	□	□	□
14. 我能有效地解决自己在学习中出现的问题	□	□	□	□	□
15. 我总是能够轻松应付学习方面的问题	□	□	□	□	□
16. 我很容易掌握所学的知识	□	□	□	□	□

四、学习障碍儿童筛查量表（PRS）

【概述】

儿童学习障碍（learning disabilities,LD）是指不存在精神发育迟滞和视听觉障碍,亦无环境和教育剥夺及原发性情绪障碍而出现阅读、书写、计算、拼写等特殊学习技术获得困难的状态,是教育和医学界特别关注的一类心理行为发育障碍。对LD的研究及临床矫治和干预工作,都需要能够从儿童总体中快速甄别诊断出 LD儿童。

鉴于以往诊断 LD 所采用的认知测验、神经心理测验和学能测验费时费工、较难对矫治措施的建立提供直接的依据、跨文化效度下降等局限,美国心理和语言学家 Myklebust 等于 1981 年编制了学习障碍儿童筛查量表（Pupil Rating Scale Revised Screening for Learning Disabilities,PRS）。Myklebust 认为 LD 儿童的缺陷特征主要表现在语言和运动能力两个方面,因此该量表从这两方面入手,主要是通过教师或医生对儿童在言语和非言语两方面的行为表现评定计分,以筛查出 LD可疑的儿童。PRS 经临床与教育应用,其信度与效度得到了充分的肯定,并被译成多种语言在许多国家使用。1994 年静进等对 PRS 进行了翻译、测试和修订。

【内容及实施方法】

PRS 由言语和非言语两个类型评定表及 5 个行为区构成。5 个行为区分别是:A 区,听觉理解和记忆;B 区,语言;C 区,时间和方位判断;D 区,运动;E 区,社会行为,共 24 个项目。该量表的适用年龄是 3～15 岁,一般由教师或医生进行评定,根据儿童表现以 5 级评分法计分:"最低"记 1 分,"平均偏下"记 2 分,"平均"记3 分,"平均偏上"记 4 分,"最高记"5 分。评定分型有言语型 LD 和非言语型 LD两类。

【测量学指标】

对小学生和初中生分别进行了测评。随机整群抽取广州市 1～6 年级小学生共 1047 人,各年级 170 人左右,其中男生 527 人,女生 520 人,年龄为 7～14 岁。随机整群抽取广州市初中 1～3 年级学生 540 名,其中男生 274 名,女生 266 人,年龄为 11~15 岁。

(1)内部一致性信度。在小学生样本中,5 个行为区内部一致性(α 系数)分别为 0.910、0.939、0.832、0.894、0.875,量表的内部一致性在可接受范围内。

(2)评定者间一致性信度。对 120 名儿童两个评定者间的评定结果进行了 Pearson 相关分析,结果显示听觉理解和记忆、语言、时间和方位判断、运动、社会行为、言语性分数、非言语性分数、总分的评定者间一致性相关系数分别为 0.91、0.85、0.82、0.96、0.93、0.87、0.95、0.93($P<0.01$)。在 90 名初中生中,听觉理解和记忆、语言、时间和方位判断、运动、社会行为、言语性分数、非言语性分数、总分的评定者间一致性相关系数分别为 0.972、0.980、0.980、0.962、0.988、0.990、0.980、0.984($P<0.01$)。说明 PRS 的评定者一致性较理想。

(3)效标关联效度。以筛出的 LD 儿童及按其年龄性别匹配的对照组正常儿童为对象,以联合型瑞文测验(CRT)测得的智商(IQ 值)为效标,比较 PRS 与言语性分数、非言语性分数和总分的相关性,结果显示在小学生中效标相关系数分别为 0.5033、0.3921、0.4521,呈中度正相关($P<0.01$);在初中生中效标相关系数分别为 0.578、0.479、0.448($P<0.01$),在可接受范围内。

(4)预测效度。在小学生样本中,以 LD 和对照组儿童期末语文和数学成绩作为效标,与言语性分数、非言语性分数和总分值间进行了相关性分析,相关系数介于 0.53~0.63($P<0.01$)。表明 PRS 量表的效度值在理想范围内。

(5)结构关联效度。将 PRS 量表的 24 个项目作为变量,采用主因素分析,并经方差最大正交旋转,结果抽出了 3 个主因素:第一因素负荷的单元有听觉理解和记忆、词汇、表达,主要是反映被评儿童一般语言能力的单元,故将其命名为"词语性因素";第二因素负荷的单元为关系、方位判断及运动能力,主要是反映被评儿童操作能力的单元,故命名为"操作性因素";第三因素负荷主要是反映儿童社会交往中的行为与适应能力的项目,故命名为"社会适应性因素"。3 个因素的特征值分别为 6.44、5.59、4.741,共累计解释 68.89%的总方差,载荷了全量表的大部分信息。

【结果分析与应用情况】

评定标准:量表总分<65 分者,即为 LD 可疑儿童。其中言语型(A 和 B 行为区)得分<20 者为言语型 LD;非言语型(C、D 和 E 行为区)得分<40 者为非言语型 LD。

应用 PRS 修订量表,对广州市中小学生进行了初步筛查。量表各项目得分值介于 2.90~3.66;各区得分均值 C 区最高,B 区最低;各项得分值男童均低于女童。与美国和日本的资料比较,总体 24 个项目的得分均值十分接近,与原量表基本相符。在 5 个行为区中,B 区得分较美国和日本低,而 C 区和 D 区得分高于美国和日本。LD 可疑儿童筛出率为 8.3%~15.1%,接近欧美国家报道的 10%~23%,亦同于国内其他报道。依据美国国家学习障碍联合委员会（NJCLD,1988）诊断标准对筛查出的 LD 可疑儿童进行了检测,结果显示符合诊断者达 79.3％,LD 实际存在率为 6.6％,表明 PRS 具有较好的鉴别作用。

（静　进　黄　旭）

参 考 文 献

[1] 静进,余森,邓桂芬.学习能力障碍筛查量表的修订和在小学生中的试用.心理发展与教育,1995,1(2):24-29.

[2] 静进,森永良子,海燕,等.学习障碍筛查量表的修订与评价.中华儿童保健杂志,1998,6(3):197-200.

[3] 静进,郑扬优.学习障碍筛查量表在初中生中试用报告.中国行为医学科学,1995,4(4):190-192.

附:学习障碍儿童筛查量表(PRS)

（Myklebust 等编制）

指导语:该量表系学习障碍儿童筛查量表。一般由了解儿童的教师或心理医生填写。目的在于短时间内筛查和发现学习障碍儿童,为他们今后采取针对性教育措施而服务。

量表由 5 个部分共 24 个项目组成。5 个部分的内容分别是:A. 听觉理解和记忆;B. 语言;C. 时间和方位判断;D. 运动;E. 社会行为。由了解被测儿童的教师或医生根据儿童的上述行为表现进行评估填写。要求教师至少与被测儿童相处 1 个月以上。本表不宜由家长填写。

评定方法:5 级评分法。

条目及级别	对应分数	具体评定方法
(1)最低	1	在每一项目中,从下列 5 个级别条目中,选择最接近该儿童情况
(2)平均偏下	2	的级别,将其对应的分数填入后面的方格内
(3)平均	3	
(4)平均偏上	4	
(5)最高	5	

评定时,要注意以下几点。

(1)为使评定客观而准确,评定前应尽可能多了解和观察被测儿童。

(2)被测儿童可能在某项上得高分,而在另一项上得低分,应避免"在学习项目上得高分的儿童肯定在运动项目上也会得高分"等诸如此类的主观判断。

(3)应尽可能按顺序逐项进行评定,以免遗漏。

(4)评定人数一次不要超过 30 名,即每一名教师评定儿童超过 30 名时应分几次进行,否则会影响评定结果的准确性。

评 定 内 容

学校:_____ 班级:_____　　评定日期:_____年_____月_____日

姓名:_____ 性别:男____女____　　出生日期:_____年_____月_____日

一、听觉理解和记忆

1. 词汇理解能力　　　　　　　　　　　　　　　　　　[　　]
   - (1)对词汇的理解能力明显低下和不成熟
   - (2)掌握简单词汇较困难,与同龄儿童相比,较易弄错词的意思
   - (3)词汇理解能力与年龄相符
   - (4)词汇理解能力较同年级儿童良好
   - (5)词汇理解能力非常出色,且能理解较多的抽象概念

2. 服从指令的能力　　　　　　　　　　　　　　　　　[　　]
   - (1)不能听从指令或听到指令不知所措。
   - (2)虽能听从指令,但需要他人帮助才能执行
   - (3)服从指令水平与年龄相符
   - (4)能理解和服从同时发出的若干指令
   - (5)理解和服从指令的能力非常出色

3. 在班级内交谈的能力　　　　　　　　　　　　　　　[　　]
   - (1)交谈困难,不理解同学间的交谈,不注意交谈内容
   - (2)虽然在听,但不能很好地理解,注意力不太集中
   - (3)交谈能力与其年龄相符,能参与交谈,并做出相应回答
   - (4)有较好的交谈能力,能够通过交谈理解话题
   - (5)积极参与同学间的交谈,并表现出出色的理解能力

4. 记忆力　　　　　　　　　　　　　　　　　　　　　[　　]
   - (1)记忆力差,重复强调也难以记住
   - (2)重复多次,才能记住简单的事情或顺序
   - (3)记忆力与年龄相符
   - (4)能够记住多种信息,并能较好地复述记过的事情
   - (5)记忆力强,能够记住事物的细节,并能准确地复述记忆

二、语言

5. 词汇　　　　　　　　　　　　　　　　　　　　　　[　　]
   - (1)词汇缺乏,用词幼稚,极少使用形容词
   - (2)用词限于名词或动名词,使用形容词少,描述事物的词汇有限
   - (3)使用词汇的能力与其年龄相符
   - (4)词汇掌握优于其他同学,能够使用准确的语句,描述事物准确
   - (5)词汇能力优秀,用词精练准确,能表达抽象事物

6. 语法　　　　　　　　　　　　　　　　　　　　　　[　　]
   - (1)句法错误多,用词不完整,造句困难

(2)交谈中容易出现语法错误,句子不易连贯或完整

(3)语法能力与年龄相符,使用形容词和代名词等较少出错

(4)语法表述能力较强,造句和作文少有语法错误

(5)语法能力优秀,常用准确的语法交谈或表述事物

7. 口语 [　　]

(1)口语能力明显差,用词不当,词汇量有限

(2)语言表达不利索,常有停顿或语塞现象

(3)语言表达与年龄相符,同年级中等水平

(4)口语能力高于其他同学,极少有语塞或停顿表现

(5)口语流利,完整连贯表达事物,无语塞或转换话题现象

8. 表述经验的能力 [　　]

(1)讲话别人难以听懂,交流困难

(2)表述有限,很难有条理地表述个人经验

(3)表述个人经验的能力与年龄相符,属于平均水平

(4)表述能力较其他同学好,能有条理地表述个人经验

(5)表述能力很出色,能思路清晰地表述个人经验

9. 思维表达能力 [　　]

(1)不理解事物间的关系,无法连贯表述事物,思维不连贯

(2)较难讲述事物间的关系,思维条理性不强

(3)思维表达与年龄相符,表达较连贯,属于平均水平

(4)思维表达高于平均水平,能将事物与个人想法联系起来表达

(5)思维敏捷,思维表达清晰,能恰好地联系事物表达个人思想

三、时间和方位的判断

10. 时间判断能力 [　　]

(1)不懂时间概念,总是迟到或对时间要求茫然不知所措

(2)虽有一定时间概念,但常有迟到或磨蹭、拖延时间现象

(3)时间判断能力与年龄相符

(4)对时间判断较同龄儿童敏捷,迟到时有正当理由

(5)能熟练掌握时间表,并有计划地做出时间安排

11. 场地方向感 [　　]

(1)方向感极差,常在校园、操场或邻近场所迷路

(2)有一定方向感,但判断有限,偶有迷路现象

(3)方向感与年龄相符,在熟悉的场所不迷路

(4)方向感较同龄儿童好,几乎不迷路或转向

(5)方向感敏锐,能很快熟悉新的场所,从不迷路

12. 关系判断(如大小、远近、轻重等) [　　]

(1)对比能力差,总是做出错误判断

(2)对比悬殊可做出判断,但仍显得迟钝

(3)对比能力适中,判断能力与年龄相符

  (4)对比和判断能力较好,能够举一反三

  (5)对比和判断能力优秀,经常举一反三

13. 位置感 [   ]

  (1)不懂左右或东西南北,总是转向

  (2)理解左右和东西南北较差,时有转向

  (3)方向判断与年龄相符,能理解左右和东西南北

  (4)方向感良好,很少转向

  (5)方向感出色,能迅速、准确地判断方向

四、运动

14. 一般运动(如走、跑、跳、爬、攀登等) [   ]

  (1)动作极笨拙不协调,很难掌握体育课教的运动技巧

  (2)动作水平尚不及其他同学,灵活性偏差,运动技巧较差

  (3)运动水平与年龄相符,较灵活

  (4)运动能力较其他同学好,动作灵活娴熟

  (5)具有运动天赋,运动能力出色

15. 平衡能力 [   ]

  (1)平衡能力较差,经常跌倒或磕磕绊绊

  (2)平衡能力较同龄儿童差,较容易失衡或跌倒

  (3)平衡能力与年龄相符,平衡能力较灵活

  (4)平衡能力好,能较快掌握平衡技能

  (5)具有极出色的平衡能力

16. 手灵活性(如使用筷子、做手工、系纽扣、写字、绘画、持球等) [   ]

  (1)手动作极笨拙和不协调,手指灵活性极差

  (2)手动作较同龄儿童差,不太灵活

  (3)手灵活性与年龄相符,操作水平较灵活

  (4)手灵活性良好,优于同龄儿童

  (5)手动作非常灵活,能熟练操作手中物体

五、社会行为

17. 班级内的协调性 [   ]

  (1)常在班内捣乱,缺乏耐性,无法控制个人行为或反应

  (2)喜欢出风头和引起别人的注意,缺乏耐性

  (3)协调性与年龄相符,能控制个人行为,有耐性

  (4)协调能力优于同龄儿童,自控能力较强

  (5)协调能力非常出色,不用吩咐也能自控和协调周围关系

18. 注意力 [   ]

  (1)注意力完全不能集中,或极易涣散

  (2)注意听课困难,思想常溜号或走神

  (3)注意力与年龄相符,有一定的集中注意能力

  (4)注意力较同龄儿童好,能较长时间注意听讲

(5)能长时间保持注意力,能掌握听讲的要点

19. 调整顺序能力　　　　　　　　　　　　　　　[　　]

(1)做事无序,粗心大意,完全没有计划性

(2)做事顺序性较差,容易出错,不注意

(3)安排顺序能力与年龄相符,做事较有计划

(4)较同龄儿童好,能安排做事的顺序,计划性较好

(5)做事极有计划性,能够按顺序有始有终做到底

20. 对新情况的适应性(如生日聚会、联欢、旅游、课程变更等)　[　　]

(1)极易兴奋,无法自控冲动,容易制造混乱,很难适应情景变化

(2)控制力较弱,对情景变化容易过度反应,容易出错

(3)适应性与年龄相符,不易制造混乱

(4)较自信,能较快且顺利地适应新情景

(5)有独立性,适应性非常好,而且主动适应环境

21. 社会交往　　　　　　　　　　　　　　　　　[　　]

(1)别人不愿与他(她)交往,都躲着他(她)

(2)别人偶尔与他(她)交往

(3)交往能力与年龄相符,有朋友

(4)别人较喜欢与他(她)交往

(5)深受同学或伙伴欢迎

22. 责任感　　　　　　　　　　　　　　　　　　[　　]

(1)完全没有责任感,从不履行自己的责任(包括基本卫生习惯)

(2)有限的责任感,但喜欢躲避责任

(3)责任感程度与年龄相符,能够完成指定的任务

(4)责任感较同龄儿童高,可主动接受和完成任务

(5)有较强的责任心,能积极主动承担任务和责任

23. 完成任务能力(如写作业、值日、大家商定的事情等)　　[　　]

(1)即使别人帮助也无法完成

(2)在帮助和督促下能勉强吃力地完成

(3)能较好地完成任务,能力与年龄相符

(4)较同龄儿童好,在无帮助和督促下也能独立完成

(5)积极主动完成任务,无须别人督促和提醒

24. 关心他人　　　　　　　　　　　　　　　　　[　　]

(1)行为粗野霸道,无视别人的情绪或感受

(2)偏于我行我素,做事不太在乎别人的感受

(3)关心他人与年龄相符,偶有不适当的行为

(4)较同龄儿童更多地关心他人,少有不符合社会准则的行为

(5)富有同情心,经常关心他人,不做社会准则不符的事情

五、职业使命感量表(中文版)(CCS)

【概述】

职业使命感量表(CCS)由陕西师范大学心理学院张春雨于2015年编制,该量表适用于评估个体对某职业怀有一种使命感的程度,可应用于职业生涯规划和职业生涯咨询,以评定个体的职业使命感水平。该量表基于在中国人群开展的质性研究结果而编制,与西方背景下的同类量表相比,凸显了中国文化在使命感概念上的界定。

【内容及实施方法】

CCS共包括11个题目,分别测量3个维度:①导向力,强调使命是由某种力量引导着个人去趋近或接受一项职业;②意义与价值,即强调职业使命感中将职业与人生意义、人生目的、人生价值等联结起来;③利他贡献,即职业使命感中包含一种利他、希望帮助他人或对他人产生好影响的倾向。

导向力包括4个题目:3、6、8、11;意义与价值包括3个题目:4、7、9;利他贡献包括4个题目:1、2、5、10。CCS为自评量表,按照题目的描述与自己实际情况的相符合程度来进行评定。评定采用5级评分法:1=完全不符合,2=比较不符合,3=中间程度,4=比较符合,5=完全符合。见表8-3。

表8-3 CCS题目及维度

序号	量表中症状项目原文	归属维度
1	我想从事的工作要对社会有所贡献	利他贡献
2	我要从事一项能有益于他人的职业	利他贡献
3	我受到某种力量的感召而选择未来要从事的职业	导向力
4	我要找到一份能让我感到自己存在价值的工作	意义与价值
*5	我不在乎自己的职业能否造福他人或社会	利他贡献
6	我感觉有一种无形的力量推动着自己去从事某职业	导向力
7	我要在自己的职业中寻找到自己存在的意义	意义与价值
8	与其他职业相比,我认为自己理所应当去从事某职业	导向力
9	我的职业是体现我人生价值的一种方式	意义与价值
10	我要通过自己的职业做些有益于社会的事情	利他贡献
11	我感觉自己注定要去追求未来所要从事的职业	导向力

注:*为反向计分题。

【测量学指标】

量表原作者对CCS信度进行了检验。总量表得分的α系数在3个大学生样本中分别为0.83(n=394,平均年龄19.63岁),0.77(n=387,平均年龄18.99

岁），0.83（$n=518$，平均年龄 20.20 岁）。量表总分间隔半年的重测相关系数为 0.47。三因子的验证性因素分析模型拟合良好[S-B $\chi^2=64.61$；$df=41$；CFI$=0.974$；TLI$=0.965$；RMSEA$=0.038$（90% CI：0.019，0.055）；SRMR$=0.037$]，量表的跨性别等值也被研究支持。另一项针对大学毕业生（$n=340$，平均年龄 23.04 岁）的研究发现，量表得分的 α 系数在 3 个时间点分别为 0.87、0.89、0.90，间隔 3 个月的重测相关系数为 0.59，9 个月的重测相关系数为 0.43（Zhang，Hirschi & You，2021）。多项研究验证了该量表的纵向等值（Zhang et al.，2017；Zhang et al.，2018；Zhang et al.，2021）。该量表的聚合效度良好，与西方同类量表——简式版职业使命感量表得分的相关系数为 0.52。

【结果分析与应用情况】

1. 统计指标和结果分析　CCS 主要的统计指标是总分，即 11 个单项分的总和。分数越高，说明个体的职业使命感水平越高。如果使用者对分维度分感兴趣，也可以统计分维度分。

2. 应用评价

（1）CCS 简单实用，可作为自评职业使命感水平的工具。多项研究已经验证了该量表的信度和效度良好，可作为职业生涯规划和咨询中的测评工具加以使用。纵向研究发现，个人在 CCS 上的得分呈缓慢下降趋势，即个人的高水平职业使命感较难一直维持在高水平。

（2）该量表主要应用在我国人群，以大学生为主，目前还未有该量表的常模数据。

（张春雨）

参 考 文 献

[1] Zhang C，Herrmann A，Hirschi A，et al. Assessing calling in Chinese college students：Development of a measure and its relation to hope. Journal of Career Assessment，2015，23（4）：582-596.

[2] Zhang C，Hirschi A，Dik BJ，et al. Reciprocal relation between authenticity and calling among Chinese university students：A latent change score approach. Journal of Vocational Behavior，2018，107：222-232.

[3] Zhang C，Hirschi A，Herrmann A，et al. The future work self and calling：The mediational role of life meaning. Journal of Happiness Studies，2017，18（4）：977-991.

[4] Zhang C，Hirschi A，You X. Trajectories of calling in the transition from university to work：A growth mixture analysis. Journal of Career Assessment，2021，29（1）：98-114.

附：职业使命感量表（中文版）（CCS）

（张春雨编制）

指导语：以下是关于你的职业行为的描述，请仔细阅读下列描述，并回答它们与你的实际情况相符合的程度。数字代表的程度依次递增，下面的说明供你参考：1＝完全不符合，2＝比较不符合，3＝中间程度，4＝比较符合，5＝完全符合。

题目内容	完全不符合	比较不符合	中间程度	比较符合	完全符合
1. 我想从事的工作要对社会有所贡献	☐	☐	☐	☐	☐
2. 我要从事一项能有益于他人的职业	☐	☐	☐	☐	☐
3. 我受到某种力量的感召而选择未来要从事的职业	☐	☐	☐	☐	☐
4. 我要找到一份能让我感到自己存在价值的工作	☐	☐	☐	☐	☐
*5. 我不在乎自己的职业能否造福他人或社会	☐	☐	☐	☐	☐
6. 我感觉有一种无形的力量推动着自己去从事某职业	☐	☐	☐	☐	☐
7. 我要在自己的职业中寻找到自己存在的意义	☐	☐	☐	☐	☐
8. 与其他职业相比，我认为自己理所应当去从事某职业	☐	☐	☐	☐	☐
9. 我的职业是体现我人生价值的一种方式	☐	☐	☐	☐	☐
10. 我要通过自己的职业做些有益于社会的事情	☐	☐	☐	☐	☐
11. 我感觉自己注定要去追求未来所要从事的职业	☐	☐	☐	☐	☐

注：*为反向计分题。

六、职业同一性量表（VIM）

【概述】

职业同一性量表（vocational identity measure[①]，VIM）由 Gupta 等基于 Holland 的理论于 2015 年编制。Holland 认为，职业同一性是个体对与职业相关的计划、目标及其与自身兴趣、特长关系认识的清晰程度。中文版 VIM 由韦嘉等（2020）在中国大学生群体进行了信效度检验。VIM 为单维结构，内容涵盖了求职前期、求职期和任职期等不同情境，主要体现了职业同一性的跨情境的特征，强调结果而非个体对职业生涯的探索、再思考过程。

[①] measure 对应的中文为"测量"，但 VIM 的开发过程与汉化过程，均遵照测量学规范进行了信效度检验，因此本文处于符合习惯的考虑，将其意译作"量表"。

【内容及实施方法】

(一)项目和评定标准

VIM 共有 23 个条目,其中包括 2 个反向计分题。VIM 采用自评形式,让被试者根据指导语提示,按"完全不同意"到"完全同意"进行李克特 5 级评分。分数越高,表明自己对与职业相关的兴趣、目标和才能等的认识越清晰,即职业同一性水平越高。

(二)评定注意事项

表格由评定对象自行填写。在填表前必须让评定对象把填表说明、填表方法及问题内容看明白。文盲或半文盲一般不宜作为评定对象。如有特殊需要,可由评定员念给其听,然后在表格中注明,供分析时参考。一般 5 分钟左右可以完成。

评定时应该注意:本量表的第 12、17 题为反向计分题,被试者必须认真阅读题干内容,以免误答。

【测量学指标】

在韦嘉等(2020)的研究中,VIM 的信度指标良好,量表得分的 α 系数为 0.94($n=1025$)和 0.93($n=625$)。4 周后重测信度系数为 0.79。

单因子模型验证性因素分析的主要指标:$\chi^2/df=3.32$,CFI$=0.89$,TLI$=0.88$,RMSEA$=0.05$,SRMR$=0.06$。

【结果分析与应用情况】

1. 统计指标和结果分析　VIM 的分析较简单,主要的统计指标是量表总分。由于有 2 个反向计分条目,研究者也可考虑在计分时不将其纳入。

2. 应用评价　在当前"学生中心、产出导向"的教育思想下,高等教育日益重视所谓"出口"环境,因此在大学生群体中职业同一性还可用作情感教育目标的评价指标。在韦嘉等的研究中,VIM 得分与职业使命感量表(CCS)中利他贡献、导向力、意义与价值 3 个分量表得分的相关系数依次为 0.47、0.65 和 0.51($P<0.01$);与个体的专业满意度呈中等正相关($r=0.37$,$P<0.001$),或可暗示在后续研究中,可继续考察职业同一性与课程设置、授课质量乃至实习实践等的关系。

(韦　嘉　毛秀珍　卢德生)

参 考 文 献

[1] 韦嘉,毛秀珍,卢德生.中文版职业同一性量表在大学生群体中的信效度检验.中国临床心理学杂志,2020,23(5):932-936.

[2] Gupta A,Chong S,Leong FT. Development and validation of the vocational identity measure. Journal of Career Assessment,2015,23(1):79-90.

附:职业同一性量表(VIM)

（Gupta 编制）

指导语:我们想了解一下你对自己当前状态的看法,请仔细阅读下列陈述,回答你对各条陈述的赞同程度。请圈选出相应的数字。数字代表的赞同程度依次递增,首尾数字代表的含义为:1="完全不同意",5="完全同意"。

1. 我很清楚自己想做什么,并且具备做好它的适当能力	1	2	3	4	5
2. 我相信无论选择做什么工作,我都会有出色的表现	1	2	3	4	5
3. 我的能力与我感兴趣的工作相符	1	2	3	4	5
4. 我知道自己毕业后想从事什么职业	1	2	3	4	5
5. 我很清楚自己对什么职业感兴趣	1	2	3	4	5
6. 我可以很容易地向招聘人员描述我理想的工作	1	2	3	4	5
7. 我知道我今后的人生想做什么样的工作	1	2	3	4	5
8. 我很清楚工作中的自己是什么样子	1	2	3	4	5
9. 我的兴趣与我的职业目标一致	1	2	3	4	5
10. 决定自己从事什么工作对我而言没有问题	1	2	3	4	5
11. 我非常坚定地知道自己想要从事的工作	1	2	3	4	5
*12. 面对自己想从事的工作我很难做出选择	1	2	3	4	5
13. 我知道自己将来乐于从事的职业	1	2	3	4	5
14. 我很坚定地选择了自己打算从事的职业	1	2	3	4	5
15. 我知道什么样的工作最适合自己	1	2	3	4	5
16. 我很乐意展望自己毕业后想要从事的工作	1	2	3	4	5
*17. 我不能决定我要做什么工作来谋生	1	2	3	4	5
18. 我对自己想从事的工作有很好的了解	1	2	3	4	5
19. 我觉得我选择的职业是最适合自己的	1	2	3	4	5
20. 我觉得我对未来的职业道路是明确的	1	2	3	4	5
21. 我有自己想要追寻的职业目标	1	2	3	4	5
22. 无论我选择从事何种职业,它都最能体现"我是谁"	1	2	3	4	5
23. 我很清楚自己毕业后想做什么工作	1	2	3	4	5

注: * 为反向计分题。

七、职业延迟满足量表(ODGS)

【概述】

职业延迟满足(occupational delay of gratification)是指个体在其职业领域中,为了在未来获得更多的回报,或达到更高的职业目标,而甘愿放弃眼前相对较小利益的抉择取向,以及在等待或实现目标的过程中进行自我控制和克服困难、努力实现长远目标的能力,它是一种职业成熟的表现。

职业延迟满足量表(occupational delay of gratification scale,ODGS)由梁海霞和戴晓阳于2008年编制,该量表在参考以往延迟满足研究的基础上,提出了职业延迟满足的操作性定义,通过整合延迟满足的两个经典实验研究范式——自我延迟范式和礼物延迟范式,建构了职业延迟满足的理论维度。该量表理论结构包括职业延迟满足过程和延迟满足特质两大部分,其中职业延迟满足过程又可分为延迟选择和延迟维持两个阶段,延迟满足特质也包含延迟信念和延迟行为两个方面的内容。

【内容及实施方法】

ODGS是一个自评量表,包括职业延迟满足过程和延迟满足特质2个分量表,前者包括延迟选择和延迟维持2个维度,后者包括延迟信念和延迟行为2个维度,共24个条目。采用迫选法,选择"延迟满足"记1分,选择"及时满足"记0分。

【测量学指标】

正式样本为职业性质和地区各不相同的工作者550例,兼顾职位的高、中、低,性别构成比及婚姻、学历等可能对研究结果产生影响的众多人口学变量的均衡。各条目通俗度介于0.47~0.92,鉴别指数均在0.30以上。

职业延迟满足过程分量表和延迟满足特质分量表的内部一致性(α系数)分别为0.787和0.610,全量表为0.809。采用皮尔逊积差相关方法计算间隔2周后的重测信度,职业延迟满足过程分量表、延迟满足特质分量表和全量表的重测信度分别为0.655、0.982和0.971(P均<0.01)。

在结构效度方面,对2个分量表的条目分别进行探索性因子分析,采用主成分因子分析法,方差最大化正交旋转,职业延迟满足过程分量表特征根大于1的因子有2个,与假设的两因子模型相吻合;延迟满足特质分量表特征值大于1的因子也有2个,也与假设的两因子模型相吻合。在效标效度方面,编制者对正式施测的550例样本同时施测张静红和戴晓阳2008年3月修订的通用延迟满足量表,结果表明总量表与通用延迟满足量表的总分相关系数为0.456($P \leqslant 0.01$),职业延迟满足过程分量表和延迟满足特质分量表与其相关系数分别为0.268($P \leqslant 0.05$)和0.457($P \leqslant 0.01$)。在实证效度方面,采用对被试者工作绩效的定量评估结果作为效标来加以验证。结果显示,ODGS与工作绩效的评估结果的相关系数达到

$0.819(P \leqslant 0.01)$,具有良好的实证效度。

【结果分析与应用情况】

各条目标准答案如下(记 1 分)。

1. A	5. B	9. B	13. B	17. A	21. B
2. B	6. B	10. B	14. A	18. A	22. A
3. A	7. B	11. B	15. B	19. B	23. A
4. A	8. B	12. B	16. A	20. B	24. A

1. 职业延迟满足过程分量表　包括 1、2、5、9、12、13、15、16、18、20、21、22、23 共 13 个条目,主要反映被试者在职业领域的延迟满足能力。

2. 延迟满足特质分量表　包括 3、4、6、7、8、9、10、11、14、17、24 共 11 个条目,主要反映被试者一般的延迟满足特征。

所有 24 个条目得分之和即为该量表的总分,反映了被试者职业延迟满足的总体状况。

在具体运用时,使用者可以同时用 2 个分量表来测量被试者的职业延迟满足能力,也可针对具体情况分别选用。由于该量表刚完成编制工作,实际应用效果尚有待后续研究进一步评估。

(梁海霞　戴晓阳)

参 考 文 献

[1] Bembenutty H, Karabenick SA. Inherent Association Between Academic Delay of Gratification, Future Time Perspective, and Self-Regulated Learning. Educational Psychology Review, 2004, 16(1):35-57.

[2] Bembenutty H. Sustaining motivation and academic goals:The role of academic delay of gratification. Learning and Individual Differences, 1999, 11(3):233-257.

附:职业延迟满足量表(ODGS)

(梁海霞、戴晓阳编制)

指导语:你好! 这是一份关于职业延迟满足的量表。下面是一些与工作、生活有关的情景,不存在好坏和对错之分,请按照你的真实想法在 A 和 B 两个选项中选择一项,在选项上画 "√",不要多选也不要漏选。如果你从未经历过某种情景,就请你想象一下,然后做出选择。我们承诺对你的资料严格保密。完成这份问卷可能会耽误你一点宝贵的时间,在此向你表示衷心的感谢!

请先认真填写以下个人资料:

①年龄:_____　②性别:男□　女□　③婚否:已婚□　未婚□　④已参加工作时间:_____

⑤文化程度:小学□　初中□　高中□　大专□　本科□　硕士及硕士以上□

⑥职务:一般员工□　主管□　部门经理□　经理及经理以上□

1. 当选择了一个难度很大的工作,并且做得很辛苦的时候,你通常的想法是:
   A. 具有挑战性的工作更能证明自己的能力
   B. 很后悔当初选择了这个难度大的工作

2. 假设你参加一项专业技术职称考试,但是几次都没有通过,你会:
   A. 放弃努力
   B. 坚持努力

3. 在你小时候,如果让你在以下两个情景之间选择,你会选择:
   A. 需要等待一段时间,可以得到一个较大的礼物
   B. 马上得到一个小礼物

4. 假设你心爱的人在你的生日宴会时迟到了很久才来,而且没有合理的解释,你的怨气或愤怒情绪会:
   A. 强忍下去,事后找恰当的机会再告诉他/她
   B. 当时就表现出来

5. 工作的压力很大,让你觉得很难受的时候,你通常会:
   A. 想办法换个压力小一点儿的工作
   B. 寻找缓解压力的方法,继续把工作做好

6. 在你小时候,对于你的零花钱,你通常的做法是:
   A. 马上花掉,买自己想要的小东西
   B. 把它一点点地攒起来,以便实现一个"大"愿望

7. 如果你逛街时看到一件你很喜欢但比较贵的物品时,你通常的做法是:
   A. 等过段时间打折了再买
   B. 迫不及待地买了它

8. 对于自己的人生道路,你通常的选择是:
   A. 从不给自己制定什么具体的目标,只要过好每一天就行
   B. 规划出各阶段的具体目标,并努力地实现每一个目标

9. 假如现在你工作的单位有两个职位可以竞争上岗,你会选择:
   A. 很容易竞争到的,但不是自己很喜欢的职位
   B. 很难竞争到的,但是自己很喜欢的职位

（续　表）

10. 小时候，如果你在学校得到一个包装精美的奖品，你会在什么时候打开它：
    A. 迫不及待地马上打开
    B. 回家路上或到家后再打开

11. 在日常生活中对于承诺的事情，你通常的做法是：
    A. 如果兑现承诺的难度太大就放弃
    B. 只要承诺了，就一定要兑现

12. 假如在你找工作的时候遇到两家公司可供选择，你会选择：
    A. 甲公司起薪较高，但是各种培训机会较少
    B. 乙公司起薪较低，但可以获得较多的培训和学习机会

13. 假如你主动承担的一个项目，结果不太理想，以后你的做法是：
    A. 避免承担把握不大的项目
    B. 总结经验，仍会承担一些具有挑战性的项目

14. 如果在生活中，有些你追求的东西总是得不到，你通常的想法是：
    A. 相信会成功，只是时机不到
    B. 怀疑自己的能力，想放弃

15. 工作中，你更愿意选择：
    A. 短时间就可以出成果的小项目
    B. 耗时较长，但成果卓著的大项目

16. 当你所选择的工作在开始一段时间后，你发现这是一件相当棘手的任务，需要付出很大的
    努力，此时你可能会：
    A. 既然已经开始，就要坚持做完，尽管会很辛苦
    B. 趁早放弃算了，不如换个简单、力所能及的工作来做

17. 当你有一些余钱的时候，你通常会：
    A. 自费参加职业培训和继续教育
    B. 添置一些平时喜欢的东西

18. 假设你工作几年后发现离自己最初制定的目标还很远，这时你会：
    A. 坚持最初的目标，继续努力
    B. 调整最初的目标，退而求其次

(续　表)

19. 在你小时候,对于想要的东西,你会:

A. 迫不及待地要得到它

B. 可以控制自己忍耐一段时间再得到它

20. 如果你是一个公司的中层管理者,你会选择做哪个团队的管理者:

A. 目前较好的团队

B. 暂时不太好但很有潜力的团队

21. 假如你选择了一个暂时处于下风但很有潜力的团队工作,开始做后才发现工作中困难重重,而此时公司中较优秀的团队邀请你加入,你会:

A. 离开原来的团队,加入较优秀的团队

B. 留在原来的团队,领导大家一起努力,共渡难关

22. 如果你有机会继续学习深造,但是要放弃现在稳定的工作,在这种情况下,你的选择是:

A. 放弃工作,学习深造

B. 不去学习,继续工作

23. 假设在你争取一个大客户的过程中,遇到很多始料不及的困难,这时你会:

A. 继续寻找突破口,争取拿下

B. 转而争取其他一些容易完成的客户

24. 在你的成长经历中,当需要决定一件事情的时候,你通常的做法是:

A. 会经过深思熟虑再决定,一般都不会后悔

B. 会立即做出一个决定,尽管以后常为此而后悔

八、Aitken 拖延行为问卷(API)

【概述】

拖延又称拖沓,其本来的含义是"在明天之前把事情做好"。后来,拖延开始有了道德含义,它意味着个体没有履行自己应该履行的义务。拖延是一个普遍和复杂的现象,有调查发现,25%的成人承认拖延是他们生活中的一个严重问题,而40%的人认为拖延行为已经造成他们经济上的损失。Aitken 拖延行为问卷(Aitken procrastination inventory,API)是 Aitken 于 1982 年编制的一个用于评估大学生长期持续拖延行为的自评量表。

【内容及实施方法】

API 是一个单维度的自评量表,由 19 个条目构成。采用 5 级评分法,即"完全不符合"记 1 分,"基本不符合"记 2 分,"不确定"记 3 分,"基本符合"记 4 分,"完全符合"记 5 分,其中 2、4、7、11、12、14、16、17、18 共 9 个题目需要反向计分。

【测量学指标】

样本为某大学 1～4 年级(比例基本相等)的本科学生 391 人,收回有效问卷 380 份。其中男女生比例约为 45:55,文科和理工科学生各占一半。

(1)各项目与总分的相关和鉴别指数。各项目与总分的相关性均达到显著水平($P<0.01$);除项目 5 外,其余项目与总分的相关系数均高于 0.2,平均为 0.482。各项目的鉴别指数介于 0.13～0.479,平均为 0.327。

(2)信度。Cronbach's α 系数为 0.802($P<0.001$)。间隔 1 周后对 38 名二年级学生进行重测,采用积差相关方法计算重测信度,结果为 0.705($P<0.001$)。

(3)效标效度。API 得分与自我效能量表得分的皮尔逊积差相关系数为 -0.40($n=138$,$P<0.01$),提示自我效能高者倾向于较少的拖延行为。

(4)实证效度。将 138 名学生 5 次完成课程作业实际天数的平均值作为反映实际学业拖延行为的指标,采用积差相关方法计算本量表总分和平均完成作业的天数之间的相关,结果显示相关系数为 0.727($P<0.001$)。将平均实际完成作业的天数作为因变量,将 API 得分作为自变量,计算了一个用于预测大学生作业拖延的回归方程 $\hat{Y}=a+bX$,其中 $\hat{Y}$ 代表实际完成作业天数的估计值,X 代表 API 的得分,常数 $a=-2.922$,系数 $b=0.146$。测定系数 $r^2=0.529$,即 API 可以解释学生实际拖延行为 52.9% 的方差。

【结果分析与应用情况】

有研究认为,自我效能感较强的学生通常较少出现拖延行为。Haycock 认为,自我效能感的高低能够预测拖延行为是否发生。在他的研究中,141 名大学生被试者分别实施 API 和自我效能评定量表,在回归分析中发现自我效能得分可以反向预测拖延行为。而在本研究中,将学生的自我效能感也作为一个评价拖延行为的效标,结果显示它们之间存在中等程度相关,与国内外同类研究的结果相似。

(陈小莉　董　琴)

参 考 文 献

[1] 陈小莉,戴晓阳,董琴. Aitken 拖延问卷在大学生中的应用研究. 中国临床心理学杂志,2008,16(1):22-23.

附:Aitken 拖延行为问卷(API)

（Aitken 等编制）

姓名:_____　性别:男/女　　年级:大一/大二/大三/大四

专业:文/理/工　　独生子女:是/否　家庭所在地:城镇/农村

指导语:请仔细阅读下面一些关于拖延行为的问题,然后根据你自身的实际情况做出相应的选择,请在相应的数字上画"O"。答案无对错之分,请不要有任何顾虑。谢谢你的参与!

题目内容	完全不符合	基本不符合	不确定	基本符合	完全符合
1. 我总是等到最后一刻才开始做事情	1	2	3	4	5
*2. 我很注意按时归还图书馆的书	1	2	3	4	5
3. 即便某件事情非做不可,我也不会立即开始做	1	2	3	4	5
*4. 我总是能按要求的进度完成每天的任务	1	2	3	4	5
5. 我很愿意去参加一个关于如何改变拖延行为的研修班	1	2	3	4	5
6. 约会或开会时,我常常迟到	1	2	3	4	5
*7. 我会利用课间的空闲时间来完成晚上要做的事情	1	2	3	4	5
8. 做事情时我总是开始得太迟,以致不能按时完成	1	2	3	4	5
9. 我常常会在最后期限到来之前拼命地赶任务	1	2	3	4	5
10. 我开始做一件事情之前总是要磨蹭很久	1	2	3	4	5
*11. 当我认为必须要做某项工作时,我不会拖延	1	2	3	4	5
*12. 如果有一个很重要的项目,我会尽可能快地开始	1	2	3	4	5
13. 当考试期限逼近时,我常发现自己仍在忙别的事情	1	2	3	4	5
*14. 我总是能按时完成任务	1	2	3	4	5
15. 我总是要在最后期限即将来临时才会认真做这件事	1	2	3	4	5
*16. 当有一个重要的约会时,我会提前一天把要穿的衣服准备好	1	2	3	4	5
*17. 我在参加学校的活动时,一般都到得比较早	1	2	3	4	5
*18. 我通常能按时上课	1	2	3	4	5
19. 我会过高地估计自己在指定时间内完成大量工作的能力	1	2	3	4	5

注:*为反向计分题。

九、变革型领导问卷（TLQ）

【概述】

变革领导（transforming leadership）这一概念最早是由 Burns 提出来的。Burns（1978）通过对政治领导的描述性分析，认为变革领导是"领导和下属之间彼此互相提升成熟度和动机水平的过程"。Bass（1985，1995）发展了 Burns 的概念，并提出了"变革型领导（transformational leadership）"的概念，他认为变革型领导通过让员工意识到所承担任务的重要意义，激发下属的高层次需要，建立互相信任的氛围，促使下属为了组织的利益不惜牺牲自己的利益，并达到超过原来期望的结果。自变革型领导这一概念诞生以来，就受到了学术界和企业、公共组织等领域的大量关注。在变革型领导的研究中，变革型领导与领导有效性之间的关系是研究的重点。大量实证研究表明，变革型领导对员工对领导的满意度、组织承诺、工作动机与领导者有效性均有显著的影响。

李超平、时勘（2005）根据 Burns、Bass 等对变革型领导的定义，在国内发展了变革型领导理论，并开发了变革型领导问卷（transformational leadership questionnaire，TLQ）。该理论基于早期西方的一些研究，但得出的中国情境下变革型领导的 4 个维度与国外不完全相同，具体包括德行垂范、愿景激励、领导魅力与个性化关怀。测量的各项指标表明，该量表具有良好的信度与效度。

【内容及实施方法】

TLQ 包括德行垂范、愿景激励、领导魅力与个性化关怀 4 个维度，共 26 个题目。采用 5 级评分方法，即"非常同意"记 5 分，"比较同意"记 4 分，"不好确定"记 3 分，"比较不同意"记 2 分，"非常不同意"记 1 分。

【测量学指标】

总共调查了 6 家企业，发放问卷约 520 份，实际回收问卷 456 份。当所有问卷回收之后，进行废卷处理的工作，将空白过多、反应倾向过于明显的问卷剔除，最后得到有效问卷 440 份。在数据分析方面，先从内部一致性（Cronbach's α）系数、单题与总分相关（item-total correlation）系数及删除该题后内部一致性系数的变化 3 个方面对愿景激励、德行垂范、领导魅力和个性化关怀 4 个维度进行项目分析和信度分析。然后，采用统计软件包 Amos 4.0 进行了 CFA。

该研究首先采用主成分分析方法对调查样本（$n = 440$）进行探索性因素分析，并用方差极大正交旋转方法对特征值大于 1 的 3 个初始因子进行旋转，最终得到一个三因子模型：愿景激励、德行垂范、领导魅力和个性化关怀。这 4 个维度的内部一致性系数分别为 0.88、0.92、0.84、0.87，均高于信度的推荐要求值（0.70）。从题目与总分的相关来看，所有题目与总分的相关性均比较高，而删除任何一道题目之后都不会引起信度的提高。因此，从项目分析与信度分析的结果来看，TLQ

的题目设计是合理的、有效的。

验证性因素分析的结果表明，四因子模型的各项拟合指数均达到或接近先定的标准，RMSEA 值为 0.06，χ^2/df 为 2.89，GFI、NFI、IFI、TLI 和 CFI 都达到或接近 0.9，这也进一步说明了 TLQ 的四因素结构得到了数据的支持。

另外，评价测量模型好坏的指标还包括每个观测变量在潜变量上的负荷，以及误差变量的负荷。一般来说，观测变量在潜变量上的负荷较高，而在误差上的负荷较低，则表示模型质量好，观测变量与潜变量的关系可靠。该研究中每一个项目在相应潜变量上的负荷都比较高，最低值为 0.62，最高值达到了 0.81；除了个别题目外，误差负荷都在 0.4 或更低的水平。这说明每一个观测变量对相应潜变量的方差解释率较大，而误差较小。

【结果分析与应用情况】

1. 德行垂范分量表　包括 1、2、3、4、5、6、7、8 共 8 个条目，主要反映被试者认为自己具有奉献精神，能够不计较个人得失、为了集体利益甘愿牺牲自我利益，能够与员工同甘共苦，不图私利，严格要求自己等。

2. 愿景激励分量表　包括 9、10、11、12、13、14 共 6 个条目，主要反映被试者认为自己能够向员工描述未来，让员工了解单位/部门的前景，为员工指明奋斗目标和发展方向，向员工解释所做工作的意义等。

3. 领导魅力分量表　包括 15、16、17、18、19、20 共 6 个条目，主要反映被试者认为自己业务能力过硬、思想开明，具有较强的创新意识和事业心，工作上非常投入，能用高标准来要求自己的工作等。

4. 个性化关怀分量表　包括 21、22、23、24、25、26 共 6 个条目，主要反映被试者认为自己在领导过程中考虑了员工的个人实际情况，为员工创造成长的环境，关心员工的发展、家庭和生活等。

（李超平）

参 考 文 献

[1] 李超平,时堪.变革型领导的结构与测量.心理学报,2005,37(6):803-811.
[2] 李超平,田宝,时堪.变革型领导与员工工作态度:心理授权的中介作用.心理学报,2006,38(2):297-307.

附：变革型领导问卷（TLQ）

（李超平、时堪编制）

指导语：请你根据自己的实际感受和体会，用下面 26 项描述对你所在部门/团队的负责人进行评价和判断，并在最符合的数字上画"○"。评价和判断的标准如下：①＝非常不同意，②＝比较不同意，③＝不好确定，④＝比较同意，⑤＝非常同意。

1. 廉洁奉公,不图私利	①	②	③	④	⑤
2. 吃苦在前,享受在后	①	②	③	④	⑤
3. 不计较个人得失,尽心尽力工作	①	②	③	④	⑤
4. 为了部门/单位利益,能牺牲个人利益	①	②	③	④	⑤
5. 能把自己个人的利益放在集体和他人利益之后	①	②	③	④	⑤
6. 不会把别人的劳动成果据为己有	①	②	③	④	⑤
7. 能与员工同甘共苦	①	②	③	④	⑤
8. 不会给员工穿小鞋,搞打击报复	①	②	③	④	⑤
9. 能让员工了解单位/部门的发展前景	①	②	③	④	⑤
10. 能让员工了解本单位/部门的经营理念和发展目标	①	②	③	④	⑤
11. 会向员工解释所做工作的长远意义	①	②	③	④	⑤
12. 向大家描绘了令人向往的未来	①	②	③	④	⑤
13. 能给员工指明奋斗目标和前进方向	①	②	③	④	⑤
14. 经常与员工一起分析其工作对单位/部门总体目标的影响	①	②	③	④	⑤
15. 在与员工打交道的过程中,会考虑员工个人的实际情况	①	②	③	④	⑤
16. 愿意帮助员工解决生活和家庭方面的难题	①	②	③	④	⑤
17. 能经常与员工沟通交流,以了解员工的工作、生活和家庭情况	①	②	③	④	⑤
18. 耐心地教导员工,为员工答疑解惑	①	②	③	④	⑤
19. 关心员工的工作、生活和成长,真诚地为他们的发展提出建议	①	②	③	④	⑤
20. 注重创造条件,让员工发挥自己的特长	①	②	③	④	⑤
21. 业务能力过硬	①	②	③	④	⑤
22. 思想开明,具有较强的创新意识	①	②	③	④	⑤
23. 热爱自己的工作,具有很强的事业心和进取心	①	②	③	④	⑤
24. 对工作非常投入,始终保持高度的热情	①	②	③	④	⑤
25. 能不断地学习,以充实提高自己	①	②	③	④	⑤
26. 敢抓敢管,善于处理棘手问题	①	②	③	④	⑤

十、心理授权问卷(PEQ)

【概述】

心理授权(psychological empowerment)是个体体验到的心理状态或认知的综合体,它反映了个体对自己工作角色的一种积极定位。心理授权包含了个人对其工作角色的定位的 4 个方面的认知——能力(或自我效能)、影响力、工作意义和工作自主性(Spreitzer,1995)。能力,是个体对自己完成任务的能力的信念(Gist,

1987)；影响力，是个体对组织的战略、管理或工作结果的影响程度（Ashforth，1989)；工作意义，是指在个体自己的标准看来一项工作对个人的价值（Thomas&Velthouse,1990)；工作自主性，是个体对工作决策的自主性感觉（Avolio et al.,2004)。Spreitzer(1995)基于前人关于心理授权的一些理论，编制了心理授权问卷（psychological empowerment questionnaire,PEQ)，并通过实证研究证明了 PEQ 是一个完整的四维度结构。

国内学者李超平、时堪等(2006)对 Spreitzer 编制的测量心理授权的问卷进行了修订，先由 4 名专家独立将问卷翻译成中文，再通过讨论确定中文稿。然后，请 10 名来自不同企业、不同文化程度的员工实际填写了问卷，在问卷填写完之后对他们进行了访谈，并根据访谈结果对部分文字表述进行了修改，从而形成了 PEQ 中文版的初稿。之后，邀请 2 名英文专业的专家通过讨论将中文问卷回译成英文，并根据回译的问卷对中文版初稿进行了适当调整，最终确定了最后的中文问卷。修订后的问卷仍然包括心理授权的 4 个方面的内容，但与国外的研究有所区别。后来的一些研究表明，修订后的 PEQ 问卷在测量心理授权方面有较好的信度与效度。

【内容及实施方法】

修订后的 PEQ 是一个自评量表，包括工作意义、自我效能、工作自主性和工作影响 4 个维度，每个维度有 3 个题目，共 12 个题目。采用 5 级评分法，即从 1～5 分别为"非常不同意""比较不同意""不好确定""比较同意"及"非常同意"。在调查的过程中，要求被试者根据自己的感知对问卷中的描述在多大程度上与自己的情况相符合做出判断。

【测量学指标】

正式调查总共调查了 20 家企业，共发放问卷约 1100 份，实际回收问卷 987 份。当所有问卷回收之后，进行废卷处理的工作，将空白过多、反应倾向过于明显的问卷剔除，最后得到有效问卷 942 份。其中男性 456 人，占 48.4%；女性 367 人，占 38.9%。年龄在 29 岁以下 551 人，占 58.5%； 30～39 岁 135 人，占 14.3%；40 岁以上 53 人，占 5.6%。从学历构成来看，大专或大专以下 551 人，占 58.5%；本科 137 人，占 14.5%；本科或本科以上 51 人，占 5.4%。

本研究利用 SPSS 11.0 和 Amos 4.0 进行统计学分析。首先采用主成分分析方法，对 PEQ 进行了探索性因素分析，以特征根大于等于 1 为因素抽取的原则，并参照碎石图来确定抽取的因素数目。探索性因素分析结果表明：授权量表是一个四维结构，累计方差解释率达到了 73.78%，各个项目均负荷在相应的因子上，且具有较大的负荷；这表明 PEQ 在中国具有较好的构想效度。工作意义、自我效能、工作自主性和工作影响 4 个维度的内部一致性系数分别为 0.82、0.72、0.83、0.86，都明显高于所推荐的数值(0.70)。而验证性因素分析的结果表明：四因子模型的各项拟合指数均达到或接近预先确定的标准，RMSEA 值为 0.04，χ^2/df 为

2.22,GFI、NFI、IFI、TLI 和 CFI 分别为 0.98、0.96、0.98、0.97 和 0.98;这表明 PEQ 的四因素结构得到了数据的支持。

【结果分析与应用情况】

本问卷的基本情况如下。

1. 工作意义分量表　包括 1、2、3 共 3 个题目,主要反映被试者主观感觉到自己所从事工作的意义。

2. 自我效能分量表　包括 4、5、6 共 3 个题目,主要反映被试者对自身技能、能力及干好一项工作的自信心。

3. 工作自主性分量表　包括 7、8、9 共 3 个题目,主要反映被试者在完成一项工作时有多大程度上的独立性和自主权。

4. 工作影响分量表　包括 10、11、12 共 3 个题目,主要反映被试者对发生在本部门的一些事情的控制力和影响程度。

(李超平)

参 考 文 献

[1] 李超平,李晓轩,时堪,等.授权的测量及其与员工工作态度的关系.心理学报,2006,38(1):99-106.

附:心理授权问卷(PEQ)

(李超平等编制)

指导语:请仔细阅读下面的题目,根据你的实际情况,判断这些陈述与你的符合程度,并在每项陈述后面相应的数字上画"√"。判断标准如下:①=非常不同意,②=比较不同意,③=不好确定,④=比较同意,⑤=非常同意。

题目					
1. 我的工作对我来说非常重要	①	②	③	④	⑤
2. 工作上所做的事对我个人来说非常有意义	①	②	③	④	⑤
3. 我所做的工作对我来说非常有意义	①	②	③	④	⑤
4. 我对自己完成工作的能力非常有信心	①	②	③	④	⑤
5. 我相信自己有干好工作上各项事情的能力	①	②	③	④	⑤
6. 我掌握了完成工作所需要的各项技能	①	②	③	④	⑤
7. 在决定如何完成我的工作上,我有很大的自主权	①	②	③	④	⑤
8. 我可以自己决定如何来着手做我的工作	①	②	③	④	⑤
9. 在如何完成工作上,我有很大的机会来行使独立性和自主权	①	②	③	④	⑤

（续　表）

10. 我对发生在本部门的事情有着很大的影响力和作用	①	②	③	④	⑤
11. 我对发生在本部门的事情起着很大的控制作用	①	②	③	④	⑤
12. 我对发生在本部门的事情有着重大的影响	①	②	③	④	⑤

第 *9* 章

价值观与态度量表

一、人生意义问卷(中文版)(C-MLQ)

【概述】

西方心理学对人生意义(meaning in life)的实证研究已有 40 多年的历史,特别是伴随着积极心理学运动的兴起,对人生意义的研究更是出现了复兴的势头。人生意义被认为是心理幸福感(psychological well-being)的重要成分和(或)来源。大量的实证研究发现,人生意义在缓解考试焦虑、疾病应对、压力调节中起着重要的作用,而且生命意义能够持续地预测心理健康。

人生意义问卷(meaning in life questionnaire,MLQ)由美国学者 Steger 等于 2006 年编制,用于测量人生意义的两个因子:人生意义体验和人生意义寻求。前者是指个体目前所体验和知觉自己人生有意义的程度,后者是指个体积极寻求人生意义或人生目标的程度,各含有 5 个条目。该问卷在美国和日本大学生样本中表现出良好的信效度。

【内容及实施方法】

人生意义问卷(中文版)(C-MLQ)采用李克特 7 级评分法:1=完全不同意,2=基本不同意,3=有点不同意,4=不确定,5=有点同意,6=基本同意,7=完全同意。第 1、4、5、6、9 题测量人生意义体验;第 2、3、7、8、10 题测量人生意义寻求。

【测量学指标】

样本为来自国内三所高校的 531 名大学生,其中男生 186 人,女生 345 人;大一 198 人,大二 192 人,大三 93 人,研一 48 人;文科 220 人,理工科 311 人;来自城市 185 人,来自农村 346 人。年龄 17～34 岁,平均年龄 21 岁。全部样本由 SPSS 软件随机分成两个分样本:一个样本使用探索性因素分析(271 人),另一个样本使用验证性因素分析(260 人)。

(1)采用条目与总分的相关性作为项目区分度的指标。人生意义体验分问卷的 5 个条目与其因子分之间的相关系数介于 $0.60\sim0.71(P<0.01)$，人生意义寻求与其因子分的相关系数介于 $0.56\sim0.68(P<0.01)$，所有相关系数均达到中等以上的显著性水平，表明各条目均有较好的区分度。

（2）信度。人生意义体验和人生意义寻求的 Cronbach's α 系数分别为 0.85 和 0.82。对 38 名大二学生在间隔 1 周后进行重测，重测信度相关系数为 $0.705(P<0.001)$。

（3）聚合与区分效度。采用生活满意度量表（SWLS）、抑郁自评量表（SDS）、Rosenberg 自尊量表（RSES）、情感平衡量表（PANAS）和超越自我生命意义量表（SMLS）作为效标，完成全部效标问卷的被试者共有 466 人，其中男生 165 人，女生 301 人。各量表因子间的相关系数见表 9-1。

表 9-1 C-MLQ 与效标测量的相关矩阵（$n=466$）

项目	2	3	4	5	6	7	8
1. 人生意义体验	0.188**	0.464**	0.258**	0.235**	0.411**	−0.368**	0.217**
2. 人生意义寻求		0.025	0.054	−0.119*	0.025	0.037	0.130**
3. 整体自尊			0.285**	0.469**	0.389**	−0.631**	0.312**
4. 正性情感				0.177**	0.309**	−0.224**	0.118**
5. 负性情感					0.304**	−0.587**	0.114*
6. 生活满意度						−0.372**	0.098*
7. 自评抑郁							−0.287**
8. 超越自我生命意义							1

注：* $P<0.05$；** $P<0.01$。

表 9-1 的结果表明，人生意义体验分问卷与生活满意度和整体自尊之间存在中等程度的显著正相关（$P<0.01$），与正性情感、负性情感和自我超越生命意义之间存在较低的显著正相关（$r=0.217\sim0.258,P<0.01$），这些正相关表明了人生意义体验具有较好的聚合效度，但相关程度在中等以下则表明它们所测量的潜在建构又并非完全相同；与自评抑郁存在显著负相关（$r=-0.368,P<0.01$），则表明问卷具有较高的区分效度。人生意义寻求分问卷与自我超越生命意义和负性情感之间存在较低的相关，与其他因子均不存在显著相关。人生意义寻求与人生意义体验分问卷之间存在较低的显著正相关（$r=0.188,P<0.01$）。

（4）结构效度。与原量表分析方法一致，探索性因素分析采用主轴因子抽取法，方差极大斜交旋转法，特征值大于 1 的因素有 2 个，特征值分别为 3.23 和 1.487，两因子可解释总变异率的 51%，条目负荷相应因子的数值介于 $0.606\sim0.784$。验证性因素分析结果显示，各项目在所属因子上的因素负荷介于 $0.57\sim0.86$，量表两因子结构与数据拟合较好,各拟合指标为 $\chi^2 = 75.89, df = 34, P < 0.001, \chi^2/df = 2.23$,NFI $= 0.93$,NNFI $= 0.95$,CFI $= 0.96$,GFI $= 0.95$,AGFI $= 0.91$,RMSEA $= 0.069$。虽然 χ^2 检验拒绝原假设,但是其他各项拟合指标均达到建议值。

张姝玥和许燕(2011)将 C-MLQ 用于高中学生($n = 744$),其人生意义体验分量表和人生意义寻求分量表的内部一致性分别为 0.81 和 0.79;重测信度分别为 0.65 和 0.50。因素分析结果表明该量表在高中学生中具有较好的结构效度。

【结果分析与应用情况】

C-MLQ 具有较好的信度和效度,可以用于大学生积极心理学相关的研究,能否用于大学生以外的人群还需要进一步的考察。

张姝玥和许燕还发现地震灾区的高中学生人生意义体验和人生意义寻求分量表的得分均较未受灾地区高中生得分低($P < 0.01$),并且轻灾区与重灾区高中学生的得分差异也达到了统计学意义上的显著水平。

(王孟成　戴晓阳)

参 考 文 献

[1] 王孟成,戴晓阳.中文人生意义问卷(C-MLQ)在大学生中的适用性.中国临床心理学杂志, 2008,16(5):459-461.

[2] 张姝玥,许燕.生命意义问卷在不同受灾情况高中生中的应用.中国临床心理学杂志,2011, 19(2):178-180.

[3] Steger MF,Frazier P,Oishi S. The Meaning in Life Questionnaire:Assessing the Presence of and Search for Meaning in Life. Journal of Counseling Psychology,2006,53(1):80-93.

附:人生意义问卷(中文版)(C-MLQ)

(Steger 等编制)

指导语:首先,请你花一点时间思考一下:"对你来说,什么使你感觉到生活是很有意义的"。然后,根据下列描述与你的情况相符合的程度,在数字 1～7 中做出选择。并请你尽可能准确和真实地做出回答,下列问题的主观性很强,每个人的回答都会有所不同,答案并无对错之分。

题目内容	完全不同意	基本不同意	有点不同意	不确定	有点同意	基本同意	完全同意
1. 我很了解自己的人生意义	1	2	3	4	5	6	7
2. 我正在寻找某种使我的生活有意义的东西	1	2	3	4	5	6	7
3. 我总是在寻找自己人生的目标	1	2	3	4	5	6	7
4. 我的生活有很明确的目标感	1	2	3	4	5	6	7

（续　表）

题目内容	完全不同意	基本不同意	有点不同意	不确定	有点同意	基本同意	完全同意
5. 我很清楚是什么使我的人生变得有意义	1	2	3	4	5	6	7
6. 我已经发现了一个令我满意的人生目标	1	2	3	4	5	6	7
7. 我一直在寻找某样能使我的生活感觉起来是重要的东西	1	2	3	4	5	6	7
8. 我正在寻找自己人生的目标和"使命"	1	2	3	4	5	6	7
*9. 我的生活没有很明确的目标	1	2	3	4	5	6	7
10. 我正在寻找自己人生的意义	1	2	3	4	5	6	7

注：* 为反向计分题。

二、多维完美主义问卷（MPS）

【概述】

通常，完美主义被描述成一种人格特征、特质或一种认知行为倾向。但到目前为止完美主义还没有一个公认的定义，研究者们从不同的角度给完美主义下了不同的定义。Hewitt 从人际角度把完美主义划分为自我取向、他人取向和社会取向3 种类型，其特点是人们为自己或他人设置不切合实际的"高标准"，或接受别人为自己设立的类似标准。Hamachek 则提出正常完美主义和神经质完美主义的观点，前者是一种积极的人格特征，而后者则可能引起人们产生不适应的行为。问卷编制者在编制"多维完美主义问卷"时的操作性定义是：完美主义是以"高标准"为核心内容，并且在情绪、认知行为方面表现出适应或不适应的心理特征。多维完美主义问卷（multidimensional perfectionism scale，MPS）由王君、戴晓阳于 2008 年编制完成，MPS 的一个突出特点是提出了判断适应与不适应完美主义的划界分，并且根据被试者得分将完美主义分为完美主义适应型、完美主义不适应型、顺其自然适应型和顺其自然不适应型 4 种类型。

【内容及实施方法】

MPS 由"完美主义高标准""完美主义适应性"2 个分量表组成，正式量表包含29 个题目。采用 5 级评分法：1＝很不同意，2＝基本不同意，3＝无看法。4＝基本同意，5＝很同意。高标准分量表包含自我完美主义、他人完美主义和社会完美主义 3 个维度，得分越高说明被试者的完美主义倾向越明显。适应性分量表包括情绪和认知行为 2 个维度，得分越高表明被试者由追求完美主义所引起的不适应性表现越突出。

【测量学指标】

普通人群样本为在广东和湖北两省采集的大学生样本 858 人，其中男生 531

人,女生 327 人,平均年龄(21.08 岁±1.75)岁,性别和年龄资料缺失 11 人。临床样本为来自两所医院精神科和临床心理科的 139 例患者,其中男性 81 例,女性 58 例。患者组包括抑郁症患者 44 例,强迫症患者 69 例,社交恐惧症患者 26 例,入组标准为符合《中国精神障碍分类与诊断标准(第 3 版)》(CCMD-3)抑郁症、强迫症和社交恐惧症诊断标准的患者。

所有项目与总分都达到显著的中等相关,说明 MPS 问卷具有良好的项目区分度。在信度方面,"高标准"和"适应性"分量表的 α 系数分别为 0.74 和 0.78;其中 64 名被试者间隔 1 周的重测信度分别为 0.89 和 0.84。在效度方面,因素分析结果证明 MPS 的结构符合理论设想;效标效度检验发现,适应性分量表总分与自评抑郁量表(SDS)和 SCL-90 中强迫、焦虑和抑郁因子的相关系数为 0.28~0.60,社会完美主义维度与上述效标的相关系数为 0.32~0.43。普通人群与抑郁、强迫和社交恐惧患者比较显示,除了他人完美主义维度外,其他 4 个测量维度和 2 个分量表得分均存在统计学上的显著差异,说明 MPS 具有良好的实证效度(表 9-2)。

表 9-2　普通人群与患者方差分析结果

分量表	普通人群	患者	T	效果量(d)
高标准分量表				
自我完美主义	18.84±3.72	19.96±3.61	10.939[**]	0.30
他人完美主义	17.12±3.43	16.83±3.65	0.839[*]	−0.08
社会完美主义	10.58±3.15	12.91±4.11	60.183[***]	0.71
高标准总分	46.54±7.41	49.71±9.08	20.489[***]	0.41
适应性分量表				
情绪	23.30±6.55	30.54±7.36	141.353[***]	1.09
认知行为	15.86±3.64	17.03±3.97	12.171[**]	0.32
适应性总分	39.16±8.37	49.57±10.05	114.104[***]	0.98

注:[*] $P < 0.05$,[**] $P < 0.01$,[***] $P < 0.001$;效果量判断标准:0.2~0.5 为小效果量,0.5~0.8 为中等效果量,≥0.8 为大效果量。

【结果分析与应用情况】

(一)结果分析

1. 完美主义高标准分量表

(1)自我完美主义维度。包含 2、4、14、15、26 共 5 个条目,高分者常为自己设置超高的行为标准,并对自己进行苛刻的评价。

(2)他人完美主义维度。包含 10、11、12、19、24 共 5 个条目,高分者常为他人设置不切实际的标准。

(3)社会完美主义维度。包含 1、6、21、25、29 共 5 个条目,高分者倾向于接受别人为自己设置的不实际的标准,并作为评价自己行为的准则。

(4)分量表总分。由上述3个维度得分相加而成,共15个条目,是判断被试者是否具有完美主义心理特征及其程度的指标。

2. 完美主义适应性分量表

(1)情绪维度。由3、5、7、9、13、17、22、23、28共9个条目组成,该维度得分反映了被试者在追求高标准过程中及面对失败时常常体验到各种负性情绪的程度。

(2)认知行为维度。包含8、16、18、20、27共5个条目,该维度得分者则反映了个体在追求高标准及面对挫折时所出现的不合理的认知行为的程度。

(3)分量表总分。由情绪维度和认知行为维度得分相加而成,共14个条目,是判断被试者是否存在不适应的完美主义心理特征的指标,分数越高则说明被试者越不适应。

(二)划界分

量表编制者根据结果提出了两个划界分,将"高标准"分量表的总分是否达到50分或50分以上作为判断被试者是否具有完美主义心理特征的划界分,得分越高者越追求完美主义;将"适应性"分量表的总分是否达到46分或46分以上作为区分适应和不适应完美主义的划界分,得分越高说明被试者越不适应。根据这两个标准,普通人群样本和患者样本的总准确预测率为65.8%(灵敏度为59.7%,特异度为71.9%)。

编制者采用逐步判别方法建立了一个判别方程,适应性分量表的情绪维度和高标准分量表的他人完美主义维度最终进入方程,总准确预测率提高至70.8%(灵敏度为69.1%,特异度为71.1%)。用于分类计算的Fisher函数公式如下。

分类0(患者组)=0.596(情绪分)+1.243(他人分)-20.262

分类1(普通组)=0.428(情绪分)+1.313(他人分)-16.926

判别公式的使用方法:将测试结果高标准分量表他人完美主义维度和适应性分量表情绪维度得分分别代入两个计算公式,在哪个分类函数上得分高,该被试者则属于哪个类别。

(三)完美主义心理特征的分类

量表编制者提出,以"高标准"和"适应性"分别为X和Y轴,交叉点便是两个分量表的划界分(50分、46分),可对被试者的完美主义心理特征进一步分类。这种分类法可将被试者分为4类,即完美主义适应型(高标准分≥50分、适应分<46分)、完美主义不适应型(高标准分≥50分、适应分≥46分)、顺其自然适应型(高标准分<50分、适应分<46分)和顺其自然不适应型(高标准分<50分、适应分≥46分)。这些划界分和分型为将来的研究和临床实践提供了可操作的分类标准。

(王　君　戴晓阳)

参 考 文 献

[1] Hewitt PL，Flett GL. Perfectionism in the Self and Social Contexts：Conceptualization Assessment and association with psychopathology. Personality and Social Psychology，1991，60：456-470.

[2] Hamachek DE. Psychodynamics of normal and neurotic perfectionism. Psychology：A Journal of Human Behavior，1978，15：27-33.

[3] Rice KG，Preusser K. The adaptive/maladaptive Perfectionism Scale. Measurement and Evaluation in Counseling and Development，2002，34：210-220.

附：多维完美主义问卷（MPS）

（王君、戴晓阳编制）

性别：_____ 年龄：_____ 职业：_____ 受教育程度：_____

指导语：这是一份测量完美主义的问卷，请逐条仔细阅读，并在问题后最符合你观点的等级上画"√"。答案没有正确和错误之分，因此尽量不要在"③无看法"上画"√"，也不要花过多的时间思考。

题目内容	很不同意	基本不同意	无看法	基本同意	很同意
1. 我觉得身边的人都对我有极高的期望	①	②	③	④	⑤
2. 我期望周围每个人都对我有好评价	①	②	③	④	⑤
3. 我时常因为担心实现不了理想目标而心烦意乱	①	②	③	④	⑤
4. 我非常在意自己在别人心目中的形象	①	②	③	④	⑤
5. 就算一件事已经结束很久了，我还是会对其中不满意的地方耿耿于怀	①	②	③	④	⑤
6. 目标一旦设定，就必须要达成，不能退而求其次	①	②	③	④	⑤
7. 总是达不到理想的标准，我时常感到无助	①	②	③	④	⑤
8. 我需要对正在做的事情有十足的控制感	①	②	③	④	⑤
9. 我越来越怀疑自己追求理想的能力	①	②	③	④	⑤
10. 不能达到完美目标的人是没有能力的	①	②	③	④	⑤
11. 由于一件事情没有做好，我对其他事情也会失去兴趣	①	②	③	④	⑤
12. 周围人时常会因为我学习或工作中出现的一点小失误，而对我全盘否定	①	②	③	④	⑤

(续　表)

题目内容	很不同意	基本不同意	无看法	基本同意	很同意
13. 我有时会因为担心出错,而迟迟不能开始工作	①	②	③	④	⑤
14. 我对自己在别人心目中的形象很看重	①	②	③	④	⑤
15. 我越来越怀疑自己追求理想的能力	①	②	③	④	⑤
16. 就算事情已经做得近乎完美了,还是有许多要改进的地方	①	②	③	④	⑤
17. 我常常觉得自己令周围人很失望	①	②	③	④	⑤
18. 一旦发现工作中有不满意的地方,我就会回到起点重新来过	①	②	③	④	⑤
19. 周围的人在各方面对我的要求都很苛刻	①	②	③	④	⑤
20. 我经常反复地做同一件事情,直至感到满意为止	①	②	③	④	⑤
21. 我希望身边的人都能准确无误地完成各自的任务	①	②	③	④	⑤
22. 由于达不到理想的目标,我常常感到自己毫无价值	①	②	③	④	⑤
23. 过去的失败常常使我没有勇气重新开始其他新的行动	①	②	③	④	⑤
24. 从小到大我都很怕在父母面前犯错误	①	②	③	④	⑤
25. 我觉得父母希望我在各方面都表现得很优秀	①	②	③	④	⑤
26. 我希望周围每个人都对我有好评价	①	②	③	④	⑤
27. 为避免出错,我做每件事都要核实很多遍才放心	①	②	③	④	⑤
28. 即使事情过去很久了,我仍会陷于后悔、自责的情绪中	①	②	③	④	⑤
29. 我觉得身边的人都应该是优秀的	①	②	③	④	⑤

三、青少年良心问卷(ACQ)

【概述】

青少年良心问卷(adolescent conscience questionnaire,ACQ)由湖南师范大学邱小艳博士、燕良轼教授及曾练平博士于 2016 年编制,是燕良轼教授的青少年良心研究团队集体智慧的结晶。该问卷较广泛地用于我国初中生、高中生及大学生良心发展状况的调查,也有学者用于调查小学高年级学生及青少年罪犯的良心发展状况。和其他良心测量工具相比,ACQ 是立足于中国传统文化编制的本土化的青少年良心测量工具。

【内容及实施方法】

(一)项目和评定标准

ACQ 共有 42 个题目,包括 8 个维度:是非心(5 项)、恻隐心(4 项)、羞耻心(5 项)、责任心(4 项)、孝敬心(6 项)、感恩心(3 项)、诚信心(4 项)、宽恕心(6 项),还有 5 个测谎题。见表 9-3。

表 9-3 ACQ 项目及维度

序号	量表中项目原文	测量维度
1	我从未动过考试舞弊的念头	测谎题
2	我会尽力报答曾给予我帮助的人	感恩心
*3	如果监考不严,我可能会考试作弊	诚信心
*4	我希望那些伤害过我的人遭到报应	宽恕心
5	我觉得生活中需要感谢的人有很多	感恩心
*6	我会对那些曾经伤害过我的人一直心存偏见	宽恕心
*7	我觉得抄袭别人的文章并不是什么严重的事	诚信心
8	我做任何事都从不拖延	测谎题
9	父母或长辈忙碌时我会主动帮忙	孝敬心
10	对于曾帮助过我的人,我会铭记于心	感恩心
11	我从未说过别人的闲话	测谎题
12	我不会通过弄虚作假来获取荣誉或利益	是非心
*13	对于别人带给我的伤痛,我会一直怀恨在心	宽恕心
14	我不会通过损害别人的利益来为自己谋利	是非心
15	我经常打电话问候父母或长辈	孝敬心
16	父母或长辈交代的事情,我会尽力做好	孝敬心
17	如果我因为犯错而被通报批评,我会感到丢脸	羞耻心
*18	如果别人做了对不起我的事,我会找机会报复	宽恕心
19	如果我偷拿别人的东西被人撞见,我会感到羞耻	羞耻心
20	在家时如果父母或长辈生病,我会抽时间照顾	孝敬心
*21	我觉得考试偶尔作弊没什么大不了	诚信心
22	父母或长辈过生日时我会送上祝福或是礼物	孝敬心
23	如果考试舞弊被抓,我会觉得很丢人	羞耻心
*24	要原谅别人的过错对我而言很困难	宽恕心
25	如果我的谎言被当众揭穿,我会觉得很丢脸	羞耻心
26	我不会把自己的责任推给别人	责任心
27	在家时我经常帮父母或长辈做家务	孝敬心
28	我觉得那些遭受虐待的儿童好可怜	恻隐心
29	我从来没对任何人发过脾气	测谎题
30	如果我做了有违道德或良心的事,即使没人发现,我也会觉得不安	羞耻心
31	我不会通过不正当的手段来获取金钱或利益	是非心

（续　表）

序号	量表中项目原文	测量维度
32	我不会在背后诋毁别人	是非心
*33	对于电视里报道的别人的各种不幸,我没什么感觉	恻隐心
34	如果家人、朋友叫我做有违良心的事,我会拒绝	是非心
*35	看到别人伤心、哭泣,我没什么感觉	恻隐心
*36	我觉得说点小谎没什么关系	诚信心
*37	对于那些对不起我的人,我会一直没有好脸色	宽恕心
38	我从来没有讨厌过谁	测谎题
39	对于地震或海啸灾区的人们,我深感同情	恻隐心
40	对于自己应当承担的责任,我不会逃避	责任心
41	如果因为我的原因而导致班级扣分,我会很自责	责任心
42	如果担任班级或学校干部,我会尽职尽责	责任心

注:* 为反向计分题。

ACQ为自评量表,请被试者根据这些描述与他(她)的实际情况的符合程度,在相应的数字序号上画"√"。问卷采用李克特5级评分法(1＝完全不符合,2＝不太符合,3＝不确定,4＝比较符合,5＝完全符合)。除了下面要提到的反向计分题外,均按上述顺序依次评为1、2、3、4和5分。标有"＊"的3、4、6、7、13、18、21、24、33、35、36和37题,为反向计分题,即评分顺序为5、4、3、2、1分。比如4题:"我希望那些伤害过我的人遭到报应",自评为"比较符合",应记"2"分。

(二)评定注意事项

表格由评定对象自行填写。在填表前必须让评定对象把指导语的内容看明白。如有特殊需要,可由评定员念给其听,然后在表格中注明,供分析时参考。一般15分钟可以完成。

评定时应注意以下内容。

(1)为避免社会赞许效应,评定时不可告知被试者该问卷是良心测评问卷。并告知被试者调查采取不记名的方式填写,调查结果仅用于科学研究,结果绝对保密,回答没有对错之分,请被试者根据真实想法和感受作答,不要有任何顾虑。

(2)提醒被试者如果题目描述的情况他(她)没有经历过,请参照他(她)在类似事件中的表现进行选择,或根据他(她)的可能表现进行选择。

(3)第1、8、11、29、38为测谎题,不纳入数据分析。

【测量学指标】

量表原作者对ACQ信度进行了检验,总问卷得分的 α 系数为0.90,各维度的 α 系数分别为羞耻心(0.73)、恻隐心(0.75)、是非心(0.66)、宽恕心(0.80)、孝敬心(0.78)、诚信心(0.70)、感恩心(0.68)、责任心(0.78);间隔30天总问卷的重测信度为0.89,各维度的重测信度分别为羞耻心(0.81)、恻隐心(0.70)、是非心

（0.65）、宽恕心（0.79）、孝敬心（0.76）、诚信心（0.69）、感恩心（0.63）、责任心（0.76）。

ACQ得分与亲社会倾向问卷总分呈显著正相关，相关系数为0.66；ACQ得分与道德推脱问卷总分呈显著负相关，相关系数为－0.46。

【结果分析与应用情况】

1. 统计指标和结果分析　ACQ主要的统计指标是总分和各维度分。得分越高代表良心水平越高。此外，测谎题的总分是判断被试者的测评结果是否可信的重要指标，应剔除测谎总分超过团体平均分1个标准差的被试者。

2. 应用评价

（1）ACQ被广泛应用于中学生和大学生良心发展状况的调查。量表原作者运用ACQ对来自全国24个省份的2262名初中生、2358名高中生及2567名大学生的良心发展现状进行了调查，发现初中生的均值为3.98，高中生的均值为3.99，大学生的均值为3.89（邱小艳　2017）。量表原作者还运用该数据对ACQ的信效度进行了再次检验，结果再次表明ACQ有良好的信度和效度。

（2）有研究者运用ACQ探讨学习投入在中学生良心与学业成就之间的中介作用，结果发现良心及各维度与中学生学业成就、学习投入均呈显著正相关；学习投入在良心与学业成就之间起完全中介作用，表明中学生良心可通过学习投入间接影响其学业成就（王小凤，燕良轼　2019）。也有研究运用ACQ探讨大学生人际信任、良心与道德推脱的关系，结果发现良心与道德推脱呈显著负相关；一般信任与良心呈显著正相关；良心在人际信任与道德推脱之间起完全中介作用（兰文杰　等，2017）。

（3）ACQ还被应用于测量儿童的良心发展水平。有研究运用ACQ探讨了5～11岁儿童良心水平与攻击性的关系，结果表明儿童良心水平与其攻击性存在显著负相关，且良心水平能够显著负向预测儿童攻击性水平（李亮　等，2017）。

（4）还有研究运用ACQ调查青少年罪犯这一特殊群体的良心发展状况，并将其与普通青少年进行了比较研究，结果表明青少年罪犯在良心问卷总分及各维度上的得分均显著低于普通青少年（李颖　2017）。

（邱小艳　燕良轼　曾练平）

参 考 文 献

[1] 邱小艳，燕良轼.青少年良心问卷的编制及信效度检验.中国临床心理学杂志，2016，24（2）：240-244.

[2] 邱小艳.青少年的良心发展及团体干预研究.长沙：湖南人民出版社，2017.

[3] 王小凤，燕良轼.中学生良心与学业成就的关系：学习投入的中介作用.心理学探新，2019，39（1）：78-83.

［4］兰文杰,谢芳,何明远,等.大学生人际信任、良心与道德推脱的关系.贵州师范学院学报, 2017,33(6):44-52.

［5］李亮,卞军凤,李迎,等.5～11岁儿童良心水平与攻击性的关系.学前教育研究,2017，272 (8):56-63.

［6］李颖.青少年犯良心发展与攻击性及自我控制的关系研究.长沙:湖南师范大学,2017.

附:青少年良心问卷(ACQ)

（邱小艳、燕良轼编制）

指导语:以下是一些描述性的语句,请你根据这些描述与你的实际情况的符合程度,在相应的方框上画"√"。此次调查以不记名的方式填写,调查结果仅用于科学研究,结果绝对保密,你的回答也没有对错之分,请根据你的真实想法和感受作答,不要有任何顾虑。注意:如果题目描述的情况你没有经历过,请参照你在类似事件中的表现进行选择,或根据你的可能表现进行选择。谢谢合作!

题目内容	完全不符合	不太符合	不确定	比较符合	完全符合
1. 我从未动过考试舞弊的念头	□	□	□	□	□
2. 我会尽力报答曾给予我帮助的人	□	□	□	□	□
3. 如果监考不严,我可能会考试作弊	□	□	□	□	□
4. 我希望那些伤害过我的人遭到报应	□	□	□	□	□
5. 我觉得生活中需要感谢的人有很多	□	□	□	□	□
6. 我会对那些曾经伤害过我的人一直心存偏见	□	□	□	□	□
7. 我觉得抄袭别人的文章并不是什么严重的事	□	□	□	□	□
8. 我做任何事都从不拖延	□	□	□	□	□
9. 父母或长辈忙碌时我会主动帮忙	□	□	□	□	□
10. 对于曾帮助过我的人,我会铭记于心	□	□	□	□	□
11. 我从未说过别人的闲话	□	□	□	□	□
12. 我不会通过弄虚作假来获取荣誉或利益	□	□	□	□	□
13. 对于别人带给我的伤痛,我会一直怀恨在心	□	□	□	□	□
14. 我不会通过损害别人的利益来为自己谋利	□	□	□	□	□
15. 我经常打电话问候父母或长辈	□	□	□	□	□
16. 父母或长辈交代的事情,我会尽力做好	□	□	□	□	□
17. 如果我因为犯错而被通报批评,我会感到丢脸	□	□	□	□	□
18. 如果别人做了对不起我的事,我会找机会报复	□	□	□	□	□
19. 如果我偷拿别人的东西被人撞见,我会感到羞耻	□	□	□	□	□
20. 在家时如果父母或长辈生病,我会抽时间照顾	□	□	□	□	□

(续 表)

题目内容	完全 不符合	不太 符合	不确定	比较 符合	完全 符合
21. 我觉得考试偶尔作弊没什么大不了	☐	☐	☐	☐	☐
22. 父母或长辈过生日时我会送上祝福或是礼物	☐	☐	☐	☐	☐
23. 如果考试舞弊被抓,我会觉得很丢人	☐	☐	☐	☐	☐
24. 要原谅别人的过错对我而言很困难	☐	☐	☐	☐	☐
25. 如果我的谎言被当众揭穿,我会觉得很丢脸	☐	☐	☐	☐	☐
26. 我不会把自己的责任推给别人	☐	☐	☐	☐	☐
27. 在家时我经常帮父母或长辈做家务	☐	☐	☐	☐	☐
28. 我觉得那些遭受虐待的儿童好可怜	☐	☐	☐	☐	☐
29. 我从来没对任何人发过脾气	☐	☐	☐	☐	☐
30. 如果我做了有违道德或良心的事,即使没人发现,我也 会觉得不安	☐	☐	☐	☐	☐
31. 我不会通过不正当的手段来获取金钱或利益	☐	☐	☐	☐	☐
32. 我不会在背后诋毁别人	☐	☐	☐	☐	☐
33. 对于电视里报道的别人的各种不幸,我没什么感觉	☐	☐	☐	☐	☐
34. 如果家人、朋友叫我做有违良心的事,我会拒绝	☐	☐	☐	☐	☐
35. 看到别人伤心、哭泣,我没什么感觉	☐	☐	☐	☐	☐
36. 我觉得说点小谎没什么关系	☐	☐	☐	☐	☐
37. 对于那些对不起我的人,我会一直没有好脸色	☐	☐	☐	☐	☐
38. 我从来没有讨厌过谁	☐	☐	☐	☐	☐
39. 对于地震或海啸灾区的人们,我深感同情	☐	☐	☐	☐	☐
40. 对于自己应当承担的责任,我不会逃避	☐	☐	☐	☐	☐
41. 如果因为我的原因而导致班级扣分,我会很自责	☐	☐	☐	☐	☐
42. 如果担任班级或学校干部,我会尽职尽责	☐	☐	☐	☐	☐

四、青少年解释和信念量表(AIBQ)

【概述】

青少年解释和信念量表(adolescent's interpretation and belief questionnaire, AIBQ)由 Miers 等于 2008 年编制,该量表共包括 5 个社交情境的句子和 5 个非社交情境的句子。AIBQ 测量的是青少年身处于某社交/非社交情境下对该情境所做出的解释,包括对所给出的每个解释出现的可能性进行评分及在所给出的 3 种解释中选出自己觉得最可信的一个("信念")。中文版 AIBQ(Chinese version of AIBQ,C-AIBQ)的信效度已在中国青少年群体中被验证是可接受的(Yu et al.,

2021）。以下介绍的量表参照余萌等（2021）的中译本。

【内容及实施方法】

（一）项目和评定标准

C-AIBQ共包括5个社交情境和5个非社交情境。针对每个情境，都有一个积极解释、消极解释和中性解释。

C-AIBQ为自评量表，青少年将根据所提供的社交或非社交情境，想象自己身处于某情境中时可能的真实想法。每个情境都会相应给出3种解释，即积极解释、消极解释和中性解释。作答者要对每一种解释出现的可能性进行评估（1＝没有出现在我的头脑中，3＝可能出现在了我的头脑中，5＝肯定出现在了我的头脑中，2＝评估可能性介于1～3，4＝评估可能性介于3～5）。每个情境的最后，都让作答者在这3种情境中选择最为相信的一个，如果选择"积极解释"则编码为1，选择"中性解释"则编码为2，选择"消极解释"则编码为3，数值越大表明消极信念程度越深。

其中，1、3、5、6、8这5个情境是非社交性质的，2、4、7、9、10这5个情境是社交性质的。每个情境句相对应的解释句的性质总结在表9-4中。积极解释、消极解释、中性解释各分维度的总分，则是将每个情境中相对应的解释分数相加即可，并可进一步分为社交和非社交情境下的解释。

表9-4　针对不同情境的解释句性质总结

序号	情境句	解释	性质
1	你收到了一个有秒表功能的新手表，但是你不会使用它 你为什么不会使用它呢	我做错什么了，把它弄坏了	消极
		这个手表太复杂了，没人会使用它	中性
		我只是需要再多一些时间，然后我就会使用它了	积极
2	你邀请了一些同学去参加你的生日聚会，但是还有几个人没有回复说他们是否要来 他们为什么还没有回复呢	他们还不知道是否可以来参加	中性
		他们不想来，因为他们不喜欢我	消极
		他们肯定会来的，他们没有必要回复我	积极
3	最近几次考试你考得分数都不好 为什么会这样呢	考试真的太难了，几乎每个人的分数都不好	中性
		这门课对我来说太难了，我可能会挂科	消极
		我需要更加努力地学习，之后一切都会过去的	积极

（续 表）

序号	情境句	解释	性质
4	你当着全班同学的面刚做了一个演讲,但结束后没有一个人提问 为什么没有人提问呢	他们觉得我讲得非常清楚了,没有必要提问	积极
		因为接近午饭时间了,所以大家想离开	中性
		他们觉得我的演讲没那么有趣	消极
5	你正准备去电影院,因为有部电影你真的很想看。当你来到电影院时,你看到收银台那里,人们排着长队在购买你想看的那部电影的票 这是怎么回事呢	很明显,我真的选了一部好片,因为每个人都想来看	积极
		太多人想看这部电影了,还没排到我这里票就会卖完了	消极
		今天晚上很多人想去看电影	中性
6	你突然感觉非常不舒服 为什么你会觉得不舒服呢	我吃了太多的甜食,但也没有那么糟糕,马上就会好了	积极
		我是真的生病了,我必须要去看医生	消极
		每个人都会偶尔感觉不舒服的	中性
7	两个正在站着聊天的同班同学看着你 他们为什么会看着你呢	他们正在说我的闲话	消极
		他们喜欢我,想让我走过去加入他们	积极
		他们只是恰好朝着我的方向看	中性
8	你把你的自行车锁在了某个地方,过了一会儿当你回去取它的时候,你找不到它了 你为什么找不到你的自行车了	它已经被偷了	消极
		我没找对地方,但它肯定在附近某个地方	积极
		只是因为这里的自行车太多了,很难找到它	中性
9	你正和一群同学站在一起,当你开始讲话的时候,没人看着你 为什么没有人看着你呢	他们不想我在旁边逗留,因为他们不喜欢我	消极
		他们只是正好在看别的东西,但是他们对我要说的内容是感兴趣的	积极
		我应该等到我的同学先停下来,我才开始说	中性
10	在学校聚会上,当你独自一人站着的时候,有一个你并不认识的人正在看着你 为什么他/她会看着你	我站在那里不自在,他/她可能觉得我很可怜	消极
		他/她只是恰好朝我这个方向看	中性
		他/她喜欢我,想引起我的注意	积极

（二）评定注意事项

表格由评定对象自行填写。在填表前必须让评定对象把填表说明、填表方法、问题内容及题目示例看明白。文盲或半文盲一般不宜作为评定对象。如有特殊需要，可由评定员念给其听，然后在表格中注明，供分析时参考。一般10分钟可以完成。

评定时应注意以下内容。

（1）应强调要尽量想象当自己身处于所列情境中时可能会出现的情况。

（2）应强调每个情境中所列出的每一种解释都要给定评分。

【测量学指标】

量表原作者对 AIBQ 信度进行了初步检验，社交情境下的消极解释维度题目得分的内部一致性 α 系数为 0.75（Miers et al.，2013），社交和非社交情境下的中性解释得分与社交焦虑得分无显著相关（Miers et al.，2008）。Loscalzo 和 Giannini（2015）在意大利选取 329 名 13~19 岁青少年（其中 25 名被诊断为社交焦虑障碍）作为研究对象，其检验结果表明，除了社交情境下的消极解释得分具有可接受的信度（α 系数为 0.65）和区分度（临界值为 3.5），其他维度表现一般。余萌等（2021）选取 960 名青少年作为研究对象，其信效度检验结果表明，社交情境下消极解释得分的信度较好（α 系数为 0.75），4 周后重测信度为 0.51，与社交焦虑（$r=0.36$）和抑郁症状（$r=0.24$）都有显著相关。

【结果分析与应用情况】

1. 统计指标和结果分析　C-AIBQ 的计分较为复杂，需要仔细区分社交和非社交情境，以及各类解释的性质。但是分析较简单，主要的统计指标是总分，即在社交/非社交情境下，每一个积极、消极和中性解释评分的总和。目前，在国内青少年样本中还未有临界值。

2. 应用评价　AIBQ 是首个针对青少年群体可以测量社交及非社交情境下积极解释、消极解释、中性解释及信念的量表。目前在荷兰（Miers et al.，2008；Miers et al.，2013）、中国（Yu et al.，2021）、意大利（Loscalzo，Giannini，2015）等国家的青少年群体均做过信效度检验，特别是社交情境下的消极解释，具有良好的信效度。截至目前，除了信效度验证，有研究者还使用 C-AIBQ 考察了解释偏差与社交焦虑之间的关系，结果表明，在排除抑郁症状影响下，社交情境下的消极解释与社交焦虑呈显著相关（Yu et al.，2019）。C-AIBQ 还需要进一步在更多的青少年群体中使用，包括临床样本，以更全面检验解释偏差在社交焦虑中起到的作用。

（余　萌）

参 考 文 献

[1] Loscalzo Y，Giannini M. Prevention of social anxiety disorder in adolescence. Psychometric properties of Adolescents' Interpretation and Belief Questionnaire（AIBQ）. Italian Journal of

Research and Intervention,2015,8(2):1-6.

[2] Miers AC,Blöte AW,Bögels SM,et al. Interpretation bias and social anxiety in adolescents. Journal of Anxiety Disorders,2008,22(8):1462-1471.

[3] Miers AC,Blöte AW,Rooij M,et al. Trajectories of social anxiety during adolescence and relations with cognition,social competence,and temperament. Journal of Abnormal Child Psychology,2013,41(1):97-110.

[4] Yu M,Westenberg PM,Li W,et al. Cultural evidence for interpretation bias as a feature of social anxiety in Chinese adolescents. Anxiety,Stress & Coping,2019,32(4):376-386.

[5] Yu M,Westenberg PM,Wang Y,et al. Psychometric properties of the adolescents' interpretation and belief questionnaire (AIBQ) for measuring interpretation Bias in Chinese adolescents. Current Psychology,2021:1-9.

附:青少年解释和信念量表(AIBQ)

（Miers 等编制）

指导语:在本量表中描述了一些你可能经历过的不同场景。在每个场景下,描述了一个人可能对该场景所做的 3 种不同的解释。人们通常会对某一个场景做出多种不同的解释。想象**你自己**身处于以下的情境中。当阅读完每个情境后,根据所提供的选项,标明所提供的每种想法是否出现在你的头脑中。

示例:
新学期开学后的几周,你的老师(或班主任)想要和你谈话。
他/她为什么想要跟你谈话呢?
他/她想要告诉我,他/她对我的学习很满意。

1	2	3	④	5
没有出现在我的头脑中		可能出现在了我的头脑中		肯定出现在了我的头脑中

如果你选择 4,那就表明老师对你满意的这个想法**出现**在了你的头脑中。

新学期开学后的几周,你的老师(或班主任)想要和你谈话。
他/她为什么想要和你谈话呢?
他/她期望我能做得更好,并认为我需要更加努力地学习。

1	2	③	4	5
没有出现在我的头脑中		可能出现在了我的头脑中		肯定出现在了我的头脑中

这里的 3 就意味着老师期望你能做得更好的这个想法**可能**出现在了你的头脑中。

新学期开学后的几周，你的老师(或班主任)想要和你谈话。

他/她为什么想要和你谈话呢?

他/她可能想问我点事情。

①	2	3	4	5
没有出现		可能出现		肯定出现在
在我的头脑中		在了我的头脑中		了我的头脑中

这里的 1 意味着你的老师可能想问你一些事情的这个想法**没有出现**在你的头脑中。

最后，你相信其中某一个想法比其他两个想法更加准确。假如，最后你真的相信你的老师期望你做得更好这个想法，就在对应的框里画"√"。例如：

哪种想法是最可信的?

·他/她可能想问我点事情	
·他/她期望我能做得更好，并认为我需要更加努力地学习	√
·他/她想要告诉我，他/她对我的学习很满意	

以上是一个范例，现在我们开始答题。

1. 你收到了一个有秒表功能的新手表，但是你不会使用它。

你为什么不会使用它呢?

我做错什么了，把它弄坏了。

1	2	3	4	5
没有出现		可能出现		肯定出现在
在我的头脑中		在了我的头脑中		了我的头脑中

这个手表太复杂了，没人会使用它。

1	2	3	4	5
没有出现		可能出现		肯定出现在
在我的头脑中		在了我的头脑中		了我的头脑中

我只是需要再多一些时间，然后我就会使用它了。

1	2	3	4	5
没有出现		可能出现		肯定出现在
在我的头脑中		在了我的头脑中		了我的头脑中

哪种想法是最可信的?

• 这个手表太复杂了,没人会使用它	
• 我只是需要再多一些时间,然后我就会使用它了	
• 我做错什么了,把它弄坏了	

---

2. **你邀请了一些同学去参加你的生日聚会,但是还有几个人没有回复说他们是否要来。**
他们为什么还没有回复呢?
他们还不知道是否可以来参加。

1	2	3	4	5
没有出现		可能出现		肯定出现在
在我的头脑中		在了我的头脑中		了我的头脑中

他们不想来,因为他们不喜欢我。

1	2	3	4	5
没有出现		可能出现		肯定出现在
在我的头脑中		在了我的头脑中		了我的头脑中

他们肯定会来的,他们没有必要回复我。

1	2	3	4	5
没有出现		可能出现		肯定出现在
在我的头脑中		在了我的头脑中		了我的头脑中

哪种想法是最可信的?

• 他们不想来,因为他们不喜欢我	
• 他们还不知道是否可以来参加	
• 他们肯定会来的,他们没有必要回复我	

3. **最近几次考试你考得分数都不好。**
为什么会这样呢?
考试真的太难了,几乎每个人的分数都不好。

1	2	3	4	5
没有出现		可能出现		肯定出现在
在我的头脑中		在了我的头脑中		了我的头脑中

这门课对我来说太难了,我可能会挂科。

1	2	3	4	5
没有出现		可能出现		肯定出现在
在我的头脑中		在了我的头脑中		了我的头脑中

我需要更加努力地学习,之后一切都会过去的。

1	2	3	4	5
没有出现		可能出现		肯定出现在
在我的头脑中		在了我的头脑中		了我的头脑中

哪种想法是最可信的?

·这门课对我来说太难了,我可能会挂科	
·考试真的太难了,几乎每个人的分数都不好	
·我需要更加努力地学习,之后一切都会过去的	

---

4. 你当着全班同学的面刚做了一个演讲,但结束后没有一个人提问。

为什么没有人提问呢?

他们觉得我讲得非常清楚了,没有必要提问。

1	2	3	4	5
没有出现		可能出现		肯定出现在
在我的头脑中		在了我的头脑中		了我的头脑中

因为接近午饭时间了,所以大家想离开。

1	2	3	4	5
没有出现		可能出现		肯定出现在
在我的头脑中		在了我的头脑中		了我的头脑中

他们觉得我的演讲没那么有趣。

1	2	3	4	5
没有出现		可能出现		肯定出现在
在我的头脑中		在了我的头脑中		了我的头脑中

哪种想法是最可信的?

·他们觉得我的演讲没那么有趣	
·他们觉得我讲得非常清楚了,没有必要提问	
·因为接近午饭时间了,所以大家想离开	

5. 你正准备去电影院,因为有部电影你真的很想看。当你来到电影院时,你看到收银台那里,人们排着长队在购买你想看的那部电影的票。

这是怎么回事呢?

很明显,我真的选了一部好片,因为每个人都想来看。

1	2	3	4	5
没有出现		可能出现		肯定出现在
在我的头脑中		在了我的头脑中		了我的头脑中

太多人想看这部电影了,还没排到我这里票就会卖完了。

1	2	3	4	5
没有出现		可能出现		肯定出现在
在我的头脑中		在了我的头脑中		了我的头脑中

今天晚上很多人想去看电影。

1	2	3	4	5
没有出现		可能出现		肯定出现在
在我的头脑中		在了我的头脑中		了我的头脑中

哪种想法是最可信的?

· 很明显,我真的选了一部好片,因为每个人都想来看	
· 今天晚上很多人想去看电影	
· 太多人想看这部电影了,还没排到我这里票就会卖完了	

---

6. 你突然感觉非常不舒服。

为什么你会觉得不舒服呢?

我吃了太多的甜食,但也没有那么糟糕,马上就会好了。

1	2	3	4	5
没有出现		可能出现		肯定出现在
在我的头脑中		在了我的头脑中		了我的头脑中

我是真的生病了,我必须要去看医生。

1	2	3	4	5
没有出现		可能出现		肯定出现在
在我的头脑中		在了我的头脑中		了我的头脑中

每个人都会偶尔感觉不舒服的。

1	2	3	4	5
没有出现		可能出现		肯定出现在
在我的头脑中		在了我的头脑中		了我的头脑中

哪种想法是最可信的？

· 我是真的生病了，我必须要去看医生	
· 每个人都会偶尔感觉不舒服的	
· 我吃了太多的甜食，但也没有那么糟糕，马上就会好了	

7. 两个正在站着聊天的同班同学看着你。

他们为什么会看着你呢？

他们正在说我的闲话。

1	2	3	4	5
没有出现		可能出现		肯定出现在
在我的头脑中		在了我的头脑中		了我的头脑中

他们喜欢我，想让我走过去加入他们。

1	2	3	4	5
没有出现		可能出现		肯定出现在
在我的头脑中		在了我的头脑中		了我的头脑中

他们只是恰好朝着我的方向看。

1	2	3	4	5
没有出现		可能出现		肯定出现在
在我的头脑中		在了我的头脑中		了我的头脑中

哪种想法是最可信的？

· 他们喜欢我，想让我走过去加入他们	
· 他们正在说我的闲话	
· 他们只是恰好朝着我的方向看	

8. 你把你的自行车锁在了某个地方，过了一会儿当你回去取它的时候，你找不到它了。

你为什么找不到你的自行车了？

它已经被偷了。

1	2	3	4	5
没有出现 在我的头脑中		可能出现 在了我的头脑中		肯定出现在 了我的头脑中

我没找对地方,但它肯定在附近某个地方。

1	2	3	4	5
没有出现 在我的头脑中		可能出现 在了我的头脑中		肯定出现在 了我的头脑中

只是因为这里的自行车太多了,很难找到它。

1	2	3	4	5
没有出现 在我的头脑中		可能出现 在了我的头脑中		肯定出现在 了我的头脑中

哪种想法是最可信的?

·只是因为这里的自行车太多了,很难找到它	
·我没找对地方,但它肯定在附近某个地方	
·它已经被偷了	

9. 你正和一群同学站在一起,当你开始讲话的时候,没人看着你。

为什么没有人看着你呢?

他们不想我在旁边逗留,因为他们不喜欢我。

1	2	3	4	5
没有出现 在我的头脑中		可能出现 在了我的头脑中		肯定出现在 了我的头脑中

他们只是正好在看别的东西,但是他们对我要说的内容是感兴趣的。

1	2	3	4	5
没有出现 在我的头脑中		可能出现 在了我的头脑中		肯定出现在 了我的头脑中

我应该等到我的同学先停下来,我才开始说。

1	2	3	4	5
没有出现 在我的头脑中		可能出现 在了我的头脑中		肯定出现在 了我的头脑中

哪种想法是最可信的？

·他们不想我在旁边逗留，因为他们不喜欢我	
·我应该等到我的同学先停下来，我才开始说	
·他们只是正好在看别的东西，但是他们对我要说的内容是感兴趣的	

10. 在学校聚会上，当你独自一人站着的时候，有一个你并不认识的人正在看着你。

为什么他/她会看着你？

我站在那里不自在，他/她可能觉得我很可怜。

1	2	3	4	5
没有出现		可能出现		肯定出现在
在我的头脑中		在了我的头脑中		了我的头脑中

他/她只是恰好朝我这个方向看。

1	2	3	4	5
没有出现		可能出现		肯定出现在
在我的头脑中		在了我的头脑中		了我的头脑中

他/她喜欢我，想引起我的注意。

1	2	3	4	5
没有出现		可能出现		肯定出现在
在我的头脑中		在了我的头脑中		了我的头脑中

哪种想法是最可信的？

·他/她喜欢我，想引起我的注意	
·我站在那里不自在，他/她可能觉得我很可怜	
·他/她只是恰好朝我这个方向看	

五、特质性事后加工过程量表（PEPI-T）

【概述】

特质性事后加工过程量表（post-event process inventory trait，PEPI-T）由 Blackie 和 Kocovski 于 2017 年编制，是测量个体针对社交情境的特质性事后反刍。事后反刍（post-event rumination）指的是经历社交事件后对该情境及细节进行反复思考，是维持社交焦虑障碍的主要认知过程之一。PEPI-T 主要测量的是经历社交事件后所出现的消极和非适应性的想法，以及所出现的强度和频率。以下介绍的量表参考余萌等(2020)在高中生群体中修订的中译本。

【内容及实施方法】

(一)项目和评定标准

PEPI-T 共有 12 个题目,采用 1～5 级计分法:从 1"非常不同意"到 5"非常同意"。得分范围在 12～60 分,得分越高,表明个体在社交情境下进行事后反刍的倾向越明显。该量表共有 3 个维度,分别为自我评价(第 1、3、4 题共 3 个题目),频率(第 2、5、6、7 题共 4 个题目)和强度(第 8、9、10、11、12 题共 5 个题目)。

(二)评定注意事项

表格由评定对象自行填写。在填表前必须让评定对象把填表说明、填表方法以及问题内容看明白。文盲或半文盲一般不宜作为评定对象。如有特殊需要,可由评定员念给其听,然后在表格中注明,供分析时参考。一般 3～5 分钟可以完成。

评定时应注意以下内容。

(1)评定时间范围。应强调的是"通常情况下",并将评定的时间范围十分明确地告诉评定对象。

(2)评定适用范围。应强调的是在"经历社交情境时"可能出现的想法,并对所给句子描述的同意程度评分。

【测量学指标】

量表原作者在大学生群体中对 PEPI-T 的信效度进行了检验(Blackie,Kocovski,2017),三维度的结构方程模型拟合指数良好[$\chi^2(51)=108.34,P<0.001$,CFI=0.96,RMSEA=0.07]。3 个维度之间的相关系数介于 0.69～0.81。PEPI-T 总量表得分的 α 系数为 0.94,其中,自我评价分维度得分的 α 系数为 0.80,频率分维度得分的 α 系数为 0.82,强度分维度得分的 α 系数 0.92。此外,原量表作者也在社区被试者中对 PEPI-T 进行了信效度验证(Blackie,Kocovski,2019),原有维度结构仍具有良好模型拟合指标(CFI=0.95,RMSEA=0.08);各维度得分之间的相关系数介于 0.77～0.86;PEPI-T 总量表得分的 α 系数为 0.95,其中,自我评价分维度得分的 α 系数为 0.87,频率分维度得分的 α 系数为 0.84,强度分维度得分的 α 系数 0.91。

余萌等(2020)在 947 名 15～19 岁高中生中对 PEPI-T 量表进行了修订,验证性因素分析结果显示,原三维度结构仍表现良好($\chi^2/df=2.59$,RMSEA=0.04,CFI=0.97,TLI=0.95,SRMR=0.03);自我评价、频率和强度 3 个分量表得分的内部一致性系数分别为 0.44、0.63、0.75。

【结果分析与应用情况】

1. 统计指标和结果分析 PEPI-T 分析较简单,主要的统计指标是总分,即 12 个单项分的总和。得分越高,表明个体在社交情境下进行事后反刍的倾向越明显。

2. 应用评价 PEPI-T 简单实用,针对社交情境的事后反刍进行测量。以往对事后反刍水平进行测量的问卷有针对特定社交情境的,测量的是经历社交情境后的事后反刍,并将其视为状态性水平。但是,Clark 和 Wells(1995)针对社交焦虑障碍(social anxiety disorder,SAD)的认知模型指出,事后反刍也可能是高社交焦虑个体的一种认知特点和倾向。因此,Blackie 和 Kocovski(2017)编制了首个特质性事后加工问卷,用以测量个体特质性的事后反刍,而且适用于所有类型的社交情境,且在美国大学生、社区和亚临床样本及干预研究中都体现出良好的信效度。截至目前,余萌等(2020)将 PEPI-T 首次在中国高中生群体中做了量表信效度验证,原三维度也体现出了良好的结构效度,并且强度分维度得分也有良好的内部一致性信度,但是自我评价和频率两个分维度得分的 α 系数并不是很高,未来还需要进一步在更多的青少年群体中进行验证。

(余　萌)

参 考 文 献

[1] 余萌,潘俊豪,朱雅雯,等.特质性事后加工过程量表的汉化及高中生应用的信效度检验.中华行为医学与脑科学杂志,2020,29(10):943-947.

[2] Blackie RA,Kocovski NL. Development and validation of the trait and state versions of the Post-Event Processing Inventory. Anxiety,Stress and Coping,2017,30(2):202-218.

[3] Kocovski NL,Nancy L,Blackie RA,et al. Development and validation of the trait and state versions of the post-event processing inventory. Anxiety,Stress,and Coping,2017,30(2):202-218.

[4] Clark DM,Wells A. A cognitive model of social phobia. Guilford Press,1995.

附:特质性事后加工过程量表(PEPI-T)

(Blackie 和 Kocovski 编制)

　　说明:"社交情境"或"社交场合"指的是一切公共场合或环境(如在陌生人面前讲话、搭乘公共交通工具、在食堂吃饭、走在校园里、走在人群中、参加派对/聚会、坐在教室里上课、参加小组讨论等),以及非面对面的人际互动场景(如打电话、发信息、网络聊天)。请回忆近 1 周内自己所经历过的社交情境或社交场合,并根据你<u>一般情况下的</u>看法对以下句子的描述进行选择,可通过画"○"或画"√"选出相对应的数字。

序号	题目内容	非常不同意	不同意	有点同意又有点不同意	同意	非常同意
1	经历社交场合后,我会回想起自己在这个场合中所犯的错误	1	2	3	4	5
2	经历社交情境后,我会在脑海中将它回放一遍	1	2	3	4	5
3	经历社交场合后,我会关注该场合消极的一面	1	2	3	4	5

(续 表)

序号	题目内容	非常不同意	不同意	有点同意又有点不同意	同意	非常同意
4	经历社交情境后,我在想情况究竟会变得有多糟糕	1	2	3	4	5
5	经历社交场合后,我会回想起经历过的其他类似场景	1	2	3	4	5
6	经历社交场合后,我很难忘记它	1	2	3	4	5
7	经历社交场合后很久,我的头脑中还会反复出现关于它的想法	1	2	3	4	5
8	经历社交情境后,有关于它的想法会干扰到我的注意力	1	2	3	4	5
9	经历社交情境后,我会对这件事产生使我痛苦的想法	1	2	3	4	5
10	经历社交情境后,有关于它的想法会让自己不知所措	1	2	3	4	5
11	经历社交情境后,我的头脑中会闯入一些关于它的想法	1	2	3	4	5
12	经历社交情境后,我会变得心事重重	1	2	3	4	5

六、学龄前儿童活动调查表(PSAI)

【概述】

学龄前儿童活动调查表(preschool activities inventory,PSAI)由英国学者 Golombok 和 Rust 等于 20 世纪 90 年代初共同设计并编制,用于评估 5 岁或 5 岁以下的学龄前儿童对性别身份的识别。调查表由儿童的母亲或其他养育者进行评定。

【内容及实施方法】

该调查表分为玩具、日常生活和个性特征 3 个部分,共有 24 个项目,其中玩具 7 项,日常生活 11 项,个性特征 6 项。根据性别特征又分为男性化项目和女性化项目,其中男性化项目有 12 项,女性化项目有 12 项。采用 5 级评分法,即"无"记 1 分,"很少"记 2 分,"有时有"记 3 分,"常常有"记 4 分,"很常见"记 5 分。各项目得分相加之和为总分。

该调查表是一种他评量表,主要使用者是儿童的母亲或其他养育者,使用者要对儿童的性别角色行为非常了解,才能进行准确的评定。评定者对儿童最近 1 个月的活动情况进行评价,年龄限制比较严格,只能用于 3～5 岁的学龄前儿童,对于年龄低于 3 岁或者 5 岁以上儿童的评估还没有相应的数据支持。

【测量学指标】

（1）信度方面。评分者之间的信度为 0.6842；项目与总分之间的相关系数大于 0.3，同质性信度 Cronbach's α 系数为 0.674，重测信度为 0.898。

（2）效度分析。主成分分析所提取的 3 个因子与原作者报道的 3 个因子所含项目一致，可以解释总变异率的 46.5%。

项目少、计分简单、评估方便是该调查表的优点。

【结果分析与应用情况】

男性化项目：包括 A1、A3、A5、A6、B4、B5、B7、B8、B10、C1、C2 和 C3 共 12 个项目。

女性化项目：包括 A2、A4、A7、B1、B2、B3、B6、B9、B11、C4、C5 和 C6 共 12 个项目。

评分标准：总量表分＝（男性化分－女性化分）×1.1＋48.25。

总量表得分高提示男性化，得分低则提示女性化。研究样本男孩平均得分为（61.66±9.40）分，女孩平均得分为（38.72±9.66）。所得出的结果，仅仅提示该儿童的男性化或女性化倾向。

2 岁儿童对自己的性别身份还不能识别，3～5 岁是识别性别身份或性别角色的关键时期。PSAI 是性别角色识别评估的一种方法，它与其他心理评估量表一样，通过男性化和女性化项目来评定儿童的性别角色行为。

PSAI 能客观地区分出男性化、女性化及各性别中不同程度的性别识别障碍。在英国、美国、荷兰进行的信度、效度检验均达到了心理测量学的要求。

在我国部分地区使用的过程中，母亲评定与幼儿园老师评定的得分呈显著相关，说明幼儿园老师也可以使用该量表对学前儿童的性别角色行为进行评估。

（杜亚松）

参 考 文 献

[1] 杜亚松,苏林雁,李雪荣.学前儿童性别角色行为评定的初步研究.中国临床心理学杂志,1995,3(1):20-22.

[2] 杜亚松.学龄前儿童活动调查表.中国行为医学科学,2001,10(special):204-205.

[3] Golombok S,Rust J. The measurement of gender role behavior in preschool children：a research note. J Child Psychol Psychiat,1993,34(5):805-811.

[4] Golombok S,Rust J. The Preschool activities inventory：a standardized assessment of gender role in children. Psychological Assessment,1993,5(2):131-136.

附：学龄前儿童活动调查表（PSAI）

（Golombok 和 Rust 编制）

指导语：本调查表共包括 3 个部分：玩具、日常活动和个性特征，请你根据你孩子所表现出的频度和程度回答以下每一个问题,比如玩特殊的玩具、忙于某种活动或表现出何种个性。假如某个问题你不能完全肯定你孩子的表现,请选出你认为最适合你孩子的答案,请不要遗漏项目。每个问题都有5种可能的回答:1＝无;2＝很少;3＝有时有;4＝常常有;5＝很常见。请在适当的数字上画"○"。

项目内容	无	很少	有时有	常常有	很常见
第一部分(A):玩具　　在过去的 1 个月中,你孩子玩以下玩具的频度					
1. 玩枪(或将其他物体当枪玩)	1	2	3	4	5
2. 玩首饰	1	2	3	4	5
3. 制作工具	1	2	3	4	5
4. 玩娃娃、娃娃的衣服或娃娃的手推车	1	2	3	4	5
5. 玩火车、汽车或飞机	1	2	3	4	5
6. 玩剑(或将其他物体当剑玩)	1	2	3	4	5
7. 模仿沏茶动作	1	2	3	4	5
第二部分(B):活动　　你孩子在过去 1 个月中进行以下活动的频度					
8. 模仿家务游戏(如扫地、做饭)	1	2	3	4	5
9. 跟女孩一块玩	1	2	3	4	5
10. 扮演女性(如皇后)	1	2	3	4	5
11. 玩男性职业的游戏(如战士)	1	2	3	4	5
12. 打仗	1	2	3	4	5
13. 扮演家庭成员(如父母)	1	2	3	4	5
14. 模仿体育运动和球赛	1	2	3	4	5
15. 攀高(如爬栏杆、树、体育设施)	1	2	3	4	5
16. 扮演照顾婴儿的角色	1	2	3	4	5
17. 对真正的火车、汽车或飞机感兴趣	1	2	3	4	5
18. 穿着女孩服装	1	2	3	4	5
第三部分(C):个性特征　　你孩子表现出以下个性特征的频度					
19. 喜欢探索新环境	1	2	3	4	5
20. 喜欢粗旷的活动或摔跤游戏	1	2	3	4	5
21. 对蛇、蜘蛛和昆虫感兴趣	1	2	3	4	5
22. 爱整洁	1	2	3	4	5
23. 喜欢漂亮的物品	1	2	3	4	5
24. 不喜欢冒险	1	2	3	4	5

七、自杀态度问卷(SAQ)

【概述】

有关社会态度与行为之间关系的研究几乎和对态度的研究一样久远，对于两者之间的关系，学者们比较一致的看法是：态度测量越具体，与行为的关系越大。所以，作为以预防自杀为目的的自杀态度研究，所测量的态度应该更加具体与全面，这样才能对自杀预防工作提供更加翔实与具体的资料。

事实上，社会态度对自杀行为的影响，也不仅仅局限于对自杀行为的态度上。其他方面比如对自杀者(包括自杀死亡者与自杀未遂者)的态度及对自杀者家属的态度，都有可能在一定程度上对一个企图自杀者是否决定采取自杀行动，或一个自杀未遂者是否会再次自杀产生影响。安乐死一直是引起社会各界广泛关注的问题，从广义上来讲，安乐死实际上属于自杀的一种特殊形式。对安乐死的态度可以在一定意义上反映出人们对生命质量和生命价值的认识。因此，除了了解人们对自杀行为的态度外，研究和了解公众对自杀者(包括自杀死亡者与自杀未遂者)的态度、对自杀者家属的态度乃至对安乐死的态度，都会对预防自杀工作起到有益的帮助和积极的作用。

因此，肖水源、杨洪等于1999年编制了包括对自杀行为的态度、对自杀者(包括自杀死亡者与自杀未遂者)的态度、对自杀者家属的态度和对安乐死的态度4个维度的自杀态度问卷(suicide attitude questionnaire，SAQ)。

【内容与实施方法】

本问卷为自评问卷，共有29个项目。4个维度，分别为：F1-对自杀行为的态度(9项)；F2-对自杀者的态度(10项)；F3-对自杀者家属的态度(5项)；F4-对安乐死的态度(5项)。

【测量学指标】

编者(1999年)采用SAQ对包括律师(77名)、佛教徒(56名)、医务人员(296名)在内的共计429名被试者进行了问卷调查，并对量表的信、效度进行了研究。

(1)项目分析。计算了各维度项目与该维度总分的相关系数，F1＝0.342～0.695，F2＝0.369～0.524，F3＝0.379～0.527，F4＝0.675～0.822。

(2)信度方面。①重测信度：对32名被试者在初次测试后1个月进行了重测，4个维度的重测相关系数分别为F1＝0.624，F2＝0.651，F3＝0.535，F4＝0.890，P均＜0.05，这表明问卷具有良好的重测信度，稳定性较好。②条目的一致性测定：各维度的Cronbach's α系数分别为F1＝0.709，F2＝0.639，F3＝0.537，F4＝0.835；基本达到了问卷测量的要求。

(3)效度方面。①表面效度与内容效度：本问卷条目的选编与筛选首先经过了大量的文献复习，并在研究组内反复讨论做出初选。然后根据专家评审意见及预试验的结果，对条目进行了增删和修改。删除了内容含糊及相关性差的条目，对某些可能引起歧义或误解的用词进行了修改,对某些维度的条目进行了增补。最后确证所有条目都能准确表达所要求的内容。②结构效度:本问卷采用因子分析的方法来检验其结构效度。对29个项目进行因子分析,以特征根值大于1.5提取6个主成分,6个因子可解释方差总变异率的58.4%,基本上代表了问卷的整体结构。进行最大方差正交旋转后根据各条目最大负荷值归因,归因条目最小负荷值大于0.3。6个因子的解释分别为:因子1,否定自杀行为,解释14.3%的方差;因子2,安乐死,解释12.6%的方差;因子3,肯定自杀行为,解释10.1%的方差;因子4,同情、理解自杀者及其家属,解释9.4%的方差;因子5,歧视自杀者,解释6.3%的方差;因子6,歧视自杀者家属,解释5.7%的方差。

【结果分析与应用情况】

(一)各条目评分方法

每个条目按完全赞同、赞同、中立、不赞同、完全不赞同5级评分,分别计1、2、3、4、5分。条目中有13项为反向计分题(分别为1、3、7、8、10、11、12、、14、15、18、20、22、28项),在统计时需先将反向计分进行转换(即1→5、5→1、2→4、4→2)后方为该条目的实际得分。

(二)各维度分的计算及意义

将各维度的总分(各条目实际得分之和)除以该维度的条目数即为该维度的维度分(平均维度分)。维度分的最后分值介于1~5分。以2.5和3.5分为两个划界分,将对自杀的态度划分为3个部分:≤2.5分认为对自杀持肯定、认可、理解和宽容的态度;2.5~3.5分为矛盾或中立态度;≥3.5认为对自杀持反对、否定、排斥和歧视态度。

(三)各维度所包括的条目

1. 对自杀行为的态度(F1)　包括1、7、12、17、19、22、23、26、29共9个项目。

2. 对自杀者的态度(F2)　包括2、3、8、9、13、14、18、20、24、25共10个项目。

3. 对自杀者家属的态度(F3)　包括4、6、10、15、28共5个项目。

4. 对安乐死的态度(F4)　包括5、11、16、21、27共5个项目。

(肖水源　杨　洪)

参 考 文 献

[1] 余小鸣,叶广俊.医务人员对自杀态度的分析.中国心理卫生杂志,1996,10(3):116-117.

[2] 布施丰正.自杀与文化.马利联译.北京:北京文化艺术出版社,1992.

[3] Chiles JA,Strosahl K. The suicide patient:principles of assessment,treatment,and case management. American Psychiatric Press. Washington,1995.

[4] Bailey KD. 现代社会研究方法.许真,译.上海:上海人民出版社,1986.

[5] Duiklerm E. Suicide:a sociological study. New York:Free Press,1950.

附：自杀态度问卷(SAQ)

编号：_____

性别：_____　年龄：_____　职业：_____　职称：_____　职务：_____

文化程度：_____　从事现职时间：_____　（年）　工作单位：_____

如有宗教信仰请填写宗教派别：_____　信教时间：_____(年)

指导语：本问卷旨在了解国人对自杀的态度，以期为我国的自杀预防工作提供资料和指导。在下列每个问题的后面都标有5个数字供你选择，数字1～5分别代表你对问题从"完全赞同"到"完全不赞同"的态度，请根据你的选择圈出相应的数字，谢谢合作！

1. 自杀是一种疯狂的行为 ………………………………………… 1　2　3　4　5
2. 自杀死亡者应与自然死亡者享受同样的待遇 ………………… 1　2　3　4　5
3. 一般情况下我不愿和有过自杀行为的人深交 ………………… 1　2　3　4　5
4. 在整个自杀事件中，最痛苦的是自杀者的家属 ……………… 1　2　3　4　5
5. 对于身患绝症又极度痛苦的患者，可由医务人员在法律的支持下帮助患者结束生命 ………………………………………… 1　2　3　4　5
6. 在处理自杀事件过程中，应该对其家属表示同情和关心，并尽可能地为他们提供帮助 ……………………………………… 1　2　3　4　5
7. 自杀是对人生命尊严的践踏 …………………………………… 1　2　3　4　5
8. 不应为自杀死亡者开追悼会 …………………………………… 1　2　3　4　5
9. 如果我的朋友自杀未遂，我会比以前更关心他/她 ………… 1　2　3　4　5
10. 如果我的邻居家里有人自杀，我会逐渐疏远和他们的关系 … 1　2　3　4　5
11. 安乐死是对人生命尊严的践踏 ……………………………… 1　2　3　4　5
12. 自杀是对家庭和社会一种不负责任的行为 ………………… 1　2　3　4　5
13. 人们不应该对自杀死亡者评头论足 ………………………… 1　2　3　4　5
14. 我对那些反复自杀者很反感，因为他们常常将自杀作为控制别人的一种手段 ……………………………………………… 1　2　3　4　5
15. 对于自杀，自杀者的家属在不同程度上都应负有一定的责任 … 1　2　3　4　5
16. 假如我自己身患绝症又处于极度痛苦之中，我希望医务人员能帮助我结束自己的生命 ………………………………………… 1　2　3　4　5
17. 个体为某种伟大的、超过人生命价值的目的而自杀是值得赞许的 ……………………………………………………………… 1　2　3　4　5
18. 一般情况下，我不愿去看望自杀未遂者，即使是亲人或好朋友也不例外 …………………………………………………………… 1　2　3　4　5
19. 自杀只是一种生命现象，无所谓道德上的好与坏 ………… 1　2　3　4　5
20. 自杀未遂者不值得同情 ……………………………………… 1　2　3　4　5
21. 对于身患绝症又极度痛苦的人，可不再为其进行维持生命的治疗 …… 1　2　3　4　5

22. 自杀是对亲人和朋友的背叛　………………………………　1　2　3　4　5

23. 人有时为了尊严和荣誉不得不自杀　………………………　1　2　3　4　5

24. 在交友时,我不太注意对方是否有过自杀行为　……………　1　2　3　4　5

25. 对自杀未遂者应给予更多的关心与帮助　…………………　1　2　3　4　5

26. 当生命已无欢乐可言时,自杀是可以理解的　………………　1　2　3　4　5

27. 假如我身患绝症又处于极度痛苦之中,我不愿再接受维持生命的
治疗　………………………………………………………………　1　2　3　4　5

28. 一般情况下,我不会和家中有过自杀者的人结婚　…………　1　2　3　4　5

29. 人应有选择自杀的权利　………………………………………　1　2　3　4　5

八、亲社会冒险行为量表(PRBS)

【概述】

亲社会冒险行为(prosocial risky behavior,PRB)是指对他人或社会产生积极效果的冒险行为,如站出来制止同伴欺凌行为等,它兼具亲社会性和冒险性的双重特点(Do,Joao & Telzer,2017;Skaar,Christ & Jacobucci,2014)。Do 等(2017)指出,亲社会冒险行为需要满足两个条件:实施该行为的目的是为他人谋利;同时该行为也可能会给实施者带来潜在风险或损失。亲社会冒险行为量表(prosocial risky behavior scale,PRBS)是由 Skaar 等(2014)编制的青少年亲社会与健康风险行为量表(PHARBS)中的分量表,其信效度良好,有效测量了青少年的亲社会和健康风险倾向。经邮件征求原作者(Nicole R Skaar)的同意后,窦凯等(2020)对亲社会冒险行为分量表进行翻译和回译,并在中国青少年样本中进行信效度检验。以下介绍的量表参考窦凯等(2020)的中译本。

【内容及实施方法】

(一)项目和评定标准

PRBS 共包括 6 个题目,为单一维度。见表 9-5。

表 9-5　PRBS 项目

序号	量表中项目原文
1	在我深切关心的问题上,我敢于反驳同伴错误的观点
2	我勇于尝试那些从未参加过的体育运动或比赛
3	我敢于站出来为那些被欺凌的同学说话
4	我乐意牺牲时间去做义工
5	当我的朋友要求我做一些违背内心的事情时,我敢于拒绝他们
6	即使我和朋友的目标设定不同,但我仍愿意分享自己的未来规划

　　PRBS为自评量表，共包括6个项目，采用李克特5级评分法（0＝"从不"，1＝"几乎不"，2＝"有时"，3＝"经常"和4＝"总是"），无反向计分题。分数越高，表示被试者参与亲社会冒险行为的程度越高。

　　（二）评定注意事项

　　表格由评定对象自行填写。在填表前必须让评定对象把填表说明、填表方法及问题内容看明白。文盲或半文盲一般不宜作为评定对象。如有特殊需要，可由评定员念给其听，然后在表格中注明，供分析时参考。一般5～7分钟可以完成。

　　【测量学指标】

　　PRBS得分的Cronbach's α系数为0.72；间隔3个月的重测相关系数为0.69（$P<0.001$），表明该量表得分具有良好的信度。PRBS与亲社会行为呈显著正相关（$r=0.47$，$P<0.001$），与反社会行为呈显著负相关（$r=-0.10$，$P<0.01$），表明该量表具有良好的效标效度。

　　【结果分析与应用情况】

　　1. 统计指标和结果分析　PRBS分析较简单，主要的统计指标是总分，即6个单项分的总和。分数越高，表示被试者参与亲社会冒险行为的程度越高。

　　2. 应用评价　PRBS简单实用，可作为用于评估青少年亲社会冒险行为的测评工具；此外，以期为探究青少年亲社会冒险行为发展特点及其心理机制提供测量工具。Viapude、Yeong和Seng（2016）采用PHARBS中的亲社会冒险行为分量表评估马来西亚青少年的亲社会冒险行为，不仅证实了社会资本（如与父母的联系）与亲社会冒险行为之间存在强关联，也说明该量表在马来西亚青少年样本中具有良好的信效度。

（窦　凯　黄义婷　李菁菁　聂衍刚）

参 考 文 献

[1] 窦凯，黄义婷，李菁菁，等. 青少年亲社会冒险行为量表的修订及信效度检验. 中国健康心理学杂志，2020,28(10):1538-1542.

[2] Do KT, Joao F, Telzer EH. But is helping you worth the risk? Defining prosocial risk taking in adolescence. Developmental Cognitive Neuroscience, 2017, 25:260-271.

[3] Skaar NR, Christ TJ, Jacobucci R. Measuring adolescent prosocial and health risk behavior in schools: Initial development of a screening measure. School Mental Health, 2014, 6:137-149.

[4] Viapude GN, Yeong LY, Seng TC. Social capital as a predictor of prosocial risk behavior among adolescents. International Conference on Health and Well-Being, 2016:63-69.

附：亲社会冒险行为量表（PRBS）

（窦凯等编制）

说明：请认真阅读以下每个陈述的句子，并根据自身的经验，在最能表达你观点的方框中画"√"。

题目内容	从不	几乎不	有时	经常	总是
1. 在我深切关心的问题上，我敢于反驳同伴错误的观点	☐	☐	☐	☐	☐
2. 我勇于尝试那些从未参加过的体育运动或比赛	☐	☐	☐	☐	☐
3. 我敢于站出来为那些被欺凌的同学说话	☐	☐	☐	☐	☐
4. 我乐意牺牲时间去做义工	☐	☐	☐	☐	☐
5. 当我的朋友要求我做一些违背内心的事情时，我敢于拒绝他们	☐	☐	☐	☐	☐
6. 即使我和朋友的目标设定不同，但我仍愿意分享自己的未来规划	☐	☐	☐	☐	☐

九、内隐积极—消极情感测验（IPANAT）

【概述】

内隐积极-消极情感测验（implicit positive and negative affect test，IPANAT）由Quirin等于2009年编制，其中文版最早由董山川引入并以大学生作为被试者检验了信效度指标，而后韦嘉等（2018）将其应用范围推广到中学生群体。与传统的自评量表不同，IPANAT更接近于投射测验。研究者首先建构出无意义的双音节假词，让被试者分别评价其传递的情感信息，以此来推断被试者潜在的内隐情感。

【内容及实施方法】

（一）项目和评定标准

IPANAT共由6个假词和6种情感词构成，其中积极和消极词各半。见表9-6。

表9-6　IPANAT的假词及情感词

序号[a]	假词	情感词
1	SAFME	快乐的
2	VIKES	精力充沛的
3	TUNBA	兴高采烈的
4	TALEP	无助的
5	BELNI	羞愧的
6	SUKOV	紧张的

注：[a] 代表可以乱序。

IPANAT 采用自评形式，让被试者根据指导语提示，按照自己理解的假词发音，判断其在多大程度上适宜传递某种给定情感。采用李克特 4 级评分法，即 0 分为"完全不适合"，3 分为"非常适合"。6 个情感词均需基于每个假词进行判断，故有 36 个得分，求同一个情感词的平均分，再求 3 个积极情感词的均分作为内隐积极情感（implicit positive affect，IPA）指标；用相同方法可计算内隐消极情感（implicit negative affect，INA）指标。分数越高，表明被试者的 IPA 或 INA 越强烈。

（二）评定注意事项

表格由评定对象自行填写。在填表前必须让评定对象把填表说明、填表方法及问题内容看明白。文盲或半文盲一般不宜作为评定对象。如有特殊需要，可由评定员念给其听，然后在表格中注明，供分析时参考。一般 5 分钟可以完成。

评定时应注意以下方面。

（1）在指导语中不得告知被试者双音节词汇为假词，且需要让其自己根据语感想象这些假词的发音。

（2）为平衡潜在的顺序效应，假词和情感词均可以随机乱序出现，或采用平衡拉丁方格设计。

（3）IPANAT 不能计算 IPA 和 INA 的总分，无意义。

【测量学指标】

IPANAT 的信度指标良好。在董山川等的研究中，大学生群体的 IPA α 系数为 0.79，INA α 系数为 0.85；在韦嘉等的研究中，中学生群体的 IPA α 系数在 0.85 以上（0.94、0.88 和 0.90，样本量不同略有差异），INA α 系数稍低，但也在 0.8 左右（0.83 和 0.78，样本量不同略有差异）；2 周后的重测信度系数，IPA 分量表得分为 0.84，INA 分量表为 0.86。

相关两因子模型验证性因素分析的主要指标，大学生群体为：$\chi^2/df = 1.30$，CFI $= 0.99$，TLI $= 0.98$，RMSEA $= 0.03$；中学生群体为：$\chi^2/df = 2.36$，CFI $= 0.98$，TLI $= 0.97$，RMSEA $= 0.06$。

【结果分析与应用情况】

1. 统计指标和结果分析　IPANAT 的分析较简单，主要的统计指标是两个分量的得分。由于情感更偏重状态而非特质属性，因此研究者并未建立相应常模。

2. 应用评价　与传统外显情感测量工具不同，IPANAT 以内隐范式进行，且隐藏了施测的真实目的，有利于获取被试者更真实的内隐情感状态。同时，IPANAT 所选择的情感词相对简单，也能相对降低对被试者的受教育水平限制，能在更大范围内施测。此外，IPANAT 相较于使用词干补笔等传统内隐测量技术而言，标准化程度更高，有利于结果的客观化。

但需要指出的是，IPANAT 的操作说明相较普通自评量表而言略微复杂，由于对相同情感词需重复评价 6 次,也需要被试者主观配合。

(韦　嘉　张进辅　毛秀珍)

<h2 align="center">参 考 文 献</h2>

[1] 韦嘉,张进辅,毛秀珍.内隐积极-消极情感测验在中学生群体中的信效度检验.中国临床心理学杂志,2018,26(2):254-258.

[2] Quirin M,Kazén M,Kuhl J. When nonsense sounds happy or helpless:The Implicit Positive and Negative Affect Test (IPANAT). Journal of personality and social psychology,2009,97:500-516.

附:内隐积极-消极情感测验(IPANAT)

(Quirin 等编制)

　　指导语:在所有的语言中,都会有一些词语本身没有意义,而是通过它的发音来传递某种信息,即假词。下面是 6 个外文拟声词,请根据你自己的语感想象它们的读音。

　　下表中,一列拟声词紧挨一列是用来表达 6 种感受的情感词。请根据你自己的语感标明这些拟声词在多大程度上适合表达旁列中的每一个情感词所传递的情感,并圈出适当的数字。请根据你的直觉进行回答,不要思考太多。

　　数字代表的含义:0=完全不适合,1=有点适合,2=比较适合,3=非常适合。

拟声词	情感词	选项				假词	情感词	选项			
SAFME	快乐的	0	1	2	3	TUNBA	精力充沛的	0	1	2	3
	无助的	0	1	2	3		紧张的	0	1	2	3
	羞愧的	0	1	2	3		无助的	0	1	2	3
	精力充沛的	0	1	2	3		兴高采烈的	0	1	2	3
	兴高采烈的	0	1	2	3		快乐的	0	1	2	3
	紧张的	0	1	2	3		羞愧的	0	1	2	3
VIKES	无助的	0	1	2	3	TALEP	紧张的	0	1	2	3
	精力充沛的	0	1	2	3		兴高采烈的	0	1	2	3
	快乐的	0	1	2	3		精力充沛的	0	1	2	3
	紧张的	0	1	2	3		羞愧的	0	1	2	3
	羞愧的	0	1	2	3		无助的	0	1	2	3
	兴高采烈的	0	1	2	3		快乐的	0	1	2	3

拟声词	情感词	选项				假词	情感词	选项			
BELNI	兴高采烈的	0	1	2	3	SUKOV	羞愧的	0	1	2	3
	羞愧的	0	1	2	3		快乐的	0	1	2	3
	紧张的	0	1	2	3		精力充沛的	0	1	2	3
	快乐的	0	1	2	3		无助的	0	1	2	3
	精力充沛的	0	1	2	3		紧张的	0	1	2	3
	无助的	0	1	2	3		兴高采烈的	0	1	2	3